普通高等院校土木专业"十二五"规划精品教材

工程结构抗震设计

Seismic Design of Engineering Structure

丛书审定委员会

王思敬　彭少民　石永久　白国良

李　杰　姜忻良　吴瑞麟　张智慧

本书主编　白国良

本书主审　童岳生

本书编写委员会

白国良　杨德健　王显利　左宏亮

屈成忠　朱丽华　冉红东　汪　洁

华中科技大学出版社

中国·武汉

内 容 提 要

本书根据全国高等学校土木工程专业指导委员会对土木工程专业的培养要求和工程结构抗震设计课程教学大纲,依据我国《建筑抗震设计规范》(GB50011—2010)编写。内容主要包括绪论,建筑场地、地基和基础,结构地震反应分析及抗震验算,建筑结构抗震概念设计,混凝土结构房屋抗震设计,多层砌体结构房屋抗震设计,单层钢筋混凝土柱厂房抗震设计,钢结构房屋抗震设计,桥梁结构抗震设计,以及隔震与消能减震设计。

本书可作为高等院校土木工程专业的本科教材或参考书,也可供土木工程技术人员参考使用。

图书在版编目(CIP)数据

工程结构抗震设计/白国良 主编.—武汉:华中科技大学出版社,2012.6
(2024.9重印)
普通高等院校土木专业"十二五"规划精品教材
ISBN 978-7-5609-7842-0

Ⅰ.①工… Ⅱ.①白… Ⅲ.①建筑结构-抗震设计-高等学校-教材 Ⅳ.①TU352.104

中国版本图书馆 CIP 数据核字(2012)第 055415 号

工程结构抗震设计   白国良 主编

策划编辑:曹丹丹
责任编辑:陈 骏
封面设计:王亚平
责任校对:何 欢
责任监印:张贵君
出版发行:华中科技大学出版社(中国·武汉)   电话:(027)81321913
         武汉市东湖新技术开发区华工科技园   邮编:430223
录 排:武汉楚海文化传播有限公司
印 刷:广东虎彩云印刷有限公司
开 本:850mm×1065mm 1/16
印 张:21.25
字 数:445 千字
版 次:2024 年 9 月第 1 版第 9 次印刷
定 价:58.00 元

普通高等院校土木专业"十二五"规划精品教材

总　序

　　教育可理解为教书与育人。所谓教书，不外乎是教给学生科学知识、技术方法和运作技能等，教学生以安身之本。所谓育人，则要教给学生做人道理，提升学生的人文素质和科学精神，教学生以立命之本。我们教育工作者应该从中华民族振兴的历史使命出发，来从事教书与育人工作。作为教育本源之一的教材，必然要承载教书和育人的双重责任，体现两者的高度结合。

　　中国经济建设高速持续发展，国家对各类建筑人才需求日增，对高校土建类高素质人才培养提出了新的要求，从而对土建类教材建设也提出了新的要求。这套教材正是为了适应当今时代对高层次建设人才培养的需求而编写的。

　　一套好的教材应该把人文素质和科学精神的培养放在重要位置。教材中不仅要从内容上体现人文素质教育和科学精神教育，而且还要从科学严谨性、法规权威性、工程技术创新性来启发和促进学生科学世界观的形成。简而言之，这套教材有以下特点。

　　一方面，从指导思想来讲，这套教材注意到"六个面向"，即面向社会需求、面向建筑实践、面向人才市场、面向教学改革、面向学生现状、面向新兴技术。

　　二方面，教材编写体系有所创新。结合具有土建类学科特色的教学理论、教学方法和教学模式，这套教材进行了许多新的教学方式的探索，如引入案例式教学、研讨式教学等。

　　三方面，这套教材适应现在教学改革发展的要求，提倡所谓"宽口径、少学时"的人才培养模式。在教学体系、教材编写内容和数量等方面也做了相应改变，而且教学起点也可随着学生水平做相应调整。同时，在这套教材编写中，特别重视人才的能力培养和基本技能培养，适应土建专业特别强调实践性的要求。

　　我们希望这套教材能有助于培养适应社会发展需要的、素质全面的新型工程建设人才。我们也相信这套教材能达到这个目标，从形式到内容都成为精品，为教师和学生，以及专业人士所喜爱。

中国工程院院士　王思敬

2006 年 6 月于北京

前　言

地震是一种突发式的自然灾害,严重威胁着人们的生命与财产安全。为尽量减少地震造成的损失,一个切实有效的措施就是工程结构的抗震。

自 1976 年唐山大地震后,结构的抗震问题在我国得到普遍重视,高等学校相继开设了结构抗震设计课程。此后,基于结构抗震理论与试验研究成果的不断丰富及国内外大地震经验教训的积累总结,我国《建筑抗震设计规范》先后历经多次修订。其中,现行的《建筑抗震设计规范》(GB 50011—2010)在前版的基础上又吸取 2008 年汶川地震震害经验教训,并采纳了地震工程的新科研成果编制而成。

本教材紧密结合《建筑抗震设计规范》,主要阐述建筑结构抗震设计的原理与方法,同时,也介绍了桥梁结构的抗震设计以及隔震与消能减震设计。目的在于使学生掌握结构抗震的基本理论与设计方法,能够遵循规范进行结构的抗震设计。

全书由正文、附录和参考文献等组成。正文分为 10 章,包括:绪论,建筑场地、地基和基础,结构地震反应分析及抗震验算,建筑结构抗震概念设计,混凝土结构房屋抗震设计,多层砌体结构房屋抗震设计,单层钢筋混凝土柱厂房抗震设计,钢结构房屋抗震设计,桥梁结构抗震设计,隔震与消能减震设计。附录列出了我国主要城镇的抗震设防烈度、设计基本地震加速度和设计地震分组。

本书第 1 章、第 3 章和第 10 章第 1～3 节由白国良编写,第 2 章由杨德健编写,第 4 章由王显利编写,第 5 章由左宏亮编写,第 6 章由屈成忠编写,第 7 章由朱丽华编写,第 8 章由冉红东编写,第 9 章及第 10 章第 4 节由汪洁编写。全书由白国良教授统稿,由资深教授童岳生主审。王博、薛冯、杜宁军为本书的插图绘制、例题试算做了大量工作。

限于编者水平,书中不足之处在所难免,敬请读者批评指正。

编　者

2012 年 2 月

目　　录

第1章 绪 论

1.1 地震基本知识

1.1.1 概述

地震是一种突发式的自然灾害,除会造成人身伤亡外,还会导致房屋破坏,交通、生产中断,以及水灾、火灾、疾病等次生灾害发生。全世界平均每年发生的破坏性地震(里氏 5 级以上)近 20 次,毁灭性的地震约 2 次。

我国是一个多地震的国家,在 20 世纪内,震级等于或大于 8 级的强地震已经发生 10 次之多,损失惨重。其中,1920 年海原 8.6 级地震死亡 20 余万人,1976 年唐山 7.6 级地震死亡 24 万人,1999 年台湾 7.6 级地震死亡 2 400 多人。进入 21 世纪以来,我国境内又发生了多次地震,其中 2008 年的汶川地震共造成人员伤亡和失踪超过 8 万人。

为尽量减少地震带来的损失,一个切实有效的措施就是工程结构的抗震。本章主要介绍地震学的一些基本概念、工程结构抗震的基本理论以及抗震设计的基本要求。

1.1.2 地震类型及成因

地震按其成因可分为:构造地震、火山地震、陷落地震和诱发地震四种。其中,构造地震主要是由于地壳运动,挤压地壳岩层使其薄弱部位发生断裂错动而引起;火山地震是由火山爆发引起;陷落地震是由于地表或地下岩层突然发生大规模的陷落和崩塌引起;诱发地震是由水库蓄水或深井注水等引起。在这四种类型的地震中,构造地震分布最广,危害最大,约占地震总量的 90% 以上;虽然火山地震造成的破坏性也较大,但在我国不常见;其他两种类型的地震一般震级较小,破坏性也不大。

用来解释构造地震成因的最主要学说是断层说和板块构造说。

断层说认为,组成地壳的岩层时刻处于变动状态,产生的地应力也在不停变化。当地应力较小时,岩层尚处于完整状态,仅能发生褶皱。随着作用力不断增强,当地应力引起的应变超过某处岩层的极限应变时,该处的岩层将产生断裂和错动(图 1-1)。而承受应变的岩层在其自身的弹性应力作用下将发生回跳,迅速弹回到新的平衡位置。一般情况下,断层两侧弹性回跳的方向是相反的,岩层中构造变动过程中积累起来的应变能,在回弹过程中得以释放,并以弹性波的形式传至地面,从而引起地面的振动,这就是地震。

板块构造学说认为,地球的表面岩层由六大板块构成,即美洲板块、太平洋板块、澳洲板块、南极板块、欧亚板块和非洲板块(见图1-2)。这些板块在相对缓慢地运动着,在边界处相互挤压和顶撞,从而致使板块边缘附近岩石层脆性断裂而引发地震。地球上大多数地震就发生在这些板块的交界处,从而使地震在空间分布上表现出一定的规律,即形成地震带。

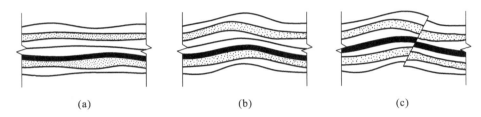

(a)   (b)   (c)

图 1-1 地壳构造变动与地震形成示意图
(a) 岩层原始状态;(b) 受力后发生褶皱变形;(c) 岩层断裂产生振动

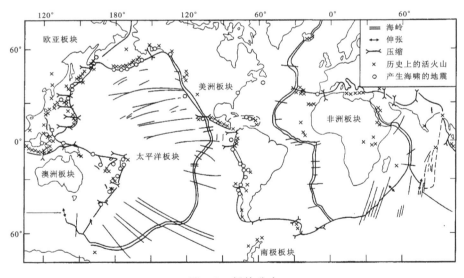

图 1-2 板块分布

1.1.3 地震带

1) 世界地震带

20世纪初,科学家们在遍访各大洲、进行宏观地震资料调查的基础上,编制了世界地震活动图。随后,又根据各地震台的观测数据编出了较精确的世界地震分布图。从这些图中可以清楚地看到,小地震几乎到处都有,大地震则主要发生在某些地区,即地球上的4个主要地震带(见图1-3)。

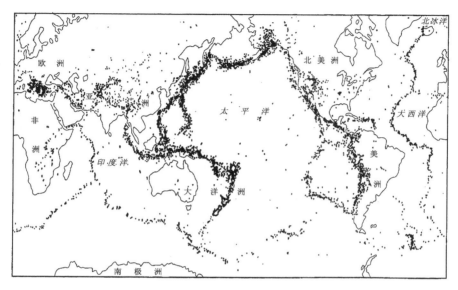

图 1-3 世界地震带分布略图

（1）环太平洋地震带：全球约 80% 的浅源地震和 90% 的中深源地震，以及几乎所有的深源地震都集中在这一地震带。它沿南北美洲西海岸、阿留申群岛，转向西南到日本列岛，再经我国台湾省，达菲律宾、新几内亚和新西兰。

（2）欧亚地震带：除分布在环太平洋地震活动带的中深源地震以外，几乎所有其他中深源地震和一些大的浅源地震都发生在这一地震活动带，这一活动带内的震中分布大致与山脉的走向一致。它西起大西洋的亚速岛，经意大利、土耳其、伊朗、印度北部、我国西部和西南地区，过缅甸至印度尼西亚与上述环太平洋地震带相衔接。

（3）沿北冰洋、大西洋和印度洋中主要山脉的狭窄浅震活动带：北冰洋、大西洋地震带是从勒拿河口地震较稀少的地区开始，经过一系列海底山脉和冰岛，然后顺着大西洋底的隆起带延伸。印度洋地震带始于阿拉伯之南，沿海底隆起延伸，之后朝南走向南极。

（4）地震相当活跃的断裂谷：如东非洲和夏威夷群岛等。

其中，前两者为世界地震的主要活动地带。

2）我国地震带

我国东邻环太平洋地震带，南接欧亚地震带，地震分布相当广泛。图 1-4 为我国境内 6 级和 6 级以上地震震中分布及其主要地震带。可以看出，我国的主要地震带有以下两条。

（1）南北地震带。北起贺兰山，向南经六盘山，穿越秦岭沿川西至云南省东北，纵贯南北。地震带宽度各处不一，大致在数十至百余千米左右，分界线是由一系列规模很大的断裂带和断陷盆地组成，构造相当复杂。

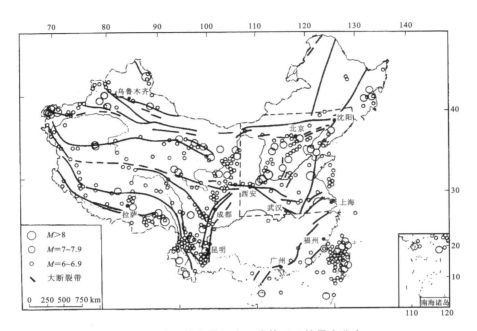

图 1-4 我国境内震级大于或等于 6 的震中分布

（2）东西地震带。主要的东西构造带有两条，北面的一条沿陕西、山西、河北北部向东延伸，直至辽宁北部的千山一带；南面的一条自帕米尔起，经昆仑山、秦岭，直到大别山区。

据此，我国大致可划分成 6 个地震活动区：① 台湾及其附近海域；② 喜马拉雅山脉活动区；③ 南北地震带；④ 天山地震活动区；⑤ 华北地震活动区；⑥ 东南沿海地震活动区。

从历史上的地震情况来看，我国除个别省份（如浙江）外，绝大部分地区都发生过较强烈的破坏性地震，并且有不少地区的现代地震活动还相当强烈，如我国台湾省大地震最多，新疆、西藏次之，西南、西北、华北和东南沿海地区也是破坏性地震较多的地区。

1.1.4 常用术语

地震学中的常用术语主要有震源、震中、震源深度、震中距、震源距和等震线等，如图 1-5 所示。

震源：地质构造运动中，在断层形成的地方大量释放能量，产生剧烈振动，此处就是震源，它不是一个点，而是有一定深度和范围的。

震中：震源正上方的地面位置叫震中。

震源深度：震中到震源的垂直距离，称为震源深度。

震中距：建筑物到震中之间的距离叫震中距。

震源距：建筑物到震源之间的距离叫震源距。

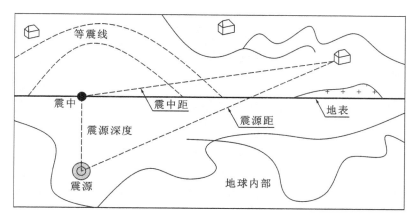

图 1-5 地震术语示意图

等震线:一次地震中,在其所涉及的地区内,根据地面破坏情况利用地震烈度表可对每一个地点评估出一个烈度,烈度相同点的外包连线称为等震线。

此外,按照震源深度的不同,地震又可以分为以下三种。

① 浅源地震:震源深度小于 60 km,一年中全世界所有地震释放能量的约 85%来自浅源地震。

② 中源地震:震源深度在 60～300 km 以内,一年中全世界所有地震释放能量的约 12%来自中源地震。

③ 深源地震:震源深度大于 300 km,一年中全世界所有地震释放能量的约 3%来自深源地震。

1.2 地震动特性

1.2.1 地震波

当地震产生时,地下储存的变形能以弹性波的形式从震源向四周传播,这就是地震波。它包含在地球内部传播的体波和只限于在地球表面传播的面波。

1) 体波

体波包括纵波和横波两种。

(1) 纵波(P 波),其介质质点的振动方向与波的前进方向一致,使介质不断地压缩和疏松,故又称压缩波或疏密波。其特点是周期短、振幅小。

纵波的波速为

$$v_{\mathrm{p}} = \sqrt{\frac{E(1-\mu)}{\rho(1+\mu)(1-2\mu)}} \tag{1.2.1}$$

式中 E——介质的弹性模量;

ρ——介质密度;

μ——介质的泊松比。

（2）横波（S波），其介质质点的振动方向与波的前进方向相垂直，故又称剪切波或等容波。其特点是周期较长、振幅大。

横波的波速为

$$v_s=\sqrt{\frac{G}{\rho}} \tag{1.2.2}$$

式中　$G=\dfrac{E}{2(1+\mu)}$ 称为介质的切变模量。

2）面波

当体波从基岩传播到上层土时，经地质界面的多次反射和折射，在地表面形成一种次生波，这就是面波，它包括两种形式的波：瑞雷波（R波）和洛夫波（L波）。

图1-6为面波质点的振动形式。瑞雷波传播时，质点在竖向平面内做椭圆形运动，呈滚动形式。洛夫波传播时，质点在地平面内做与波传播方向垂直的水平振动，呈蛇形运动形式。

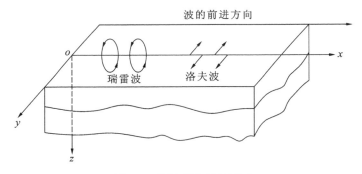

图 1-6　面波质点振动形式

和体波相比，面波的振幅大，周期长，只能在地表附近传播，比体波衰减慢，故能传播到很远的地方。

总之，地震波的传播速度以纵波最快，横波次之，面波最慢。故对于任意一次记录的地震波曲线，地震波到达的先后顺序依次是纵波、横波和面波。

1.2.2　震级

震级是用来反映地震强度大小的指标，它表示一次地震释放能量的多少。国际上较通用的是里氏震级，它是由里克特（C.F.Richter）在1935年首先提出的，即在离震中100 km处标准地震仪（摆的自振周期为0.8 s，阻尼系数0.8，放大倍数为2 800倍）所记录到的最大水平位移 A（单位取微米）的常用对数 M。

$$M=\lg A \tag{1.2.3}$$

当震中距不是100 km时，则需按修正公式进行计算。

$$M=\lg A-\lg A_0 \tag{1.2.4}$$

式中 A_0 为被选为标准的某一特定地震的最大振幅。

根据地震震级的大小,可计算得到该次地震所释放能量的大小:

$$\lg E = 1.5M + 11.8 \tag{1.2.5}$$

式中 E 为地震释放的能量,单位为 erg。($1\ \text{erg} = 10^{-7}\ \text{J}$)

计算表明,一个 6 级地震释放的能量相当于一个 2 万吨级的原子弹。M 每增加一级释放的能量将增加 32 倍。

一般来说,小于 2 级的地震是感觉不到的,称为微震;2～4 级的地震称为有感地震;5 级以上的地震可引起不同程度的破坏,称为破坏性地震;7 级以上的地震称为强震或大震;8 级以上的地震称为特大地震。

1.2.3 烈度

1) 地震烈度

地震烈度也是用来反映地震强度大小的指标。它主要用来反映某一个地区、地面及工程结构遭受到一次地震影响的强烈程度。

我国根据房屋建筑震害指数、地表破坏程度及地面运动加速度指标将地震烈度分为 12 度,制定了《中国地震烈度表》(见表 1-1)。

表 1-1　中国地震烈度表(GB/T 17742-2008)

地震烈度	在地面上人的感觉	房屋震害程度			其他震害现象	水平地面运动	
		类型	震害现象	平均震害指数		峰值加速度 (m/s²)	峰值速度 (m/s)
I	无感觉	—	—	—	—	—	—
II	室内个别静止中的人有感觉	—	—	—	—	—	—
III	室内少数静止中的人有感觉	—	门、窗轻微作响	—	悬挂物微动	—	—
IV	室内多数人、室外少数人有感觉,少数人梦中惊醒	—	门、窗作响	—	悬挂物明显摆动,器皿作响	—	—
V	室内绝大多数、室外多数人有感觉,多数人梦中惊醒	—	门窗、屋顶、屋架颤动作响,灰土掉落,个别房屋墙体抹灰出现细微裂缝,个别屋顶烟囱掉砖	—	悬挂物大幅度晃动,不稳定器物摇动或翻倒	0.31 (0.22～0.44)	0.03 (0.02～0.04)

续表

地震烈度	在地面上人的感觉	房屋震害程度			其他震害现象	水平地面运动	
		类型	震害现象	平均震害指数		峰值加速度 (m/s²)	峰值速度 (m/s)
Ⅵ	多数人站立不稳,少数人惊逃户外	A	少数中等破坏,多数轻微破坏和/或基本完好	0.00~0.11	家具和物品移动;河岸和松软土出现出现裂缝,饱和砂层出现喷砂冒水;个别独立砖烟囱轻度裂缝	0.63 (0.45~0.89)	0.06 (0.06~0.09)
		B	个别中等破坏,少数轻微破坏,多数基本完好				
		C	个别轻微破坏,大多数基本完好	0.00~0.08			
Ⅶ	大多数人惊逃户外,骑自行车的人有感觉,行驶中的汽车驾乘人员有感觉	A	少数毁坏和/或严重破坏,多数中等破坏和/或轻微破坏	0.09~0.31	物体从架子上掉落;河岸出现塌方,饱和砂层常出现喷水冒砂,松软土地上地裂缝较多;大多数独立砖烟囱中等破坏	1.25 (0.90~1.77)	0.13 (0.10~0.18)
		B	少数中等破坏,多数轻微破坏和/或基本完好				
		C	少数中等和/或轻微破坏,多数基本完好	0.07~0.22			
Ⅷ	多数人摇晃颠簸,行走困难	A	少数毁坏,多数严重和/或中等破坏	0.29~0.51	干硬土上亦出现裂缝,饱和砂层绝大多数喷砂冒水;大多数独立砖烟囱严重破坏	2.50 (1.78~3.53)	0.25 (0.19~0.35)
		B	个别毁坏,少数严重毁坏,多数中等和/或轻微破坏				
		C	少数严重和/或中等破坏,多数轻微破坏	0.20~0.40			
Ⅸ	行动的人摔倒	A	多数严重破坏或/和毁坏	0.49~0.71	干硬土上多处出现裂缝,可见基岩裂缝、错动,滑坡、塌方常见;独立砖烟囱多数倒塌	5.00 (3.64~7.07)	0.50 (0.38~0.71)
		B	少数毁坏,多数严重和/或中等破坏				
		C	少数毁坏和/或严重破坏,多数中等和/或轻微破坏	0.38~0.60			

续表

地震烈度	在地面上人的感觉	房屋震害程度			其他震害现象	水平地面运动	
		类型	震害现象	平均震害指数		峰值加速度（m/s²）	峰值速度（m/s）
X	骑自行车的人会摔倒，处不稳状态的人会摔离原地，有抛起感	A	绝大多数毁坏	0.69～0.91	山崩和地震断裂出现，基岩上拱桥破坏；大多数独立砖烟囱从根部破坏或倒毁	10.00（7.08～14.14）	1.00（0.72～1.41）
		B	大多数毁坏				
		C	多数毁坏和/或严重破坏	0.58～0.80			
XI	—	A	绝大多数毁坏	0.89～1.00	地震断裂延续很长；大量山崩滑坡	—	—
		B					
		C		0.78～1.00			
XII	—	A	几乎全部毁坏	1.00	地面剧烈变化，山河改观	—	—
		B					
		C					

注：表中给出的"峰值加速度"和"峰值速度"是参考值，括弧内给出的是变动范围。

注：1. 表中的数量词："个别"为10%以下；"少数"为10%～50%；"多数"为50%～70%；"大多数"为60%～90%；"绝大多数"为80%以上。

2. 评定地震烈度时，Ⅰ度～Ⅴ度应以地面上以及底层房屋中的人的感觉和其他震害现象为主；Ⅵ度～Ⅹ度应以房屋震害为主，参照其他震害现象，当用房屋震害程度与平均震害指数评定结果不同时，应以震害程度评定结果为主，并综合考虑不同类型房屋的平均震害指数；Ⅺ度和Ⅻ度应综合房屋震害和地表震害现象。

3. 以下三种情况的地震烈度评定结果，应作适当调整：
   ① 当采用高楼上人的感觉和器物反应评定地震烈度时，适当降低或提高评定值；
   ② 当采用低于或高于Ⅶ度抗震设计房屋的震害程度和平均震害指数评定地震烈度时，适当降低或提高评定值；
   ③ 当采用建筑质量特别差或特别好的房屋的震害程度和平均震害指数评定地震烈度时，适当降低或提高评定值。

4. 当计算的平均震害指数值位于表1-1中地震烈度对应的平均震害指数重叠搭接区间时，可参照其他判别标准和震害现象综合判定地震烈度。

一般来说，地震烈度随着震中距的增加而递减。我国根据153个等震线资料统计出的烈度(I)、震级(M)、震中距(R)的经验关系式为

$$I = 0.92 + 1.63M - 3.49 \lg R \tag{1.2.6}$$

2) 基本烈度

地震基本烈度，指某地区在今后一定时间内，在一般场地条件下可能遭受的最

大地震烈度。我国是对 45 个城镇的历史震灾记录以及地震地质构造等资料进行统计并依据烈度递减规律进行预估,得到的 50 年内超越概率为 10% 的烈度。

　　3) 抗震设防烈度

　　抗震设防烈度是按国家规定的权限批准,用来作为一个地区抗震设防依据的地震烈度。一般情况下取基本烈度。但还须根据建筑物所在城市的大小,建筑物的类别、高度以及当地的抗震设防小区规划进行确定。

　　和抗震设防烈度相对应的是设计基本地震加速度,见表 1-2。

表 1-2　抗震设防烈度和设计基本地震加速度值的对应关系

抗震设防烈度	6	7	8	9
设计基本地震加速度	0.05g	0.10(0.15g)	0.20(0.30g)	0.40g

注:g 为重力加速度。

1.2.4　地震区划

　　在对某地工程结构进行抗震设计时,需要确定该地的抗震设防烈度及设计基本地震加速度,也即需要根据历史地震、地震地质构造和地震观测等资料,在地图上按地震情况的差异划出不同的区域,这就是地震区划。我国曾采用地震基本烈度值进行区划,于 1999 年颁发了《基本烈度区划图》。随后又按地震动参数,即地震动峰值加速度和加速度反应谱编制了《中国地震动参考区划图(2001)》。

　　此外,在抗震设计时还需要明确该地的场地类别和设计地震分组,以确定出相关的设计参数,如特征周期等。

　　附录为我国主要城镇的抗震设防烈度、设计基本地震加速度和设计地震分组。

1.3　地震震害

1.3.1　地表破坏

　　地震所造成的地表破坏主要有山石崩裂、滑坡、地面裂缝、地陷和喷砂冒水等。

　　地震造成的山石崩裂的塌方量可达近百万方,石块最大的能超过房屋的体积,崩塌的石块可阻塞公路,使交通中断,并且在陡坡附近还会发生滑坡现象(图 1-7)。

　　在地下水位较高的地区,地震的强烈振动可能会使含水的砂土或粉土液化,使得地下水夹着砂子经裂缝或其他通道喷出地面,形成喷砂冒水现象。

　　地陷大多发生在岩溶洞和采空(采掘的地下坑道)地区。在喷砂冒水的地段,也可能发生下陷。

　　地裂缝的数量、长短、深浅等与地震的强烈程度、地表情况、受力特征等因素有关,按其成因可分为以下两种。

　　(1)不受地形地貌影响的构造裂缝。这种裂缝是地震断裂带在地表的反映,其走向与地下断裂带一致,规模较大。裂缝带长可达几千米到几十千米,带宽约几米到几十米。

(2) 受地形、地貌、土质条件等限制的非构造裂缝。这种裂缝大多沿河岸边、陡坡边缘、沟坑四周和埋藏的古河道分布,往往和喷砂冒水现象伴生。裂缝大小形状不一,规模也较前一种小,且裂缝中通常有水存在。地裂缝(见图 1-8)往往都是由于地表受到挤压、伸张、旋扭等力作用的结果,它穿过建筑物时会造成墙体和基础的断裂或错动,严重时会造成房屋的倒塌。

图 1-7　滑坡

图 1-8　地裂缝

1.3.2　工程结构的破坏

工程结构的破坏情况与结构类型和抗震措施等有关。结构破坏情况主要有以下几种。

(1) 承重结构承载力不足或变形过大而造成的破坏。如墙体出现裂缝(见图 1-9),结构局部薄弱层承载力不足、变形过大,引起连续倒塌(见图 1-10),砖烟囱折断或错位,桥面塌落(见图 1-11)等。

图 1-9　墙体 X 型裂缝

图 1-10　薄弱层破坏引起房屋倒塌

（2）结构丧失整体性而造成的破坏。结构构件的共同工作主要是依靠各构件之间的连接及各构件之间的支撑来保证的。然而，在地震作用下，若节点强度不足、延性不够、锚固质量差等就会使结构丧失整体性而造成破坏（见图 1-12）。

（3）地基失效引起的破坏。在强烈地震作用下，一些建筑物上部结构本身无损坏，但由于地基承载能力的下降或地基土液化造成建筑物倾斜、倒塌而破坏。

图 1-11　桥面塌落　　　　　　　　　图 1-12　建筑物倒塌

1.3.3　次生灾害

地震造成的次生灾害主要有水灾、火灾、毒气污染、泥石流和海啸等，一般破坏性比较严重。例如 2011 年东日本大地震，引发的海啸、火灾造成了大量的人员伤亡和经济损失（见图 1-13、图 1-14），而此次地震造成的核泄漏更是对整个世界，尤其是给周边国家造成了巨大的不良影响。

图 1-13　地震引发的海啸　　　　　　　图 1-14　地震引发的火灾

1.4　工程结构抗震理论的发展历史

随着人们对地震动和结构动力特性理解的不断深入,工程结构抗震理论也在不断发展,其发展过程主要可分为静力、反应谱、动力等三个阶段。

1.4.1　静力理论阶段(20 世纪初—20 世纪 40 年代)

在 20 世纪 20 年代以前,日本就引入了震度法的概念,从而创立了水平静力抗震理论,成为该时期抗震理论的标志。该理论认为,结构物所受地震作用可以简化为作用于结构上的水平等效静力,其大小等于 $V=kW$, $k=a/g$, a 为地震动最大水平加速度,g 为重力加速度,W 为结构重量,地震系数 k 即为震度,约为 1/10,与结构特性无关。在此理论创立时,一般认为结构是刚性的,故结构物上任何一点的加速度都等于地震动加速度。

震度法以刚性结构物假定为基础,但是结构振动研究表明,结构是可以变形的,有其自振周期。对于结构振动,共振是很重要的现象,直接影响着结构反应的大小。因此,在 20 世纪 20—30 年代引起了一场刚柔理论之争。这一刚柔之争一直继续到 40 年代仍无结论;但是由于震度法简便易行,柔性结构的定量分析当时无力解决,所以后来用于实际的仍为以刚性理论为基础的震度法。这一争论虽无结果,但对于促进抗震研究却起了良好作用。值得注意的是当时还提出了另外三个抗震理论:隔震或减震结构理论、能量耗散理论、抗震设计的能量理论。虽然这三种理论在当时并未受到应有的重视,但是它们对当时的抗震理论发展起了重要的推动作用。

1.4.2　反应谱理论阶段(20 世纪 40—60 年代)

反应谱理论可以称为准动力法。它通过反应谱考虑结构物的动力特性(自振周期、振型和阻尼)所产生的共振效应,但是,在设计中它仍然把地震惯性力看做是静力,因而只能称为准动力理论。

反应谱理论的提出是加州理工学院一些研究者对地震动加速度记录的特性进行分析后所取得的一个重要成果。由于这一理论正确而简单地反映了地震动的特性,并根据强震观测资料提出了可用的数据,因而迅速在国际上得到广泛承认。到 20 世纪 50 年代,这一抗震理论基本上取代了震度法,从而确定了反应谱理论的主导地位。

当反应谱理论在 20 世纪 50 年代被广泛接受时,抗震设计是以弹性理论为基础的。20 世纪 60 年代,结构非线性地震反应的研究开始盛行,提出了延性的概念来概括结构物超过弹性阶段的抗震能力,并提出按延性系数将弹性反应谱修改成为弹塑性反应谱的具体方法和数据,从而使抗震设计理论进入了非线性反应谱阶段。

20 世纪 60 年代中抗震理论的另一重要成果是随机振动理论的应用。这一理论的应用也是以人们对地震动特性的深入认识为基础的。美国的豪斯纳在 20 世纪 40 年代后期已经注意到了地震动的随机特性。到 50 年代末和 60 年代初,苏联、美国、日本和我国的地震工作者都进行了这一研究,包括结构物地震反应的随机理论的研究。这一理论不但为振型组合提供了普遍接受的方法,更重要的是为今后发展的抗震设计概率理论奠定了基础。

20 世纪 60 年代抗震设计理论的另一进展是考虑了场地条件对反应谱形状的影响。场地条件对地震动和结构物的影响是历次强震震害反复表明了的,但是由于经验不足,对地震动的认识不深,在国际上也引起过一场争论,出现过一段时期截然不同的意见同期并存的混乱局面。我国研究者比较全面地总结分析了与此问题有关的震害经验和地震动观测数据,提出了松软地基上容易产生的地基失效影响,应该用选择场地与地基、构造措施来考虑,场地土壤对地震动的影响应该用调整反应谱的方法来考虑,主要表现为对软地基加大反应谱的长周期部分。这一调整反应谱的理论,现在证明是较正确的,已逐渐为更多的国家所采用。

1.4.3 动力理论阶段(20 世纪 70 年代至今)

动力理论是按地震动加速度过程 $a(t)$ 计算结构的反应过程,它不但考虑了地震动的持时,并且也考虑了地震动中反应谱所不能概括的其他特性。1971 年美国圣费尔南多地震的震害推动了动力法的研究。对于复杂的结构体系,特别是在多维地震反应时,由于振型密集产生的耦联,以及平均反应谱中不同周期并非同时出现的影响,使得反应谱理论有较大的误差;对于结构出现破坏后的强烈非线性反应,除极为规整简单的结构物外,反应谱理论难以给出合理结果。在这些情况下,一般均需用动力法进行地震反应分析和抗震设计。

任一抗震设计理论都由下述四个方面内容构成:输入地震动,结构和构件的动力模型,实用的动力反应分析方法,以及设计原则。在静力理论中,这四个方面都作了极大的简化,输入地震动只考虑根据历史震害估计的地震动最大加速度;不要求结构动力模型和动力反应分析,而代之以假定的沿高度分布的质量和振动加速度;设计原则是静力的容许应力。在反应谱理论中,这四个方面作了重大的简化,输入地震动也只要求规定地震动最大加速度,反应谱是规定的或按场地条件规定的平均反应谱值;结构假定为弹性,或者再考虑结构总体容许延性系数;动力分析仅作弹性的特征值问题;设计原则可用弹性的容许应力也可用极限设计。动力抗震设计理论的特点如下:输入地震动要求给出符合场地情况的、具有概率含义的加速度过程 $a(t)$,对于复杂结构要求给出三个分量的过程及其空间相关性;结构和构件的动力模型要更为接近实际,要包括非线性特性;动力反应分析方法要考虑反应的全过程,包括变形和能量损耗的积累;设计原则要考虑到多种使用状态和安全的概率保证。由此可见,在这四个方面,动力理论都有更具体的要求,更明确的规定,更详细的计算,从而可以得到更可靠的设计。

1.5 建筑结构抗震设计的基本要求

1.5.1 建筑结构抗震设防的目标

抗震设防是指对建筑物进行抗震设计并采取一定的抗震构造措施,以达到结构抗震的效果和目的。我国《建筑抗震设计规范》(GB 50011—2010)中抗震设防的目标可概括为:"小震不坏,中震可修,大震不倒"。具体表述如下:

(1) 在遭受低于本地区设防烈度(基本烈度)的多遇地震影响时,建筑物一般不受损坏或不需修理仍可继续使用;

(2) 在遭受本地区规定的设防烈度的地震影响时,建筑物(包括结构和非结构部分)可能有一定损坏,但不致危及人民生命和生产设备的安全,经一般修理或不需修理仍可继续使用;

(3) 在遭受高于本地区设防烈度的罕遇地震影响时,建筑物不致倒塌或发生危及生命的严重破坏。

基于上述抗震设防目标,建筑物在使用期间对不同强度的地震应具有不同的抵抗能力。对不同强度的地震可以用 3 个地震烈度水准来考虑,即众值烈度、基本烈度和罕遇烈度。这三个地震烈度水准可通过概率密度函数的分析来反映,如图 1-15 所示。

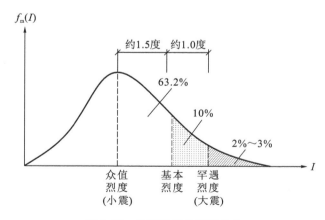

图 1-15 地震烈度的概率分布

根据大量数据分析,确认我国地震烈度的概率分布符合极值Ⅲ型。50 年内超越概率约 63.2% 的烈度就是众值烈度,也即第一水准的烈度。50 年内超越概率约 10% 的烈度大体上相当于现行地震区划图规定的基本烈度,作为第二水准的烈度。50 年内的超越概率为 2%～3% 的烈度是罕遇烈度,作为第三水准的烈度。

由烈度概率分布分析可知,基本烈度与众值烈度相差约为 1.5 度,而基本烈度与罕遇烈度相差约为 1 度。遵照现行规范设计的建筑,在遭遇多遇烈度(小震)作用时,建筑物基本上仍处于弹性阶段,一般不会损坏;在相应基本烈度的地震作用下,建筑物将进入弹塑性状态,但不至于发生严重破坏;在遭遇罕遇烈度(大震)作用时,建筑物将产生严重破坏,但不至于倒塌。

1.5.2 建筑结构抗震设计方法

《建筑抗震设计规范》(GB 50011—2010)提出了两阶段设计方法以实现上述3个烈度水准的抗震设防要求。第一阶段设计是在方案布置符合抗震设计原则的前提下,按与基本烈度相对应的众值烈度(相当于小震)的地震动参数,用反应谱法求得结构在弹性状态下的地震作用标准值和相应的地震作用效应,然后与其他荷载效应进行组合,并对结构构件截面进行承载力验算,对于较高的建筑物还要进行变形验算,以控制其侧向变形不要过大。这样,既满足了第一水准下必要的承载力可靠度,又可满足第二水准的设防要求(损坏可修),然后再通过概念设计和构造措施来满足第三水准的设防要求。对于大多数结构,一般可只需进行第一阶段的设计,但对于少部分结构,如有特殊要求的建筑和地震时易倒塌的结构,除应进行第一阶段的设计外,还要进行第二阶段的设计,即按与基本烈度相对应的罕遇烈度(相当于大震)验算结构的弹塑性层间变形是否满足规范要求,如果有变形过大的薄弱层(或部位),则应修改设计或采取相应的构造措施,以使其能够满足第三水准的设防要求(大震不倒)。

1.5.3 建筑物重要性分类与设防标准

1) 建筑的抗震设防类别

根据建筑使用功能的重要性,按其受地震破坏时产生的后果,《建筑工程抗震设防分类标准》(GB 50223—2008)将建筑分为甲、乙、丙、丁四个抗震设防类别。

甲类建筑:重大建筑工程和遭遇地震破坏时可能发生严重次生灾害的(如产生放射性物质的污染、大爆炸等)建筑。

乙类建筑:地震时使用功能不能中断或需尽快恢复的建筑,如城市生命线工程建筑和地震时救灾需要的建筑等。

丙类建筑:除甲、乙、丁类以外的一般建筑,如大量的一般工业与民用建筑等。

丁类建筑:抗震次要建筑,如遭遇地震破坏,不易造成人员伤亡和较大经济损失的建筑等。

2) 建筑的抗震设防标准

《建筑工程抗震设防分类标准》(GB 50223—2008)规定,对各抗震设防类别建筑的设防标准,应符合以下要求。

甲类建筑:地震作用应高于本地区抗震设防烈度的要求,其值应按批准的地震安全性评价结果确定;当抗震设防烈度为6~8度时,其抗震措施应符合本地区抗震设防烈度提高一度的要求,当抗震设防烈度为9度时,应符合比9度抗震设防更高的要求。

乙类建筑:地震作用应符合本地区抗震设防烈度的要求;当抗震设防烈度为 6~8 度时,一般情况下,其抗震措施应符合本地区抗震设防烈度提高一度的要求,当抗震设防烈度为 9 度时,应符合比 9 度抗震设防更高的要求;地基基础的抗震措施,应符合有关规定。对较小的乙类建筑,当其结构改用抗震性能较好的结构类型时,应允许仍按本地区抗震设防烈度的要求采用抗震措施。

丙类建筑:地震作用和抗震措施均应符合本地区抗震设防烈度的要求。

丁类建筑:一般情况下,地震作用应符合本地区抗震设防烈度的要求;抗震措施应允许比本地区抗震设防烈度的要求适当降低,但抗震设防烈度为 6 度时不应降低。

抗震设防烈度为 6 度时,除另有规定外,对乙、丙、丁类建筑可不进行地震作用计算。

【本章要点】

本章主要介绍:地震的类型及成因;世界及我国主要地震带的划分;地震波的类型及其传播;震级和烈度的基本概念;抗震设防烈度及地震区划;地震的震害特点;工程结构抗震理论的发展历史;建筑抗震设防目标、抗震设计方法及建筑物抗震设防类别和设防标准等。

【思考题】

1-1　地震的强度指标有哪些? 各指标间的关系是什么?

1-2　试比较地震烈度、众值烈度、罕遇烈度、基本烈度、抗震设防烈度。

1-3　工程结构抗震理论的发展经历了哪几个阶段? 各阶段的特点是什么?

1-4　简述"两阶段""三水准"的主要内容。

1-5　为什么要进行建筑物的重要性分类? 怎样进行分类? 抗震设防标准是什么?

第 2 章　建筑场地、地基和基础

场地是指工程群体所在地,具有相似的反应谱特征,其范围相当于厂区、居民小区、自然村或不小于 $1.0\ km^2$ 的平面面积。地基土是指位于结构物基础之下持力层的土,在地震中直接影响着上部结构物的破坏程度。这是由于地基土一方面作为结构物的地基,支承上部结构物传来的各种荷载;另一方面又是地震波传播的介质,具有选择放大和滤波效应,影响地表地震动的大小和特征。因此,对地基土的要求是,在地震作用下其承载力不显著降低,地基不失效,保证上部结构物在地震发生后能正常使用。此外,为了使基础能够承受上部结构传来荷载并将其传递于地基土,在设计时必须合理选择基础形式,并确保其具有足够的承载力。

本章首先介绍建筑场地的选择原则及场地类别的划分,然后依次介绍天然地基与基础的抗震验算、地基土的液化与抗液化措施和桩基的抗震设计。

2.1　建筑场地的选择

2.1.1　场地条件对震害的影响

下面通过与场地条件有密切关系的几次地震中建筑物的破坏特点,来分析场地条件对震害的影响。

(1) 1964 年美国阿拉斯加 8.4 级地震。最大加速度 $0.4\ g$,持续时间达 150 s 以上,场地卓越周期约 0.5 s;砂土液化引起大面积滑坡,地震动长周期分量突出,一些采用钢筋混凝土剪力墙结构的十几层高的楼房遭到破坏,非结构部件所造成的经济损失很大。

(2) 1964 年日本新潟 7.4 级地震。最大加速度 $0.16\ g$,持续时间达 150 s;砂土液化引起的震害普遍而严重;但采用桩基础的建筑基本未遭破坏,设置地下室的建筑震害也较轻。此外,由于场地软弱,柔性结构房屋的破坏程度要比刚性结构房层的破坏严重。

(3) 1967 年委内瑞拉加拉加斯 6.5 级地震。城区地面最大加速度为 $0.08\sim0.13\ g$,场地卓越周期为 1 s,有 5 幢 10~12 层钢筋混凝土建筑倒塌,24 幢 8~20 层钢筋混凝土建筑严重破坏,15 幢轻微损坏,其中 1 幢 10 层建筑因第 7 层柱子剪断,上面三层塌落。图 2-1 为该次地震的震害调查统计结果。调查表明场地的冲积层厚度超过 160 m 时,高层建筑破坏率甚高;而建造在基岩和浅冲积层上的高层建筑,大多数无震害。

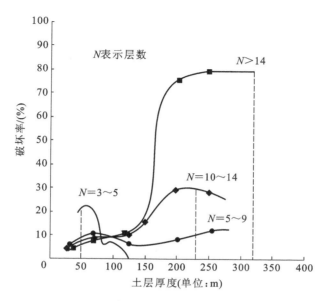

图 2-1　房屋破坏率与土层厚度关系

　　对我国 1975 年海城地震、1976 年唐山地震等大地震的宏观震害调查资料的分析,也表明了类似的规律:房屋倒塌率随土层厚度的增加而加大;比较而言,软弱场地上的建筑物震害一般重于坚硬场地。

　　从原理上分析,在岩层中传播并入射到土层的地震波,本来具有多种频率成分,在地震波通过覆盖土层传向地表的过程中,与土层固有周期相一致的一些频率波群将被放大,而另一些频率波群将被衰减甚至被完全过滤掉。这样,地震波通过土层后,由于土层的滤波特性与选择放大作用,地表地震动的周期在很大程度上取决于场地的卓越周期(固有周期)。当建筑物的基本自振周期与场地的卓越周期相接近时,建筑物的振动则会加大,其震害也会加重。

2.1.2　场地选择

　　如上所述,在不同工程地质条件的场地上,建筑物遭受地震破坏程度具有明显不同。于是人们自然会想到,既然在不同场地条件下建筑物所受的破坏程度是不同的,那么,选择对抗震有利场地和避开不利的场地进行建设,就能大大地减轻地震灾害。《建筑抗震设计规范》(GB 50011—2010)要求,场地岩土工程勘察,应根据实际需要划分对建筑有利、一般、不利和危险地段(见表 2-1),提供建筑的场地类别和岩土地震的稳定性(如滑坡、崩塌、液化和震陷特性等)评价,对需要采用时程分析法补充计算的建筑,尚应根据设计要求提供土层剖面、场地覆盖层厚度和有关的动力参数。

表 2-1 有利、一般、不利和危险地段的划分

场段类别	地质、地形、地貌
有利地段	稳定基岩,坚硬土,开阔、平坦、密实、均匀的中硬土等
一般地段	不属于有利、不利和危险的地段
不利地段	软弱土,液化土,条状突出的山嘴,高耸孤立的山丘,陡坡,陡坎,河岸和边坡的边缘,平面分布上成因、岩性、状态明显不均匀的土层(含故河道、疏松的断层破碎带、暗埋的塘浜沟谷和半填半挖地基),高含水量的可塑黄土,地表存在结构性裂缝等
危险地段	地震时可能发生滑坡、崩塌、地裂、泥石流等及发震断裂带上可能发生地表位错的部位

在选择建筑场地时,应根据工程需要,掌握地震活动情况和工程地质的有关资料,做出综合评价,宜选择有利的地段、避开不利的地段,当无法避开时应采取适当的抗震措施;不应在危险地段建造甲、乙、丙类建筑。

当需要在条状的突出山嘴、高耸孤立的山丘、非岩质的陡坡、河岸和边坡边缘等不利地段建造丙类及丙类以上建筑时,除保证其在地震作用下的稳定性外,尚应估计不利地段对设计地震动力参数可能产生的放大作用,其地震影响系数最大值应乘以增大系数。其值可根据不利地段的具体情况确定,在 1.1～1.6 范围内采用。

当建筑场地范围内存在发震断裂时,应对发震断裂的工程影响进行评价。当符合下列条件之一的情况,可忽略发展断裂错动对地面建筑的影响:

(1)抗震设防烈度小于 8 度;

(2)非全新世活动断裂;

(3)抗震设防烈度为 8 度和 9 度时,隐伏断裂的土层覆盖层厚度分别大于 60 m和 90 m。

当不符合上述规定的情况,应避开主断裂带。其避让距离不宜小于表 2-2 对发震断裂最小避让距离的规定。在避让距离的范围内确有需要建造分散的、低于三层的丙、丁类建筑时,应按提高一度采取抗震措施,并提高基础和上部结构的整体性,且不得跨越断层线。

表 2-2 发震断裂的最小避让距离(m)

烈度	建筑抗震设防类别			
	甲	乙	丙	丁
8	专门研究	200	100	—
9	专门研究	400	200	—

2.2 建筑场地类别的划分

场地条件不同,相同结构物在相同地震情况下所产生的地震作用效应就不同。因此,在抗震设计时应进行建筑场地类别的划分。我国《建筑抗震设计规范》(GB 50011—2010)主要以土层等效剪切波速和场地覆盖层厚度作为划分依据。

2.2.1 土的类型划分与等效剪切波速

1) 土的类型划分

场地土是指场地范围内的地基土,在剖面上按地面下 20 m 范围内土层的平均特性进行划分。当场地覆盖层厚度小于 20 m 时,按实际厚度范围内土层的平均特性进行划分。

土的类型是按土层的刚度对场地土做出的一种划分,可根据常规勘察资料按剪切波速大小或参照一般土性描述进行划分。对有实测剪切波速资料时,应根据土层剪切波速的大小按表 2-3 划分土的类型。

《建筑抗震设计规范》(GB 50011—2010)规定:对丁类建筑及丙类建筑中层数不超过 10 层、高度不超过 24 m 的多层建筑,当无实测剪切波速时,可根据岩土名称和性状按表 2-3 划分土的类型,再利用当地经验在表 2-3 的波速范围内估计各土层的剪切波速。

2) 等效剪切波速

建筑场地一般由各种类别土层构成,由于各地区土层沉积环境不同,即使是同一类型的土,其物理力学指标有时也会明显地不同,其剪切波速也不会是同一个值。对于不同类型的土,其性质则更有明显的差异。因此,对于由若干层土层组成的场地土,不应只用其中的一种土的剪切波速来确定土的类型,也不能简单地用几种土的剪切波速平均值,而应按等效剪切波速来确定土的类型。所谓等效剪切波速也就是以剪切波在地面至计算深度各层土中传播的总时间不变的原则,来定义的总土层的平均剪切波速。等效剪切波速可按下式计算。

$$v_{se} = \frac{d_0}{t} \qquad (2.2.1)$$

$$t = \sum_{i=1}^{n} (d_i / v_{si}) \qquad (2.2.2)$$

式中　v_{se}——土层的等效剪切波速(单位:m/s);

d_0——计算深度(单位:m),可取覆盖层厚度和 20 m 两者的较小值;

t——剪切波在地面至计算深度之间的传播时间;

d_i——计算深度范围内第 i 土层的厚度(单位:m);

v_{si}——计算深度范围内第 i 土层的剪切波速(单位:m/s);

n——计算深度范围内土层的分层数。

表 2-3　土的类型划分和剪切波速范围

土的类型	土的名称和性状	土层剪切波速范围（m/s）
岩石	坚硬、较硬且完整的岩石	$v_s > 800$
坚硬土或软质岩石	破碎和较破碎的岩石或软盒较软的岩石,密实的碎石土	$800 \geqslant v_s > 500$
中硬土	中密、稍密的碎石土,密实、中密的砾、粗、中砂,$f_{ak} > 150$ 的黏性土和粉土,坚硬黄土	$500 \geqslant v_s > 250$
中软土	稍密的砾、粗、中砂,除松散外的细、粉砂,$f_{ak} \leqslant 150$ 黏性土和粉土,$f_{ak} > 130$ 的填土,可塑黄土	$250 \geqslant v_s > 150$
软弱土	淤泥和淤泥质土,松散的砂,新近沉积的黏性土和粉土,$f_{ak} \leqslant 130$ 的填土,流塑黄土	$v_s \leqslant 150$

注:f_{ak} 为由载荷试验等方法得到的地基承载力特征值(kPa),v_s 为岩土剪切波速。

2.2.2　覆盖层厚度

覆盖层厚度是指从地表面至地下基岩顶面的距离。为便于工程应用,我国《建筑抗震设计规范》(GB 50011—2010)按下列要求确定场地覆盖层厚度。

(1)一般情况下,应按地面至剪切波速大于 500 m/s 且其下卧各层岩土的剪切波速均不小 500 m/s 的土层顶面的距离确定。

(2)当地面 5 m 以下存在剪切波速大于其上各土层剪切波速 2.5 倍的土层,且该层及其下卧各层岩土的剪切波速均不小于 400 m/s 时,可按地面至该土层顶面的距离确定。

(3)剪切波速大于 500 m/s 的孤石、透镜体,应视同周围土层。

(4)土层中的火山岩硬夹层,应视为刚体,其厚度应从覆盖土层中扣除。

2.2.3　场地的类别

我国《建筑抗震设计规范》(GB 50011—2010)按照土层等效剪切波速和场地覆盖层厚度两个因素,将建筑场地分为四类,其中 Ⅰ 类分为 I_0、I_1 两个亚类,见表2-4。当有可靠的剪切波速和覆盖层厚度且其值处于表2-4所列场地类别的分界线附近时,应允许按插值方法确定地震作用计算所用的特征周期。

表 2-4　各类建筑场地的覆盖层厚度(m)

岩石的剪切波速或土的等效剪切波速(m/s)	场 地 类 别				
	I_0 类	I_1 类	Ⅱ 类	Ⅲ 类	Ⅳ 类
$v_s > 800$	0				
$800 \geqslant v_s > 500$		0			
$500 \geqslant v_{se} > 250$		<5	$\geqslant 5$		

续表

岩石的剪切波速或土的	场 地 类 别				
等效剪切波速(m/s)	I₀类	I₁类	II 类	III 类	IV 类
$250 \geqslant v_{se} > 150$		<3	$3\sim50$	>50	
$v_{se} \leqslant 150$		<3	$3\sim15$	$15\sim80$	>80

注:表中 v_s 系岩石的剪切波速。

【例 2-1】 已知某建筑场地的地质钻探资料如表 2-5 所示,试确定该建筑场地的类别。

表 2-5 场地的地质钻探资料

层底深度(m)	土层厚度(m)	土层名称	土层剪切波速(m/s)
6.5	6.5	砂土	160
32.8	26.3	淤泥质黏土	135
44.6	11.8	砂	240
60.0	15.4	淤泥质粉质黏土	200
67.0	7.0	细砂	330
88.5	21.5	砾石夹砂	550

【解】 (1)确定地面下 20 m 范围内土的类型。

剪切波从地表到 20 m 深度范围的传播时间

$$t = \sum_{i=1}^{n} \frac{d_i}{v_{si}} = \frac{6.5}{160} + \frac{13.5}{135} = 0.141(s)$$

等效剪切波速为

$$v_{se} = \frac{d_0}{t} = \frac{20}{0.141} = 141.8(m/s) < 150(m/s)$$

由表 2-3 知,该场地的表层土类型属于软弱土。

(2)确定覆盖层厚度。

由表 2-5 可知 67 m 以下的土层为砾石夹砂,土层剪切波速大于 500 m/s,故覆盖层厚度应定为 67 m。

(3)确定建筑场地的类别。

根据表层土的等效剪切波速 $v_{se} < 150$ m/s,和覆盖层厚度 67 m 位于 $15\sim80$ m 范围内这两个条件,查表 2-4 得,该建筑场地属于 III 类场地。

2.2.4 场地区划

对于中等规模以上的城市,可进行场地设计地震动的区域划分问题。这种区域划分一般给出城区范围内的场地类别区域划分(又称场地小区划)、设防地震动参数区划和场地地面破坏潜势区划等结果。

场地小区划的基本方法与过程如下：

(1) 收集城区范围内的工程地质、水文地质、地震地质资料；

(2) 依据上述资料做出所考虑区域的控制剖面图，视具体情况适当补充进行工程地质勘探和剪切波速测试工作；

(3) 按照钻孔地质资料统计，给出不同类别土的剪切波速随深度变化的经验关系；

(4) 依据控制剖面图和剪切波速经验关系，计算控制点的浅层岩土（地表下 20 m）等效剪切波速，并决定各控制点覆盖层厚度；

(5) 根据等效剪切波速和覆盖层厚度对城区范围内的场地做出小区划分。

2.3 天然地基与基础的抗震验算

2.3.1 天然地基及基础抗震验算的一般规定

震害调查表明，天然地基上只有少数房屋是因地基的原因而导致上部结构破坏，且这类地基多为液化地基、易产生震陷的软弱黏性土地基或严重不均匀地基。我国《建筑抗震设计规范》（GB 50011—2010）规定，下列在天然地基上的各类建筑，可不进行天然地基及基础的抗震承载力验算。

(1)《建筑抗震设计规范》（GB 50011—2010）规定可不进行上部结构抗震验算的建筑。

(2) 地基主要受力层范围内不存在软弱黏性土层的下列建筑：

① 一般单层厂房和单层空旷房屋；

② 砌体房屋；

③ 不超过 8 层且高度在 24 m 以下的一般民用框架和框架-抗震墙房屋；

④ 基础荷载与第③项相当的多层框架厂房和多层混凝土抗震墙房屋。

这里，软弱黏性土层是指设防烈度为 7 度、8 度和 9 度时，地基承载力特征值分别小于 80 kPa、100 kPa 和 120 kPa 的土层。

2.3.2 地基土抗震承载力

进行天然地基基础的抗震验算时，首先需要确定地震作用下地基土的承载力。我国《建筑抗震设计规范》（GB 50011—2010）规定，在进行天然地基抗震验算时，地基土的抗震承力按下式计算。

$$f_{aE} = \xi_a f_a \qquad (2.3.1)$$

式中 f_{aE}——调整后的地基土抗震承载力；

ξ_a——地基土抗震调整系数，按表 2-6 采用；

f_a——深宽修正后的地基土静承载力特征值，按现行《建筑地基基础设计规范》采用。

表 2-6 地基抗震承载力调整系数

岩土名称和性状	ξ_a
岩石,密实的碎石土,密实的砾、粗、中砂,$f_{ak} \geqslant 300$ 黏性土和粉土	1.5
中密、稍密的碎石土,中密和稍密的砾、粗、中砂,密实和中密的细、粉砂 $150 \leqslant f_{ak} < 300$ 黏性土和粉土,坚硬黄土	1.3
稍密的细、粉砂,$100 \leqslant f_{ak} < 150$ 的黏性土和粉土,可塑黄土	1.1
淤泥,淤泥质土,松散的砂,杂填土,新近沉积的黄土及流塑黄土	1.0

由式(2.3.1)可以看出,地基土抗震承载力一般高于地基土静承载力,这可以从地震作用下只考虑地基土的弹性变形而不考虑永久变形这一角度进行解释。

2.3.3 天然地基的抗震验算

在验算地基抗震承载力时,应将建筑物上各类荷载效应和地震作用效应加以组合,并取基础底面的压力为直线分布(图 2-2)。

《建筑抗震设计规范》(GB 50011—2010)规定,验算天然地基地震作用下的竖向承载力时,基础底面的平均压力和边缘最大压力应符合下列各式要求:

$$p \leqslant f_{aE} \qquad (2.3.2)$$

$$p_{max} \leqslant 1.2 f_{aE} \qquad (2.3.3)$$

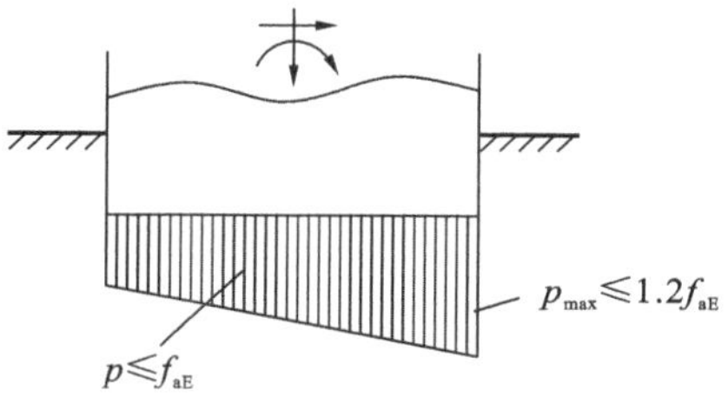

图 2-2 基底压力验算

式中 p——地震作用效应标准组合的基础底面平均压力;

p_{max}——地震作用效应标准组合的基础边缘的最大压力。

此外,对于高宽比大于 4 的高层建筑,在地震作用下基础底面不宜出现脱离区(零应力区);对于其他建筑,基础底面与地基土之间脱离区(零应力区)面积不超过基础底面的 15%。

2.4 地基土的液化与抗液化措施

2.4.1 地基土液化及其危害

1) 地基土液化原理

地震引起的强烈地面运动使得饱和砂土或粉土颗粒间发生相对位移,土颗粒结构趋于密实。如果土体本身渗透系数较小,当颗粒结构压密时,短时间内孔隙水排泄不出而受到挤压,孔隙水压力将急剧增加。在地震作用的短暂时间内,这种急剧上升的孔隙水压力来不及消散,使有效压力减小,当有效压力完全消失时,砂土颗粒局部或全部处于悬浮状态。此时,土体抗剪强度等于零,形成有如"液体"的现象,即"液化"。

根据土力学原理,砂土液化乃是由于饱和砂土在地震时短时间内抗剪强度为零所致。饱和砂土的抗剪强度为

$$\tau_f = \bar{\sigma}\tan\varphi = (\sigma - u)\tan\varphi \tag{2.4.1}$$

式中　$\bar{\sigma}$——剪切面上有效法向压应力(颗粒间正应力);

　　　σ——剪切面上总的法向压应力;

　　　u——剪切面上孔隙水压力;

　　　φ——土的内摩擦角。

地震时,由于场地土作强烈振动,孔隙水压力急剧增高,直至与总的法向压应力相等,即有效法向压应力 $\bar{\sigma} = \sigma - u = 0$ 时,砂土颗粒便呈悬浮状态,此时,土体抗剪强度 $\tau_f = 0$,从而使场地土失去承载能力。

2) 地基土液化的危害

液化时因下部土层的水头压力比上部高,所以水向上涌,把土粒带到地面上来,即产生喷砂冒水现象。随着水和土粒不断涌出,孔隙水压力降低至一定程度时,只冒水而不喷土粒。当孔隙水压力进一步消散,冒水终将停止,土的液化过程结束。当砂土和粉土液化时,其强度将完全丧失从而导致地基失效。

土层液化会引起一系列震害:淹没农田,淤塞渠道,路基被淘空,地段出现陷坑;河提产生裂缝和滑移;桥梁破坏等。另外,地基土液化也将直接引起建筑物的震害,主要表现为以下几个方面。

(1) 地面开裂下沉使建筑物产生过度下沉或整体倾斜。例如:唐山地震时,天津汉沽区一幢办公楼发生大量沉陷,半层沉入地下;1964 年日本新泻地震时,冲填土发生大面积液化,造成很多建筑下沉超过 1 m,且发生严重倾斜。

(2) 不均匀沉降会引起建筑物上部结构破坏,导致梁板等结构构件破坏,墙体开裂和建筑物体形变化处开裂等。

(3) 室内地坪上鼓、开裂,设备基础上浮或下沉。

3) 影响液化的因素

地基的液化受多种因素的影响,主要有以下几个方面。

(1) 土层的地质年代:地质年代较新的饱和砂土比地质年代古老的易液化;在国内外的历次大地震中,尚未发现地质年代属于第四纪晚更新世(Q3)或其以前的饱和土层发生液化。

(2) 土的组成和密实程度:一般来说,颗粒均匀单一的土比颗粒级配良好的土易液化;松砂比密砂易液化;细砂比粗砂易液化。另外,粉土中黏性颗粒少的比黏性颗粒多的易液化。这是因为随着土的黏聚力增加,土颗粒就越不容易流失。

(3) 液化土层的埋深:液化砂土层埋深越浅,砂土层上的有效覆盖压力就越小,越易液化。

（4）地下水位深度：地下水位越浅越易液化。

（5）地震烈度和持续时间：地震烈度越高，地震动持续时间越长，越易发生液化。

2.4.2　液化的判别

《建筑抗震设计规范》(GB 50011—2010)规定，饱和砂土和饱和粉土(不含黄土)的液化判别和地基处理，6 度时，一般情况下可不进行判别和处理，但对液化沉陷敏感的乙类建筑可按 7 度的要求进行判别和处理，7～9 度时，乙类建筑可按本地区抗震设防烈度的要求进行判别和处理。

1）二阶段液化判别原则

《建筑抗震设计规范》(GB 50011—2010)规定用二阶段方案进行地基液化判别，即初步判别和标准贯入试验判别。

根据对我国邢台、海城、唐山等地震液化现场资料的研究，发现液化与土层的地质年代、粘粒含量、地下水位深度、上覆非液化土层厚度等有密切关系。因此，根据这些因素的相关性即可对土层液化进行初步判别。利用初步判别可排除一大批不会液化的工程，达到经济、省时的目的。

当经初步判别还不能排除地基土液化的可能性时，就要采用标准贯入试验进行第二阶段的判别。

2）初步判别

《建筑抗震设计规范》(GB 50011—2010)规定，对饱和的砂土或粉土(不含黄土)，当符合下列条件之一时，可初步判别为不液化或可不考虑液化影响。

（1）地质年代为第四纪晚更新世(Q3)及其以前时，地震烈度为 7 度和 8 度时可判为不液化土。

（2）粉土的黏粒(粒径小于 0.005 mm 颗粒)含量百分率，7 度、8 度和 9 度分别不小于 10、13 和 16 时，可判为不液化土。这里用于液化判别的黏粒含量系采用六偏磷酸钠作分散剂测定，采用其他方法时应按有关规定换算。

（3）浅埋天然地基的建筑，当上覆非液化土层厚度和地下水位深度符合下列条件之一时，可不考虑液化影响。

$$d_u > d_0 + d_b - 2 \tag{2.4.2}$$

$$d_w > d_0 + d_b - 3 \tag{2.4.3}$$

$$d_u + d_w > 1.5d_0 + 2d_b - 4.5 \tag{2.4.4}$$

式中　d_u——上覆非液化土层厚度(单位：m)，计算时宜将淤泥和淤泥质土层扣除；

$\quad\quad d_w$——地下水位深度(单位：m)，按建筑的设计基准期内年平均最高水位采用，也可按近期内年最高水位采用；

$\quad\quad d_b$——基础埋置深度(单位：m)，不超过 2 m 时应采用 2 m；

$\quad\quad d_0$——液化土特征深度(单位：m)，按表 2-7 采用。

表 2-7　液化土特征深度 d_0（m）

饱和土类别	7 度	8 度	9 度
粉土	6	7	8
砂土	7	8	9

注：当区域的地下水位处于变动状态时，应按不利的情况考虑。

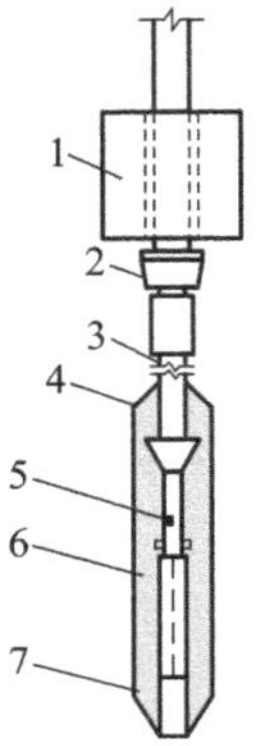

图 2-3　标准贯入器示意图

1—穿心锤；2—锤垫；3—触探杆；
4—贯入头；5—出水孔；
6—贯入器身；7—贯入器靴

3）标准贯入试验判别

当饱和砂土、粉土的初步判别认为需要进一步进行液化判别时，应采用标准贯入试验判别法判别地面下 20 m 范围内土的液化；但对于可不进行天然地基及基础的抗震承载力验算的各类建筑，可只判别地面下 15 m 范围内土的液化。当饱和土标准贯入锤击数（未经杆长修正）小于或等于液化判别标准贯入锤击数临界值时，应判为液化土。当有成熟经验时，尚可采用其他判别方法。其中，标准贯入试验设备由标准贯入器、触探杆和穿心锤等部分组成，如图 2-3 所示。

在地面下 20 m 深度范围内，液化判别标准贯入锤击数临界值可按下式计算。

$$N_{cr} = N_0 \beta [\ln(0.6d_s + 1.5) - 0.1d_w] \cdot \sqrt{3/\rho_c}$$

$$(2.4.5)$$

式中　N_{cr}——液化判别标准贯入锤击数临界值；

N_0——液化判别标准贯入锤击数基准值，可按表 2-8 采用；

d_s——饱和土标准贯入点深度（单位：m）；

ρ_c——黏粒含量百分率，当小于 3 或为砂土时，应取等于 3；

β——调整系数，设计地震第一组取 0.80，第二组取 0.95，第三组取 1.05。

表 2-8　液化判别标准贯入锤击数基准值 N_0

设计基本地震加速度（g）	0.10	0.15	0.20	0.30	0.40
液化判别标准贯入锤击数基准值	7	10	12	16	19

2.4.3　液化地基的评价

采用标准贯入试验，判别的是地表以下土层中若干个高程处附近土层的液化可能性。但建筑场地一般是由多层土组成，其中一些土层被判别为液化，而另一些土层可能被判别为不液化；即使多层土均被判别为液化，那么还需要进一步对液化的严重程度作出评价。所以，需要有一个可判定土的液化可能性和危害程度的定量指标。

《建筑抗震设计规范》(GB 50011—2010)采用了液化指数 I_{lE},来反映液化危害程度,可按下式计算:

$$I_{lE} = \sum_{i=1}^{n} \left(1 - \frac{N_i}{N_{cri}}\right) d_i W_i \qquad (2.4.6)$$

式中　I_{lE}——液化指数;

n——在判别深度范围内每个钻孔标准贯入试验点的总数;

N_i,N_{cri}——分别为 i 点标准贯入锤击数的实测值和临界值,当实测值大于临界值时,N_i 应取临界值的数值;当只需判别 15 m 范围以内的液化时,15 m 以下的实测值可按临界值采用;

d_i——i 点所代表的土层厚度(单位:m),可采用与该标准贯入试验点相邻的上、下两标准贯入深度差的一半,但上界不高于地下水位深度,下界不深于液化深度;

W_i——i 点土层考虑土层埋深的层位影响权函数值(单位:m^{-1})。当该层中点深度不大于 5 m 时应采用 10,等于 20 m 时应采用零值,5～20 m 时应按线性内插法取值。

液化指数的大小,定量地反映了土层液化的可能性大小和液化危害的轻重程度。在求出液化指数后,就可以按表 2-9 来确定液化等级,然后根据液化等级采取相应的措施。

表 2-9　液化等级与液化指数的对应关系

液 化 等 级	轻　　微	中　　等	严　　重
液化指数 I_{lE}	$0<I_{lE}\leqslant6$	$6<I_{lE}\leqslant18$	$I_{lE}>18$

表 2-9 将液化等级分为轻微、中等和严重三种情况。当液化等级为轻微时,地面一般无喷砂冒水现象,仅在洼地、河边有零星的喷砂冒水点,场地上的建筑物一般没有明显的沉降或不均匀沉降,液化危害很小。当液化等级为中等时,喷砂冒水频频出现,建筑物产生明显的不均匀沉降或裂缝,尤其是直接用液化土做地基持力层的建筑和农村简易房屋,液化危害较大。当液化等级为严重时,场地喷砂冒水严重,涌砂量大,地面变形明显,建筑物的不均匀沉降很大,有的建筑物还会产生倾倒,液化危害普遍较重。

2.4.4　地基的抗液化措施

对于液化地基,应根据液化等级和建筑物的重要性分类,针对不同情况采取不同层次的抗液化措施。对于液化土层较为平坦且均匀的情况,可依据表 2-10 选择适当的抗液化措施,尚可计入上部结构重力荷载对液化危害的影响,根据液化震陷量的估计适当调整抗液化措施。不宜将未经处理的液化土层作为天然地基持力层。

表 2-10　抗液化措施

建筑类别	地基的液化等级		
	轻　微	中　等	严　重
乙类	部分消除液化沉陷,或对基础和上部结构进行处理	全部消除液化沉陷,或部分消除液化沉陷且对基础和上部结构进行处理	全部消除液化沉陷
丙类	对基础和上部结构进行处理,亦可不采取措施	对基础和上部结构进行处理,或采取更高要求的措施	全部消除液化沉陷,或部分消除液化沉陷且对基础和上部结构进行处理
丁类	可不采取措施	可不采取措施	对基础和上部结构进行处理,或采取其他更经济的措施

注:甲类建筑的地基抗液化措施应专门研究,但不宜低于乙类的相应要求。

表 2-10 中全部消除地基液化沉陷、部分消除地基液化沉陷、进行基础和上部结构处理等措施的具体要求如下。

(1) 全部消除地基液化沉陷的措施,应符合下列要求。

① 采用桩基时,桩端伸入液化深度以下稳定土层中的长度(不包括桩尖部分)应按计算确定,且对碎石土,砾、粗、中砂,坚硬黏性土和密实粉土尚不应小于0.8 m,对其他非岩石土尚不宜小于1.5 m。

② 采用深基础时,基础底面埋入液化深度以下稳定土层中的深度不应小于0.5 m。

③ 采用加密法(如振冲、振动加密、挤密碎石桩、强夯等)时,应处理至液化深度下界;振冲或挤密碎石桩加固后,桩间土的标准贯入锤击数不宜小于液化判别标准贯入锤击数临界值。

④ 用非液化土替换全部液化土层,或增加上覆非液化土层的厚度。

⑤ 采用加密法或换土法处理时,在基础边缘以外的处理宽度,应超过基础底面下处理深度的 1/2,且不小于处理宽度的 1/5。

(2) 部分消除液化地基沉陷的措施,应符合下列要求。

① 处理深度应使处理后的地基液化指数减少,其值不宜大于5;大面积筏基、箱基的中心区域,处理后的液化指数可比上述规定降低1;对于独立基础和条形基础,尚不应小于基础底面下液化土特征深度和基础宽度的较大值。这里,中心区域是指位于基础外边界以内沿长宽方向距外边界大于相应方向 1/4 长度的区域。

② 采用振冲或挤密碎石桩加固后,桩间土的标准贯入锤击数不宜小于液化判别标准贯入锤击数临界值。

③ 基础边缘以外的处理宽度,应超过基础底面下处理深度的 1/2,且不小于处理宽度的 1/5。

④ 采取减小液化震陷的其他方法,如增厚上覆非液化土层的厚度和改善周边

的排水条件。

（3）减轻液化影响的基础和上部结构处理，可综合采用下列各项措施。

① 选择合适的地基埋深。

② 调整基础底面积，减少基础偏心。

③ 加强基础的整体性和刚性，如采用箱基、筏基或钢筋混凝土交叉条形基础，加设基础圈梁等。

④ 减轻荷载，增强上部结构整体刚度和均匀对称性，合理设置沉降缝，避免采用对不均匀沉降敏感的结构形式等。

⑤ 管道穿过建筑处应预留足够尺寸或采用柔性接头等。

（4）在古河道以及临近河岸、海岸和边坡等有液化侧向扩展或流滑可能的地段内不宜修建永久性建筑，否则应进行抗滑动验算、采取防土体滑动措施或结构抗裂措施。

（5）地基中软弱黏性土层的震陷判别，可采用下列方法。

饱和粉质黏土震陷的危害性和抗震陷措施应根据沉降和横向变形大小等因素综合研究确定，8 度（0.30g）和 9 度时，当塑性指数小于 15 且符合下式规定的饱和粉质黏土可判为震陷性软土。

$$W_s \geq 0.9W_L \qquad (2.4.7a)$$
$$I_L \geq 0.75 \qquad (2.4.7b)$$

式中　W_s——天然水含量；

　　　W_L——液限含水量，采用液、塑限联合测定法测定；

　　　I_L——液性指数。

（6）地基主要受力层范围内存在软弱黏性土层和高含水量的可塑性黄土时，应结合具体情况综合考虑，采用桩基、地基加固处理或上述第（3）条的各项措施，也可根据软土震陷量的估计，采取相应措施。

2.5　桩基抗震设计

2.5.1　桩基选型与布置

在桩基抗震设计时首先应进行桩基选型与布置，满足概念设计的相关要求。具体要求如下：

1）桩基选型

（1）宜优先采用普通钢筋混凝土或预应力混凝土预制桩（以下简称预制桩），也可采用配筋的混凝土灌注桩（以下简称灌注桩），当技术经济合理时也可采用钢管桩。

（2）宜优先采用长桩；当承台底面标高处上下土层为软弱土或液化土时，烈度 7～9 度地区不宜采用桩端未嵌固于稳定岩石中的短桩。

（3）一般宜采用竖直桩，当竖直桩不能满足抗震要求且施工条件允许时，可在适当部位布置少量的斜桩,如高层建筑抗震墙的两端。

(4) 同一结构单元中桩基类型宜相同。

(5) 同一结构单元中,桩的材料、截面、桩顶标高和长度宜相同;当桩的长度不同时,桩端宜支承在同一土层或抗震性能基本相同的土层上。

(6) 桩顶与承台的连接应按固接设计。

(7) 桩基承台宜埋于地下且保证承台底面与地基土紧密接触。

2) 桩基布置

(1) 作用于承台的水平力,宜通过桩群平面刚心,避免或减小承台和上部结构受扭。

(2) 在不能设置基础系梁的方向,单独桩基不宜设置单桩,条形基础不宜设置单排桩;否则应在该方向增设基础系梁或采取其他措施。

2.5.2 非液化地基上桩基抗震承载力验算

针对承受竖向荷载为主的低承台桩基,当地面下无液化土层,且桩承台周围无淤泥、淤泥质土和地基承载力特征值不大于 100 kPa 的填土时,下列建筑可不进行桩基抗震承载力验算。

(1)《建筑抗震设计规范》(GB 50011—2010)规定可不进行上部结构抗震验算,且采用桩基的建筑。

(2) 7 度和 8 度时的下列建筑:

① 一般的单层厂房和单层空旷房屋;

② 不超过 8 层且高度在 24 m 以下的一般民用框架房屋;

③ 基础荷载与②相当的多层框架厂房和多次混凝土抗震墙房屋。

对不满足上述各条件建筑物的桩基础,一般应进行抗震验算。与天然地基抗震验算相同,桩基抗震验算时也应考虑地震作用下承载力提高的有利因素。《建筑抗震设计规范》规定,与非抗震设计相比,承载力可提高 25%。

1) 桩基竖向抗震承载力验算

非液化土中低承台桩基的单桩竖向承载力抗震验算,应符合下列规定。

$$N_E \leqslant R_{aE} \tag{2.5.1}$$

$$N_{Emax} \leqslant 1.2 R_{aE} \tag{2.5.2}$$

$$N_{Emin} > 0 \tag{2.5.3}$$

式中　N_E——地震作用效应标准组合的单桩桩顶平均竖向力值;

　　N_{Emax},N_{Emin}——地震作用效应标准组合的边缘单桩最大竖向力值、最小竖向力值;

　　R_{aE}——单桩竖向抗震承载力特征值。

单桩竖向抗震承载力特征值 R_{aE} 按下式确定:

$$R_{aE} = 1.25 R_a \tag{2.5.4}$$

式中　R_a——单桩非抗震竖向承载力特征值。

对于摩擦群桩竖向抗震承载力验算,包括群桩的整体竖向抗震承载力验算和软弱下卧层抗震承载力验算,验算方法与静力设计一样,只需将桩端土及其软弱下卧层土的抗震承载力采用调整后的天然地基抗震承载力特征值即可。

2) 桩基水平抗震承载力验算

非液化土中低承台桩基的单桩水平承载力抗震验算,应符合下列规定。

$$H_E \leqslant R_{Eha} \tag{2.5.5}$$

式中 H_E——地震作用效应标准组合的单桩桩顶水平向力值;

R_{Eha}——单桩水平向抗震承载力特征值。

单桩水平向抗震承载力特征值 R_{Eha} 按下式确定。

$$R_{Eha} = 1.25 R_{ha} \tag{2.5.6}$$

式中 R_{ha}——单桩非抗震水平向承载力特征值。

《建筑抗震设计规范》(GB 50011—2010)还规定,当承台周围的回填土夯实至干密度不小于现行《建筑地基基础设计规范》对填土的要求时,可由承台正面填土与桩共同承担水平地震作用;但不应计入承台底面与地基间的摩擦力。

2.5.3 液化地基上桩基抗震承载力验算

采用桩基是消除和减轻地基液化危害的有效措施之一。根据《建筑抗震设计规范》(GB 50011—2010)的规定,存在液化土层的低承台桩基抗震承载力验算,应符合下列规定。

(1)承台埋深较浅时,不宜计入承台周围土的抗力或刚性地坪对水平地震作用的分担作用。

(2)当桩承台底面上、下分别有厚度不小于 1.5 m 和 1.0 m 的非液化土层或非软弱土层时,可按下列两种情况进行桩的抗震验算,并按不利情况设计:

① 桩承受全部地震作用,桩承载力按非液化土层中桩基的有关规定确定,但液化土层的桩周摩擦力及桩水平抗力均应乘以表 2-11 的折减系数。

表 2-11   土层的液化影响折减系数

液化强度比 $\lambda_N = N_i / N_{cri}$	$\lambda_N \leqslant 0.6$		$\lambda_N \geqslant 0.6 \sim 0.8$		$\lambda_N > 0.8 \sim 1.0$	
土层深度 d_s(m)	$d_s \leqslant 10$	$10 < d_s \leqslant 20$	$d_s \leqslant 10$	$10 < d_s \leqslant 20$	$d_s \leqslant 10$	$10 < d_s \leqslant 20$
Ψ_L	0	1/3	1/3	2/3	2/3	1

注:N_i 和 N_{cri} 分别为 i 层土标准贯入锤击数的实测值和液化判别的临界值。当实测值大于临界值时应取临界值;当只需要判别 15 m 范围以内的液化时,15 m 以下的实测值可按临界值采用。

② 地震作用按水平地震影响系数最大值的 10%采用,桩承载力按非液化土中桩基的有关规定确定,但应扣除液化土层的全部摩擦力和桩承台下 2 m 深度范围内非液化土层的桩周摩擦力。

（3）打入式预制桩及其他挤土桩，当平均桩距为 2.5～4 倍桩径且桩数不少于 5×5 时，可计入打桩对土的加密作用及桩身对液化土变形的有利影响。当打桩后桩间土的标准贯入锤击数值达到不液化的要求时，单桩承载力可不折减，但对桩尖持力层作强度校核时，桩群外侧的应力扩散角应取为零。打桩后桩间土的标准贯入锤击数宜由试验确定，也可按下式计算：

$$N_1 = N_p + 100\rho(1 - e^{-0.3N_p}) \tag{2.5.7}$$

式中　N_1——打桩后桩间土的标准贯入锤击数；

ρ——打入式预制桩的面积置换率；

N_p——打桩前土的标准贯入锤击数。

（4）处于液化土中的桩基承台周围，宜用非液化土填筑夯实，若用砂土或粉土，则应使土层的标准贯入锤击数不小于液化判别标准贯入锤击数临界值。

（5）液化土和震陷软土中桩的配筋范围，应自桩顶至液化深度以下符合全部消除液化沉陷所需要的深度，其纵向钢筋应与桩顶部相同，箍筋应加粗和加密。

（6）存在液化侧向扩展的地段，桩基除应满足本节中的其他规定外，尚应考虑土流动时的侧向作用力，且承受侧向推力的面积应按边桩外缘间的宽度计算。

【本章要点】

本章主要介绍：场地条件对震害的影响及建筑场地的选择方法；等效剪切波速的计算公式；土的类型划分及剪切波速范围；场地覆盖层厚度的确定原则；场地类别的划分方法；场地区划的基本方法与过程；天然地基及基础抗震承载力验算的方法；地基土液化的原理、影响因素及危害；场地土液化的判别方法；液化地基的评价指标及地基抗液化措施；桩基选型及布置的一般原则；非液化地基及液化地基上桩基抗震承载力验算的基本方法。

【思考题】

2-1　为什么要进行建筑场地类别划分？怎样划分？

2-2　什么是土层等效剪切波速？如何计算？

2-3　什么是场地覆盖层厚度？如何确定？

2-4　哪些建筑可不进行天然地基及基础的抗震承载力验算？

2-5　如何确定地基抗震承载力？简述天然地基抗震承载力的验算方法。

2-6　什么是地基土的液化？液化会造成哪些震害？影响地基土液化的主要因素有哪些？

2-7　怎样判别地基土的液化？如何确定地基土液化的严重程度？

2-8　简述地基的抗液化原则及主要措施。

2-9　简述桩基抗震承载力验算的主要过程。

第3章 结构地震反应分析及抗震验算

3.1 概述

结构的地震反应是指地震引起的结构振动,它包括地震在结构中引起的速度、加速度、位移和内力等。在进行建筑结构抗震设计时,需对结构进行地震反应分析。

地震反应分析属于结构动力学的范畴,它取决于地震动和结构特性,特别是动力特性。因此,地震反应分析是随着人们对这两方面认识的深入而提高。结构的地震反应分析的发展可以分为静力、反应谱、动力这三个阶段,在动力阶段中又可分为弹性与非弹性(或非线性)两个阶段,随机振动与确定性振动是这一阶段中并列出现的两种分析方法。

目前,世界各国广泛采用反应谱理论来确定地震作用的大小,其中以加速度反应谱应用最为普遍。所谓加速度反应谱是指结构自振周期与结构质点体系最大反应加速度之间的关系曲线。对于单质点体系,若已知反应谱曲线,由结构的自振周期就可以确定作用在结构质点上的最大反应加速度 a,其与质点质量 m 的乘积就是作用在质点上的地震作用 F。对于多质点体系,可以通过振型分解法,利用单质点体系的反应谱曲线求出多质点体系在各个振型下的地震作用,再通过组合叠加求出多质点体系的地震作用效应,最后将地震作用效应与其他荷载效应进行组合,并验算结构和构件的抗震承载力及变形,以满足抗震设计要求。

上述的弹性体系加速度反应谱方法主要是针对多遇地震(众值烈度)下的第一阶段设计而言的。对于罕遇地震下的第二阶段设计,就不能采用此方法。一般是采用考虑结构构件进入弹塑性阶段后的非线性动力时程分析方法。在选定地面运动加速度曲线后,通过数值积分求解运动方程,计算出每一时间分段处的结构位移、速度和加速度。由于地震时水平地面运动加速度一般要比竖向地面运动加速度大,且结构物通常抵抗竖向荷载的能力比抵抗侧向荷载的能力强,因此在多数情况下,主要是考虑水平地震作用的影响。

本章以讲述水平地震作用的计算为主,先分析单自由度体系,后分析多自由度体系;先介绍振型分解反应谱法与底部剪力法,后介绍时程分析法;另外,讲述竖向地震作用计算、结构的地震扭转效应、地基与结构的相互作用;接着,总结地震作用计算的一般规定;最后,从承载力验算和变形验算两个方面对建筑结构抗震验算方法进行介绍。

3.2　单自由度体系的地震反应分析

3.2.1　计算简图

图 3-1(a)为一等高单层厂房,由于其质量大部分都集中在屋盖处,因此,可将结构中参与振动的所有质量全部折算至屋盖,而将墙、柱等视为一个无质量的弹性杆,这样就形成了一个单质点体系。当该单质点体系只作单向振动时,就形成了一个单自由度体系。图 3-1(b)为其计算简图。其他结构,如公路高架桥、水塔等,在做单向振动时,也可以视为单自由度体系。

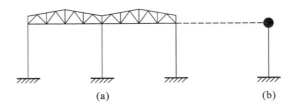

(a)　　　　　　　　　　　　　(b)

图 3-1　单质点弹性体系计算简图

(a) 等高单层厂房；(b) 计算简图

3.2.2　运动方程

在确定结构的计算简图后,就可建立体系在地震作用下的运动方程。图 3-2(a)表示地震时,单质点弹性体系在地面水平运动分量作用下的运动状态。其中 $x_0(t)$ 表示地面的水平位移,$x(t)$ 表示质点 m 对于地面的相对位移反应,$x_0(t)+x(t)$ 表示质点的总位移,$\ddot{x}_0(t)+\ddot{x}(t)$ 是质点的绝对加速度。

若取该质点为隔离体,则由达朗贝尔原理可知,作用在该质点上的力有惯性力、弹性恢复力和阻尼力 3 种,如图 3-2(b)所示。

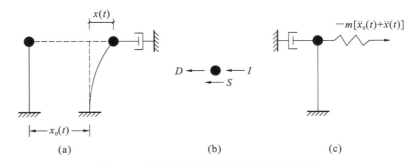

(a)　　　　　　　　　(b)　　　　　　　　(c)

图 3-2　地震时单质点弹性体系的运动状态

惯性力 I 为质点的质量 m 与绝对加速度的乘积,即

$$I = -m[\ddot{x}_0(t) + \ddot{x}(t)] \tag{3.2.1}$$

式中的负号表示惯性力与绝对加速度的方向相反。

弹性恢复力 S 是使质点从振动位置恢复到平衡位置的一种力,它的大小与质点离开平衡位置的位移成正比,即

$$S = -kx(t) \tag{3.2.2}$$

式中　k——质点弹性直杆的刚度,即质点发生单位位移时,在质点上所需施加的力;负号表示 S 的指向总是与质点位移的方向相反。

阻尼力 D 是一种使结构振动不断衰减的力,即结构在振动过程中,由于材料的内摩擦、构件连接处的摩擦、地基土的内摩擦以及周围介质对振动的阻力等,使得结构的振动能量受到损耗而导致其振幅逐渐衰减的一种力。目前阻尼理论中,应用最广泛的是粘滞阻尼理论,它假定阻尼力的大小与质点的速度成正比,即

$$D = -c\dot{x}(t) \tag{3.2.3}$$

式中　c——阻尼系数,负号表示阻尼力与速度 $\dot{x}(t)$ 的方向相反。

根据达朗贝尔原理,物体在运动中的任一瞬时,作用在物体上的外力与惯性力相互平衡,故

$$-m[\ddot{x}_0(t)+\ddot{x}(t)]-c\dot{x}(t)-kx(t)=0 \tag{3.2.4a}$$

也即

$$m\ddot{x}(t)+c\dot{x}(t)+kx(t)=-m\ddot{x}_0(t) \tag{3.2.4b}$$

该方程就是单质点弹性体系在地震作用下的运动方程,其形式与动力学中单质点弹性体系在动力荷载 $-m\ddot{x}_0(t)$ 作用下的运动方程相同。也就是说,地震时地面运动加速度 $\ddot{x}_0(t)$ 对单自由度弹性体系引起的动力效应,与在质点上作用一动力荷载 $-m\ddot{x}_0(t)$ 时所产生的动力效应等效。

式(3.2.4)还可简化为

$$\ddot{x}(t)+2\zeta\omega\dot{x}(t)+\omega^2 x(t)=-\ddot{x}_0(t) \tag{3.2.5}$$

式中

$$\omega=\sqrt{k/m} \tag{3.2.6}$$

$$\zeta=\frac{c}{2\omega m}=\frac{c}{2\sqrt{km}} \tag{3.2.7}$$

其中,ω 为体系的自振频率;ζ 为体系的阻尼比。

很显然,式(3.2.5)是一个常系数的二阶非齐次微分方程。其通解由两部分组成,一个是齐次解,另一个是特解,具体解法见 3.2.3 节。

3.2.3　运动方程的解答

1) 自由振动

将式(3.2.5)等号右边的荷载项设为零,即得到相应于自由振动的齐次微分方程,它表示质点在振动过程中无外部干扰。

$$\ddot{x}(t)+2\zeta\omega\dot{x}(t)+\omega^2 x(t)=0 \tag{3.2.8}$$

对一般结构，$\zeta < 1$，则上式的解可写为

$$x(t) = e^{-\zeta \omega t} (A\cos\omega' t + B\sin\omega' t) \qquad (3.2.9)$$

式中，$\omega' = \omega \sqrt{1-\zeta^2}$，称为有阻尼的自振频率。

代入初始条件：当时间 $t=0$ 时，初始位移为 $x(0)$，初始速度为 $\dot{x}(0)$，则有

$$A = x(0)$$

$$B = \frac{\dot{x}(0) + \zeta\omega x(0)}{\omega}$$

将 A、B 代入式（3.2.9）中，得到通解：

$$x(t) = e^{-\zeta \omega t} \left[x(0)\cos\omega' t + \frac{\dot{x}(0) + \zeta\omega x(0)}{\omega}\sin\omega' t \right] \qquad (3.2.10)$$

2）强迫振动

（1）瞬时冲量及其引起的自由振动。

冲量是指荷载 P 与作用时间 Δt 的乘积，即 $P\Delta t$。当作用时间为瞬时 dt 时，则称 Pdt 为瞬时冲量。

根据动量定律，冲量等于动量的增量，故有

$$Pdt = mv - mv_0 \qquad (3.2.11)$$

若体系原先处于静止状态，则初速度 $v_0 = 0$，故体系在瞬时冲量作用下获得的速度为

$$v = Pdt/m \qquad (3.2.12)$$

又因体系原先处于静止状态，故体系的初始位移也等于零。这样就可认为在瞬时荷载作用后的瞬间，体系的位移仍为零。也就是说，原来静止的体系在瞬时冲量的影响下将以初速度 Pdt/m 作自由振动。根据自由振动的方程式（3.2.10），并令其中的 $x(0)=0$ 和 $\dot{x}(0)=Pdt/m$，则可得

$$x(t) = e^{-\zeta \omega t} \frac{Pdt}{m\omega'}\sin\omega' t \qquad (3.2.13)$$

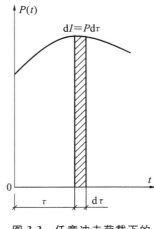

图 3-3　任意冲击荷载下的瞬时冲量作用

（2）杜哈梅积分。

质点由外荷载引起的强迫振动，可依照瞬时冲量的概念进行推导。图 3-3 为任意冲击荷载随时间的变化曲线，图中的斜线面积就表示微段 $d\tau$ 内的瞬时冲量。在这里，只需将运动方程（3.2.5）等号右边项 $-\ddot{x}_0(t)$ 看作是作用于单位质量上的动力荷载即可，若将其化成无数多个连续作用的瞬时荷载，则在 $t=\tau$ 时，其瞬时荷载为 $-\ddot{x}_0(\tau)$，瞬时冲量为 $-\ddot{x}_0(\tau)d\tau$。

在这一瞬时冲量的作用下，质点的自由振动方程可由式（3.2.13）求得，只需将式中的 Pdt 改为 $-m\ddot{x}_0(\tau)d\tau$，同时将 t 改为 $(t-\tau)$。这是因为上述瞬时冲量不在 $t=0$ 时刻作用，而是作用在 $t=\tau$ 时刻。于是有

$$\mathrm{d}x(t) = -\mathrm{e}^{-\zeta\omega(t-\tau)}\frac{\ddot{x}_0(\tau)}{\omega'}\sin\omega'(t-\tau)\mathrm{d}\tau \qquad (3.2.14)$$

通过对上式积分即可得到体系的总位移反应 $x(t)$ 为

$$x(t) = \int_0^t \mathrm{d}x(t) = -\frac{1}{\omega'}\int_0^t \ddot{x}_0(\tau)\mathrm{e}^{-\zeta\omega(t-\tau)}\sin\omega'(t-\tau)\mathrm{d}\tau \qquad (3.2.15)$$

一般有阻尼频率 ω' 与无阻尼频率 ω 相差不大,即 $\omega' \approx \omega$,故上述公式也可近似地写成

$$x(t) = -\frac{1}{\omega}\int_0^t \ddot{x}_0(\tau)\mathrm{e}^{-\zeta\omega(t-\tau)}\sin\omega(t-\tau)\mathrm{d}\tau \qquad (3.2.16)$$

式(3.2.15)即为杜哈梅(Duhamel)积分,它与式(3.2.10)之和就是微分方程(3.2.5)的通解,即

$$x(t) = \mathrm{e}^{-\zeta\omega t}\left[x(0)\cos\omega't + \frac{\dot{x}(0)+\zeta\omega x(0)}{\omega'}\sin\omega't\right]$$
$$-\frac{1}{\omega'}\int_0^t \ddot{x}_0(\tau)\mathrm{e}^{-\zeta\omega(t-\tau)}\sin\omega'(t-\tau)\mathrm{d}\tau \qquad (3.2.17)$$

很显然,当体系的初始状态为静止时,上式中的第一项为零,故杜哈梅积分也就是初始状态为静止状态的单自由度体系地震位移反应的计算公式。

3.3　单自由度体系的水平地震作用

3.3.1　水平地震作用的基本公式

当基础作水平运动时,作用于单自由度体系质点上的惯性力 $-m[\ddot{x}_0(t)+\ddot{x}(t)]$ 为

$$-m[\ddot{x}_0(t)+\ddot{x}(t)] = kx(t)+c\dot{x}(t) \qquad (3.3.1)$$

由于阻尼力 $c\dot{x}(t)$ 相对于弹性恢复力 $kx(t)$ 来说是一个可以略去的微量,故

$$-m[\ddot{x}_0(t)+\ddot{x}(t)] \approx kx(t) \qquad (3.3.2)$$

也即,质点在任一时刻的相对位移 $x(t)$ 与该时刻的瞬时惯性力 $-m[\ddot{x}_0(t)+\ddot{x}(t)]$ 成正比。因此可认为这一相对位移是在惯性力的作用下引起的。也就是说,惯性力对结构体系的作用和地震对结构体系的作用效果相当。因此可将惯性力看作是一种反映地震影响效果的等效力,这样就可以将复杂的动力计算问题转化为静力计算问题。

质点的绝对加速度可由式(3.3.2)确定,即

$$a(t) = \ddot{x}_0(t)+\ddot{x}(t) = -\frac{k}{m}x(t) = -\omega^2 x(t) \qquad (3.3.3)$$

将地震位移反应 $x(t)$ 的表达式(3.2.16)代入上式,可得

$$a(t) = \omega\int_0^t \ddot{x}_0(\tau)\mathrm{e}^{-\zeta\omega(t-\tau)}\sin\omega(t-\tau)\mathrm{d}\tau \qquad (3.3.4)$$

由于地面运动的加速度 $\ddot{x}_0(\tau)$ 是随时间而变化的,故为了求得结构在地震持续过程中所经受的最大地震作用,就必须计算出质点的最大绝对加速度,即

$$S_a = |a(t)|_{max} = \omega \left| \int_0^t \ddot{x}_0(\tau) e^{-\zeta\omega(t-\tau)} \sin\omega(t-\tau) d\tau \right|_{max}$$

$$= \frac{2\pi}{T} \left| \int_0^t \ddot{x}_0(\tau) e^{-\zeta\frac{2\pi}{T}(t-\tau)} \sin\frac{2\pi}{T}(t-\tau) d\tau \right|_{max} \tag{3.3.5}$$

由上式可知,质点的绝对最大加速度 S_a 取决于地震时的地面运动加速度 $\ddot{x}_0(\tau)$、结构的自振周期 T 以及结构的阻尼比 ζ。

S_a 与质点质量的乘积即为水平地震作用的绝对最大值,即

$$F = mS_a \tag{3.3.6}$$

该式即为计算水平地震作用的基本公式。

3.3.2 加速度反应谱法

1) 地震反应谱

地震反应谱是指地震时结构质点的最大反应与结构自振周期的关系。如果已知地震时地面运动的加速度记录 $\ddot{x}_0(\tau)$ 和体系的阻尼比 ζ,从理论上就可以根据式(3.3.5)计算出质点的最大加速度反应 S_a 与体系自振周期 T 的一条关系曲线。但由于地面加速度 $\ddot{x}_0(\tau)$ 不是一个确定的函数,而是一系列随时间变化的随机脉冲,对式(3.3.5)只有采用数值分析方法才能够求解。将强震记录下来的某一水平分量的加速度曲线先进行数字化处理,即按照某一种(或两种)时间间隔划分地震加速度为一组离散的数字列(变曲线为折线),然后逐个时段地计算,从而求出体系的绝对加速度时程反应,并取其最大反应值。如果以质点最大绝对加速度反应 S_a 为纵坐标,以周期 T 为横坐标,在某一具体记录的地震加速度同时作用于阻尼比 ζ 相同、自振周期 T 各不相同的单质点体系时,通过式(3.3.5)可以得到一条 S_a-T 曲线。当 ζ 值不同,得出的 S_a-T 曲线就不相同。这类 S_a-T 曲线就是加速度反应谱,也称为地震反应谱。根据反应谱曲线,对于任何一个单自由度弹性体系,如果已知其自振周期 T 和阻尼比 ζ,就可以从曲线中查得该体系在特定地震记录下的最大加速度 S_a,进而计算得到水平地震作用。图 3-4 描述了从输入地震记录、通过结构反应计算到形成反应谱曲线这一全过程。

很显然,图 3-4 的反应谱是针对某一次具体的地震加速度记录计算得到的。若要通过实际地震记录形成的反应谱计算将来发生的地震对结构的地震作用,这种地震记录的数目就应该是大量的,且能包括各种影响因素。

2) 标准反应谱

为便于应用,引入能反映地面运动强弱的地面运动最大加速度 $|\ddot{x}_0(t)|_{max}$,则式(3.3.6)变为下列形式。

$$F = mS_a = mg\left(\frac{|\ddot{x}_0(t)|_{max}}{g}\right)\left(\frac{S_a}{|\ddot{x}_0(t)|_{max}}\right) = Gk\beta \tag{3.3.7}$$

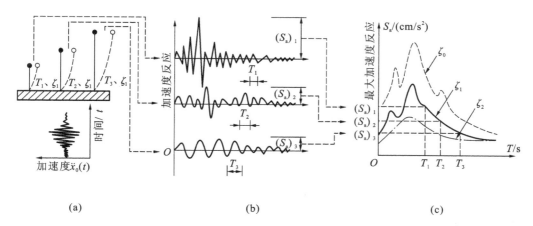

图 3-4 加速度反应谱的形成过程

(a) 阻尼比相同而固有周期不同的单质点体系群；(b) 反应波形；(c) 加速度反应谱

式中 $G=mg$ 为重力，而 k 和 β 分别称为地震系数和动力系数。

（1）地震系数。

地震系数 k 为

$$k = \frac{|\ddot{x}_0(t)|_{\max}}{g} \tag{3.3.8}$$

它表示地面运动的最大加速度与重力加速度之比。一般地，地面运动加速度愈大，则地震烈度愈高，故地震系数与地震烈度之间存在着一定的对应关系。

根据统计分析，烈度每增加一度，地震系数值将大致增加一倍。我国《建筑抗震设计规范》规定的对应于各地震基本烈度（即抗震设防烈度）的 k 值如表 3-1 所示。

表 3-1 地震系数 k 与地震烈度的关系

抗震设防烈度	6	7	8	9
地震系数 k	0.05	0.10(0.15)	0.20(0.30)	0.40

（2）动力系数。

动力系数 β 为

$$\beta = \frac{S_a}{|\ddot{x}_0(t)|_{\max}} \tag{3.3.9}$$

它表示单质点最大绝对加速度与地面最大加速度之比，反映的是由于动力效应而导致的质点加速度放大倍数。由于当 $|\ddot{x}_0(t)|_{\max}$ 增大或减小时，S_a 相应随之增大或减小，因此 β 值与地震烈度无关，这样就可以利用所有不同烈度的地震记录进行计算和统计分析。

将 S_a 的表达式(3.3.5)代入式(3.3.9)，得

$$\beta = \frac{2\pi}{T} \frac{1}{|\ddot{x}_0(t)|_{\max}} \left| \int_0^t \ddot{x}_0(\tau) e^{-\zeta\frac{2\pi}{T}(t-\tau)} \sin\frac{2\pi}{T}(t-\tau) \mathrm{d}\tau \right|_{\max} \tag{3.3.10}$$

β 与 T 的关系曲线称为 β 谱曲线,它实际上就是相对于地面最大加速度的加速度反应谱,两者在形状上完全一样。

(3) 标准反应谱。

地震是一种随机振动,因此每条地面加速度记录对应的加速度反应谱曲线均不相同。为便于应用,我们从大量加速度反应谱曲线中统计出最有代表性的平均曲线作为设计依据,这种曲线就是标准反应谱曲线。

统计分析表明,场地土的特性、震级以及震中距等都对反应谱曲线有比较明显的影响。在平均反应谱曲线中,当阻尼比 $\zeta = 0.05$ 时,β_{max} 平均为 2.25,在曲线中此峰值所对应的结构自振周期,大致与该结构所在场地的卓越周期(也即场地的自振周期)相同。也就是说,结构的自振周期与场地的卓越周期接近时,结构的地震反应最大,即产生共振现象。因此,抗震设计时,应使结构的自振周期远离场地的卓越周期。此外,对于土质松软的场地,β 谱曲线的主要峰点偏于较长的周期,而土质坚硬时则一般偏于较短的周期。同时,场地土愈松软,并且该松软土层愈厚时,β 谱的谱值就愈大。另外,震级和震中距对 β 谱的特性也有一定影响。一般地,在烈度基本相同的情况下,震中距较远时加速度反应谱的峰值点偏于较长的周期,震中距较近时则偏于较短的周期。因此,在离大地震震中较远的地方,高柔结构因其周期较长所受到的地震破坏将比在同等烈度下较小或中等地震的震中区所受到的破坏更严重,这与刚性结构的地震破坏情况相反。

3) 设计反应谱

为便于计算,《建筑抗震设计规范》(GB 50011—2010)采用相对于重力加速度的单质点绝对最大加速度,即 S_a/g 与体系自振周期 T 之间的关系作为设计用反应谱,并称 S_a/g 为地震影响系数,用 α 表示。因此,设计反应谱又称为地震影响系数曲线。

由式(3.3.7)可知

$$\alpha = \frac{S_a}{g} = k\beta \qquad (3.3.11)$$

则式(3.3.7)还可写成

$$F = \alpha G \qquad (3.3.12)$$

因此,α 实际上就是作用于单质点弹性体系上的水平地震力与结构重力之比。

地震影响系数 α 应根据地震烈度、场地类别、设计地震分组和结构自振周期以及阻尼比按图 3-5 确定。由图 3-5 可知,α 曲线由 4 部分组成:在 $T < 0.1$ s 范围内,为一线性上升段;在 0.1 s $\leqslant T \leqslant T_g$ 范围内,采用一水平线,即取最大值 $\eta_2 \alpha_{max}$;在 $T_g < T \leqslant 5T_g$ 范围内,采用式(3.3.13)所示的曲线下降段;在 $5T_g < T \leqslant 6.0$ s 范围内,采用式(3.3.14)所示的直线下降段。但应注意,当 $T > 6.0$ s 时,此设计反应谱已超出其适用范围,此时结构的地震影响系数应专门研究。

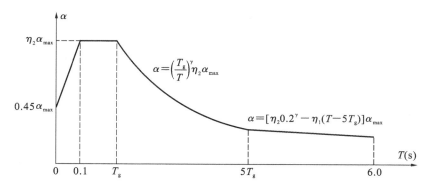

图 3-5 地震影响系数曲线

$$\alpha = \left(\frac{T_g}{T}\right)^{\gamma} \eta_2 \alpha_{max} \qquad (3.3.13)$$

$$\alpha = [\eta_2 0.2^{\gamma} - \eta_1 (T - 5T_g)] \alpha_{max} \qquad (3.3.14)$$

式中 γ——曲线下降段的衰减指数,应按式(3.3.15)确定;

η_1——直线下降段的下降斜率调整系数,应按式(3.3.16)确定,且当 $\eta_1 < 0$ 时,取 $\eta_1 = 0$;

η_2——阻尼调整系数,应按式(3.3.17)确定,且当 $\eta_2 < 0.55$ 时,取 $\eta_2 = 0.55$;

T——结构自振周期(单位:s);

T_g——特征周期,它是对应于反应谱峰值区拐点处的周期,可根据场地类别及设计地震分组按表 3-2 选用,但在计算罕遇地震作用时,其特征周期应增加 0.05 s。

表 3-2 特征周期值(s)

设计地震分组	场 地 类 别				
	I_0	I_1	II	III	IV
第一组	0.20	0.25	0.35	0.45	0.65
第二组	0.25	0.30	0.40	0.55	0.75
第三组	0.30	0.35	0.45	0.65	0.90

$$\gamma = 0.9 + \frac{0.05 - \zeta}{0.3 + 6\zeta} \qquad (3.3.15)$$

$$\eta_1 = 0.02 + \frac{0.05 - \zeta}{4 + 32\zeta} \qquad (3.3.16)$$

$$\eta_2 = 1 + \frac{0.05 - \zeta}{0.08 + 1.6\zeta} \tag{3.3.17}$$

其中 ζ 为结构的阻尼比,一般结构可取 0.05,相应的 γ、η_1、η_2 分别为 0.9、0.02 和 1.0。当阻尼比 ζ 按有关规定不等于 0.05 时,应按上述三式计算确定。

图 3-5 中水平地震影响系数的最大值 α_{max} 为

$$\alpha_{max} = k\beta_{max} \tag{3.3.18}$$

《建筑抗震设计规范》(GB 50011—2010)取动力系数的最大值 $\beta_{max} = 2.25$,相应的地震系数 k,在多遇地震时取为基本烈度时(表 3-1)的 0.35 倍,在罕遇地震时取为基本烈度时的 2 倍左右,故可得 α_{max} 值如表 3-3 所示。

表 3-3 水平地震影响系数最大值

地震影响	设防烈度			
	6 度	7 度	8 度	9 度
多遇地震	0.04	0.08(0.12)	0.16(0.24)	0.32
罕遇地震	0.28	0.50(0.72)	0.90(1.20)	1.40

注:括号中数值分别用于设计基本地震加速度为 $0.15g$ 和 $0.30g$ 的地区。

此外,在图 3-5 中,当结构的自振周期 $T = 0$ 时,结构为一刚体,其加速度将与地面加速度相等,即此时的 α 为

$$\alpha = k = \frac{k\beta_{max}}{\beta_{max}} = \frac{\alpha_{max}}{2.25} = 0.45\alpha_{max} \tag{3.3.19}$$

3.4 多自由度体系的地震反应分析

3.4.1 计算简图

对于质量比较集中的结构,在进行动力分析时,一般可将其简化为单质点体系。而对于质量比较分散的结构,如楼盖为刚性的多层房屋、多跨不等高的单层厂房等,则可以将其简化为多质点体系,并按多质点体系进行结构的地震反应分析。图 3-6 为刚性楼盖多层房屋的计算简图。

3.4.2 运动方程

图 3-7(a)为两质点体系在单向水平地震作用下某一瞬间的变形情况。若取质点 1 为隔离体,如图 3-7(b)所示,则惯性力为

$$I_1 = -m_1(\ddot{x}_0 + \ddot{x}_1)$$

弹性恢复力为 $\qquad S_1 = -(k_{11}x_1 + k_{12}x_2)$

阻尼力为 $\qquad D_1 = -(c_{11}\dot{x}_1 + c_{12}\dot{x}_2)$

式中　k_{11}——使质点 1 产生单位位移而质点 2 保持不动时,在质点 1 处所需施加的水平力;

$\quad\ k_{12}$——使质点 2 产生单位位移而质点 1 保持不动时,在质点 1 处引起的弹性反力;

$\quad\ c_{11}$——质点 1 产生单位速度而质点 2 保持不动时,在质点 1 处产生的阻尼力;

$\quad\ c_{12}$——质点 2 产生单位速度而质点 1 保持不动时,在质点 1 处产生的阻尼力。

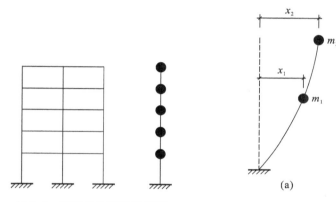

图 3-6　多质点体系计算简图　　　图 3-7　两个自由度体系的动力平衡

根据达朗贝尔原理,分别考虑质点 1 和质点 2 的动力平衡,即可得到下列运动方程。

$$m_1\ddot{x}_1 + c_{11}\dot{x}_1 + c_{12}\dot{x}_2 + k_{11}x_1 + k_{12}x_2 = -m_1\ddot{x}_0 \qquad (3.4.1a)$$

$$m_2\ddot{x}_2 + c_{21}\dot{x}_1 + c_{22}\dot{x}_2 + k_{21}x_1 + k_{22}x_2 = -m_2\ddot{x}_0 \qquad (3.4.1b)$$

式中的系数 k_{ij} 是刚度系数,反映结构刚度的大小。对于变形曲线为剪切型的结构,可由各质点上作用力的平衡求得各刚度系数。例如横梁刚度为无限大的框架(图 3-8(a)),设其底层与第 2 层的层间剪切刚度(即产生单位层间位移时需要作用的层间剪力)分别为 k_1 和 k_2,如图 3-8(b)、(c)所示。

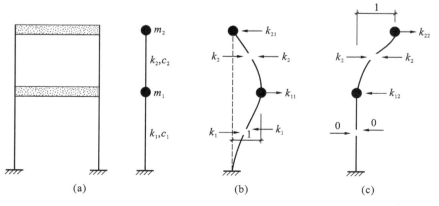

图 3-8　刚度系数

各刚度系数如下：

$$k_{11} = k_1 + k_2 \left.\right\}$$
$$k_{12} = k_{21} = -k_2 \left.\right\}$$
$$k_{22} = k_2 \left.\right\}$$

(3.4.2a)

同理，阻尼系数为

$$c_{11} = c_1 + c_2 \left.\right\}$$
$$c_{12} = c_{21} = -c_2 \left.\right\}$$
$$c_{22} = c_2 \left.\right\}$$

(3.4.2b)

若将式(3.4.1)用矩阵形式表示，则为

$$\boldsymbol{m}\ddot{\boldsymbol{x}} + \boldsymbol{c}\dot{\boldsymbol{x}} + \boldsymbol{k}\boldsymbol{x} = -\boldsymbol{m}\boldsymbol{1}\ddot{x}_0$$

(3.4.3)

式中：

$$\boldsymbol{m} = \begin{bmatrix} m_1 & 0 \\ 0 & m_2 \end{bmatrix}; \quad \boldsymbol{c} = \begin{bmatrix} c_{11} & c_{12} \\ c_{21} & c_{22} \end{bmatrix}; \quad \boldsymbol{k} = \begin{bmatrix} k_{11} & k_{12} \\ k_{21} & k_{22} \end{bmatrix}; \quad \ddot{\boldsymbol{x}} = \begin{Bmatrix} \ddot{x}_1 \\ \ddot{x}_2 \end{Bmatrix}; \quad \dot{\boldsymbol{x}} = \begin{Bmatrix} \dot{x}_1 \\ \dot{x}_2 \end{Bmatrix}; \quad \boldsymbol{x} = \begin{Bmatrix} x_1 \\ x_2 \end{Bmatrix}$$

当推广至一般的多自由度体系时，式(3.4.3)中各项为

$$\boldsymbol{m} = \begin{bmatrix} m_1 & & \cdots & 0 \\ \vdots & m_2 & & \vdots \\ & & \ddots & \\ 0 & & \cdots & m_n \end{bmatrix}; \quad \boldsymbol{c} = \begin{bmatrix} c_{11} & c_{12} & \cdots & c_{1n} \\ c_{21} & c_{22} & \cdots & c_{2n} \\ \vdots & \vdots & & \vdots \\ c_{n1} & c_{n2} & \cdots & c_{nn} \end{bmatrix}; \quad \boldsymbol{k} = \begin{bmatrix} k_{11} & k_{12} & \cdots & k_{1n} \\ k_{21} & k_{22} & \cdots & k_{2n} \\ \vdots & \vdots & & \vdots \\ k_{n1} & k_{n2} & \cdots & k_{nn} \end{bmatrix};$$

$$\ddot{\boldsymbol{x}} = \begin{Bmatrix} \ddot{x}_1 \\ \ddot{x}_2 \\ \vdots \\ \ddot{x}_n \end{Bmatrix}; \quad \dot{\boldsymbol{x}} = \begin{Bmatrix} \dot{x}_1 \\ \dot{x}_2 \\ \vdots \\ \dot{x}_n \end{Bmatrix}; \quad \boldsymbol{x} = \begin{Bmatrix} x_1 \\ x_2 \\ \vdots \\ x_n \end{Bmatrix}$$

在求解多自由度体系的运动方程时，一般采用振型分解法。而采用振型分解法求解时，首先需要明确多自由度体系的自振频率和振型，见 3.4.3 节。

3.4.3 自振频率及振型

1) 自振频率

令式(3.4.1)等号右边的荷载项为 0，即可得到两个自由度体系的自由振动方程。若略去阻尼的影响，则可得

$$m_1\ddot{x}_1 + k_{11}x_1 + k_{12}x_2 = 0 \left.\right\}$$
$$m_2\ddot{x}_2 + k_{21}x_1 + k_{22}x_2 = 0 \left.\right\}$$

(3.4.4)

上述微分方程的解为

$$x_1 = \boldsymbol{X}_1 \sin(\omega t + \varphi) \left.\right\}$$
$$x_2 = \boldsymbol{X}_2 \sin(\omega t + \varphi) \left.\right\}$$

(3.4.5)

式中　ω——频率；

φ——初相角；

X_1、X_2——质点 1 和质点 2 的位移幅值。

将式(3.4.5)代入式(3.4.4)，得

$$\left.\begin{array}{l} (k_{11}-m_1\omega^2)X_1+k_{12}X_2=0 \\ k_{21}X_1+(k_{22}-m_2\omega^2)X_2=0 \end{array}\right\} \tag{3.4.6}$$

上式为 X_1 和 X_2 的齐次方程组。为确保体系振动，式(3.4.6)必须有非零解，也即其系数行列式必须等于零，即

$$\begin{vmatrix} k_{11}-m_1\omega^2 & k_{12} \\ k_{21} & k_{22}-m_2\omega^2 \end{vmatrix}=0 \tag{3.4.7}$$

上式称为频率方程。将其展开可得 ω^2 的二次方程如下。

$$(\omega^2)^2-\left(\frac{k_{11}}{m_1}+\frac{k_{22}}{m_2}\right)\omega^2+\frac{k_{11}k_{22}-k_{12}k_{21}}{m_1m_2}=0 \tag{3.4.8}$$

解之得

$$\omega^2=\frac{1}{2}\left(\frac{k_{11}}{m_1}+\frac{k_{22}}{m_2}\right)\pm\sqrt{\left[\frac{1}{2}\left(\frac{k_{11}}{m_1}+\frac{k_{22}}{m_2}\right)\right]^2-\frac{k_{11}k_{22}-k_{12}k_{21}}{m_1m_2}} \tag{3.4.9}$$

由此可求得 ω 的两个正实根，它们就是体系的两个自振圆频率。其中较小的一个 ω_1 称为第一自振圆频率或基本自振圆频率，较大的一个 ω_2 称为第二自振圆频率。

对于一般的多自由度体系，式(3.4.6)可写为

$$\left.\begin{array}{l} (k_{11}-m_1\omega^2)X_1+k_{12}X_2+\cdots+k_{1n}X_n=0 \\ k_{21}X_1+(k_{22}-m_2\omega^2)X_2+\cdots+k_{2n}X_n=0 \\ \vdots \\ k_{n1}X_1+k_{n2}X_2+\cdots+(k_{nn}-m_n\omega^2)X_n=0 \end{array}\right\} \tag{3.4.10}$$

或可写成矩阵形式

$$(\boldsymbol{k}-\omega^2\boldsymbol{m})\boldsymbol{X}=\boldsymbol{0} \tag{3.4.11}$$

式中 $\quad \boldsymbol{k}=\begin{bmatrix} k_{11} & k_{12} & \cdots & k_{1n} \\ k_{21} & k_{22} & \cdots & k_{2n} \\ \vdots & \vdots & & \vdots \\ k_{n1} & k_{n2} & \cdots & k_{nn} \end{bmatrix}; \quad \boldsymbol{m}=\begin{bmatrix} m_1 & \cdots & 0 \\ \vdots & m_2 & \vdots \\ 0 & \cdots & m_n \end{bmatrix}; \quad \boldsymbol{X}=\begin{Bmatrix} X_1 \\ X_2 \\ \vdots \\ X_n \end{Bmatrix}$

频率方程为

$$|\boldsymbol{k}-\omega^2\boldsymbol{m}|=0 \tag{3.4.12}$$

2）振型

将 ω_1，ω_2 分别代入式(3.4.6)，即可求得质点 1、2 的位移幅值，分别用 X_{11}、X_{12} 以及 X_{21}、X_{22} 表示。例如，由式(3.4.6)中的第一式可得下式。

对应于 ω_1 $$\frac{X_{12}}{X_{11}}=\frac{m_1\omega_1^2-k_{11}}{k_{12}} \tag{3.4.13a}$$

对应于 ω_2 $$\frac{X_{22}}{X_{21}}=\frac{m_1\omega_2^2-k_{11}}{k_{12}} \tag{3.4.13b}$$

由式(3.4.5)可得质点的位移为

对应于 ω_1
$$\left.\begin{array}{l} x_{11}=X_{11}\sin(\omega_1 t+\varphi_1) \\ x_{12}=X_{12}\sin(\omega_1 t+\varphi_1) \end{array}\right\} \qquad (3.4.14a)$$

对应于 ω_2
$$\left.\begin{array}{l} x_{21}=X_{21}\sin(\omega_2 t+\varphi_2) \\ x_{22}=X_{22}\sin(\omega_2 t+\varphi_2) \end{array}\right\} \qquad (3.4.14b)$$

则在振动过程中两质点的位移比值为

对应于 ω_1
$$\frac{x_{12}}{x_{11}}=\frac{X_{12}}{X_{11}}=\frac{m_1\omega_1^2-k_{11}}{k_{12}} \qquad (3.4.15a)$$

对应于 ω_2
$$\frac{x_{22}}{x_{21}}=\frac{X_{22}}{X_{21}}=\frac{m_1\omega_2^2-k_{11}}{k_{12}} \qquad (3.4.15b)$$

很显然,这一比值与时间无关,且为常数。也就是说,在结构振动过程中的任意时刻,这两个质点的位移比值始终保持不变,也即按照一定的振动形式振动,而这种振动形式通常称为振型。当体系按 ω_1 振动时称为第一振型或基本振型,按 ω_2 振动时称为第二振型。此外,由于振型只取决于质点位移之间的相对值,故为了简单起见,通常将其中某一个质点的位移值定为1。

频率和振型均为体系的固有特性,一般地,体系有多少个自由度就有多少个频率,相应的就有多少个振型。

在一般的初始条件下,体系的振动曲线将包含全部振型。这可由自由振动方程式(3.4.4)的通解中看出。其通解为特解式(3.4.14)的线性组合,即

$$x_1(t)=X_{11}\sin(\omega_1 t+\varphi_1)+X_{21}\sin(\omega_2 t+\varphi_2) \qquad (3.4.16a)$$
$$x_2(t)=X_{12}\sin(\omega_1 t+\varphi_1)+X_{22}\sin(\omega_2 t+\varphi_2) \qquad (3.4.16b)$$

由上式可知,在一般初始条件下,任一质点的振动都是由各振型的简谐振动叠加而成的复合振动,它不再是简谐振动,而且质点之间位移的比值也不再是常数,其值将随时间而发生变化。

3)振型的正交性

由式(3.3.2)可知,结构在任一瞬时的位移等于惯性力所产生的静位移。因此,振型曲线就可看作是体系按某一频率振动时,作用其上的惯性力所引起的变形曲线。

对于两自由度体系,其两个振型曲线及其相应的惯性力如图 3-9 所示。根据式(3.3.3),惯性力也可表示为 $m_i\omega_j^2 X_{ji}$,其中 i 为质点号,j 为振型号。

根据功的互等定理,即第一状态下的力在第二状态下的位移上所做的功等于第二状态下的力在第一状态下的位移上所做的功,得

$$m_1\omega_1^2 X_{11}X_{21}+m_2\omega_1^2 X_{12}X_{22}=m_1\omega_2^2 X_{21}X_{11}+m_2\omega_2^2 X_{22}X_{12} \qquad (3.4.17a)$$

整理后得

$$(\omega_1^2-\omega_2^2)(m_1 X_{11}X_{21}+m_2 X_{12}X_{22})=0 \qquad (3.4.17b)$$

一般地,$\omega_1\neq\omega_2$,故

$$m_1 X_{11}X_{21}+m_2 X_{12}X_{22}=0 \qquad (3.4.17c)$$

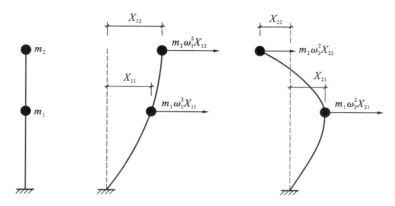

图 3-9 振型曲线及相应的惯性力

式(3.4.17c)所表示的关系,通常称为振型的正交性。

对于两个以上的多自由度体系,任意两个振型 j 与 k 之间也都有着上述的正交特性,可表示为

$$m_1 X_{j1} X_{k1} + m_2 X_{j2} X_{k2} + \cdots + m_n X_{jn} X_{kn} = 0 \qquad (3.4.18a)$$

或

$$\sum_{i=1}^{n} m_i X_{ji} X_{ki} = 0 \qquad (3.4.18b)$$

用矩阵表达时为

$$\boldsymbol{X}_j^T \boldsymbol{m} \boldsymbol{X}_k = 0 \qquad (3.4.18c)$$

式中 $\quad \boldsymbol{X}_j^T = \{ X_{j1} \quad X_{j2} \quad \cdots \quad X_{jn} \}; \ \boldsymbol{X}_k = \begin{Bmatrix} X_{k1} \\ X_{k2} \\ \vdots \\ X_{kn} \end{Bmatrix}; \ \boldsymbol{m} = \begin{bmatrix} m_1 & \cdots & 0 \\ \vdots & m_2 & \vdots \\ 0 & \cdots & m_n \end{bmatrix}$

式(3.4.18c)表示多自由度体系任意两个振型对质量矩阵的正交性。事实上,多自由度体系任意两个振型对刚度矩阵也有正交性,可通过如下推导来说明。

根据式(3.4.11),对于第 k 振型,有

$$\boldsymbol{k} \boldsymbol{X}_k = \omega_k^2 \boldsymbol{m} \boldsymbol{X}_k \qquad (3.4.19)$$

给等式两边各前乘以 $\boldsymbol{X}_j^T$,得

$$\boldsymbol{X}_j^T \boldsymbol{m} \boldsymbol{X}_k = \omega_k^2 \boldsymbol{X}_j^T \boldsymbol{m} \boldsymbol{X}_k \qquad (3.4.20)$$

由式(3.4.18c)可知,$\boldsymbol{X}_j^T \boldsymbol{m} \boldsymbol{X}_k = 0$,故

$$\omega_k^2 \boldsymbol{X}_j^T \boldsymbol{m} \boldsymbol{X}_k = \boldsymbol{X}_j^T \boldsymbol{k} \boldsymbol{X}_k = 0 \qquad (3.4.21)$$

【例 3-1】 计算图 3-10(a)所示两层框架结构的自振频率和振型,并验证其主振型的正交性。各层质量分别为 $m_1 = 68 \text{ t}, m_2 = 56 \text{ t}$。第一层层间侧移刚度为 $k_1 = 6 \times 10^4 \text{ kN/m}$,第二层层间侧移刚度为 $k_2 = 3.6 \times 10^4 \text{ kN/m}$。

【解】 根据式(3.4.2),可求得框架各层的层间刚度系数分别为

$$k_{11} = k_1 + k_2 = 6 \times 10^4 + 3.6 \times 10^4 = 9.6 \times 10^4 (\text{kN/m})$$

$$k_{12} = k_{21} = -k_2 = -3.6 \times 10^4 (\text{kN/m})$$

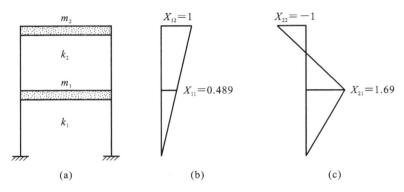

图 3-10 框架结构振型图

(a) 框架;(b) 第一振型;(c) 第二振型

$$k_{22}=k_2=3.6\times10^4(\mathrm{kN/m})$$

由式(3.4.7),可得频率方程

$$\begin{vmatrix} 9.6\times10^4-68\omega^2 & -3.6\times10^4 \\ -3.6\times10^4 & 3.6\times10^4-56\omega^2 \end{vmatrix}=0$$

将上式展开,得

$$0.000\ 038\ 08\omega^4-0.078\ 24\omega^2+21.6=0$$

解上式可得

$$\omega_1^2=328.7$$

$$\omega_2^2=1\ 726.0$$

即

$$\omega_1=18.13\ \mathrm{rad/s}$$

$$\omega_2=41.54\ \mathrm{rad/s}$$

上述 ω 值也可由式(3.4.9)直接求得。这时,相应的周期分别为

$$T_1=\frac{2\pi}{\omega_1}=\frac{2\pi}{18.13}=0.346(\mathrm{s})$$

$$T_2=\frac{2\pi}{\omega_2}=\frac{2\pi}{41.54}=0.151(\mathrm{s})$$

由式(3.4.13)得

第一振型 $\quad\dfrac{X_{12}}{X_{11}}=\dfrac{m_1\omega_1^2-k_{11}}{k_{12}}=\dfrac{68\times328.7-9.6\times10^4}{-3.6\times10^4}=\dfrac{1}{0.489}$

第二振型 $\quad\dfrac{X_{22}}{X_{21}}=\dfrac{m_1\omega_2^2-k_{11}}{k_{12}}=\dfrac{68\times1\ 726.0-9.6\times10^4}{-3.6\times10^4}=-\dfrac{1}{1.69}$

上列振型分别示于图 3-10(b)和图 3-10(c)。

现在来验算主振型的正交性。对于质量矩阵,由式(3.4.18c)可得

$$\boldsymbol{X}_1^T\boldsymbol{m}\,\boldsymbol{X}_2=\begin{Bmatrix} 0.489 \\ 1 \end{Bmatrix}^T\begin{bmatrix} 68 & 0 \\ 0 & 56 \end{bmatrix}\begin{Bmatrix} 1.69 \\ -1 \end{Bmatrix}=0$$

对于刚度矩阵，由式(3.4.21)可得

$$\boldsymbol{X}_1^T \boldsymbol{k}\, \boldsymbol{X}_2 = 10^4 \times \begin{Bmatrix} 0.489 \\ 1 \end{Bmatrix}^T \begin{bmatrix} 9.6 & -3.6 \\ -3.6 & 3.6 \end{bmatrix} \begin{Bmatrix} 1.69 \\ -1 \end{Bmatrix} = 0$$

4）自振频率和振型的实用计算方法

结构的自振频率及其相应的振型可直接由式(3.4.9)及式(3.4.13)求得，但当结构的自由度较多时，该方法过于复杂。为便于计算，工程中常采用如下三种近似方法来求解。

（1）矩阵迭代法。

矩阵迭代法又称 Stodola 法，它是采用逐步逼近的计算方法来确定结构的频率和振型。

前面已经提到，振型曲线可看作是结构按某一频率振动时，其上相应惯性力所引起的静力变形曲线，如图 3-9 所示。因此，体系按频率 ω 振动时，其上各质点的位移幅值将分别为

$$\left. \begin{aligned} X_1 &= m_1\omega^2\delta_{11}X_1 + m_2\omega^2\delta_{12}X_2 + \cdots + m_n\omega^2\delta_{1n}X_n \\ X_2 &= m_1\omega^2\delta_{21}X_1 + m_2\omega^2\delta_{22}X_2 + \cdots + m_n\omega^2\delta_{2n}X_n \\ &\vdots \qquad\qquad\qquad\qquad\qquad\qquad \vdots \\ X_n &= m_1\omega^2\delta_{n1}X_1 + m_2\omega^2\delta_{n2}X_2 + \cdots + m_n\omega^2\delta_{nn}X_n \end{aligned} \right\} \tag{3.4.22a}$$

式中　δ_{ij} 表示单位荷载作用于 j 点时在 i 点所引起的位移，称为柔度系数。

将上式写成矩阵形式，即为

$$\begin{Bmatrix} X_1 \\ X_2 \\ \vdots \\ X_n \end{Bmatrix} = \omega^2 \begin{bmatrix} \delta_{11} & \delta_{12} & \cdots & \delta_{1n} \\ \delta_{21} & \delta_{22} & \cdots & \delta_{2n} \\ \vdots & \vdots & & \vdots \\ \delta_{n1} & \delta_{n1} & \cdots & \delta_{nn} \end{bmatrix} \begin{bmatrix} m_1 & & & 0 \\ & m_2 & & \\ & & \ddots & \\ 0 & & & m_n \end{bmatrix} \begin{Bmatrix} X_1 \\ X_2 \\ \vdots \\ X_n \end{Bmatrix} \tag{3.4.22b}$$

或

$$\boldsymbol{X} = \omega^2 \boldsymbol{\delta m X} \tag{3.4.22c}$$

实际上，式(3.4.22c)也可以直接从式(3.4.11)导出，即

$$\boldsymbol{X} = \omega^2 \boldsymbol{k}^{-1} \boldsymbol{m X}$$

由于柔度矩阵与刚度矩阵互为逆矩阵，即 $\boldsymbol{\delta} = \boldsymbol{k}^{-1}$，代入上式后就可得到式(3.4.22c)。

为了求得结构的频率和振型，就需要对式(3.4.22)进行迭代，步骤如下：先假定一个振型并代入上式进行求解后即可得到 ω^2 和其振型的第一次近似值，再以第一次近似值代入上式进行计算，则可得到 ω^2 和其振型的第二次近似值，如此下去，直至前后两次的计算结果接近为止。当一个振型求得后，则可利用振型的正交性，求出较高次的频率和振型。

由于采用矩阵迭代法求解高频率及其振型时需要利用已经被求得的较低的振型，故计算的误差将随着振型的提高而增加。但在实际结构分析中，一般只需采用

前几个振型,所以这种积累误差对结构的地震反应分析影响不大。

(2) 能量法。

采用矩阵迭代法求解多自由度体系的频率和振型时,需要列出每一质点的运动方程,并对方程组进行运算。因此,当质点较多时计算量较大。若只求结构的基本频率,则可采用能量法,或称瑞雷(Rayleigh)法。

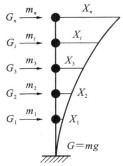

图 3-11 结构近似基本振型

能量法是根据体系在振动过程中的能量守恒原理导出的,即一个无阻尼的弹性体系在自由振动时,其在任一时刻的动能与变形位能之和保持不变。当体系在振动过程中的位移达到最大时,其变形位能将达到最大值 U_{max},而此时体系的动能为零;在经过静平衡位置时,体系的动能有最大值 T_{max},而变形位能则等于零,故有:

$$T_{max} = U_{max} \quad (3.4.23)$$

考虑一多质点体系(见图 3-11),在自由振动时其中任一质点 i 的位移为

$$x_i(t) = X_i \sin(\omega t + \varphi)$$

则其速度为

$$\dot{x}_i(t) = X_i \omega \cos(\omega t + \varphi)$$

动能为

$$T = \frac{1}{2} \sum_{i=1}^{n} m_i \dot{x}_i^2(t) = \frac{1}{2} \omega^2 \cos^2(\omega t + \varphi) \sum_{i=1}^{n} m_i X_i^2$$

最大动能为

$$T_{max} = \frac{1}{2} \omega^2 \sum_{i=1}^{n} m_i X_i^2 \quad (3.4.24)$$

式中,X_i 表示质点 i 的振型位移幅值。

一般地,结构的基本振型可以近似取为当将重力荷载值作为水平力作用于质点上时的结构弹性曲线。因此,体系的最大变形位能为

$$U_{max} = \frac{1}{2} \sum_{i=1}^{n} m_i g X_i \quad (3.4.25)$$

将式(3.4.25)与式(3.4.24)代入式(3.4.23),即可得到体系的基本频率为

$$\omega_1^2 = \sum_{i=1}^{n} m_i g X_i / \sum_{i=1}^{n} m_i X_i^2$$

或

$$\omega_1 = \sqrt{\sum_{i=1}^{n} m_i g X_i / \sum_{i=1}^{n} m_i X_i^2} \quad (3.4.26)$$

而结构的基本周期为

$$T_1 = \frac{2\pi}{\omega_1} = 2\pi \sqrt{\frac{\sum\limits_{i=1}^{n} m_i X_i^2}{\sum\limits_{i=1}^{n} m_i g X_i}} = 2\pi \sqrt{\frac{\sum\limits_{i=1}^{n} m_i X_i^2}{\sum\limits_{i=1}^{n} G_i X_i}} \tag{3.4.27}$$

式中　$G_i = m_i g$。

【例 3-2】　某 3 层框架结构,假定其横梁刚度为无限大,各层质量分别为 $m_1 = 2\,400$ t, $m_2 = 2\,600$ t, $m_3 = 600$ t。各层刚度分别为 $k_1 = 5 \times 10^5$ kN/m, $k_2 = 9 \times 10^5$ kN/m, $k_3 = 8 \times 10^5$ kN/m。试按能量法计算结构的基本频率及振型。

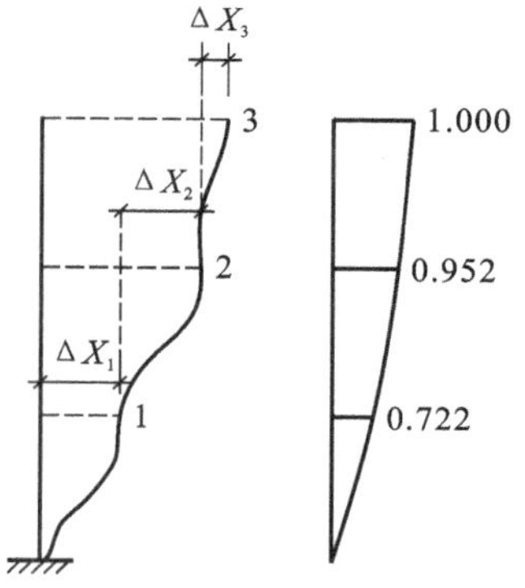

【解】　(1) 结构在重力荷载水平作用下的弹性曲线(图 3-12(a))。

结构的层间相对位移为

$$\Delta X_3 = \frac{m_3 g}{k_3} = \frac{600g}{8 \times 10^5} = 7.5g \times 10^{-4} \text{(m)}$$

$$\Delta X_2 = \frac{(m_3 + m_2)g}{k_2} = \frac{(600 + 2\,600)g}{9 \times 10^5}$$
$$= 35.56g \times 10^{-4} \text{(m)}$$

$$\Delta X_1 = \frac{(m_3 + m_2 + m_1)g}{k_1} = \frac{(600 + 2\,600 + 2400)g}{5 \times 10^5} = 112g \times 10^{-4} \text{(m)}$$

各层位移为

$$X_1 = \Delta X_1 = 112g \times 10^{-4} \text{(m)}$$

$$X_2 = X_1 + \Delta X_2 = (112 + 35.56)g \times 10^{-4} = 147.56g \times 10^{-4} \text{(m)}$$

$$X_3 = X_2 + \Delta X_3 = (147.56 + 7.5)g \times 10^{-4} = 155.06g \times 10^{-4} \text{(m)}$$

(2) 结构的基本频率及振型。

由式(3.4.26)得

$$\omega = \sqrt{\frac{g(2\,400 \times 112 + 2\,600 \times 147.56 + 600 \times 155.06)g \times 10^{-4}}{(2\,400 \times 112^2 + 2\,600 \times 147.56^2 + 600 \times 155.06^2)(g \times 10^{-4})^2}}$$

$$= 8.59 \text{ rad/s}$$

相应的基本振型为

$$\begin{Bmatrix} X_{11} \\ X_{12} \\ X_{13} \end{Bmatrix} = \begin{Bmatrix} 112.00 \\ 147.56 \\ 155.06 \end{Bmatrix} g \times 10^{-4} = \begin{Bmatrix} 0.722 \\ 0.952 \\ 1.000 \end{Bmatrix}$$

为了提高精度,还可进行迭代。

(3) 等效质量法。

在求多自由度体系或无限自由度体系的基本频率时,为了简化计算,可根据频率相等的原则,将全部质量集中在一点或几个点上,而通过集中所得的质量称为等效质量。

图 3-12　结构弹性曲线及振型图

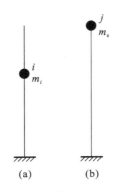

图 3-13 等效质量法

图 3-13 为一悬臂体系,其上 i 点有一集中质量 m_i(图 3-13(a)),若要将该质量转移到体系的顶端 j 点(图 3-13(b)),并确保体系的频率保持不变,则可求得 j 点的等效质量 m_e。过程如下。

由于这两个单自由度体系的频率相等,故有

$$\sqrt{\frac{k_{ii}}{m_i}} = \sqrt{\frac{k_{jj}}{m_e}} \qquad (3.4.28)$$

式中 k_{ii}、k_{jj}——二者的刚度系数。

由上式可得等效质量为

$$m_e = \frac{k_{jj}}{k_{ii}} m_i \qquad (3.4.29)$$

设体系有 n 个集中质量,则可将每个质量都按上式所示的转换关系转换到 i 点,而 j 点总的等效质量为各等效质量之和,即

$$m_e = k_{jj} \sum_{i=1}^{n} \frac{m_i}{k_{ii}} \qquad (3.4.30)$$

故体系的基本频率为

$$\frac{1}{\omega^2} = \frac{m_e}{k_{jj}} = \sum_{i=1}^{n} \frac{m_i}{k_{ii}} = \sum_{i=1}^{n} \frac{1}{\omega_i^2} \qquad (3.4.31)$$

式(3.4.31)称为邓克莱(Dunkeley)公式,可用来近似计算多自由度体系的基本频率。

【例 3-3】 用等效质量法计算图 3-14(a)所示单层厂房排架结构的基本频率。已知屋盖质量为 m_2,两边吊车梁质量 m_1 作用于柱高的 4/5 处,设柱为等截面柱,两柱沿单位长度的质量为 $\bar{m}$,弯曲刚度为 EI。

【解】 排架的计算简图如图 3-14(b)所示。

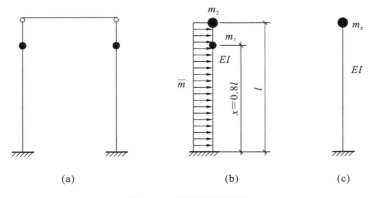

图 3-14 单厂计算简图

① 吊车梁在柱顶的等效质量。

按式(3.4.29),因排架柱为等截面柱,故 $k_{ii} = \dfrac{3EI}{x^3}$,$k_{jj} = \dfrac{3EI}{l^3}$,而 $\dfrac{k_{jj}}{k_{ii}} = \left(\dfrac{x}{l}\right)^3$,则

$$m_e = \left(\frac{x}{l}\right)^3 m_i$$

故吊车梁在柱顶的等效质量为

$$m_{e1} = \left(\frac{0.8l}{l}\right)^3 m_1 = 0.512m_1 \approx 0.5m_1$$

② 求柱均布质量在柱顶的等效质量。

由式(3.4.30)，对于均布质量，$m_i = \bar{m}dx$，故柱在柱顶的等效质量为

$$m_{e2} = \int_0^l \left(\frac{x}{l}\right)^3 \bar{m}dx = 0.25\bar{m}l$$

式中　m_{e2} 的精确值为 $0.242\ 2\bar{m}l$，上述的误差为 $\pm 3.2\%$。

③ 求排架基本频率。

作用于排架顶部的总等效质量为

$$m_e = m_2 + m_{e1} + m_{e2} = m_2 + 0.5m_1 + 0.25\bar{m}l$$

故排架的基本频率为

$$\omega = \sqrt{\frac{k}{m_e}} = \sqrt{\frac{3EI}{(m_2 + 0.5m_1 + 0.25\bar{m}l)l^3}} = \frac{1.732}{l}\sqrt{\frac{EI}{(m_2 + 0.5m_1 + 0.25\bar{m}l)l}}$$

（4）顶点位移法。

顶点位移法是根据结构在重力荷载水平作用时算得的顶点位移来推求其基本频率或基本周期的一种方法。

考虑一质量均匀的悬臂直杆(见图 3-15(a))，若杆按弯曲振动，则其基本周期可按下式计算。

$$T_b = 1.79l^2 \sqrt{\frac{\bar{m}}{EI}} \tag{3.4.32}$$

若杆按剪切振动，则

$$T_s = 4l \sqrt{\frac{\xi\bar{m}}{GA}} \tag{3.4.33}$$

式中　EI、GA——杆的弯曲刚度和剪切刚度；

ξ——剪应力分布不均匀系数。

上述悬臂直杆在均布荷载 $q = \bar{m}g$ 作用下(见图 3-15(b)、(c))，由弯曲和剪切引起的顶点位移分别为

$$\Delta_b = \frac{ql^4}{8EI} = \frac{\bar{m}gl^4}{8EI} \tag{3.4.34}$$

$$\Delta_s = \frac{\xi ql^2}{2GA} = \frac{\xi\bar{m}gl^2}{2GA} \tag{3.4.35}$$

将式(3.4.34)、式(3.4.35)分别代入式(3.4.32) 及式(3.4.33)，得

$$T_b = 1.6\sqrt{\Delta_b} \tag{3.4.36}$$

$$T_s = 1.8\sqrt{\Delta_s} \tag{3.4.37}$$

若体系按弯剪振动(图 3-14(d)),则其基本周期可按下式计算

$$T_s = 1.7 \sqrt{\Delta_{bs}} \qquad (3.4.38)$$

上述公式中 Δ 的单位为 m,T 的单位为 s。这一公式亦可用来计算多层框架结构的基本周期,只是在计算时需求得框架在重力荷载水平作用时的顶点位移。

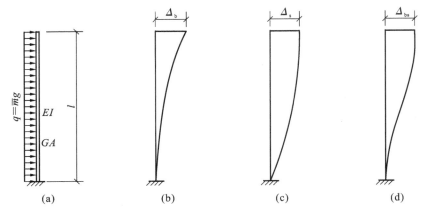

图 3-15 结构的顶点位移

3.4.4 振型分解法求解多自由度体系的运动方程

对于运动方程式(3.4.10),如果用体系的振型作为基底,而用另一函数 $q(t)$ 作为坐标,就可以把联立方程组变为几个独立的方程,这样,由于每个方程中只包含一个未知项,就可分别独立求解。这种方法称就是振型分解法。

为便于理解,先考虑两自由度体系。将质点 m_1 和 m_2 在地震作用下任一时刻的位移 $x_1(t)$ 和 $x_2(t)$ 用其两个振型的线性组合来表示,即

$$\left. \begin{aligned} x_1(t) &= q_1(t)X_{11} + q_2(t)X_{21} \\ x_2(t) &= q_1(t)X_{12} + q_2(t)X_{22} \end{aligned} \right\} \qquad (3.4.39)$$

这里用 $q_1(t)$ 和 $q_2(t)$ 代替原有的几何坐标 $x_1(t)$ 和 $x_2(t)$。只要 $q_1(t)$ 与 $q_2(t)$ 确定,$x_1(t)$ 与 $x_2(t)$ 就可以确定,而 $q_1(t)$ 与 $q_2(t)$ 实际上表示在质点任一时刻的变位中第一振型与第二振型所占的分量。由于 $x_1(t)$ 和 $x_2(t)$ 为时间的函数,故 $q_1(t)$ 和 $q_2(t)$ 亦为时间的函数,称为广义坐标。

当为多自由度体系时,式(3.4.39)可写成

$$x_i(t) = \sum_{j=1}^{n} q_j(t) X_{ji} \qquad (3.4.40)$$

亦可以写成下述矩阵的形式

$$x = Xq \qquad (3.4.41)$$

式中

$$x=\begin{Bmatrix} x_1 \\ x_2 \\ \vdots \\ x_i \\ \vdots \\ x_n \end{Bmatrix}; \quad X=\begin{bmatrix} X_{11} & X_{21} & \cdots & X_{j1} & \cdots & X_{n1} \\ X_{12} & X_{22} & \cdots & X_{j2} & \cdots & X_{n2} \\ \vdots & \vdots & & \vdots & & \vdots \\ X_{1n} & X_{2n} & \cdots & X_{jn} & \cdots & X_{m} \end{bmatrix}; \quad q=\begin{Bmatrix} q_1 \\ q_2 \\ \vdots \\ q_i \\ \vdots \\ q_n \end{Bmatrix}$$

将式(3.4.41)代入运动方程式(3.4.3),并假定阻尼矩阵 c 是质量矩阵 m 和刚度矩阵 k 的线性组合,从而使阻尼矩阵亦能满足正交条件,以消除振型之间的耦合,即令

$$c=\alpha_1 m+\alpha_2 k \tag{3.4.42}$$

式中 α_1、α_2 是比例常数。

故得

$$mX\ddot{q}+(\alpha_1 m+\alpha_2 k)X\dot{q}+kXq=-mI\ddot{x}_0 \tag{3.4.43}$$

将上式等号两边各项都乘以 X_j^{T},得

$$X_j^{\mathrm{T}}mX\ddot{q}+X_j^{\mathrm{T}}(\alpha_1 m+\alpha_2 k)X\dot{q}+X_j^{\mathrm{T}}kXq=-X_j^{\mathrm{T}}mI\ddot{x}_0 \tag{3.4.44}$$

式(3.4.44)等号左边的第一项为

$$X_j^{\mathrm{T}}mX\ddot{q}=X_j^{\mathrm{T}}m\,[X_1 X_2 \cdots X_j \cdots X_n]\begin{Bmatrix} \ddot{q}_1 \\ \ddot{q}_2 \\ \vdots \\ \ddot{q}_j \\ \vdots \\ \ddot{q}_n \end{Bmatrix}$$

$$=X_j^{\mathrm{T}}m\,X_1\ddot{q}_1+X_j^{\mathrm{T}}m\,X_2\,\ddot{q}_2+\cdots+X_j^{\mathrm{T}}m\,X_j\ddot{q}_j+\cdots+X_j^{\mathrm{T}}mX_n\ddot{q}_n$$

根据振型对质量矩阵的正交性,上式中除了 $X_j^{\mathrm{T}}m\,X_j\ddot{q}_j$ 一项以外,其余各项均等于零,故有

$$X_j^{\mathrm{T}}mX\ddot{q}=X_j^{\mathrm{T}}m\,X_j\ddot{q}_j \tag{3.4.45}$$

同理,利用振型对刚度矩阵的正交性见式(3.4.21),式(3.4.44)等号左边的第三项亦可写成

$$X_j^{\mathrm{T}}kXq=X_j^{\mathrm{T}}kX_jq_j$$

根据式(3.4.11),对于第 j 振型有 $kX_j=\omega_j^2 mX_j$,故上式亦可写成

$$X_j^{\mathrm{T}}kXq=\omega_j^2 X_j^{\mathrm{T}}m\,X_jq_j \tag{3.4.46}$$

对于式(3.4.44)等号左边的第二项,同理可写成

$$X_j^{\mathrm{T}}(\alpha_1 m+\alpha_2 k)X\dot{q}=(\alpha_1+\alpha_2\omega_j^2)X_j^{\mathrm{T}}m\,X_j\dot{q}_j \tag{3.4.47}$$

将式(3.4.45)、式(3.4.46)、式(3.4.47)代入式(3.4.44)并简化,得

$$\ddot{q}_j+(\alpha_1+\alpha_2\omega_j^2)\dot{q}_j+\omega_j^2q_j=-\gamma_j\ddot{x}_0 \tag{3.4.48}$$

式中

$$\gamma_j = \frac{\boldsymbol{X}_j^{\mathrm{T}} \boldsymbol{m} \boldsymbol{I}}{\boldsymbol{X}_j^{\mathrm{T}} \boldsymbol{m} \boldsymbol{X}_j} = \frac{\displaystyle\sum_{i=1}^{n} m_i X_{ji}}{\displaystyle\sum_{i=1}^{n} m_i X_{ji}^2} \tag{3.4.49}$$

在式(3.4.48)中,令

$$\alpha_1 + \alpha_2 \omega_j^2 = 2\zeta_j \omega_j \tag{3.4.50}$$

则式(3.4.48)可写为

$$\ddot{q}_j + 2\zeta_j \omega_j \dot{q}_j + \omega_j^2 q_j = -\gamma_j \ddot{x}_0 \tag{3.4.51}$$

在式(3.4.50)中,ζ_j 为对应于 j 振型的阻尼比,系数 α_1 和 α_2 通常根据第一、第二振型的频率和阻尼比确定,即由式(3.4.50)得

$$\begin{cases} \alpha_1 + \alpha_2 \omega_1^2 = 2\zeta_1 \omega_1 \\ \alpha_1 + \alpha_2 \omega_2^2 = 2\zeta_2 \omega_2 \end{cases} \tag{3.4.52}$$

解之,得

$$\alpha_1 = \frac{2\omega_1 \omega_2 (\zeta_1 \omega_2 - \zeta_2 \omega_1)}{\omega_2^2 - \omega_1^2} \tag{3.4.53a}$$

$$\alpha_2 = \frac{2(\zeta_2 \omega_2 - \zeta_1 \omega_1)}{\omega_2^2 - \omega_1^2} \tag{3.4.53b}$$

在式(3.4.51)中,依次取 $j = 1, 2, \cdots, n$,可得 n 个独立微分方程,即在每一个方程中仅含有一个未知量 q_j,由此可分别解得 $q_1, q_2, \cdots, q_n$。可以看出,式(3.4.51)与单自由度体系在地震作用下的运动微分方程式(3.2.5)在形式上基本相同,只是方程式(3.4.51)的等号右边多了一个系数 γ_j,所以方程式(3.4.51)的解就可以参照方程式(3.2.5)的解写出

$$q_j(t) = -\frac{\gamma_j}{\omega_j} \int_0^t \ddot{x}_0(\tau) \mathrm{e}^{-\zeta_j \omega_j (t-\tau)} \sin\omega_j (t-\tau) \mathrm{d}\tau \tag{3.4.54}$$

或

$$q_j(t) = \gamma_j \Delta_j(t) \tag{3.4.55}$$

式中

$$\Delta_j(t) = -\frac{1}{\omega_j} \int_0^t \ddot{x}_0(\tau) \mathrm{e}^{-\zeta_j \omega_j (t-\tau)} \sin\omega_j (t-\tau) \mathrm{d}\tau \tag{3.4.56}$$

式(3.4.56)就相当于阻尼比为 ζ_j、自振频率为 ω_j 的单自由度弹性体系在地震作用下的位移反应,这个单自由度体系称作与振型 j 相应的振子。

将式(3.4.55)代入式(3.4.40),得

$$x_i(t) = \sum_{j=1}^{n} q_j(t) X_{ji} = \sum_{j=1}^{n} \gamma_j \Delta_j(t) X_{ji} \tag{3.4.57}$$

上式就是用振型分解法分析时,多自由度弹性体系在地震作用下其中任一质点 m_i 位移的计算公式。

式(3.4.57)中 γ_j 为第 j 振型的振型参与系数,表达式见式(3.4.49)。实际上,γ_j 就是当各质点位移 $x_1 = x_2 = \cdots = x_j = \cdots = x_n = 1$ 时的 q_j 值。证明如下。

考虑两质点体系,令式(3.4.39)中的 $x_1(t) = x_2(t) = 1$,得

$$1=q_1(t)X_{11}+q_2(t)X_{21}$$
$$1=q_1(t)X_{12}+q_2(t)X_{22}$$

(3.4.58)

以 m_1X_{11} 及 m_2X_{12} 分别乘以式(3.4.58)中的第一式和第二式,得

$$m_1X_{11}=m_1X_{11}^2q_1(t)+m_1X_{11}X_{21}q_2(t)$$
$$m_2X_{12}=m_2X_{12}^2q_1(t)+m_2X_{12}X_{22}q_2(t)$$

将上述两式相加,并利用振型的正交性,可得

$$q_1(t)=\frac{m_1X_{11}+m_2X_{12}}{m_1X_{11}^2+m_2X_{12}^2}=\gamma_1$$

同理,将 m_1X_{21} 及 m_2X_{22} 分别乘以式(3.4.58)中的第一式和第二式,可得

$$q_2(t)=\frac{m_1X_{21}+m_2X_{22}}{m_1X_{21}^2+m_2X_{22}^2}=\gamma_2$$

故式(3.4.58)即可写成

$$1=\gamma_1X_{11}+\gamma_2X_{21}$$
$$1=\gamma_1X_{12}+\gamma_2X_{22}$$

对于两个以上的自由度体系,还可写成一般关系式

$$\sum_{j=1}^{n}\gamma_jX_{ji}=1$$

(3.4.59)

3.5 多自由度体系的水平地震作用

多自由度体系的水平地震作用可采用振型分解反应谱法求得,当结构满足一定条件时还可采用底部剪力法。本节将分别对这两种方法进行介绍。

3.5.1 振型分解反应谱法

多自由度体系在地震时质点所受到的惯性力就是质点的地震作用。因此,若不考虑扭转耦联,则质点 i 上的地震作用为

$$F_i(t)=-m_i[\ddot{x}_0(t)+\ddot{x}_i(t)]$$

(3.5.1)

式中 m_i——质点 i 的质量;

$\ddot{x}_0(t)$——地面运动加速度;

$\ddot{x}_i(t)$——质点 i 的相对加速度。

根据式(3.4.59),$\ddot{x}_0(t)$ 还可写成

$$\ddot{x}_0(t)=\sum_{j=1}^{n}\gamma_j\ddot{x}_0(t)X_{ji}$$

(3.5.2)

又由式(3.4.57)得

$$\ddot{x}_i(t)=\sum_{j=1}^{n}\gamma_j\ddot{\Delta}_j(t)X_{ji}$$

(3.5.3)

将式(3.5.2)及式(3.5.3)代入式(3.5.1),得

$$F_i(t) = -m_i \sum_{j=1}^n \gamma_j X_{ji} [\ddot{x}_0(t) + \ddot{\Delta}_j(t)] \qquad (3.5.4)$$

式中 $[\ddot{x}_0(t) + \ddot{\Delta}_j(t)]$ 表示与第 j 振型相应振子的绝对加速度。

$F_i(t)$ 的最大值就是设计用的最大地震作用。一般的计算方法是先求出对应于每一振型的最大地震作用及其相应的地震作用效应,然后将这些效应进行组合,以求得结构的最大地震作用效应。具体计算步骤如下。

1)振型的最大地震作用

由式(3.5.4)可知,作用在第 j 振型第 i 质点上的水平地震作用绝对最大标准值为

$$F_{ji} = m_i \gamma_j X_{ji} [\ddot{x}_0(t) + \ddot{\Delta}_j(t)]_{\max} \qquad (3.5.5)$$

令

$$\alpha_j = \frac{[\ddot{x}_0(t) + \ddot{\Delta}_j(t)]_{\max}}{g}$$

$$G_i = m_i g$$

即

$$F_{ji} = \alpha_j \gamma_j X_{ji} G_i \qquad (3.5.6)$$

式中 α_j——相应于第 j 振型自振周期 T_j 的地震影响系数,按图3-5确定;

γ_j——j 振型的振型参与系数,可按式(3.4.49)计算;

X_{ji}——j 振型 i 质点的水平相对位移,即振型位移;

G_i——集中于 i 质点的重力荷载代表值,详见第3.11节。

2)振型组合

求出 j 振型 i 质点上的地震作用 F_{ji} 后,就可计算结构的地震作用效应 S_j。根据振型分解法,结构在任一时刻所受的地震作用为该时刻各振型地震作用之和。上面所求得的相应于各振型的地震作用 F_{ji} 均为最大值,这样按 F_{ji} 求得的地震作用效应 S_j 也是最大值。但是,在任一时刻当某一振型的地震作用及其效应达到最大值,其他各振型的地震作用及其效应并不一定也达到了最大值。这就需要通过科学的振型组合来确定合理的震作用效应。

《建筑抗震设计规范》(GB 50011—2010)规定,当相邻振型的周期比小于0.85时,可近似地采用"平方和开平方"的方法来确定地震作用效应,即

$$S_{Ek} = \sqrt{\sum S_j^2} \qquad (3.5.7)$$

式中 S_{Ek}——水平地震作用效应;

S_j——j 振型水平地震作用产生的作用效应,包括内力和变形。

需要说明的是,不能将各振型的地震作用先以平方和开方法进行组合,然后再计算其作用效应,这是因为在高振型中地震作用有正有负,经平方后则全为正值,所以这样做,将会夸大结构所受到的地震作用效应。而只能是先分别计算各振型地震作用效应,然后再根据式(3.5.7)进行组合。

一般地,各个振型在地震总反应中的贡献将随着其频率的增加而迅速减小,故

频率最低的几个振型往往控制着结构的最大地震反应。因此在实际计算中,一般采用前 2～3 个振型即可。但考虑到周期较长结构的各个自振频率比较接近,《建筑抗震设计规范》(GB 50011—2010)规定,当基本自振周期大于 1.5 s 或房屋高宽比大于 5 时,振型个数应适当增加。

需要说明的是,以上介绍的水平地震作用的计算方法及作用效应的组合方法仅适用于不考虑扭转耦联的结构。对于需进行扭转耦联计算的结构,其地震作用计算方法和作用效应组合方法详见 3.6 节。

3)楼层最小地震剪力系数(剪重比)

由于地震影响系数在长周期段下降较快,所以对于基本周期大于 3.5 s 的结构,根据振型分解反应谱法计算所得的水平地震作用下的结构效应可能太小,特别是对于长周期结构,地面运动速度和位移可能对结构的破坏具有更大影响,而上述方法无法对此作出估计。因此,《建筑抗震设计规范》(GB 50011—2010)出于安全考虑,提出了对各楼层水平地震剪力最小值的要求,即在进行结构抗震验算时,结构任一楼层的水平地震剪力应符合下式要求。

$$V_{Eki} > \lambda \sum_{j=i}^{n} G_j \qquad (3.5.8)$$

式中　V_{Eki}——第 i 层对应于水平地震作用标准值的楼层剪力;

λ——剪力系数,不应小于表 3-4 规定的楼层最小地震剪力系数值,对竖向不规则结构的薄弱层,还应乘以 1.15 的增大系数;

G_j——第 j 层的重力荷载代表值。

表 3-4　楼层最小地震剪力系数值

类　　别	6 度	7 度	8 度	9 度
扭转效应明显或基本周期小于 3.5 s 的结构	0.008	0.016(0.024)	0.032(0.048)	0.064
基本周期大于 5.0 s 的结构	0.006	0.012(0.018)	0.024(0.036)	0.048

注:① 基本周期介于 3.5 s 和 5 s 之间的结构,可用插入法取值;

② 括号内数值分别用于设计基本地震加速度为 0.15g 和 0.30g 的地区。

3.5.2　底部剪力法

1)适用条件

当结构高度不超过 40 m、以剪切变形为主且质量和刚度沿高度分布比较均匀,或者结构可近似为单质点体系时,可采用底部剪力法计算地震作用。底部剪力法是先计算出作用于结构的总水平地震作用,即结构底部剪力,然后将此总水平地震作用按照一定的规律再分配给各个质点。

2）底部剪力法

多质点体系在水平地震作用下任一时刻的底部剪力为

$$F(t) = \sum_{i=1}^{n} m_i [\ddot{x}_0(t) + \ddot{x}_i(t)] \qquad (3.5.9)$$

抗震设计时需取底部剪力的最大值，即

$$F_E = \left\{ \sum_{i=1}^{n} m_i [\ddot{x}_0(t) + \ddot{x}_i(t)] \right\}_{max} \qquad (3.5.10)$$

在计算时，可根据底部剪力相等的原则，将多质点体系用一个与其基本周期相同的单质点体系来替代。这样底部剪力就可以采用单自由度体系的计算公式（式（3.3.12））。

$$F_{Ek} = \alpha_1 G_{eq} \qquad (3.5.11)$$

式中 α_1——相应于结构基本自振周期的水平地震影响系数值，按图 3-5 确定，对于多层砌体房屋、底部框架砌体房屋，宜取水平地震影响系数最大值；

G_{eq}——结构等效总重力荷载。

$$G_{eq} = c \sum_{i=1}^{n} G_i \qquad (3.5.12)$$

式中 G_i——集中于质点 i 的重力荷载代表值；

c——等效系数。

等效系数 c 的大小与结构的基本周期及场地条件有关。当结构基本周期小于 0.75 s 时，此系数可近似取为 0.85；显然，对于单质点体系，此系数等于 1。由于可采用底部剪力法计算地震作用的结构的基本周期一般都小于 0.75 s，所以《建筑抗震设计规范》（GB 50011—2010）规定对多质点结构体系，等效系数 $c=0.85$，故等效总重力荷载就可用下式表示。

$$G_{eq} = 0.85 \sum_{i=1}^{n} G_i \qquad (3.5.13)$$

对于单质点体系，结构等效总重力荷载应取总重力荷载代表值。

在求得结构的总水平地震作用后，就可将它分配于各个质点，以求得各质点上的地震作用。分析表明，对于质量和刚度沿高度分布比较均匀、高度不大并以剪切变形为主的结构物，其地震反应将以基本振型为主，而其基本振型接近于倒三角形，如图 3-16(b) 所示。

若按此假定将总水平地震作用进行分配，则根据式（3.5.6）质点 i（见图 3-16）的水平地震作用

$$F_i = \alpha_1 \gamma_1 X_{1i} G_i$$

故

$$F_i \propto G_i X_{1i}$$

当振型为倒三角形时

$$X_{1i} \propto H_i$$

故

$$F_i \propto G_i H_i$$

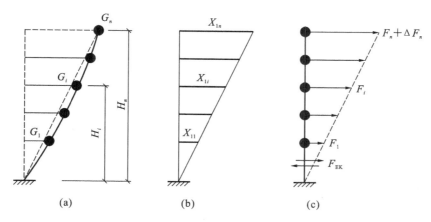

图 3-16　底部剪力法

由此可得

$$F_i = \frac{G_i H_i}{\sum\limits_{j=1}^{n} G_j H_j} F_{Ek} \tag{3.5.14}$$

上述公式适用于基本周期 $T_1 \leqslant 1.4 T_g$ 的结构,其中 T_g 为特征周期,可根据场地类别及设计地震分组按表 3-2 采用。当 $T_1 > 1.4 T_g$ 时,由于高振型的影响,若按式(3.5.14)计算,则结构顶部的地震剪力偏小,故需进行调整。调整的方法是将结构总地震作用的一部分作为集中力作用于结构顶部,再将余下的部分按倒三角形分配给各质点。根据对分析结果的统计,这个附加的集中水平地震作用(见图 3-16(c))可表示为

$$\Delta F_n = \delta_n F_{Ek} \tag{3.5.15}$$

式中　δ_n——顶部附加地震作用系数;

　　　ΔF_n——顶部附加水平地震作用;对于多层钢筋混凝土和钢结构房屋,δ_n 可按特征周期 T_g 及结构基本周期 T_1 由表 3-5 确定;对于其他房屋则可以不考虑 δ_n,即 $\delta_n = 0$。

这样,采用底部剪力法计算时,各楼层可只考虑一个自由度,质点 i 的水平地震作用标准值就可写成

$$F_i = \frac{G_i H_i}{\sum\limits_{j=1}^{n} G_j H_j} F_{Ek}(1 - \delta_n) \tag{3.5.16}$$

表 3-5　顶部附加地震作用系数　　　　　　　　　　　　　　　　(单位:s)

T_g	$T_1 > 1.4 T_g$	$T_1 \leqslant 1.4 T_g$
$T_g \leqslant 0.35$	$0.08 T_1 + 0.07$	
$0.35 < T_g \leqslant 0.55$	$0.08 T_1 + 0.01$	0.0
$T_g > 0.55$	$0.08 T_1 - 0.02$	

注:T_1 为结构基本自振周期。

当房屋顶部有突出屋面的小建筑物时,上述附加集中水平地震作用 ΔF_n 应置于主体房屋的顶层而不应置于小建筑物的顶部,但小建筑物顶部的地震作用仍可按式(3.5.16)计算。此外,当建筑物有突出屋面的小建筑如屋顶间、女儿墙和烟囱等时,由于该部分的质量和刚度突然变小,地震时将产生鞭端效应,使得突出屋面小建筑的地震反应特别强烈,其程度取决于突出物与建筑物的质量比与刚度比以及场地条件等。为简化计算,《建筑抗震设计规范》(GB 50011—2010)规定,当采用底部剪力法计算这类小建筑的地震作用效应时,宜乘以增大系数 3,但此增大部分不应往下传递,但与该突出部分相连的构件应予计入;当采用振型分解法计算时,突出屋面部分可作为一个质点;单层厂房突出屋面天窗架地震作用效应的增大系数,应按第 7 章的有关规定采用。

【例 3-4】 图 3-10 所示框架结构,每层的层高为 3.6 m,建造在设防烈度为 7 度的 I_1 类场地上,该地区设计基本地震加速度值为 $0.10g$,设计地震分组为第一组,结构的阻尼比为 $\xi = 0.05$,试分别用振型分解反应谱法和底部剪力法计算该框架的层间地震剪力。

【解】 (1) 振型分解反应谱法。

① 主振型及相应的自振周期。

由例 3-1 可知,结构的主振型及相应的自振周期分别为

$$\begin{Bmatrix} X_{11} \\ X_{12} \end{Bmatrix} = \begin{Bmatrix} 0.489 \\ 1.000 \end{Bmatrix}, \quad \begin{Bmatrix} X_{21} \\ X_{22} \end{Bmatrix} = \begin{Bmatrix} 1.690 \\ -1.000 \end{Bmatrix}$$

$$T_1 = 0.346 \text{ s}, \quad T_2 = 0.151 \text{ s}$$

② 水平地震作用。

相应于第一振型的质点水平地震用作为

$$F_{1i} = \alpha_1 \gamma_1 X_{1i} G_i = \alpha_1 \gamma_1 X_{1i} m_i g$$

查表 3-2 知 $T_g = 0.25$ s,则 $T_g < T_1 < 5T_g$。由图 3-5、表 3-3 及式(3.3.13),可算得地震影响系数为

$$\alpha_1 = \left(\frac{T_g}{T_1} \right)^{\gamma} \eta_2 \alpha_{\max} = \left(\frac{0.25}{0.346} \right)^{0.9} \times 1.0 \times 0.08 = 0.059\,7$$

按式(3.4.49)可算得振型参与系数为

$$\gamma_1 = \frac{\sum\limits_{i=1}^{n} m_i X_{1i}}{\sum\limits_{i=1}^{n} m_i X_{1i}^2} = \frac{68 \times 0.489 + 56 \times 1}{68 \times 0.489^2 + 56 \times 1^2} = 1.24$$

故

$$F_{11} = 0.059\,7 \times 1.24 \times 0.489 \times 68 \times 9.8 = 24.1 \text{(kN)}$$

$$F_{12} = 0.059\,7 \times 1.24 \times 1 \times 56 \times 9.8 = 40.6 \text{(kN)}$$

相应于第二振型的质点水平地震作用为

$$F_{2i} = \alpha_2 \gamma_2 X_{2i} m_i g$$

因 0.1 s $< T_2 < T_g$,故由图 3-5 可知

$$\alpha_2 = \eta_2 \alpha_{\max} = 1.0 \times 0.08 = 0.08$$

又
$$\gamma_2 = \frac{\sum\limits_{i=1}^{n} m_i X_{2i}}{\sum\limits_{i=1}^{n} m_i X_{2i}^2} = \frac{68 \times 1.690 + 56 \times (-1)}{68 \times 1.690^2 + 56 \times (-1)^2} = 0.235$$

故
$$F_{21} = 0.08 \times 0.235 \times 1.690 \times 68 \times 9.8 = 21.2 \text{(kN)}$$
$$F_{22} = 0.08 \times 0.235 \times (-1) \times 56 \times 9.8 = -10.3 \text{(kN)}$$

③ 层间地震剪力。

根据以上计算,对应于第一、第二振型的地震作用及剪力图如图 3-17(a)、(b)所示。

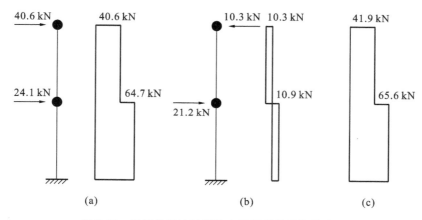

图 3-17　振型分解法计算的水平地震作用及剪力图

(a) 相应于第一振型的水平地震作用及剪力图;(b) 相应于第二振型的水平地震作用及剪力图;
(c) 框架层间剪力图

按平方和开方法则(式(3.5.7)),可求得底层及 2 层的层间地震剪力如下:

$$V_1 = \sqrt{64.7^2 + 10.9^2} = 65.6 \text{(kN)}$$
$$V_2 = \sqrt{40.6^2 + (-10.3)^2} = 41.9 \text{(kN)}$$

框架的层间剪力图如图 3-17(c)所示。

(2) 用底部剪力法。

① 结构总水平地震作用。

根据式(3.5.11),结构总水平地震作用为

$$F_{Ek} = \alpha_1 G_{eq}$$

上式中的 α_1 已经算出,其值为 $\alpha_1 = 0.0597$;G_{eq} 由式(3.5.13)计算,其值为

$$G_{eq} = 0.85 \sum_{i=1}^{n} m_i g = 0.85 \times (68 + 56) \times 9.8 = 1\,032.92 \text{(kN)}$$

故
$$F_{Ek} = 0.0597 \times 1\,032.92 = 61.67 \text{(kN)}$$

② 各质点的地震作用。

按式(3.5.16)，质点 i 的水平地震作用为

$$F_i = \frac{G_i H_i}{\sum\limits_{j=1}^{n} G_j H_j} F_{Ek}(1-\delta_n)$$

因 $T_1 = 0.346(s) < 1.4T_g = 1.4 \times 0.25 = 0.35(s)$，按表 3-5 查得

$$\delta_n = 0$$

故

$$F_1 = \frac{G_1 H_1}{\sum\limits_{j=1}^{2} G_j H_j} F_{Ek}$$

$$= \frac{68 \times 9.8 \times 3.6}{68 \times 9.8 \times 3.6 + 56 \times 9.8 \times (3.6+3.6)} \times 61.67 = 23.3(kN)$$

$$F_2 = \frac{G_2 H_2}{\sum\limits_{j=1}^{2} G_j H_j} F_{Ek}$$

$$= \frac{56 \times 9.8 \times (3.6+3.6)}{68 \times 9.8 \times 3.6 + 56 \times 9.8 \times (3.6+3.6)} \times 61.67 = 38.4(kN)$$

框架水平地震作用及层间剪力图如图 3-18 所示。

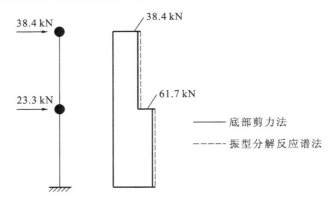

图 3-18 用底部剪力法计算的水平地震作用及剪力图

3.6 结构的地震扭转效应

3.6.1 概述

结构在地震作用下除了发生平动外，有时也会发生扭转振动。产生扭转振动的原因主要有外因和内因两种：外因是地面运动存在着转动分量，或地震时地面各点的运动存在着相位差；内因是结构的质量中心与刚度中心不重合。震害调查表明，扭转作用会加重结构的破坏，并且在某些情况下还将成为导致结构破坏的主要因素。然而，由于技术上的原因，目前尚未取得有关地面运动转动分量的强震记录，这

样由前一原因引起的结构扭转效应就难以确定。

《建筑抗震设计规范》(GB 50011—2010)规定,对于质量和刚度分布明显不对称的结构,应计入双向水平地震作用下的扭转影响;其他情况,应允许采用调整地震作用效应的方法计入扭转影响。本章主要讨论在水平地震作用下由于结构偏心而产生的地震扭转作用。

3.6.2 单层偏心结构的振动

1) 运动方程

由于惯性力的合力通过结构的质心,而各抗侧力构件恢复力的合力通过结构的刚心,那么,当质心与刚心不重合时,在水平地震作用下结构将会产生扭转振动,也即形成平扭耦联振动。

以单层刚性屋盖结构为例,假定在 x 及 y 方向上均受地震作用,且地面加速度分别为 $\ddot{u}_{0x}$ 及 $\ddot{u}_{0y}$,如图 3-19 所示。

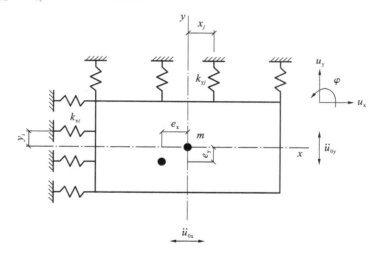

图 3-19 受双向地震作用的单层偏心结构

取质心 m 为坐标原点,令质心在 x 方向的位移为 u_x,在 y 方向的位移为 u_y,屋盖绕通过质心 m 的竖轴的转角为 φ(以逆时针转动为正),则第 i 个纵向抗侧力构件沿 x 方向的位移为

$$u_{xi} = u_x - y_i \varphi \qquad (3.6.1a)$$

式中 $y_i \varphi$ 是指由于屋盖转动而在 x 方向引起的位移。

同理,第 j 个横向抗侧力构件沿 y 方向的位移为

$$u_{yi} = u_y + x_j \varphi \qquad (3.6.1b)$$

上述结构为三自由度体系。将刚性屋盖作为隔离体,其上作用有恢复力、恢复扭矩、惯性力和惯性扭矩,如不考虑阻尼作用,根据达朗贝尔原理可建立动力平衡方程式如下。

$$
\left.
\begin{aligned}
m\ddot{u}_x + \sum_i k_{xi}(u_x - y_i\varphi) &= -m\ddot{u}_{0x} \\
m\ddot{u}_y + \sum_j k_{yj}(u_y + x_j\varphi) &= -m\ddot{u}_{0y} \\
J\ddot{\varphi} - \sum_i k_{xi}(u_x - y_i\varphi)y_i + \sum_j k_{yj}(u_y - x_j\varphi)x_j &= 0
\end{aligned}
\right\}
\quad (3.6.2)
$$

整理,得

$$
\begin{bmatrix} m & & 0 \\ & m & \\ 0 & & J \end{bmatrix}
\begin{Bmatrix} \ddot{u}_x \\ \ddot{u}_y \\ \ddot{\varphi} \end{Bmatrix}
+
\begin{bmatrix} k_{xx} & 0 & k_{x\varphi} \\ 0 & k_{yy} & k_{y\varphi} \\ k_{\varphi x} & k_{\varphi y} & k_{\varphi\varphi} \end{bmatrix}
\begin{Bmatrix} u_x \\ u_y \\ \varphi \end{Bmatrix}
=
-\begin{bmatrix} m & & 0 \\ & m & \\ 0 & & J \end{bmatrix}
\begin{Bmatrix} \ddot{u}_{0x} \\ \ddot{u}_{0y} \\ 0 \end{Bmatrix}
\quad (3.6.3)
$$

式中　m——集中于屋盖的总质量;

$\quad\quad J$——屋盖绕 z 轴的转动惯量;

$\quad\quad k_{xx} = \sum_i k_{xi}$——屋盖在 x 方向的平动刚度;

$\quad\quad k_{yy} = \sum_j k_{yj}$——屋盖在 y 方向的平动刚度;

$\quad\quad k_{\varphi\varphi} = \sum_i k_{xi}y_i^2 + \sum_j k_{yj}x_j^2$——屋盖的抗扭刚度;

$\quad\quad k_{x\varphi} = k_{\varphi x} = -\sum_i k_{xi}y_i$;

$\quad\quad k_{y\varphi} = k_{\varphi y} = \sum_j k_{yj}x_j$。

式中 $x_c = e_x$,$y_c = e_y$,则

$$
k_{x\varphi} = k_{\varphi x} = -\sum_i k_{xi}y_i = -e_y k_{xx}
$$

$$
k_{y\varphi} = k_{\varphi y} = \sum_j k_{yj}x_j = e_x k_{yy}
$$

故式(3.6.3)也可写成

$$
\begin{bmatrix} m & & 0 \\ & m & \\ 0 & & J \end{bmatrix}
\begin{Bmatrix} \ddot{u}_x \\ \ddot{u}_y \\ \ddot{\varphi} \end{Bmatrix}
+
\begin{bmatrix} k_{xx} & 0 & -e_y k_{xx} \\ 0 & k_{yy} & e_x k_{yy} \\ -e_y k_{xx} & e_x k_{yy} & k_{\varphi\varphi} \end{bmatrix}
\begin{Bmatrix} u_x \\ u_y \\ \varphi \end{Bmatrix}
=
-\begin{bmatrix} m & & 0 \\ & m & \\ 0 & & J \end{bmatrix}
\begin{Bmatrix} \ddot{u}_{0x} \\ \ddot{u}_{0y} \\ 0 \end{Bmatrix}
$$

$$
(3.6.4)
$$

而体系的自由振动方程式为

$$
\begin{bmatrix} m & & 0 \\ & m & \\ 0 & & J \end{bmatrix}
\begin{Bmatrix} \ddot{u}_x \\ \ddot{u}_y \\ \ddot{\varphi} \end{Bmatrix}
+
\begin{bmatrix} k_{xx} & 0 & -e_y k_{xx} \\ 0 & k_{yy} & e_{xx} k_{yy} \\ -e_y k_{xx} & e_x k_{yy} & k_{\varphi\varphi} \end{bmatrix}
\begin{Bmatrix} u_x \\ u_y \\ \varphi \end{Bmatrix}
=
\begin{Bmatrix} 0 \\ 0 \\ 0 \end{Bmatrix}
\quad (3.6.5)
$$

2) 自振频率与振型

结构自振频率与振型可按式(3.6.5)计算。若假定结构仅在 y 方向有偏心,且地震仅沿 x 方向作用,则由式(3.6.5)可得自由振动方程为

$$\begin{bmatrix} m & 0 \\ 0 & J \end{bmatrix}\begin{Bmatrix} \ddot{u}_x \\ \ddot{\varphi} \end{Bmatrix} + \begin{bmatrix} k_{xx} & -e_y k_{xx} \\ -e_y k_{xx} & k_{\varphi\varphi} \end{bmatrix}\begin{Bmatrix} u_x \\ \varphi \end{Bmatrix} = \begin{Bmatrix} 0 \\ 0 \end{Bmatrix} \tag{3.6.6}$$

设式(3.6.6)的解为

$$u_x = X\sin(\omega t + \theta)$$

$$\varphi = \Phi\sin(\omega t + \theta)$$

代入式(3.6.6)得

$$(k_{xx} - m\omega^2)X - e_y k_{xx}\Phi = 0$$

$$-e_y k_{xx}X + (k_{\varphi\varphi} - J\omega^2)\Phi = 0$$

令 $\omega_x^2 = k_{xx}/m, \omega_\varphi^2 = k_{\varphi\varphi}/J, r^2 = J/m$,则上式成为

$$\left. \begin{aligned} (\omega_x^2 - \omega^2)X - e_y\omega_x^2\Phi &= 0 \\ -\frac{e_y}{r^2}\omega_x^2 X + (\omega_\varphi^2 - \omega^2)\Phi &= 0 \end{aligned} \right\} \tag{3.6.7}$$

为使上式得非零解,令 X 和 Φ 的系数行列式等于零,得频率方程

$$\omega^4 - (\omega_x^2 + \omega_\varphi^2)\omega^2 + \left(\omega_x^2\omega_\varphi^2 - \frac{e_y^2}{r^2}\omega_x^4\right) = 0 \tag{3.6.8}$$

由此得结构自振频率为

$$\left. \begin{aligned} \omega_1^2 &= \frac{\omega_x^2 + \omega_\varphi^2}{2} - \sqrt{\left(\frac{\omega_x^2 - \omega_\varphi^2}{2}\right)^2 + \frac{e_y^2}{r^2}\omega_x^4} \\ \omega_2^2 &= \frac{\omega_x^2 + \omega_\varphi^2}{2} + \sqrt{\left(\frac{\omega_x^2 - \omega_\varphi^2}{2}\right)^2 + \frac{e_y^2}{r^2}\omega_x^4} \end{aligned} \right\} \tag{3.6.9}$$

由式(3.6.7)中第一式得振幅比

$$\frac{X_j}{\Phi_j} = \frac{e_y\omega_x^2}{\omega_x^2 - \omega_j^2} = \frac{e_y}{1 - \left(\dfrac{\omega_j}{\omega_x}\right)^2} \tag{3.6.10}$$

如令 $X_j = 1$,则第一、二振型分别为

$$\left. \begin{aligned} X_1 = 1 \qquad \Phi_1 &= \frac{1 - (\omega_1/\omega_x)^2}{e_y} \\ X_2 = 1 \qquad \Phi_2 &= \frac{1 - (\omega_2/\omega_x)^2}{e_y} \end{aligned} \right\} \tag{3.6.11}$$

由式(3.6.9)知

$$\omega_1 < \omega_x < \omega_2$$

故式(3.6.11)中 Φ_1 为正值(逆时针方向转动),而 Φ_2 为负值(顺时针方向转动)。

3.6.3　多层偏心结构的振动

图 3-20 为一多层偏心结构房屋,刚性楼盖,每一楼盖具有三个自由度,对于 n 层房屋,共有 $3n$ 个自由度。

考虑楼盖 r,设 k_{xx}^{rs} 为当楼盖 s 在 x 方向发生单位位移,当其他楼盖不动时,在楼

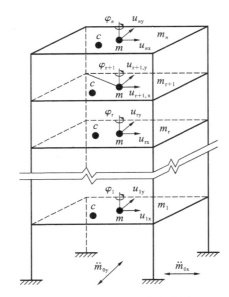

图 3-20 多层偏心结构计算简图

盖 r 处产生的反力为

$$k_{xx}^{rs} = \sum_i k_{xi}^{rs} \qquad (3.6.12)$$

式中 k_{xi}^{rs} 表示当第 s 层有单位位移,其他层不动时,结构中沿 x 方向第 i 个抗侧力构件在第 r 层处的反力。

对照式(3.6.3),可得楼盖 r 在 x 方向的恢复力为

$$\sum_{s=1}^{n} k_{xx}^{rs} u_{sx} - \sum_{s=1}^{n} k_{xx}^{rs} e_{sy} \varphi_s \qquad (3.6.13)$$

故楼盖 r 沿 x 方向当不考虑阻尼时平动的运动方程为

$$m_r \ddot{u}_{rx} + \sum_{s=1}^{n} k_{xx}^{rs} u_{sx} - \sum_{s=1}^{n} k_{xx}^{rs} e_{sy} \varphi_s = -m_r \ddot{u}_{0x}$$

$$(3.6.14a)$$

同理,可写出楼盖 r 在 y 方向平动时的运动方程为

$$m_r \ddot{u}_{ry} + \sum_{s=1}^{n} k_{yy}^{rs} u_{sy} - \sum_{s=1}^{n} k_{yy}^{rs} e_{sx} \varphi_s = -m_r \ddot{u}_{0y} \qquad (3.6.14b)$$

楼盖 r 扭转振动的运动方程为

$$J_r \ddot{\varphi}_r - \sum_{s=1}^{n} k_{xx}^{rs} e_{sy} u_{sx} + \sum_{s=1}^{n} k_{yy}^{rs} e_{sx} u_{sy} + \sum_{s=1}^{n} k_{\varphi\varphi}^{rs} \varphi_s = 0 \qquad (3.6.14c)$$

式中 $k_{\varphi\varphi}^{rs}$ 表示当楼盖 s 对通过质心的竖轴产生单位转角(逆时针方向为正),其他层楼盖不动时,在楼盖 r 处的反力矩

$$k_{\varphi\varphi}^{rs} = \sum_i k_{xi}^{rs} y_i^s y_i^r + \sum_j k_{yj}^{rs} x_j^s x_j^r \qquad (3.6.15)$$

对于 n 个楼盖的全部 $3n$ 个运动方程可用矩阵表达如下

$$\boldsymbol{M}\ddot{\boldsymbol{U}} + \boldsymbol{k}\boldsymbol{U} = -\boldsymbol{M}\ddot{\boldsymbol{U}}_0 \qquad (3.6.16)$$

式中

$$\boldsymbol{M} = \begin{bmatrix} \boldsymbol{m} & & 0 \\ & \boldsymbol{m} & \\ 0 & & \boldsymbol{J} \end{bmatrix}$$

其中

$$\boldsymbol{m} = \begin{bmatrix} m_1 & & & 0 \\ & m_2 & & \\ & & \ddots & \\ 0 & & & m_n \end{bmatrix}; \quad \boldsymbol{J} = \begin{bmatrix} J_1 & & & 0 \\ & J_2 & & \\ & & \ddots & \\ 0 & & & J_n \end{bmatrix}$$

又

$$\boldsymbol{K}=\begin{bmatrix} \boldsymbol{k}_{xx} & 0 & \boldsymbol{k}_{x\varphi} \\ 0 & \boldsymbol{k}_{yy} & \boldsymbol{k}_{y\varphi} \\ \boldsymbol{k}_{\varphi x} & \boldsymbol{k}_{\varphi y} & \boldsymbol{k}_{\varphi\varphi} \end{bmatrix}; \quad \boldsymbol{k}_{xx}=\begin{bmatrix} k_{xx}^{11} & k_{xx}^{12} & \cdots & k_{xx}^{1n} \\ k_{xx}^{21} & k_{xx}^{22} & \cdots & k_{xx}^{2n} \\ \vdots & \vdots & & \vdots \\ k_{xx}^{n1} & k_{xx}^{n2} & \cdots & k_{xx}^{nn} \end{bmatrix};$$

$$\boldsymbol{k}_{x\varphi}=\boldsymbol{k}_{\varphi x}^{T}=\begin{bmatrix} k_{xx}^{11}e_{y1} & k_{xx}^{12}e_{y2} & \cdots & k_{xx}^{1n}e_{yn} \\ k_{xx}^{21}e_{y1} & k_{xx}^{22}e_{y2} & \cdots & k_{xx}^{2n}e_{yn} \\ \vdots & \vdots & & \vdots \\ k_{xx}^{n1}e_{y1} & k_{xx}^{n2}e_{y2} & \cdots & k_{xx}^{nn}e_{yn} \end{bmatrix}; \quad \boldsymbol{k}_{\varphi\varphi}=\begin{bmatrix} k_{\varphi\varphi}^{11} & k_{\varphi\varphi}^{12} & \cdots & k_{\varphi\varphi}^{1n} \\ k_{\varphi\varphi}^{21} & k_{\varphi\varphi}^{22} & \cdots & k_{\varphi\varphi}^{2n} \\ \vdots & \vdots & & \vdots \\ k_{\varphi\varphi}^{n1} & k_{\varphi\varphi}^{n2} & \cdots & k_{\varphi\varphi}^{nn} \end{bmatrix}$$

$\boldsymbol{k}_{yy}$ 和 $\boldsymbol{k}_{y\varphi}=\boldsymbol{k}_{\varphi y}^{T}$ 分别与 $\boldsymbol{k}_{xx}$ 和 $\boldsymbol{k}_{x\varphi}=\boldsymbol{k}_{\varphi x}^{T}$ 相似,只需将后者的角标 x 换成 y,y 换成 x 即可。

$$\boldsymbol{U}=\begin{Bmatrix} \boldsymbol{u}_x \\ \boldsymbol{u}_y \\ \boldsymbol{\varphi} \end{Bmatrix}; \quad \boldsymbol{u}_x=\begin{Bmatrix} u_{1x} \\ u_{2x} \\ \vdots \\ u_{nx} \end{Bmatrix}; \quad \boldsymbol{u}_y=\begin{Bmatrix} u_{1y} \\ u_{2y} \\ \vdots \\ u_{ny} \end{Bmatrix}; \quad \boldsymbol{\varphi}=\begin{Bmatrix} \varphi_1 \\ \varphi_2 \\ \vdots \\ \varphi_n \end{Bmatrix}; \quad \ddot{\boldsymbol{U}}_0=\begin{Bmatrix} \ddot{u}_{0x} \\ \ddot{u}_{0y} \\ 0 \end{Bmatrix}$$

3.6.4 振型分解反应谱法计算偏心结构的地震作用

1) 广义坐标与振型参与系数

为便于理解,先考虑单层偏心结构,然后再推广至多层偏心结构。

考虑单层双向偏心结构受两个方向的地面水平运动,不考虑阻尼的作用,其运动方程见式(3.6.3),写成矩阵形式为

$$\boldsymbol{m}\ddot{\boldsymbol{u}} + \boldsymbol{k}\boldsymbol{u} = -\boldsymbol{m}\ddot{\boldsymbol{u}}_0 \tag{3.6.17}$$

将位移向量 $\boldsymbol{u}$ 按振型分解为

$$\boldsymbol{u}=\boldsymbol{U}\boldsymbol{q} \tag{3.6.18}$$

式中 $\boldsymbol{U}=\begin{bmatrix} \boldsymbol{U}_1 & \boldsymbol{U}_2 & \boldsymbol{U}_3 \end{bmatrix}=\begin{bmatrix} X_1 & X_2 & X_3 \\ Y_1 & Y_2 & Y_3 \\ \Phi_1 & \Phi_2 & \Phi_3 \end{bmatrix}$——标准化振型矩阵;

$\boldsymbol{q}=\begin{Bmatrix} q_1 \\ q_2 \\ q_3 \end{Bmatrix}$——广义坐标向量。

将式(3.6.18)代入式(3.6.17)得

$$\boldsymbol{m}\boldsymbol{U}\ddot{\boldsymbol{q}} + \boldsymbol{k}\boldsymbol{U}\boldsymbol{q} = -\boldsymbol{m}\ddot{\boldsymbol{u}}_0 \tag{3.6.19}$$

与式(3.4.41)的推导方法相似,对上式各项左乘第 j 振型向量 $\boldsymbol{U}_j^T$,并考虑振型的正交性,得

$$\ddot{q}_j + \omega_j^2 q_j = -\frac{\boldsymbol{U}_j^T \boldsymbol{m}\ddot{\boldsymbol{u}}_0}{\boldsymbol{U}_j^T \boldsymbol{m}\boldsymbol{U}_j} = -\frac{mX_j\ddot{u}_{0x} + mY_j\ddot{u}_{0y}}{mX_j^2 + mY_j^2 + J\Phi_j^2} \tag{3.6.20}$$

当只有 x 方向有水平地震作用时,则 $\ddot{u}_{0y}=0$,式(3.6.20)成为

$$\ddot{q}_j + \omega_j^2 q_j = -\gamma_{xj} \ddot{u}_{0x} \qquad (3.6.21)$$

式中

$$\gamma_{xj} = \frac{mX_j}{mX_j^2 + mY_j^2 + J\Phi_j^2} = \frac{X_j}{X_j^2 + Y_j^2 + r^2 \Phi_j^2} \qquad (3.6.22)$$

当只有 y 方向有水平地震作用时

$$\ddot{q}_j + \omega_j^2 q_j = -\gamma_{yj} \ddot{u}_{0y} \qquad (3.6.23)$$

式中

$$\gamma_{yj} = \frac{mY_j}{mX_j^2 + mY_j^2 + J\Phi_j^2} = \frac{Y_j}{X_j^2 + Y_j^2 + r^2 \Phi_j^2} \qquad (3.6.24)$$

上式中的 γ_{xj} 及 γ_{yj} 为仅考虑 x 及 y 方向地震的 j 振型参与系数,其中 $r^2 = J/m$。

对于单向偏心结构,当偏心在 y 方向而地震沿 x 方向作用时

$$\gamma_{xj} = \frac{mX_j}{mX_j^2 + J\Phi_j^2} = \frac{X_j}{X_j^2 + r^2 \Phi_j^2} \qquad (3.6.25)$$

同理,当地震沿 y 方向作用而偏心在 x 方向上时

$$\gamma_{yj} = \frac{mY_j}{mY_j^2 + J\Phi_j^2} = \frac{Y_j}{Y_j^2 + r^2 \Phi_j^2} \qquad (3.6.26)$$

在上述推导中没有考虑结构的阻尼影响,如需计入,可在式(3.6.20)等号左边加入阻尼项 $2\zeta_j \omega_j \dot{q}_j$,其中 ζ_j 为第 j 振型的阻尼比。

2) 地震作用

《建筑抗震设计规范》(GB 50011—2010)规定,水平地震作用下,建筑结构的扭转耦联地震效应符合下列要求:

① 规则结构不进行扭转耦联计算时,平行于地震作用方向的两个边榀,其地震作用效应宜乘以增大系数。一般情况下短边可按 1.15 采用,长边可按 1.05 采用;当扭转刚度较小时,周边各构件宜按不小于 1.3 采用。角部构件宜乘以两个方向各自的增大系数。

② 按扭转耦联振型分解法计算时,各楼层可取两个正交的水平移动和一个转角共 3 个自由度,然后按下列振型分解反应谱法计算地震作用和作用效应。确有依据时,尚可采用简化计算方法确定地震作用效应。

单层双向偏心结构地震作用的计算公式如下。

仅考虑 x 方向地震时,j 振型的水平地震作用在 x 和 y 方向分别为

$$F_{xj} = \alpha_j \gamma_{xj} X_j G \qquad (3.6.27a)$$

$$F_{yj} = \alpha_j \gamma_{yj} X_j G \qquad (3.6.27b)$$

而地震扭矩为

$$M_{tj} = J \gamma_{xj} \Phi_j \alpha_j g$$

令 $G = mg$,$r^2 = J/m$,则上式可写成

$$M_{tj} = \alpha_j \gamma_{xj} r^2 \Phi_j G \qquad (3.6.27c)$$

当仅考虑 y 方向地震时,只需在上列各式中用 γ_{yj} 代替 γ_{xj},即可得到相应的地震

作用。式中 γ_{yj} 和 γ_{xj} 分别见式(3.6.22)和式(3.6.24)。

对于单层单向偏心结构,承受垂直于偏心方向的单向地震时,在偏心方向将无水平地震作用。

当为多层偏心结构时,根据与上述相同方法可推导多层偏心结构第 j 振型 i 层的水平地震作用如下。

$$F_{xji} = \alpha_j \gamma_{tj} X_{ji} G_i \tag{3.6.28a}$$

$$F_{yji} = \alpha_j \gamma_{tj} Y_{ji} G_i \tag{3.6.28b}$$

$$M_{tji} = \alpha_j \gamma_{tj} r_i^2 \Phi_{ji} G_i \tag{3.6.28c}$$

式中　F_{xji}、F_{yji}、M_{tji}——j 振型 i 层在 x 方向、y 方向和转角方向的地震作用标准值;

X_{ji}、Y_{ji}——j 振型 i 层质心在 x 方向和 y 方向的水平相对位移;

Φ_{ji}——j 振型 i 层的相对扭转角;

γ_i——i 层绕质心的回转半径,$\gamma_i^2 = J_i/m_i$;

γ_{tj}——考虑扭转的 j 振型参与系数。

可按下列公式确定。

当仅考虑 x 方向地震时

$$\gamma_{yj} = \frac{\displaystyle\sum_{i=1}^{n} X_{ji} G_i}{\displaystyle\sum_{i=1}^{n} (X_{ji}^2 + Y_{ji}^2 + r_i^2 \Phi_{ji}^2) G_i} \tag{3.6.29}$$

当仅考虑 y 方向地震时

$$\gamma_{xj} = \frac{\displaystyle\sum_{i=1}^{n} Y_{ji} G_i}{\displaystyle\sum_{i=1}^{n} (X_{ji}^2 + Y_{ji}^2 + r_i^2 \Phi_{ji}^2) G_i} \tag{3.6.30}$$

当考虑与 x 方向斜角 θ 的地震时

$$\gamma_{tj} = \gamma_{xj} \cos\theta + \gamma_{yj} \sin\theta \tag{3.6.31}$$

式中　γ_{xj}、γ_{yj}——分别为由式(3.6.29)和式(3.6.30)求得的参与系数。

3) 振型组合

由于多层偏心结构的振动为平扭耦联振动,各振型频率比较接近,已不适宜采用"平方和开平方法"。这时,当考虑单向水平地震作用下的扭转地震作用效应时,可采用完全二次型方根法(CQC 法),即按下列公式计算地震作用效应

$$S = \sqrt{\sum_{j=1}^{m} \sum_{k=1}^{m} \rho_{jk} S_j S_k} \tag{3.6.32}$$

$$\rho_{jk} = \frac{8\sqrt{\zeta_j \zeta_k}(\zeta_j + \lambda_T \zeta_k)\lambda_T^{1.5}}{(1 - \lambda_T^2)^2 + 4\zeta_j \zeta_k (1 + \lambda_T^2)\lambda_T + 4(\zeta_j^2 + \zeta_k^2)\lambda_T^2} \tag{3.6.33}$$

式中　S——考虑扭转的地震作用效应;

S_j、S_k——j、k 振型地震作用产生的作用效应；

ρ_{jk}——j 振型与 k 振型的耦联系数；

λ_T——k 振型与 j 振型的自振周期比；

ζ_j、ζ_k——分别为 j、k 振型的阻尼比。

当考虑双向水平地震作用下的扭转地震作用效应时，可按下列公式中的较大值确定。

$$S = \sqrt{S_x^2 + (0.85S_y)^2} \tag{3.6.34}$$

$$S = \sqrt{S_y^2 + (0.85S_x)^2} \tag{3.6.35}$$

式中 S_x——仅考虑 x 方向水平地震作用时的地震作用效应；

S_y——仅考虑 y 方向水平地震作用时的地震作用效应。

一般地，对考虑地震扭转效应的多层及高层建筑，在进行地震作用效应组合时，可取前 9 个振型。当结构基本周期等于或大于 2 s 时，宜取前 15 个振型。

3.7 竖向地震作用计算

竖向地震作用会使结构产生竖向振动。震害调查表明，在高烈度区，竖向地震的影响十分明显，尤其是对柔度较大的结构。因此，《建筑抗震设计规范》（GB 50011—2010）规定，对于设防烈度为 8 度和 9 度的大跨度和长悬臂结构以及 9 度时的高层建筑，应计算竖向地震作用。

3.7.1 高层建筑的竖向地震作用

由于高层建筑的竖向自振周期较短，其反应以第一振型为主，并且该振型接近于倒三角形，因此其竖向地震作用可采用类似于水平地震作用的底部剪力法进行计算，即先求出结构的总竖向地震作用，然后再在各质点上进行分配。图 3-21 为该类结构的竖向地震作用及振型图。

参照式（3.5.6），可得结构总竖向地震作用的标准值为

$$F_{Evk} = \sum_{i=1}^n F_{vi} = \gamma_1 \alpha_{v1} \sum_{i=1}^n G_i Y_i \tag{3.7.1}$$

式中 α_{v1}——相应于第一竖向振型周期的竖向地震影响系数；

Y_i——i 质点竖向振动位移；

G_i——i 质点的重力荷载代表值；

γ_1——竖向振动第一振型的振型参与系数，即

$$\gamma_1 = \frac{\sum_{i=1}^n G_i Y_i}{\sum_{i=1}^n G_i Y_i^2} \tag{3.7.2}$$

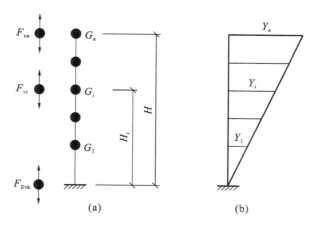

图 3-21 竖向地震作用与倒三角形振型

将式(3.7.2)代入式(3.7.1),并考虑到由于倒三角形振型引起的 $Y_i \propto H_i$,得

$$F_{Evk} = \alpha_{v1} \frac{(\sum_{i=1}^{n} G_i H_i)^2}{\sum_{i=1}^{n} G_i H_i^2} = \alpha_{v1} G_{eq} \tag{3.7.3}$$

根据对计算结果的分析,上式中的结构等效总重力荷载 G_{eq} 为

$$G_{eq} = 0.75 \sum_{i=1}^{n} G_i \tag{3.7.4}$$

式(3.7.3)中的竖向地震影响系数 α_{v1} 可以取其最大值 $\alpha_{v,max}$,这是因为竖向第一自振周期较短,一般在 0.1~0.2 s 之间,故地震影响系数将落在反应谱曲线的平台区段。统计分析表明,竖向地震的 β 谱曲线与水平地震的 β 谱曲线相差不大,所以可近似地取与水平地震相同的 β 谱曲线。考虑到地震时地面的竖向最大加速度一般为水平最大加速度的 1/3~1/2,震中距小时数值较大,故《建筑抗震设计规范》(GB 50011—2010)取竖向地震影响系数的最大值 $\alpha_{v,max}$ 为水平地震影响系数最大值 α_{max} 的 65%,即

$$\alpha_{v1} = \alpha_{v,max} = 0.65\alpha_{max} \tag{3.7.5}$$

而质点 i 的竖向地震作用参照式(3.5.14)即可写为

$$F_{vi} = \frac{G_i H_i}{\sum_{j=1}^{n} G_j H_j} F_{Evk} \tag{3.7.6}$$

楼层的竖向地震作用效应可按各构件承受的重力荷载代表值的比例分配,并宜乘以增大系数 1.5。

3.7.2 屋盖结构的竖向地震作用

《建筑抗震设计规范》(GB 50011—2010)规定,对于跨度、长度小于相关规定

[3.10 节第(9)条]且规则的平板型网架屋盖和跨度大于 24 m 的屋架、屋盖横梁及托架的竖向地震作用标准值,宜取其重力荷载代表值和竖向地震作用系数的乘积。可用下式表示。

$$G' = \xi_v G \tag{3.7.7}$$

式中 G——重力荷载代表值;

ξ_v——竖向地震作用系数,按表 3-6 采用。

表 3-6 竖向地震作用系数

结构类别	烈 度	场 地 类 别		
		Ⅰ	Ⅱ	Ⅲ、Ⅳ
平板型网架、钢屋架	8	可不计算(0.10)	0.08(0.12)	0.10(0.15)
	9	0.15	0.15	0.20
钢筋混凝土屋架	8	0.10(0.15)	0.13(0.19)	0.13(0.19)
	9	0.20	0.25	0.25

注:括号中数值适用于设计基本地震加速度为 0.30g 的地区。

3.7.3 其他结构的竖向地震作用

《建筑抗震设计规范》(GB 50011—2010)规定,对于长悬臂构件和不能采用式(3.7.7)计算竖向地震作用的大跨结构,其竖向地震作用的标准值对烈度为 8 度和 9 度时可分别取该结构(构件)重力荷载代表值的 10% 和 20%,设计基本地震加速度为 0.30g 时,可取该结构(构件)重力荷载代表值的 15%。

对于大跨度空间结构的竖向地震作用,尚可按竖向振型分解反应谱法计算。其竖向地震影响系数可采用水平地震影响系数的 65%,但特征周期可均按设计第一组采用。

3.8 时程分析法

3.8.1 概述

时程分析法,是根据选定的地震波和结构恢复力模型曲线,采用逐步积分的方法对动力方程进行直接积分,从而求得结构在地震过程中每一瞬时的位移、速度和加速度反应。该方法综合考虑了地震动的幅值、频谱和持时三要素,是目前最完备的地震反应分析方法。但由于计算量很大,再加上采用该方法时计算参数的确定尚有许多困难,因此目前仅在一些重要的、特殊的、复杂的以及高层建筑结构的抗震设计中应用。

我国《建筑抗震设计规范》(GB 50011—2010)规定,对特别不规则的建筑、甲类建筑和表 3-7 所列高度范围的高层建筑,应采用时程分析法进行多遇地震作用下的补充计算。

表 3-7　采用时程分析的房屋高度范围

烈度、场地类别	房屋高度范围(m)
8 度Ⅰ、Ⅱ类场地和 7 度	>100
8 度类场地Ⅲ、Ⅳ	>80
9 度	60

结构在地震作用下的运动方程为

$$m\ddot{x} + c\dot{x} + kx = -m\ddot{x}_0 \qquad (3.8.1)$$

式中　$\ddot{x}_0$——地面运动加速度。

将强震时记录下来的某水平分量加速度-时间曲线划分为很小的时段 Δt,然后一个时段一个时段地通过对振动方程式(3.8.1)进行直接积分,从而求出体系在各时刻的位移、速度和加速度,进而计算结构的内力。采用时程分析法时,首先要选择合适的地震波,然后需要确定结构的振动模型与恢复力模型,最后再采用逐步积分方法求解方程。

3.8.2　地震波的选择

目前抗震设计中有关地震波的选择方法主要有下列两种。

1) 直接利用强震记录

在选择强震记录时,应综合考虑地震动强度、频谱特性和强震持续时间,以使各部分接近于建筑场地的实际情况。也即在选择时除了最大峰值加速度应与建筑地区的设防烈度相对应外,场地条件也应尽量接近。对于强震持续时间,原则上应采用持续时间较长的波,因为持续时间越长,地震波能量越大,结构反应越强烈。

当所选择的实际地震记录的加速度峰值与建筑地区抗震设防烈度所对应的加速度峰值不一致时,可将实际地震记录的加速度按比例放大或缩小来加以修正。对应于不同设防烈度的多遇地震与罕遇地震的峰值加速度见表 3-8。

表 3-8　时程分析所用地震加速度时程的最大值 （cm/s²）

地震影响	6 度	7 度	8 度	9 度
多遇地震	18	35(55)	70(110)	140
罕遇地震	125	220(310)	400(510)	620

注:括号内数值分别适用于设计基本地震加速度为 0.15g 和 0.30g 的地区。

常用的强震记录主要有埃尔森特罗波(El Centro)、塔夫特波(Taft)、天津波等。

2)采用模拟地震波

模拟地震波又称为人工地震波,它是根据拟建场地的地基和建筑物状况,按照随机振动理论人为创造的符合所需统计特征(加速度峰值、频谱特性、持续时间)的地震波。

对于以上两种地震波的选择方法,《建筑抗震设计规范》(GB 50011—2010)规定,采用时程分析法时,应按建筑场地类别和设计地震分组同时选用实际强震记录和人工模拟的加速度时程曲线,其中实际强震记录的数量不应少于总数的 2/3,多组时程曲线的平均地震影响系数曲线应与振型分解反应谱法所采用的地震影响系数曲线在统计意义上相符。

3.8.3 结构和构件的恢复力特性

恢复力是指结构或构件在去掉外力后恢复变形的能力。恢复力与变形之间的关系曲线称为恢复力特性曲线,它反映的是结构或构件的恢复力特性。在强震作用下,结构及构件的受力和变形反复地处于弹性状态和弹塑性状态。由于材料差别以及受力方式和结构形式的不同,恢复力特性比较复杂。为便于利用,必须要将其进行简化,而简化后得出的模型就是恢复力模型。同时,由于恢复力模型具有滞回性质,所以又称为滞回曲线。恢复力模型包含了结构或构件的刚度、强度、延性、吸收能量的能力等力学特性,是结构弹塑性直接动力分析的重要依据。

常见的恢复力模型可以分为:双线型模型和三线型模型。

(1)双线型模型。

双线型模型又可以分为理想弹塑性恢复力模型(见图 3-22(a))、考虑硬化的双线型模型(见图 3-22(b))和退化双线型模型(见图 3-22(c))三种。不同的双线型模型可适用于不同的结构构件。

图 3-22(a)所示理想弹塑性模型:屈服力值为 P_y,对应的位移为 x_y,k_1 是弹性刚度,塑性刚度 $k_2=0$。曲线沿 0、1、2…顺序前进。此模型需要两个参数 P_y、k_1 才能确定,这些参数可有试验提供。该模型适用于钢结构构件。

图 3-22(b)所示考虑硬化的双线型模型:屈服力值为 P_y,对应的为 x_y,k_1 是弹性刚度,k_2 为弹塑性阶段考虑硬化的刚度。曲线沿 0、1、2…顺序前进。此模型需要三个参数 P_y、k_1、k_2 才能确定,这些参数可有试验提供。该模型可用于钢结构构件和近似地用于钢筋混凝土结构构件。

图 3-22(c)所示退化双线型模型:考虑了钢筋混凝土构件的刚度退化性质,其主要特点是前一次循环后再加载时,刚度的降低与前一循环的最大变形有关。0~1 段是弹性段,k_1 是弹性刚度,1~2 段是弹塑性段,刚度为 k_2;2~3 段是卸载段,屈服后再卸载时,卸载段的直线与加载段的直线平行,刚度仍为 k_1;3~4 段是反向加载段,直线指向负屈服点 4$(-x_y,-P_y)$;4~5 段是反向加载屈服后的硬化段;5~6 段

是反向卸载段,刚度仍为 k_1;6~7 段是一循环后的加载段,直线指向前一循环的最大变形点 2(即点 7)。此模型需要三个参数 P_y、k_1、k_2 才能确定。该模型适用于钢筋混凝土构件。

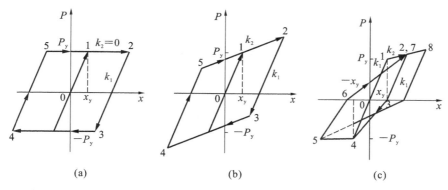

图 3-22　双线型模型

(2) 三线型模型。

三线型模型主要用于钢筋混凝土结构和构件。图 3-23(a)所示退化的三线型模型:1 点是钢筋混凝土开裂点,P_c 和 x_c 分别为开裂力和相应的位移。0~1 段刚度为 k_1。2 点和 5 点是屈服点。1~2 段刚度为 k_2,屈服以后塑性段刚度 $k_3=0$。屈服以后再卸载,卸载直线(3~4 段)与割线(0~2 段)平行,其刚度为 k_4,称为割线刚度。其他特点与退化双曲线模型类似。该模型需要四个参数 P_c、P_y、k_1、k_2 才能确定。

图 3-23(b)所示为考虑硬化的退化三线型模型。不同于图 3-23(a)的是,屈服点以后有硬化段 2~3,其刚度为 k_3。该模型需要五个参数 P_c、P_y、k_1、k_2、k_3 才能确定。

在选择并确定好结构或构件的恢复力模型后,就可以按照变形所处的阶段,确定与其相应的恢复力大小。

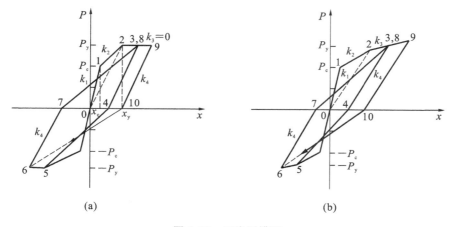

图 3-23　三线型模型

3.8.4　结构振动模型

结构振动模型的确定需要综合考虑结构型式及构造特点、分析精度要求、计算机容量等情况。目前结构的振动模型主要可以分为:层模型、杆系模型、杆系-层模型三类。

层模型是将结构的质量集中于楼层处,用每层的刚度(层刚度)表示结构的刚度。根据结构的变形型式有可将层模型分为剪切型层模型和剪弯型层模型两种。杆系模型是将高层建筑结构视为杆件体系,结构的质量集中于各结点,动力自由度数等于结构结点线位移自由度数。而弹塑性杆件的计算模型又可分为单分量模型、双分量模型和三分量模型三种。杆系-层模型是指将高层建筑结构按杆件体系确定其变形和刚度,但结构的质量集中于楼层处,是一种介于杆系模型与层模型之间的计算模型。

以上三种振动模型各有优缺点,需要合理选择。层模型优点是简单,计算量小;缺点是模型比较粗糙,不能描述结构各构件的弹塑性变形过程,不易据此确定结构的薄弱部位。杆系模型的优点是模型较细,能够了解地震过程中每根杆件的变形过程;缺点是模型太复杂,工作量太大。杆系-层模型兼有层模型和杆系模型的优点,克服了它们各自的缺点。

对于多层房屋结构,最简单而且目前应用最广的是层间剪切模型。在这种模型中,房屋的质量集中于各楼层,在振动过程中各楼层始终保持为水平,结构的变形表现为层间的错动,各层的层间位移具有独立性,即互不影响。对于以剪切变形为主的结构,一般都可以采用这种模型,如多层砖房以及横梁线刚度远比柱线刚度大的强梁弱柱型框架结构等。对于强柱弱梁型的框架结构,用这种模型计算时误差较大,但有时为了简化计算,对于各跨相等的低层框架和建筑物宽度远大于高度的多层框架亦可近似地应用。下面主要介绍层间剪切模型。

(1)刚度矩阵。

考虑图 3-24 框架结构,按层间剪切模型建立其刚度矩阵。由于层间剪切模型假定框架横梁为刚性,结点无转动,故某一层发生层间相对变位时,不引起其他层的层间相对变位。因此,任一层楼面的弹性反力(恢复力)只与该楼面上、下两层的层间相对位移有关,而第 r 层楼面的恢复力为

$$f(x)_r = k_r(x_r - x_{r-1}) - k_{r+1}(x_{r+1} - x_r)$$
$$= -k_r x_{r-1} + (k_r + k_{r+1})x_r - k_{r+1}x_{r+1} \tag{3.8.2}$$

式中　k_r——第 r 层的层间剪切刚度;

　　　x_r——第 r 层顶楼面的位移。

对于整个结构,上式可用矩阵表示如下。

$$\begin{Bmatrix} f(x)_1 \\ f(x)_2 \\ \vdots \\ f(x)_r \\ \vdots \\ f(x)_n \end{Bmatrix} = \begin{bmatrix} k_1+k_2 & -k_2 & & & \\ -k_2 & k_2+k_3 & & -k_3 & \\ & \ddots & \ddots & \ddots & \\ & -k_r & k_r+k_{r+1} & -k_{r+1} & \\ & & \ddots & \ddots & \ddots \\ & & & -k_n & k_n \end{bmatrix} \begin{Bmatrix} x_1 \\ x_2 \\ \vdots \\ x_r \\ \vdots \\ x_n \end{Bmatrix}$$

(3.8.3)

或

$$f(x) = kx \tag{3.8.4}$$

式(3.8.4)中的 k 即为层间剪切模型的刚度矩阵,它是三对角矩阵。

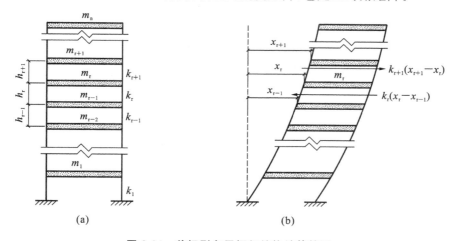

图 3-24　剪切型多层框架结构计算简图

(2) 层间剪切刚度。

将同层中各柱的刚度相加即可得到结构各层的层间剪切刚度 k。

在弹性阶段,对于刚性横梁的框架结构第 r 层层间剪切刚度为

$$k_{0r} = \sum_i \frac{12EI_i}{h_r^3} \tag{3.8.5}$$

式中　I_i、h_r——第 r 层内第 i 根柱的截面惯性矩与高度。

对于非刚性横梁的框架结构,当近似地采用层间剪切模型时,层间弹性剪切刚度可近似为

$$k_{0r} = \sum_i \alpha \frac{12EI_i}{h_r^3} \tag{3.8.6}$$

式中　α——框架结点转动影响系数,可按 D 值法确定。

在非弹性阶段,当层间恢复力特性采用三线型模型时(见图 3-25),需要确定层间开裂剪力 V_{cr},层间屈服剪力 V_{yr} 和层间屈服位移 δ_{yr}。

① 层间开裂剪力 V_{cr}:通常可取同层各柱柱顶、柱底及与各该柱顶、柱底相连的

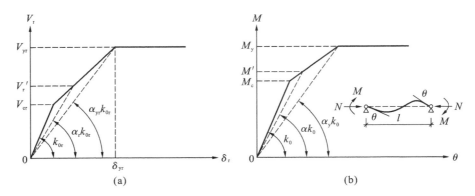

图 3-25 三线型层间恢复力模型

梁端开裂时柱中相应剪力的平均值之和。

② 层间屈服剪力 V_{yr}：需要根据不同的破坏机构分别计算。

a. 柱端首先出现塑性铰，即强梁弱柱型框架。计算同一层中每一根柱上、下两端截面的屈服弯矩 $M_{yci}^{上}$、$M_{yci}^{下}$，于是可得第 r 层的层间屈服剪力如下。

$$V_{yr} = \sum_i V_{yi} = \sum_i \frac{M_{yci}^{上} + M_{yci}^{下}}{h_{0i}} \tag{3.8.7}$$

式中　h_{0i}——r 层第 i 柱的净高度。

b. 梁端首先出现塑性铰，即强柱弱梁型框架。设节点核心区两边的梁端截面屈服弯矩之和为 $\sum M_{yb}$，则节点中心处梁端弯矩之和为

$$\sum \overline{M}_{yb} = \sum M_{yb} \frac{l}{l_1} \tag{3.8.8}$$

式中　l_1、l——梁的净跨度和计算跨度，并假定梁的反弯点在跨度中央。

考虑节点弯矩的平衡，将 $\sum \overline{M}_{yb}$ 按节点处上、下柱的线刚度比 i_c 分配于上、下柱，可得对应于梁端屈服时的柱端有效屈服弯矩 $M_{yci}^{上}$ 及 $M_{yci}^{下}$，即

$$\left.\begin{array}{l} M_{yci}^{上} = \dfrac{i_c}{i_c + i_c^{上}} \sum M_{yb}^{上} \dfrac{l}{l_1} \\[2mm] M_{yci}^{下} = \dfrac{i_c}{i_c + i_c^{下}} \sum M_{yb}^{下} \dfrac{l}{l_1} \end{array}\right\} \tag{3.8.9}$$

而 r 层的层间有效屈服剪力为

$$V_{yr} = \sum_i V_{yi} = \sum_i \frac{\overline{M}_{yci}^{上} + \overline{M}_{yci}^{下}}{h_i} \tag{3.8.10}$$

式中　h_i——柱计算高度。

（3）层间屈服位移 δ_{yr} 与割线刚度降低系数：层间屈服位移可取同层各柱屈服位移或有效屈服位移 δ_{yi} 的平均值，即

$$\delta_{yr} = \sum_{i=1}^{n} \delta_{yi}/n = \sum_{i=1}^{n} \frac{V_{yi}}{\alpha k_0 n} \tag{3.8.11}$$

式中　n——同层中的柱数；

　　　k_0——柱的弹性刚度；

　　　α——柱在弹塑性阶段的割线刚度系数。

　　割线刚度系数 α 可由 M-θ 柱的曲线推求（见图 3-25(b)），即

$$\frac{1}{\alpha} = 1 + (\frac{1}{\alpha_y} - 1)\frac{1 - M_c/M'}{1 - M_c/M_y} \tag{3.8.12}$$

式中　M_c、M_y——柱的开裂弯矩及屈服弯矩；

　　　M'——与柱有效屈服剪力 V_{yi} 相应的有效屈服弯矩，其值处于 M_c 与 M_y 之间；

　　　α_y——柱屈服点的割线刚度降低系数。

　　柱屈服点的割线刚度降低系数 α_y 可按下列经验公式确定。

$$\alpha_y = (0.043 + 1.64\alpha_E\rho + 0.043\lambda + 0.33n_1)(h_0/h)^2 \tag{3.8.13}$$

式中　α_E——钢筋与混凝土的弹性模量比；

　　　ρ——受拉钢筋配筋率；

　　　λ——剪跨比；

　　　n_1——轴压比；

　　　h_0、h——截面有效高度及全高度。

　　层间屈服点割线刚度（见图 3-25(a)）的降低系数为

$$\alpha_{yr} = \frac{V_{yr}}{\delta_{yr}k_{0r}} \tag{3.8.14}$$

　　在层间开裂到层间屈服范围内，层间割线刚度降低系数为

$$\frac{1}{\alpha_r} = 1 + (\frac{1}{\alpha_{yr}} - 1)\frac{1 - V_{cr}/V'_r}{1 - V_{cr}/V_{yr}} \tag{3.8.15}$$

　　（4）梁、柱开裂弯矩与屈服弯矩：钢筋混凝土梁、柱端截面的开裂弯矩与屈服弯矩可根据《混凝土结构设计规范》（GB 50010—2010）提供的计算方法确定。对于梁、柱截面的屈服弯矩亦可采用下列近似公式计算。

梁：

$$M_{yb} = f_y A_s(h_0 - a'_s) \tag{3.8.16}$$

柱（当轴压比小于 0.8 时）：

$$M_{yc} = f_y A_s(h_0 - a'_s) + 0.5Nh(1 - \frac{N}{\alpha_1 f_c bh}) \tag{3.8.17}$$

3.8.5　振动方程的积分方法

　　结构的振动方程式（3.8.1）是一个非线性方程，很难直接求解，只能采用数值分析方法。目前常用的积分方法主要有线性加速度法、拟静力法、威尔逊（Wilson）-q 法、纽马克（Newmark）法、龙格-库塔（Runge-Kutta）法等。这几种方法均属于逐步积分法，基本步骤如下。

　　（1）将地震作用时间划分为一系列很小的间隔，每步间隔的长度称为时间步长，可任意选择，但一般是等间隔的，记为 Δt。

(2) 在每个时间间隔内将 $\boldsymbol{m}$、$\boldsymbol{k}$、$\boldsymbol{c}$ 及 $\ddot{x}_0$ 均视为常数,取等于该时间间隔开始时的值。

(3) 由每个时间间隔的初始值 x_i、$\dot{x}_i$、$\ddot{x}_i$,求该时间间隔末端值 x_{i+1}、$\dot{x}_{i+1}$,并由振动方程求 $\ddot{x}_{i+1}$。

(4) 将此末端值作为下一时间间隔的初始值,重复上述步骤。逐步计算,可得整个运动过程。

下面介绍一种线性加速度法,即中点加速度法。它计算简单、且在地震反应分析中应用较广,对于具有各种自振周期的结构和取用各种时间步长时,该方法都是比较稳定。

考虑一单自由度体系,假定在 Δt 时间内质点加速度为常数,它等于在 t_n 和 t_{n+1} 时刻时加速度 $\ddot{x}_n$ 和 $\ddot{x}_{n+1}$ 的平均值,即

$$\ddot{x}_{n,n+1}=\frac{\ddot{x}_n+\ddot{x}_{n+1}}{2} \tag{3.8.18}$$

故质点在 t_{n+1} 时刻的位移为

$$x_{n+1}=x_n+\dot{x}_n\Delta t+\frac{1}{2}\ddot{x}_{n,n+1}(\Delta t)^2=x_n+\dot{x}_n\Delta t+\frac{1}{4}(\ddot{x}_n+\ddot{x}_{n+1})(\Delta t)^2 \tag{3.8.19}$$

速度为

$$\dot{x}_{n+1}=\dot{x}_n+\ddot{x}_{n,n+1}\Delta t=\dot{x}_n+\frac{1}{2}(\ddot{x}_n+\ddot{x}_{n+1})\Delta t \tag{3.8.20}$$

又由运动方程式(3.8.1)得质点在 t_{n+1} 时刻的加速度为

$$\ddot{x}_{n+1}=-\frac{c}{m}\dot{x}_{n+1}-\frac{f(x_{n+1})}{m}-\ddot{x}_{0,n+1} \tag{3.8.21}$$

式(3.8.19)～式(3.8.21)为三元联立方程组,其中 x_n、$\dot{x}_n$、$\ddot{x}_n$ 为已知,而未知值 x_{n+1}、$\dot{x}_{n+1}$、$\ddot{x}_{n+1}$ 可通过迭代求得。即先指定 $\ddot{x}_{n+1}$ 值作为初始值,此值可取为

$$\ddot{x}_{n+1}=\ddot{x}_n+(\ddot{x}_n-\ddot{x}_{n-1})=2\ddot{x}_n-\ddot{x}_{n-1} \tag{3.8.22}$$

将上式的 $\ddot{x}_{n+1}$ 代入式(3.8.19)和式(3.8.20),分别求出 x_{n+1} 和 $\dot{x}_{n+1}$,再将此 x_{n+1} 和 $\dot{x}_{n+1}$ 代入式(3.8.21)求出 $\ddot{x}_{n+1}$。这时如果所得的 $\ddot{x}_{n+1}$ 与初始值接近并小于某一允许误差时,计算就可以终止,否则将所得的 $\ddot{x}_{n+1}$ 作为下一轮的初始值重复计算,直到满意为止。

对于弹性体系,式(3.8.21)中恢复力 $f(x_{n+1})=kx_{n+1}$,其中刚度 k 为常数,则式(3.8.21)变为

$$\ddot{x}_{n+1}=-\frac{c}{m}\dot{x}_{n+1}-\frac{k}{m}x_{n+1}-\ddot{x}_{0,n+1} \tag{3.8.23}$$

将式(3.8.19)及式(3.8.20)代入式(3.8.22),得

$$\ddot{x}_{n+1}=-\frac{\ddot{x}_{0,n+1}+\dfrac{c}{m}\left(\dot{x}_n+\dfrac{1}{2}\ddot{x}_n\Delta t\right)+\dfrac{k}{m}\left[x_n+\dot{x}_n\Delta t+\dfrac{1}{4}\ddot{x}_n(\Delta t)^2\right]}{1+\dfrac{1}{2}\dfrac{c}{m}\Delta t+\dfrac{1}{4}\dfrac{k}{m}(\Delta t)^2} \tag{3.8.24}$$

将式(3.8.24)的 $\ddot{x}_{n+1}$ 回代入式(3.8.19)及式(3.8.20),即可求出 x_{n+1} 及 $\dot{x}_{n+1}$。

3.8.6　时程分析计算结果的使用原则

目前,时程分析法主要是对特别不规则的建筑、甲类建筑和表 3-7 所列高度范围的高层建筑进行多遇地震作用下的补充计算。由于采用不同的地震波时,时程分析法的计算结果差别较大,因此《建筑抗震设计规范》(GB 50011—2010)对时程分析结果的使用做了如下规定。

(1)弹性时程分析时,每条时程曲线计算所得结构底部剪力不应小于振型分解反应谱法计算结果的 65%,多条时程曲线计算所得结构底部剪力的平均值不应小于振型分解反应谱法计算结果的 80%。

(2)当取三组加速度时程曲线输入时,计算结构宜取时程法的包络值和振型分解反应谱法的较大值。

(3)当取七组及七组以上的时程曲线时,计算结果可取时程法的平均值和振型分解反应谱法的较大值。

3.9　地基与结构的相互作用

3.9.1　概述

上述各节在进行地震反应分析时,通常假定地基是刚性的。而实际上,一般地基并非完全刚性,因此当上部结构的地震作用通过基础反馈给地基时,地基将产生一定的局部变形,从而引起结构的移动或摆动。这种现象称为地基与结构的相互作用,简称为土结相互作用。

由于地基与结构间存在相互作用,使得地基运动和结构动力特性都发生改变。一般来说,考虑地基与结构的相互作用后,结构的地震作用将减小,但结构的位移和由 $P\text{-}\Delta$ 效应引起的附加内力将增加。土结相互作用对结构影响的大小与地基的硬、软和结构的刚、柔等情况有关,如表 3-9 所示。

由表 3-9 可以看出,软弱地基与刚性结构的相互作用程度最为明显,而坚硬地基与柔性结构的相互作用程度最小。

表 3-9　地基与结构相互作用程度

地　　基	结　　构	
	刚性	柔性
坚硬	中等程度	微小
柔软	显著	中等程度

3.9.2 土与结构相互作用效应的简化计算

《建筑抗震设计规范》(GB 50011—2010)规定,结构抗震计算在一般情况下可不考虑地基与结构相互作用的影响;8 度和 9 度时建造于 Ⅲ 类或 Ⅳ 类场地,采用箱基、刚性较好的筏基或桩箱联合基础的钢筋混凝土高层建筑,当结构的基本自振周期处于特征周期的 1.2 倍至 5 倍范围时,若计入地基与结构动力相互作用的影响,对采用刚性地基假定计算的水平地震剪力可按下列规定折减,并且其层间变形可按折减后的楼层剪力计算。

(1)高宽比小于 3 的结构,各楼层地震剪力的折减系数可按下式计算。

$$\Psi = \left(\frac{T_1}{T_1 + \Delta T} \right)^{0.9} \tag{3.9.1}$$

式中 Ψ——考虑地基与结构动力相互作用后的地震剪力折减系数;

T_1——按刚性地基假定确定的结构基本自振周期(单位:s);

ΔT——计入地基与结构动力相互作用的附加周期(单位:s),可按表 3-10 采用。

表 3-10 附加周期(s)

烈　　度	场　地　类　别	
	Ⅲ 类	Ⅳ 类
8	0.08	0.20
9	0.10	0.25

(2)高宽比不小于 3 的结构,底部的地震剪力按上述(1)的规定折减,但顶部不折减,中间各层按线性插值折减。

(3)折减后各楼层的水平地震剪力,应符合式(3.5.8)关于楼层最小地震剪力的要求。

3.10 地震作用计算的一般规定

以上各节主要介绍了水平地震作用计算的振型分解反应谱法和底部剪力法;偏心结构的地震扭转效应;竖向地震作用的计算;时程分析法以及地基和结构的相互作用等。由于各部分均有自身的适用条件,且相互之间又存在一定的联系和差别,鉴于此,本节对地震作用计算的一般规定总结如下。

(1)鉴于 6 度设防的房屋建筑,其地震作用往往不属于结构设计的控制作用,为减少设计计算的工作量,当抗震设防烈度为 6 度时,除《建筑抗震设计规范》(GB 50011—2010)有具体规定外,对乙、丙、丁类的建筑可不进行地震作用计算,仅进行抗震措施的设计。

(2)一般情况下,应至少在两个主轴方向分别计算水平地震作用,各方向的水平地震作用应由该方向抗侧力构件承担,如该构件带有翼缘、翼墙等,还应包括翼缘、翼墙的抗侧力作用。

（3）由于地震可能来自任意方向,因此对有斜交抗侧力构件的结构,应考虑对各构件的最不利方向的水平地震作用,一般即与该构件平行的方向。当相交角度大于 15 度时,应分别计算各抗侧力构件方向的水平地震作用。

（4）质量和刚度分布明显不对称的结构,应计入双向水平地震作用下的扭转影响;其他情况,应允许采用调整地震作用效应的方法计入扭转影响。

（5）对于较高的高层建筑,其竖向地震作用产生的轴力在结构上部是不可忽略的,因此 9 度区的高层建筑需考虑竖向地震作用;关于大跨度和长悬臂结构,在 8 度、9 度时也应计算竖向地震作用。

（6）在进行地震反应分析时,底部剪力法和振型分解反应谱法是基本方法。对高度不超过 40 m,以剪切变形为主且质量和刚度沿高度分布比较均匀的结构,以及近似于单质点体系的结构,可采用底部剪力法等简化方法;不满足上述条件的建筑结构,宜采用振型分解反应谱法。

（7）特别不规则的建筑、甲类建筑和表 3-7 所列高度范围的高层建筑,应采用时程分析法进行多遇地震下的补充计算;当取 3 组加速度时程曲线输入时,计算结构宜取时程法的包络值和振型分解反应谱法的较大值;当取 7 组及 7 组以上的时程曲线时,计算结果可取时程法的平均值和振型分解反应谱法的较大值。

（8）一般情况下,在计算地震作用时可不考虑地基与结构的相互作用。但对于建造在 8 度和 9 度、Ⅲ 类或 Ⅳ 类场地上,采用箱基、刚性较好的筏基或桩箱联合基础的钢筋混凝土高层建筑,当结构的基本周期处于特征周期的 1.2 倍至 5 倍范围内时,可考虑地基与结构动力相互作用的影响。

（9）平面投影尺度很大的空间结构（跨度大于 120 m 或长度大于 300 m 或悬臂大于 40 m 的结构）,应根据结构形式和支承条件,分别按单点一致、多点、多向单点或多向多点输入进行抗震计算。按多点输入计算时,应考虑地震行波效应和局部场地效应。6 度和 7 度 Ⅰ、Ⅱ 类场地的支承结构、上部结构和基础的抗震验算可采用简化方法,根据结构跨度、长度不同,其短边构件可乘以附加地震作用效应系数 1.15～1.30;7 度 Ⅲ、Ⅳ 类场地和 8、9 度时,应采用时程分析方法进行抗震验算。

3.11　结构抗震验算

我国《建筑抗震设计规范》(GB 50011—2010)采用的两阶段设计方法的核心就是通过结构抗震验算,再辅助以概念设计和构造措施,以达到“小震不坏,中震可修,大震不倒”的抗震设防目标。其中,结构抗震验算主要包括结构抗震承载力验算和结构抗震变形验算两部分。

3.11.1 结构抗震承载力验算

1) 重力荷载代表值

在计算地震作用的标准值以及计算结构构件的地震作用效应与其他荷载效应的基本组合时,作用于结构的重力荷载应采用重力荷载代表值 G_E,即

$$G_E = G_k + \sum \psi_{Ei} Q_{ki} \tag{3.11.1}$$

式中 G_k——结构或构件的永久荷载标准值;

$\quad\quad Q_{ki}$——结构或构件第 i 个可变荷载标准值;

$\quad\quad \psi_{Ei}$——第 i 个可变荷载的组合值系数,见表 3-11。

2) 结构构件截面的抗震验算

在结构抗震设计的第一阶段,结构构件截面的承载能力应满足下式

$$S \leqslant R/\gamma_{RE} \tag{3.11.2}$$

式中 S——结构构件内力组合的设计值,包括组合的弯矩、轴向力和剪力设计值,由地震作用效应与其他荷载效应组合而得;

$\quad\quad R$——结构构件承载力设计值,按有关结构设计规范中承载力设计值取用;

$\quad\quad \gamma_{RE}$——承载力抗震调整系数,用以反映不同材料和受力状态的结构构件具有不同的抗震可靠指标,可按表 3-12 采用;当仅考虑竖向地震作用时,对各类结构构件均取为 1.0。

式(3.11.2)中结构构件的地震作用效应和其他荷载效应的基本组合,应按式(3.11.3)计算

$$S = \gamma_G S_{GE} + \gamma_{Eh} S_{Ehk} + \gamma_{Ev} S_{Evk} + \psi_w \gamma_w S_{wk} \tag{3.11.3}$$

式中 γ_G——重力荷载分项系数,一般情况应采用 1.2,当重力荷载效应对构件承载能力有利时,不应大于 1.0;

$\quad\quad \gamma_{Eh}$、γ_{Ev}——分别为水平、竖向地震作用分项系数,应按表 3-13 采用;

$\quad\quad \gamma_w$——风荷载分项系数,应采用 1.4;

$\quad\quad S_{GE}$——重力荷载代表值的效应,有吊车时,尚应包括悬吊物重力标准值的效应;

$\quad\quad S_{Ehk}$——水平地震作用标准值的效应,尚应乘以相应的增大系数或调整系数;

$\quad\quad S_{Evk}$——竖向地震作用标准值的效应,尚应乘以相应的增大系数或调整系数;

$\quad\quad S_{wk}$——风荷载标准值的效应;

$\quad\quad \psi_w$——风荷载组合值系数,一般结构取 0.0,风荷载起控制作用的高层建筑应采用 0.2。

表 3-11 组合值系数

可变荷载种类	组合值系数
雪荷载	0.5
屋面积灰荷载	0.5

续表

可变荷载种类	组合值系数	
屋面活荷载	不计入	
按实际情况计算的楼面活荷载	1.0	
按等效均布荷载计算的楼面活荷载	藏书库、档案室	0.8
	其他民用建筑	0.5
吊车悬吊物重力	硬钩吊车	0.3
	软钩吊车	不计入

表 3-12　承载力抗震调整系数

材　　料	结　构　构　件	受　力　状　态	γ_{RE}
钢	柱,梁,支撑,节点板件,螺栓,焊缝	强度	0.75
	柱,支撑	稳定	0.80
砌体	两端均有构造柱、芯柱的抗震墙	受剪	0.9
	其他抗震墙	受剪	1.0
混凝土	梁	受剪	0.75
	轴压比小于 0.15 的柱	偏压	0.75
	轴压比不小于 0.15 的柱	偏压	0.80
	抗震墙	偏压	0.85
	各类构件	受剪、偏拉	0.85

表 3-13　地震作用分项系数

地　震　作　用	γ_{Eh}	γ_{Ev}
仅计算水平地震作用	1.3	0.0
仅计算竖向地震作用	0.0	1.3
同时计算水平与竖向地震作用(水平地震为主)	1.3	0.5
同时计算水平与竖向地震作用(竖向地震为主)	0.5	1.3

3.11.2　结构抗震变形验算

结构的抗震变形验算包括在多遇地震作用下的变形验算和在罕遇地震作用下的变形验算。其中,前者属于抗震设计的第一阶段,后者属于抗震设计的第二阶段。一般情况下,结构通过第一阶段的抗震设计就能够满足在罕遇地震下不倒塌的要求,而对于处于特殊条件的结构则需要进行第二阶段的抗震设计,即进行罕遇地震作用下的变形验算。

1) 多遇地震作用下的结构抗震变形验算

抗震设计要求结构在多遇地震作用下保持在弹性阶段工作,不受损坏,其变形验算的主要目的是对结构的变形加以限制,使其层间弹性位移不超过一定的限值。表 3-14 所列的各类结构应进行多遇地震下的抗震变形验算,其楼层内最大的弹性层间位移应符合下式要求。

$$\Delta u_e \leqslant [\theta_e]h \tag{3.11.4}$$

式中　Δu_e——多遇地震作用标准值产生的楼层内最大弹性层间位移;计算时,除以弯曲变形为主的高层建筑外,可不扣除结构整体弯曲变形;应计入扭转变形,各作用分项系数均应采用 1.0;钢筋混凝土构件的截面刚度可采用弹性刚度;

　　　　$[\theta_e]$——弹性层间位移角限值,宜按表 3-14 采用;

　　　　h——计算楼层层高。

表 3-14　弹性层间位移角限值

结 构 类 型	$[\theta_e]$
钢筋混凝土框架	1/550
钢筋混凝土框架-抗震墙、板柱-抗震墙、框架-核心筒	1/800
钢筋混凝土抗震墙、筒中筒	1/1 000
钢筋混凝土框支层	1/1 000
多、高层钢结构	1/250

2) 罕遇地震作用下的结构抗震变形验算

在罕遇地震烈度下结构势必会进入弹塑性阶段。在此阶段,结构的地震位移反应主要集中在薄弱层或薄弱部位,结构将在该处首先屈服,形成局部破坏,严重时还可能引起结构倒塌。因此,在罕遇地震作用下的结构抗震变形验算主要是对薄弱层的弹塑性变形进行验算。

(1) 需进行罕遇地震作用下抗震变形验算的结构类别。

《建筑抗震设计规范》(GB 50011—2010)要求对下列结构应进行罕遇地震作用下薄弱层的弹塑性变形验算:

① 8 度Ⅲ类、Ⅳ类场地和 9 度时,高大的单层钢筋混凝土柱厂房的横向排架;

② 7~9 度时楼层屈服强度系数小于 0.5 的钢筋混凝土框架结构;

③ 高度大于 150 m 的钢结构;

④ 甲类建筑和 9 度时乙类建筑中的钢筋混凝土结构和钢结构;

⑤ 采用隔震和消能减震设计的结构。

这里,楼层屈服强度系数为按钢筋混凝土构件实际配筋和材料强度标准值计算的楼层受剪承载力和按罕遇地震作用标准值计算的楼层弹性地震剪力的比值;对排架柱,指按实际配筋面积、材料强度标准值和轴向力计算的正截面受弯承载力与按罕遇地震作用标准值计算的弹性地震弯矩的比值。

同时,《建筑抗震设计规范》(GB 50011—2010)还规定对下列结构宜进行罕遇地震作用下薄弱层的弹塑性变形验算:

① 表 3-7 所列高度范围且属于表 4-2 所列竖向不规则类型的高层建筑结构;

② 7 度Ⅲ类、Ⅳ类场地和 8 度时乙类建筑中的钢筋混凝土结构和钢结构;

③ 板柱-抗震墙结构和底部框架砖房;

④ 高度不大于 150 m 的其他高层钢结构;

⑤ 不规则的地下建筑结构及地下空间综合体。

（2）结构弹塑性变形的一般计算方法。

对于需进行罕遇地震作用下抗震变形验算的结构,一般可采用静力非线性分析（推覆分析法）或动力非线性分析（弹塑性时程分析）法。结构模型的选取,规则结构可采用弯剪型模型或平面杆系模型,不规则结构应采用空间结构模型。

静力非线性分析是沿结构高度施加按一定形式分布的模拟地震作用的等效侧力,并从小到大逐步增加侧力的强度,使结构由弹性工作状态逐步进入弹塑性工作状态,最终达到并超过规定的弹塑性位移。这是目前较为实用的简化弹塑性分析技术,比动力非线性分析节省计算工作量,但也有一定的使用局限性和适用性,对计算结果需要工程经验判断。动力非线性分析即弹塑性时程分析是一种较为严格的分析方法,需要较好的计算机软件和很好的工程经验判断才能得到有用的效果,工程应用难度较大。

（3）结构弹塑性变形的简化计算方法。

《建筑抗震设计规范》(GB 50011—2010)建议,对于不超过 12 层且层刚度无突变的钢筋混凝土框架和框排架结构、单层钢筋混凝土柱厂房可采用下述简化计算方法。

① 楼层屈服强度系数与结构薄弱层（部位）的确定。

研究表明,钢筋混凝土剪切型框架结构的弹塑性层间位移主要取决于楼层屈服强度系数的大小和楼层屈服强度系数沿房屋高度的分布情况。

结构第 i 层的楼层屈服强度系数 $\xi_y(i)$ 可用下式表示。

$$\xi_y(i)=\frac{V_y(i)}{V_e(i)} \tag{3.11.5}$$

式中　$V_y(i)$——按构件实际配筋和材料强度标准值计算的第 i 层受剪承载力;

$V_e(i)$——罕遇地震作用下第 i 层的弹性地震剪力,计算时水平地震作用影响系数最大值 $\alpha_{\max}$ 应采用罕遇地震时的 $\alpha_{\max}$,详见表 3-3。

从式(3.11.5)可以看出,楼层屈服强度系数 ξ_y 反映了结构中楼层的承载力与该楼层所受弹性地震剪力的相对关系。同时,计算结果还表明,在地震的作用下,对

于 ξ_y 沿高度分布不均匀的结构,其 ξ_y 为最小或相对较小的楼层往往率先屈服并出现较大的弹塑性层间位移,其他各层的层间位移则相对较小且接近于按完全弹性反应计算的结果。ξ_y 相对愈小,弹塑性位移则相对愈大,而这一塑性变形集中的楼层就是结构的薄弱层或薄弱部位。

《建筑抗震设计规范》(GB 50011—2010)建议,对于 ξ_y 沿高度分布均匀的结构,薄弱层可取在底层;对于 ξ_y 沿高度分布不均匀的结构,薄弱层可取 ξ_y 为最小的楼层(部位)和相对较小的楼层,一般不超过 2~3 处;对于单层厂房,薄弱层可取上柱。

② 结构薄弱层弹塑性层间位移的简化计算。

由于多层剪切型结构薄弱层的弹塑性层间位移与弹性位移之间有着一定的关系,因此可将弹性层间位移乘以修正系数得到弹塑性层间位移,即

$$\Delta u_p = \eta_p \Delta u_e \tag{3.11.6}$$

$$\Delta u_e(i) = \frac{V_e(i)}{k_i} \tag{3.11.7}$$

或

$$\Delta u_p = \mu \Delta u_y = \frac{\eta_p}{\xi_y} \Delta u_y \tag{3.11.8}$$

式中 Δu_p ——弹塑性层间位移;

   Δu_y ——层间屈服位移;

   μ ——楼层延性系数;

   Δu_e ——罕遇地震作用下按弹性分析的层间位移;

   $V_e(i)$ ——罕遇地震作用下第 i 层的弹性地震剪力;

   k_i ——第 i 层的层间刚度;

   ξ_y ——楼层屈服强度系数;

   η_p ——弹塑性层间位移增大系数,对于钢筋混凝土结构,当薄弱层(部位)的屈服强度系数不小于相邻层(部位)该系数平均值的 0.8 倍时,可按表 3-15 采用;当不大于该平均值的 0.5 倍时,可按表 3-15 相应数值的1.5 倍采用;其他情况可采用内插法取值。

表 3-15 弹塑性层间位移增大系数

结 构 类 型	总层数 n 或部位	ξ_y		
		0.5	0.4	0.3
多层均匀框架结构	2~4	1.30	1.40	1.60
	5~7	1.50	1.65	1.80
	8~12	1.80	2.00	2.20
单层厂房	上柱	1.30	1.60	2.00

③ 抗震变形验算要求结构的弹塑性层间位移小于其层间变形能力。如将结构的变形能力用层间位移角表达，则结构薄弱层（部位）的弹塑性层间位移应符合式（3.11.9）要求。

$$\Delta u_p \leqslant [\theta_p] h \tag{3.11.9}$$

式中　$[\theta_p]$——弹塑性层间位移角限值，可按表 3-16 采用；对钢筋混凝土框架结构，当轴压比小于 0.4 时，可提高 10%；当柱沿全高加密箍筋并比表 5-13 规定的最小配箍特征值大 30% 时，可提高 20%，但累计不超过 25%；

　　　　h——薄弱层楼层高度或单层厂房上柱高度。

表 3-16　弹塑性层间位移角限值

结 构 类 型	$[\theta_p]$
单层钢筋混凝土柱排架	1/30
钢筋混凝土框架	1/50
底部框架砌体房屋中的框架-抗震墙	1/100
钢筋混凝土框架-抗震墙、板柱-抗震墙、框架-核心筒	1/100
钢筋混凝土抗震墙、筒中筒	1/120
多、高层钢结构	1/50

【本章要点】

本章主要内容包括：单自由度体系与多自由度体系的地震反应分析及水平地震作用计算，重点为规范用设计反应谱的建立、振型分解反应谱法以及底部剪力法；结构的地震扭转效应；竖向地震作用的计算；时程分析法；土结相互作用；地震作用计算的一般规定；建筑结构抗震承载力验算和变形验算。

【思考题】

3-1　怎样进行地震反应分析？为什么可以把惯性力看作是反映地震影响效果的等效力？

3-2　简述抗震规范所用设计反应谱的建立方法。

3-3　简述振型分解反应谱法的核心思想和具体计算步骤。

3-4　采用底部剪力法的条件是什么？底部剪力法的具体步骤是什么？它与振型分解反应谱法的关系是什么？

3-5　地震作用的方向该如何选择？何时须考虑竖向地震作用？该如何考虑？

3-6　什么是结构的地震扭转效应？何时须考虑地震扭转效应？该如何考虑？

3-7 抗震设计时,哪些结构需要采用时程分析法作补充计算? 采用时程分析法时,地震波的选取原则是什么? 怎样使用时程分析结果?

3-8 什么是土结相互作用? 何时须考虑土结相互作用? 该如何考虑?

3-9 试总结地震作用计算的一般规定?

3-10 建筑结构抗震验算分为哪两部分? 目的是什么?

3-11 什么是承载力抗震调整系数? 不同结构构件的承载力调整系数一般取值不同,其目的和意义是什么?

3-12 哪些结构须进行罕遇地震作用下的抗震变形验算? 结构弹塑性变形计算的一般方法是什么?

3-13 在进行罕遇地震作用下结构的抗震变形验算时,哪些结构可采用简化计算方法,具体步骤是什么?

第4章 建筑结构抗震概念设计

概念设计,是相对于计算设计而言的,它立足于工程结构抗震理论及长期积累总结的抗震经验,强调在工程设计伊始就应从建筑场地、建筑形体、结构材料、结构体系、刚度分布、构件延性等几个方面进行合理地选择或把握,尽可能从根本上消除建筑中的抗震薄弱环节。

概念设计是工程结构抗震设计的重要组成部分,它与计算设计和构造措施一起用来确保房屋建筑具有良好的抗震性能和足够的抗震可靠度。本章主要介绍建筑结构抗震概念设计中的一些基本概念和主要原则。

4.1 场地选择及地基与基础的设计

4.1.1 合理选择建筑场地

第2章已介绍了建筑场地的选择原则,即选择建筑场地时,应根据工程需要和地震活动情况、工程地质的有关资料,对抗震有利、一般、不利和危险地段做出综合评价(见表2-1)。宜选择对建筑抗震有利的地段,避开对建筑抗震不利的地段。当无法避开时,应采取有效措施。对危险地段,严禁建造甲、乙、丙类的建筑。

此外,局部地形条件对建筑物的震害也会产生直接影响。一般来讲,突出的山嘴、孤立的山包和山梁的顶部、非岩质的陡坡、高差较大的台地边缘、河岸和边坡边缘等均为不利地形,在地震时会加重震害,也应尽量避免。

图4-1为我国通海地震时10度区内房屋震害指数与局部地形的关系图。实线A表示地基土为第三系风化基岩,虚线B表示地基土为较坚硬的黏土。由图4-1可以看出,局部不利地形对震害具有放大作用。同时,在我国海城地震时,从位于大石桥盘龙山高差58 m的两个测点上所测得的强余震加速度峰值记录表明,位于孤突地形上的比坡脚平地上的平均大1.84倍,这说明在孤立山顶地震波将被放大。图4-2反映了这种地理位置的放大作用。

此外,在建筑抗震设计时应尽量减少地面运动通过建筑场地和地基传给上部结构的地震能量,以减小震害,主要可采取以下几种方法。

(1)选择薄的场地覆盖层。国内外多次大地震表明,对于柔性建筑,厚土层上的震害重,薄土层上的震害轻,直接坐落在基岩上的震害更轻。

1923年日本关东大地震,东京都木结构房屋的破坏率,明显随着冲积层厚度的增加而上升。1967年委内瑞拉加拉加斯6.5级地震时,同一地区不同覆盖层厚度土

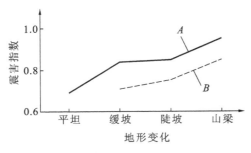

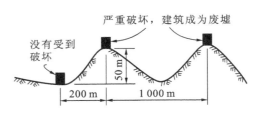

图 4-1　房屋震害指数与局部地形的关系曲线　　　图 4-2　地理位置的放大作用

层上的震害有明显差异,当土层厚度超过 160 m 时,10 层以上房屋的破坏率显著提高,10～14 层房屋的破坏率,约为薄土层上的 3 倍,而 14 层以上的破坏率约为薄土层上的 8 倍。

（2）选择坚实的场地土。震害表明,场地土刚度大,则房屋震害指数小,破坏轻;刚度小,则震害指数大,破坏重。故应选择具有较大平均剪切波速的坚硬场地土。

1985 年墨西哥 8.1 级地震时所记录到的不同场地土的地震动参数表明,不同类别场地土的地震动强度有较大的差别。软土上的地震动参数,与硬土上的相比较,加速度峰值约增加 4 倍,速度峰值增加 5 倍,位移峰值增加 1.3 倍,而反应谱最大反应加速度则增加了 9 倍多。

（3）将建筑物的自振周期与地震动的卓越周期错开,避免共振。震害表明,如果建筑物的自振周期与地震动的卓越周期相等或相近,建筑物的破坏程度就会因共振而加重。1977 年罗马尼亚弗兰恰地震,地震动卓越周期,东西向为 1.0 s,南北向为 1.4 s,布加勒斯市自振周期为 0.8～1.2 s 的高层建筑因共振而破坏严重,其中有不少建筑倒塌;而该市自振周期为 2.0 s 的 25 层洲际大旅馆却几乎无震害。因此,在进行建筑设计时,应首先估计建筑所在场地的地震动卓越周期;然后,通过改变房屋类型和结构层数,使建筑物的自振周期与地震动的卓越周期相分离。

（4）采取基础隔震或消能减震措施。利用基础隔震或消能减震技术改变结构的动力特性,减少输入给上部结构的地震能量,从而达到减小主体结构地震反应的目的。

除了应尽可能选择抗震有利的场地外,《建筑抗震设计规范》（GB 50011—2010）还对建于不同场地上的建筑提出了不同的抗震构造要求。

（1）当建筑场地为Ⅰ类时,对甲、乙类的建筑应允许仍按本地区抗震设防烈度的要求采取抗震构造措施;对丙类的建筑应允许按本地区抗震设防烈度降低一度的要求采取抗震构造措施,但抗震设防烈度为 6 度时仍应按本地区抗震设防烈度的要求采取抗震构造措施。

（2）建筑场地为Ⅲ、Ⅳ类时,对设计基本地震加速度为 0.15g 和 0.30g 的地区,除《建筑抗震设计规范》(GB 50011—2010)另有规定外,宜分别按抗震设防烈度 8 度(0.20g)和 9 度(0.40g)时各抗震设防类别建筑的要求采取抗震构造措施。

4.1.2　重视地基与基础的设计

地基和基础的抗震设计除应满足第 2 章关于承载力的要求外,还应符合下列要求。

(1) 同一结构单元的基础不宜设置在性质截然不同的地基上。

(2) 同一结构单元不宜部分采用天然地基部分采用桩基;当采用不同基础类型或基础埋深显著不同时,应根据地震时两部分地基基础的沉降差异,在基础、上部结构的相关部位采取相应措施。

(3) 地基为软弱黏性土、液化土、新近填土或严重不均匀土时,应根据地震时地基不均匀沉降和其他不利影响,采取相应的措施。

山区建筑的场地和地基基础应符合下列要求。

(1) 山区建筑场地勘察应有边坡稳定性评价和防治方案建议;应根据地质、地形条件和使用要求,因地制宜设置符合抗震设防要求的边坡工程。

(2) 边坡设计应符合现行国家标准《建筑边坡工程技术规范》(GB 50330—2010)的要求;其稳定性验算时,有关的摩擦角应按设防烈度的高低相应修正。

(3) 边坡附近的建筑基础应进行抗震稳定性设计。建筑基础与土质、强风化岩质边坡的边缘应留有足够的距离,其值应根据设防烈度的高低确定,并采取措施避免地震时地基基础破坏。

4.2　建筑形体选择及平立面布置

4.2.1　建筑的平立面布置

结构规则与否是影响结构抗震性能的重要因素。震害调查表明,不规则的结构若未经妥善处理,地震时将会造成严重震害。因此,建筑设计应重视其平面、立面的规则性对抗震性能的影响,宜择优选用的形体,其抗侧力构件的平面布置宜规则对称、侧向刚度沿竖向宜均匀变化、竖向抗侧力构件的截面尺寸和材料强度宜自下而上逐渐减小、避免侧向刚度和承载力突变。

同时,在抗震设计时应严格区分规则结构与不规则结构,对不规则结构应采取相应的加强措施。其中,平面不规则和竖向不规则的主要类型见表 4-1、表 4-2。当存在多项不规则或某项不规则超过规定的参考指标较多时,应属于特别不规则的建筑。

表 4-1　平面不规则的主要类型

平面不规则类型	定义和参考指标
扭转不规则	在规定的水平力作用下，楼层的最大弹性水平位移或(层间位移)，大于该楼层两端弹性水平位移(或层间位移)平均值的 1.2 倍
凹凸不规则	平面凹进的尺寸，大于相应投影方向总尺寸的 30%
楼板局部不连续	楼板的尺寸和平面刚度急剧变化，例如，有效楼板宽度小于该层楼板典型宽度的 50%，或开洞面积大于该层楼面面积的 30%，或有较大的楼层错层

表 4-2　竖向不规则的主要类型

竖向不规则类型	定义和参考指标
侧向刚度不规则	该层的侧向刚度小于相邻上一层的 70%，或小于其上相邻三个楼层侧向刚度平均值的 80%；除顶层或凸出屋面小建筑外，局部收进的水平向尺寸大于相邻下一层的 25%
竖向抗侧力构件不连续	竖向抗侧力构件(柱、抗震墙、抗震支撑)的内力由水平转换构件(梁、桁架等)向下传递
楼层承载力突变	抗侧力结构的层间受剪承载力小于相邻上一楼层的 80%

《建筑抗震设计规范》(GB 50011—2010)规定，建筑形体及其构件布置不规则时，应按下列要求进行地震作用计算和内力调整，并应对薄弱部位采取有效的抗震构造措施。

(1) 平面不规则而竖向规则的建筑，应采用空间结构计算模型，并应符合下列要求：

① 扭转不规则时，应计入扭转影响，且楼层竖向构件最大的弹性水平位移和层间位移分别不宜大于楼层两端弹性水平位移和层间位移平均值的 1.5 倍，当最大层间位移远小于规范限值时，可适当放宽；

② 凹凸不规则或楼板局部不连续时，应采用符合楼板平面内实际刚度变化的计算模型；高烈度或不规则程度较大时，宜计入楼板局部变形的影响；

③ 平面不对称且凹凸不规则或局部不连续时，可根据实际情况分块计算扭转位移比，对扭转较大的部位应采用局部的内力增大系数。

(2) 平面规则而竖向不规则的建筑，应采用空间结构计算模型，刚度较小楼层的地震剪力应乘以不小于 1.15 的增大系数，其薄弱层应按本规范有关规定进行弹塑性变形分析，并应符合下列要求：

① 竖向抗侧力构件不连续时，该构件传递给水平转换构件的地震内力应根据烈度高低和水平转换构件的类型、受力情况、几何尺寸等，乘以 1.25～2.0 的增大系数；

② 侧向刚度不规则时，相邻层得侧向刚度比应依据其结构类型符合相应规定；

③ 楼层承载力突变时,薄弱层抗侧力结构的受剪承载力不应小于相邻上一楼层的 65%。

（3）平面不规则且竖向不规则的建筑,应根据不规则类型的数量和程度,有针对性地采取不低于（1）、（2）款要求的各项抗震措施。对特别不规则的建筑,应经专门研究,采取更有效的加强措施或对薄弱部位采用相应的抗震性能化设计方法。

4.2.2　房屋的高度及高宽比限制

一般而言,房屋愈高,所受到的地震力和倾覆力矩愈大,破坏的可能性也就愈大。我国《建筑抗震设计规范》(GB 50011—2010)综合考虑了结构的抗震性能、地基基础条件、震害经验、抗震设计经验和经济性等因素对不同结构体系的最大建筑高度均作了规定。具体见后续有关章节。

此外,由于建筑物的高宽比愈大,地震作用下结构的侧移和基底倾覆力矩愈大。而倾覆力矩在底层柱和基础中所产生的拉力和压力较难处理,为有效地防止在地震作用下建筑的倾覆,保证有足够的抗震稳定性,应对建筑的高宽比加以限制。我国对房屋高宽比的要求是按结构体系和地震烈度区分的。具体见后续有关章节。

4.2.3　防震缝的设置

对体型复杂、平立面不规则的建筑,应根据不规则程度、地基基础条件和技术经济等因素的比较分析,确定是否设置防震缝,并应符合下列要求。

（1）当不设防震缝时,应采用符合实际的计算模型,分析判明其应力集中、变形集中或地震扭转效应等导致的易损部位,采取相应的加强措施。

（2）当在适当部位设置防震缝时,宜形成多个较规则的抗侧力结构单元。防震缝应根据抗震设防烈度、结构材料种类、结构类型、结构单元的高度和高差以及可能的地震扭转效应的情况,留有足够的宽度,其两侧的上部结构应完全分开。

（3）当设置伸缩缝和沉降缝时,其宽度应符合防震缝的要求。

关于防震缝设置的具体要求见后续有关章节。

4.3　结构选型及构件布置

4.3.1　结构体系

结构体系应根据建筑的抗震设防类别、抗震设防烈度、建筑高度、场地条件、地基、结构材料和施工等因素,经技术、经济和使用条件综合比较确定。《建筑抗震设计规范》(GB 50011—2010)规定结构体系应符合下列各项要求。

（1）应具有明确的计算简图和合理的地震作用传递途径。

（2）应避免因部分结构或构件破坏而导致整个结构丧失抗震能力或对重力荷

载的承载能力。

(3) 应具备必要的抗震承载力,良好的变形能力和消耗地震能量的能力。

(4) 对可能出现的薄弱部位,应采取措施提高其抗震能力。

(5) 宜具有合理的刚度和承载力分布,避免因局部削弱或突变形成薄弱部位,产生过大的应力集中或塑性变形集中。

(6) 结构在两个主轴方向的动力特性宜相近。

4.3.2 结构材料

不同类型的结构材料因其自身材料性质的差异导致其抗震性能差别较大,而不同强度的同类型材料对结构抗震性能的影响也不同。

在建筑结构抗震设计时,应首先根据建筑物的重要性、设防烈度、结构类型、经济效果等因素合理选取结构类型。

不同类型的建筑结构依照其抗震性能的优劣可顺序如下:① 钢结构;② 型钢混凝土结构;③ 钢-混凝土组合结构;④ 现浇钢筋混凝土结构;⑤ 预应力混凝土结构;⑥ 装配式钢筋混凝土结构;⑦ 配筋砌体结构;⑧ 砌体结构等。

在选择好建筑结构类型后,还应确保其结构材料能满足强度和延性的相关要求。

1) 砌体结构材料

普通砖和多孔砖的强度等级不应低于 MU10,其砌筑砂浆强度等级不应低于 M5;

混凝土小型空心砌块的强度等级不应低于 MU7.5,其砌筑砂浆的强度等级不应低于 Mb7.5。

2) 混凝土结构材料

混凝土结构材料应符合下列规定。

(1) 框支梁、框支柱及抗震等级为一级框架梁、柱、节点核心区,不应低于 C30;构造柱、芯柱、圈梁及其他各类构件不应低于 C20。

(2) 混凝土结构的混凝土强度等级,抗震墙不宜超过 C60,其他构件,9 度时不宜超过 C60,8 度时不宜超过 C70。

3) 钢筋

钢筋混凝土构件的延性和承载力,在很大程度上取决于钢筋的材性,所使用的钢筋应符合下列要求。

(1) 普通钢筋宜优先采用延性、韧性和可焊性好的钢筋;普通钢筋的强度等级,纵向受力钢筋宜选用符合抗震性能指标的不低于 HRB400 级的热轧钢筋,也可采用符合抗震性能指标的 HRB335 级热轧钢筋;箍筋宜选用符合抗震性能指标的不低于 HRB335 级的热轧钢筋,也可选用 HPB300 级热轧钢筋。

(2) 抗震等级为一、二、三级的框架和斜撑构件(含梯段),其纵向受力钢筋采用普通钢筋时,钢筋的抗拉强度实测值与屈服强度实测值的比值不应小于 1.25;钢筋的屈服强度实测值与屈服强度标准值的比值不应大于 1.3,且钢筋在最大拉力下的总伸长率实测值不应小于 9%。

（3）在施工中,当需要以强度等级较高的钢筋替代原设计中的纵向受力钢筋时,应按照钢筋受拉承载力设计值相等的原则换算,并应满足最小配筋率要求。

4）钢材

钢结构的钢材应符合下列规定。

（1）钢材的屈服强度实测值与抗拉强度实测值的比值不应大于 0.85。

（2）钢材应具有明显的屈服台阶,且伸长率不应小于 20%。

（3）钢材应由良好的焊接性合合格的冲击韧性。

（4）钢结构的钢材宜采用 Q235 等级 B、C、D 的碳素结构钢及 Q345 等级 B、C、D、E 的低合金高强度结构钢;当有可靠依据时,尚可采用其他钢种和钢号。

（5）采用焊接连接的钢结构,当接头的焊接拘束度较大、钢板厚度不小于40 mm且承受沿板厚方向的拉力时,钢板厚度方向截面收缩率不应小于国家标准《厚度方向性能钢板》(GB/T5313—2010)关于 Z15 级规定的容许值。

4.3.3　结构构件的布置与连接

1）结构构件的布置

非对称结构由于质心与刚心不重合,即使在单向水平地震动下也会激起扭转振动,产生平扭耦连振动。受扭转振动的影响,远离刚心的构件侧移量明显增大,产生的水平地震剪力也随之增大,极易发生破坏。1972 年尼加拉瓜的马那瓜地震,位于市中心的 15 层中央银行,有一层地下室,采用框架体系,设置的两个钢筋混凝土电梯井和两个楼梯间都集中布置在主楼的一端,造成质心与刚心明显不重合,地震时,该幢大厦遭到严重破坏,五层周围柱子严重开裂,钢筋压屈,电梯井墙开裂,混凝土剥落,围护墙等非结构构件破坏严重,有的倒塌。

因此,结构布置时,应特别注意具有很大抗推刚度的钢筋混凝土墙体和钢筋混凝土芯筒的位置,力求在平面上要居中和对称,尽可能使结构的质心和刚心重合或接近。此外,抗震墙宜沿房屋周边布置,以使结构具有较大的抗扭刚度和较大的抗倾覆能力。

除结构平面布置要对称外,结构沿竖向的布置应规整。结构抗震性能的好坏,除取决于总的承载能力、变形和消能能力外,避免局部的抗震薄弱部位是十分重要的。

2）结构构件及其连接

在建筑结构抗震设计时,要合理选择结构构件及截面尺寸,并重视结构构件之间的连接。

结构构件应符合下列要求。

（1）砌体结构应按规定设置钢筋混凝土圈梁和构造柱、芯柱，或采用约束砌体、配筋砌体等。

（2）混凝土结构构件应控制截面尺寸合受力钢筋、箍筋的设置，防止剪切破坏先于弯曲破坏、混凝土的压溃先于钢筋的屈服、钢筋的锚固粘结破坏先于钢筋破坏。

（3）钢结构构件的尺寸应合理控制，避免局部失稳或整个构件失稳。

（4）多、高层的混凝土楼、屋盖宜优先采用现浇混凝土板。当采用预制装配式混凝土楼、屋盖时，应从楼盖体系和构造上采取措施确保各预制板之间连接的整体性。

结构各构件之间的连接，应符合下列要求。

（1）构件节点的破坏，不应先于其连接的构件。

（2）预埋件的锚固破坏，不应先于连接件。

（3）装配式结构构件的连接，应能保证结构的整体性。装配式单层厂房的各种抗震支撑系统，应保证地震时厂房的整体性和稳定性。

（4）预应力混凝土构件的预应力钢筋，宜在节点核心区以外锚固。

4.4　确保结构的整体性

结构的整体性是保证各构件在地震作用下协调工作的必要条件，是避免建筑在地震作用下整个结构变成机构而倒塌或因外围构件平面外失稳而倒塌的重要措施。

在抗震设计时，首先要求从结构类型的选择和施工两方面确保结构具有连续性。施工质量良好的现浇钢筋混凝土结构和型钢混凝土结构具有良好的连续型和抗震整体性，宜优先选择。同时，应保证抗震结构构件之间连接可靠并具有较好的延性，使之能满足地震作用下的承载力要求和适应变形要求。还应设置能够增强结构整体性的构件。例如，在砌体结构中应合理设置圈梁、构造柱或芯柱，以加强纵横墙体的连接，增强楼盖的整体性及墙体的稳定性，约束墙体的裂缝开展，从而确保结构的整体性。此外，还可以采取其他措施，如设置地下室，采用箱形基础以及沿房屋纵、横向设置较高截面的基础梁，使建筑物具有较大的竖向整体刚度，以抵抗地震时可能出现的地基不均匀沉陷。

4.5　设置多道抗震防线

单一结构体系只有一道防线，一旦破坏就会造成建筑物倒塌。如果建筑物采用的是多重抗侧力体系，第一道防线的抗侧力构件在强烈地震作用下遭到破坏后，第二道乃至第三道防线的抗侧力构件立即接替，抵挡住后续地震动的冲击，就可以保证建筑物最低限度的安全，免于倒塌。而在遇到建筑物基本周期与场地卓越周期相同或接近的情况时，多道防线就更显示出其优越性。这时，当第一道抗侧力防线因共振而破坏,第二道防线接替工作,建筑物自振周期将出现较大幅度的变动,与场地卓越周期错开,使建筑物的共振得以缓解,避免再度遭受严重破坏。

4.5.1 结构体系的多道设防

高层建筑常采用的框架-抗震墙结构、框架支撑结构、筒中筒结构等均属于双重抗侧力体系。这类结构体系在地震作用下,具有两道防线,一道是墙体或支撑,一道是框架。例如,框架-抗震墙结构体系的主要抗侧力构件是剪力墙,它是第一道防线。在弹性地震反应阶段,大部分侧向地震力由抗震墙承担,但是一旦抗震墙开裂或屈服,此时框架承担地震力的份额将增加,框架部分起到第二道防线的作用,并且在地震动过程中支撑主要的竖向荷载。对此类结构体系,在抗震设计时,还可以设置赘余构件来增强其抗震防线,比如可以在位于同一轴线上的两片单肢抗震墙、抗震墙与框架、两列竖向支撑、或芯筒与外框架之间,于每层楼盖处设置一根两端刚接的抗弯梁,并使这些梁的线刚度与主体结构的线刚度之比,大于两者屈服强度之比,再通过适当的配筋,使其具有良好的延性,且属于弯曲型破坏机制。这样,在地震作用下,可以利用这些连系梁首先承受地震前期的冲击,以达到保护主体结构的目的。

4.5.2 第一道防线的构件选择

地震作用下房屋倒塌的主要原因是结构因破坏而丧失了承受重力荷载的能力。由于不同的构件在结构中的受力条件不同,其破坏后对整个结构的影响也不同,因此充当第一道防线的构件应确保其损坏后不会对整个结构的竖向构件承载力有太大影响。具体而言,一般应优先选择不负担或少负担重力荷载的竖向支撑,或选择轴压比较小的抗震墙、实墙筒体之类的构件作为第一道防线的抗侧力构件。不宜选择轴压比很大的框架柱作为第一道防线。在纯框架结构中,宜采用"强柱弱梁"的延性框架。

地震作用下,抗震墙结构中的连梁可作为第一道防线。当连梁钢筋屈服并具有延性时,它既可以吸收大量地震能量,又能继续传递弯矩和剪力,对墙肢有一定的约束作用,使抗震墙保持足够的刚度和承载力,延性较好。如果连梁出现剪切破坏,只要保证墙肢安全,整个结构就不至于发生严重破坏或倒塌。

在地震作用下,宜设计为"强柱弱梁"型延性框架,把梁作为第一道防线,使其屈服先于柱的屈服,从而避免由于柱的破坏而造成结构倒塌。

4.5.3 工程实例

尼加拉瓜的马拉瓜市美洲银行大厦,地面以上 18 层,高 61 m,如图 4-3 所示。该大楼采用 11.6 m×11.6 m 的钢筋混凝土芯筒作为主要的抗震和抗风构件。且该芯筒设计成由四个 L 形小筒组成,每个 L 形小筒的外边尺寸为 4.6 m×4.6 m。在每层楼板处,采用较大截面的钢筋混凝土连梁,将四个小筒连成一个具有较强整体

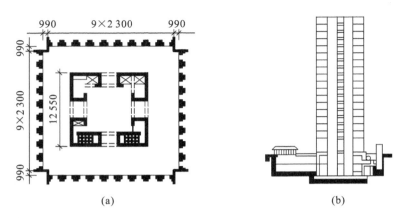

图 4-3 马那瓜市美洲银行大厦
(a) 平面;(b) 剖面

性的大筒。该大厦在进行抗震设计时,既考虑四个小筒作为大筒的组成部分发挥整体作用时的受力情况,又考虑连梁损坏后四个小筒各自作为独立构件的受力状态,且小筒间的连梁完全破坏时整体结构仍具有良好的抗震性能。1972 年 12 月马拉瓜发生地震时,该大厦经受了考验。在大震作用下,小筒之间的连梁破坏后,动力特性和地震反应显著改变,基本周期 T_1 延长 1.5 倍,结构底部水平地震剪力减小一半,地震倾覆力矩减少 60%。

4.6 提高结构的延性

4.6.1 提高结构延性的基本原则

提高结构延性,就是要求结构在满足承载力要求的同时,具有良好的变形能力和消耗地震能量的能力。"结构延性"主要包含以下四层含义:① 结构总体延性:一般用结构的"顶点侧移比"或结构的"平均层间侧移比"来表达;② 结构楼层延性:以一个楼层的层间侧移比来表达;③ 构件延性:是指整个结构中某一构件(一榀框架或一片墙体)的延性;④ 杆件延性:是指一个构件中某一杆件(框架中的梁、柱,墙片中的连梁、墙肢)的延性。

一般而言,在结构抗震设计中,对结构中重要构件的延性要求,高于对结构总体的延性要求;对构件中关键杆件或部位的延性要求,又高于对整个构件的延性要求。因此,在抗震设计时要求提高重要构件及某些构件中关键杆件或关键部位的延性,具体原则如下。

(1) 在结构的竖向,应重点提高楼房中可能出现塑性变形集中的相对柔性楼层的构件延性。例如,对于刚度沿高度均布的简单体形高层,应着重提高底层构件的延性;对于带大底盘的高层,应着重提高主楼与裙房顶面相衔接的楼层中构件的延性;对于底框上部砖房结构体系,应着重提高底部框架的延性。

(2) 在平面上,应着重提高房屋周边转角处、平面突变处以及复杂平面各翼相接处的构件延性。对于偏心结构,应提高房屋周边特别是刚度较弱一端构件的延性。

(3) 对于具有多道抗震防线的抗侧力体系,应着重提高第一道防线中构件的延性。例如,框架-抗震墙体系,重点提高抗震墙的延性;筒中筒体系,重点提高内筒的延性。

(4) 在同一构件中,应着重提高关键杆件的延性。例如,对于框架、框架筒体应优先提高柱的延性;对于多肢墙,应重点提高连梁的延性;对于壁式框架,应着重提高窗间墙的延性。

(5) 在同一杆件中,重点提高延性的部位应是预期该构件地震时首先屈服的部位,如梁的两端、柱上下端、抗震墙肢的根部等。

4.6.2 提高构件延性的措施

改善构件延性的方法通常有以下几种。

1) 控制构件的破坏形态

结构延性和消能的大小,取决于构件的破坏形态及塑化过程。弯曲构件的延性远大于剪切构件的延性;构件弯曲屈服直至破坏所消耗的地震输入能量,也远高于构件剪切破坏所消耗的能量。因此,在抗震设计时,应通过计算设计和构造处理,尽量避免构件的剪切破坏,使更多得构件实现弯曲破坏。

2) 减小构件轴压比

对于柱、墙肢等轴压和压弯构件而言,轴压比是影响其延性的关键因素。在高轴压比的情况下,即便增加箍筋用量,也不能提高其延性。因此,在抗震设计时,应减小此类构件的轴压比,以提高延性。

3) 改变构件材料

随着建筑高度的增加,构件的截面尺寸也不断增大,若结构材料的强度或延性较小时,构件的延性将难以提高。因此,在高层建筑结构抗震设计时,还可以采用高强混凝土、钢纤维混凝土以及型钢混凝土等。

4.7 减轻房屋自重和非结构构件的处理

4.7.1 减轻房屋自重

震害调查表明,自重大的建筑比自重小的建筑更容易遭到破坏。这是因为,一方面,水平地震力的大小与建筑的质量近似成正比,质量越大,地震作用就越大;另一方面,重力效应在房屋倒塌过程中起着关键性作用,自重愈大,$P\text{-}\Delta$ 效应愈明显,就更容易导致建筑物发生整体失稳而倒塌。因此应采取以下措施尽量减轻房屋自重。

（1）减小楼板厚度。

通常楼盖重量占上部建筑总重的40％左右,因此,减小楼板厚度是减轻房屋总重的最佳途径。为此,除可采用轻混凝土外,工程中可采用密肋楼板、无粘结预应力平板、预制多孔板和现浇多孔楼板来达到减小楼盖自重的目的。

（2）尽量减薄墙体。

采用抗震墙体系、框架-抗震墙体系和筒中筒体系的高层建筑中,钢筋混凝土墙体的自重占有较大的比重,而且从结构刚度、地震反应、构件延性等角度来说,钢筋混凝土墙体的厚度都应该适当,不可太厚。

此外,还可以采用高强混凝土或轻质材料,亦可有效地减轻房屋自重。

4.7.2 妥善处理非结构构件

非结构部件,包括建筑非结构构件和建筑附属机电设备,自身及其与结构主体的连接,应进行抗震设计,应由相关专业人员分别负责进行。《建筑抗震设计规范》（GB 50011—2010)对非结构构件的一般要求如下。

（1）附着于楼、屋面结构上的非结构构件,以及楼梯间的非承重墙体,应与主体结构有可靠的连接或锚固,避免地震时倒塌伤人或砸坏重要设备。

（2）围护墙、内隔墙和框架填充墙等非承重墙体的存在对结构的抗震性能有着较大的影响,它使结构的抗侧刚度增大,自振周期减短,从而使作用于整个建筑上的水平地震剪力增大。由于非承重墙体参与抗震,分担了很大一部分地震剪力,从而减小了框架部分所承担的楼层地震剪力。设置填充墙时须采取措施防止填充墙平面外的倒塌,并防止填充墙发生剪切破坏;当填充墙处理不当使框架柱形成短柱时,将会造成短柱的剪切弯曲破坏。为此,应考虑上述非承重墙体对结构抗震的不利或有利影响,以避免不合理的设置而导致主体结构的破坏。

（3）大面积玻璃幕墙的设计,除了考虑风荷载引起的结构层间侧移和温度变形等因素的影响外,还应考虑地震作用下结构可能产生的最大层间侧移,从而确定玻璃与钢框格之间的间隙距离。同时,幕墙、装饰贴面与主体结构应有可靠的连接,以避免地震时脱落伤人。

此外,安装在建筑上的附属机械、电气设备系统的支座和连接,应符合地震时使用功能的要求,且不应导致相关部件的损坏。

【本章要点】

本章主要介绍建筑结构抗震概念设计的一些基本概念和主要原则,主要内容包括:合理选择场地;重视地基和基础的设计;建筑形体选择及平立面布置;结构选型及构件布置;设置多道抗震防线;确保结构的整体性;提高结构的延性;减轻房屋自重和妥善处理非结构构件等。

【思考题】

4-1　试举例分析局部地形条件对建筑物震害的影响。

4-2　试分析建筑形体及平立面布置对结构抗震性能的影响。

4-3　怎样进行结构选型？需要注意哪些方面的问题？

4-4　简述结构布置的基本原则。

4-5　为什么要设置多道抗震防线？该如何设置？

4-6　提高结构延性的原则是什么？有哪些具体措施？

4-7　试分析妥善处理非结构部件的措施及其重要性。

第5章 混凝土结构房屋抗震设计

　　框架结构、抗震墙结构和框架-抗震墙结构是混凝土结构房屋最常用的三种基本体系。其中,框架结构是由梁和柱组成框架共同承受水平力和竖向力的结构体系。抗震墙结构是由钢筋混凝土纵横墙来抵抗水平力和竖向力的结构体系。框架-抗震墙结构是在框架结构的基础上增设一定数量的抗震墙,共同抵抗水平力和竖向力的结构体系。

　　本章首先对混凝土结构房屋的震害现象进行分析,然后介绍其抗震设计的一般规定,最后,重点介绍框架结构的抗震设计过程并给出算例,同时,对抗震墙结构和框架-抗震墙结构的抗震设计要点也进行介绍。

5.1 混凝土结构房屋震害现象及其分析

5.1.1 场地影响产生的震害

　　1) 场地地基失效引起上部结构的破坏

　　地基失效造成的上部结构破坏仅占结构物破坏中的很少一部分,但一旦发生,将很难修复与加固,有时甚至是不可能的。1964 年日本新泻地震中因地基的砂土液化造成一栋四层公寓大楼连同基础倾斜了 80 度,而此次地震中,采用桩基础的建筑破坏较少。1999 年台湾集集地震中也有很多建筑物因地基土的液化而倾斜。

　　2) 场地土质条件影响地震波的传播特性而引起上部结构的破坏

　　地震波在土中传播时,短周期分量衰减较快,而长周期分量衰减较慢,能传递到较远的地方。因此,在离震中较远的软土地基上,对自振周期较长的高层建筑,尤其是框架结构,当房屋的自振周期与场地的卓越周期相近时,有可能发生类共振现象而加重房屋的震害。例如 1972 年 12 月 22 日,尼加拉瓜的马那瓜发生 6.5 级地震,采用框筒体系的 17 层美洲银行大楼震害较轻,而相邻的采用框架体系的 15 层中央银行大楼却遭到极为严重的破坏。其主要原因就是中央银行大楼的结构体系较柔,结构的自振周期与软土地基的卓越周期接近,发生了类共振现象。在 1976 年唐山地震中,位于塘沽地区(烈度为 8 度强)的 7～10 层框架结构,因其自振周期(0.6～1.0 s)与该场地地基(海滨)的自振周期(0.8～1.0 s)接近,导致该类框架结构破坏严重。在 1985 年墨西哥城地震中,由于该地区地表土冲积层很厚,场地地基的卓越周期为 2 s,这与 10～15 层建筑物的自振周期相近,因而导致这类建筑物产生较大程度的破坏。

5.1.2 结构布置不合理引起的震害

1）结构平面布置不对称造成的震害

结构平面布置不对称有两种情况：一是结构平面形状不对称，如 L 形平面、Z 形平面等；二是结构平面形状对称但结构的刚度分布不对称，这往往是由楼电梯间的抗震墙布置不对称造成。结构平面布置不对称会使结构的质量中心与刚度中心不重合，从而导致结构在水平地震作用下产生扭转和局部应力集中，尤其在凹角处，若不采取加强措施，则会造成严重震害。例如天津市一栋六层的现浇钢筋混凝土框架结构，高 27 m，平面呈 L 形（图 5-1），由于设计时没有充分考虑到扭转的影响，唐山地震时，二、三层角柱严重破坏。又如天津市 754 厂 11 号厂房，平面为矩形（图 5-2），中间为五层现浇钢筋混凝土框架，两端均与刚度很大的砖砌楼电梯间相接，平面形状对称，但是由于厂房长度达 110 m，在中央处设置了一道伸缩缝，形成两个独立的单元，而每个单元刚度分布不对称。唐山地震时，该厂房产生了显著的扭转效应，致使框架柱严重扭裂，楼电梯间墙体产生严重开裂和错位。

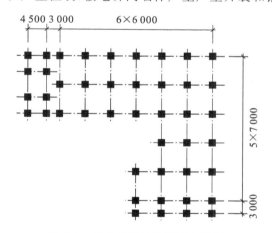

图 5-1 天津某厂结构平面布置图

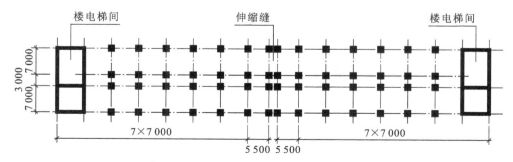

图 5-2 754 厂 11 号厂房结构平面布置图

2）沿房屋竖向刚度突变造成的震害

结构刚度沿竖向分布有局部削弱或突然变化时，可能使结构在刚度突然变小的楼层产生较大的应力集中或过大的塑性变形集中甚至倒塌。若对可能出现的薄弱部位不采取相应的加强措施,就可能导致严重震害。例如 1995 年日本阪神大地震时,某钢筋混凝土结构由于竖向刚度突变产生了严重的破坏。1971 年美国圣弗尔南多地震中,某六层钢筋混凝土结构的医院主楼,其中一、二层为框架,三至六层为框架-抗震墙,沿房屋竖向刚度相差较大,地震时底部框架柱严重酥裂,产生很大的塑性变形,侧移达 600 mm。1999 年中国台湾集集地震中,也有大量"鸡腿式"建筑物底层柱发生剪切破坏或脆性压弯破坏,导致上部结构倒塌。

3) 防震缝处理不当造成的震害

防裂缝两侧的结构单元由于各自的动力特性不同,在地震时可能产生相向的位移,如果防震缝宽度不够,则结构单元之间将会发生碰撞而引起震害。

唐山地震时,北京地区因烈度不高,高层建筑没有严重破坏现象,但一些建筑物却由于防震缝两侧结构单元的相互碰撞而产生了震害。例如民航局办公大楼防震缝处发生碰撞,女儿墙被撞坏;北京饭店西楼防震缝处柱外贴假砖脱落,内填充墙侧移达 50 mm;而相同条件下,由于北京饭店东楼防震缝宽度达 600 mm,则未出现碰撞引起的震害。

5.1.3 框架的震害

1) 框架柱的震害

框架柱通常有以下几种破坏形式。

(1) 柱端弯剪破坏。上、下柱端出现水平裂缝和斜裂缝,有时也有交叉斜裂缝,混凝土局部压碎,梁端形成塑性铰。严重者,混凝土剥落,箍筋外鼓崩断,纵筋弯曲。

(2) 柱身剪切破坏。多出现斜裂缝或交叉裂缝,箍筋屈服崩断。

(3) 角柱破坏。结构发生扭转时,角柱所受剪力最大,同时角柱又受双向弯矩作用,而其约束又较其他柱小,因此角柱的震害较内柱重。有的上、下柱身错动,钢筋由柱内拔出。

(4) 短柱破坏。当有错层或不适当地设置某些连系梁时,容易形成短柱。短柱常发生剪切破坏,形成交叉裂缝乃至脆断。

2) 框架梁的震害

框架梁的震害一般出现在与柱连接的端部,通常有以下几种破坏形式。

(1) 斜截面破坏。由于抗剪承载力不足,在梁端附近产生斜裂缝或混凝土剪压破坏,这种破坏属于脆性破坏。在梁负弯矩钢筋截断处,由于抗弯能力削弱也容易产生裂缝,造成梁的剪切破坏。

(2) 正截面破坏。在水平地震反复作用下,梁端产生较大的变号弯矩,易产生竖向裂缝,严重时将出现塑性铰。

(3) 锚固破坏。当梁的主筋在节点内锚固长度不足或锚固构造不当,钢筋与混凝土之间的粘结力易遭到破坏,钢筋滑移,甚至从节点拔出。这种破坏也属于脆性破坏,应注意防止。

3) 梁柱节点的震害

在强震作用下,框架梁、柱节点核芯区破坏的震害的实例较多,主要破坏形式如下。

(1) 节点核芯抗剪强度不足引起的破坏。常表现为核芯区产生斜向对角的通长裂缝,节点区内的箍筋屈服、外鼓甚至崩断。当节点区剪压比较大时,箍筋可能尚未屈服,而混凝土被剪压、酥碎成块,发生破坏。

(2) 由于构造措施不当而引起的破坏。常表现为节点箍筋过稀而产生的脆性破坏。

(3) 由于节点核芯区的钢筋过密影响混凝土浇筑质量而引起的破坏。

(4) 由于梁柱主筋通过节点时搭接不合理,使结构的连续性难以保证而引起的破坏。

5.1.4　抗震墙的震害

抗震墙的震害主要表现为连梁的剪切破坏。这主要是由于连梁跨度小、高度大易形成深梁,剪切效应十分明显。在反复荷载作用下形成 X 形裂缝,尤其是位于房屋 1/3 高度处的连梁破坏更为明显。其次,窄而高的墙肢,其工作性能与悬臂梁类似,震害通常出现在底部。另外,底部楼层的水平施工缝处也易产生水平错动而引起震害。

5.1.5　填充墙的震害

填充墙的震害主要是墙面产生斜裂缝或交叉裂缝,端墙、窗间墙和门窗洞口边角部位破坏尤为严重。破坏的主要原因是:墙体抗拉、抗剪承载力低,变形能力小,墙体与框架之间缺乏有效的拉结。因此在往复变形时墙体易发生剪切破坏和散落。由于框架变形属剪切型,下部层间位移较大,因此填充墙的震害在房屋中下部较重;而框架-抗震墙结构的变形接近弯曲型,上部层间位移较大,因此填充墙的震害在房屋中上部较重。

5.2　混凝土结构房屋抗震设计的一般规定

5.2.1　适用最大高度

《建筑抗震设计规范》(GB 50011—2010)在总结国内外大量震害和工程设计经验的基础上,根据地震烈度、场地类别、抗震性能、使用要求及经济效果等因素,规定了现浇钢筋混凝土结构房屋各体系适用的最大高度,见表 5-1。平面和竖向均不规则的结构,适用的最大高度宜适当降低。

表 5-1　现浇钢筋混凝土房屋适用的最大高度(m)

结 构 体 系	设 防 烈 度				
	6	7	8(0.2g)	8(0.3g)	9
框架	60	50	40	35	24
框架-抗震墙	130	120	100	80	50
抗震墙	140	120	100	80	60
部分框支抗震墙	120	100	80	50	不应采用
框架-核心筒	150	130	100	90	70
筒中筒	180	150	120	100	80
板柱-抗震墙	80	70	55	40	不应采用

注：① 房屋高度是指室外地面到主要屋面板板顶的高度(不包括局部突出屋顶部分)；
② 框架-核心筒结构指周边稀柱框架与核心筒组成的结构；
③ 部分框支抗震墙指首层或底部两层为框支层的结构,不包括仅个别框支墙的情况；
④ 表中框架不包括异形柱框架；
⑤ 板柱-抗震墙结构指板柱、框架和抗震墙组成抗侧力体系的结构；
⑥ 乙类建筑可按本地区抗震设防烈度确定其适用的最大高度；
⑦ 超过表内高度的房屋,应进行专门研究和论证,采取有效的加强措施。

此外,我国《高层建筑混凝土结构技术规程》(JGJ3)尚将各种结构体系的高层建筑分为常规高度的高层建筑(A 级)和超限高层建筑(B 级),并分别给出了其适用的最大高度。此外,为控制侧向位移,还给出了各种结构的高宽比限值。

5.2.2　抗震等级的确定

钢筋混凝土多、高层房屋的结构类型和房屋高度不同,其抗震能力就有很大差别。震害分析表明,框架-抗震墙结构或抗震墙结构的抗震性能,特别是抗倒塌能力优于框架结构。多层房屋的抗震能力高于高层房屋。此外,基于不同结构单元对抗震贡献的主次差别,在抗震设计时也宜分开要求。对次要抗侧力结构单元的抗震要求可低于主要抗侧力结构单元,如框架-抗震墙结构中的框架,其抗震要求可低于框架结构中的框架,而框架-抗震墙结构中的抗震墙则应比抗震墙结构中的抗震墙要求提高。因此,《建筑抗震设计规范》(GB 50011—2010)规定钢筋混凝土房屋应根据设防类别、烈度、结构类型和房屋高度,采用不同的抗震等级,即一、二、三、四级,并应符合相应的计算和构造措施要求。丙类建筑的抗震等级应按表 5-2 确定。

此外,钢筋混凝土房屋抗震等级的确定,尚应符合下列要求。

(1) 设置少量抗震墙的框架结构,在规定的水平力作用下,底层框架部分所承担的地震倾覆力矩大于结构总地震倾覆力矩的 50% 时,其框架的抗震等级应按框架结构确定,抗震墙的抗震等级可与其框架的抗震等级相同。这里,底层指计算嵌固端所在的层。

（2）裙房与主楼相连时,裙房除应按本身确定抗震等级外,相关范围不应低于主楼的抗震等级;主楼结构在裙房顶板对应的上下各一层受刚度与承载力突变影响较大,抗震措施应适当加强。裙房与主楼分离时,应按裙房本身确定抗震等级。

（3）当地下室顶板作为上部结构的嵌固部位时,地下一层的抗震等级应与上部结构相同,地下一层以下抗震构造措施的抗震等级可逐层降低一级,但不应低于四级。地下室中无上部结构的部分,抗震构造措施的抗震等级可根据具体情况采用三级或四级。

（4）当甲、乙类的建筑按规定提高一度确定其抗震等级而房屋的高度超过表 5-2 相应规定的上界时,应采取比一级抗震等级更有效的抗震措施。

表 5-2　现浇钢筋混凝土房屋的抗震等级

结构类型			设防烈度								
			6		7			8			9	
框架结构		高度/m	≤24	>24	≤24	>24		≤24	>24		≤24	
	框架		四	三	三	二		二	一		一	
	大跨度框架		三	三	二	二		一	一		一	
框架-抗震墙结构		高度/m	≤60	>60	≤24	25~60	>60	≤24	25~60	>60	≤24	25~50
	框架		四	三	四	三	二	三	二	一	二	一
	抗震墙		三	三	三	二	二	二	一	一	一	一
抗震墙结构		高度/m	≤80	>80	≤24	25~80	>80	≤24	25~80	>80	≤24	25~60
	抗震墙		四	三	四	三	二	三	二	一	二	一
部分框支抗震墙结构		高度/m	≤80	>80	≤24	25~80	>80	≤24	25~80	不应采用	不应采用	
	抗震墙	一般部位	四	三	四	三	二	三	二			
		加强部位	三	二	三	二	一	二	一			
	框支层框架		二	二	二	二	二	一	一			
筒体结构	框架-核心筒	框架	三		二			一			一	
		核心筒	二		二			一			一	
	筒中筒	外筒	三		二			一			一	
		内筒	三		二			一			一	

续表

结构类型		设防烈度						
		6		7		8		9
板柱-抗震墙结构	高度/m	≤35	>35	≤35	>35	≤35	>35	不应采用
	框架、板柱的柱	三	二	二	二	一		
	抗震墙	二	二	二	一	二	一	

注：① 建筑场地为Ⅰ类时,除6度外可按表5-2内降低一度所对应的抗震构造措施,但相应的计算要求不应降低;

② 接近或等于高度分界时,应允许结合房屋不规则程度及场地、地基条件确定抗震等级;

③ 大跨度框架指跨度不小于18 m的框架;

④ 高度不超过60 m的框架-核心筒结构按框架-抗震墙的要求设计时,应按表中框架-抗震墙结构的规定确定其抗震等级。

5.2.3 结构布置的一般规定

按照抗震概念设计的原则,应尽可能使建筑物符合规则结构的要求、合理进行结构布置和设置防震缝,不应采用严重不规则的布置。所谓建筑结构的规则性,包括了对建筑平立面外形尺寸、抗侧力构件布置、质量分布和承载力分布等多方面的要求。对于钢筋混凝土房屋,其结构平、立面布置应考虑如下具体要求。

1）结构平、立面布置

结构平面宜简单、规则、对称,较少偏心。框架、抗震墙均应双向设置。在布置柱和抗震墙的位置时,要使结构的质量中心与刚度中心尽可能重合或接近,以减小水平地震作用引起的扭转效应。结构竖向体型应力求规则均匀,抗侧力构件宜上下连续贯通。当结构沿竖向需变化时,应使其体型、侧向刚度和强度均匀变化而不出现较大的突变。当结构平、立面不规则时,应采取相应的抗震加强措施。其中,平面不规则及竖向不规则的主要类型及抗震加强措施见4.2.1节。

此外,平面过于狭长的建筑物在地震作用时由于两端地震波输入有相位差而容易产生不规则振动,产生较大的震害,所以建筑平面长度 L 不宜过长,我国《高层建筑混凝土结构技术规程》(JGJ3)对建筑物的长宽比 L/B 作了限制。当平面有较长的外伸时,外伸段容易产生局部振动而引发凹角处应力集中和破坏,因此,突出部分的长度不宜过大、宽度不宜过小,因此,我国《高层建筑混凝土结构技术规程》(JGJ3)对平面局部突出部分的长宽比 l/b 也作了限制。

2）防震缝的设置

4.2.3节已对防震缝的设置作了一般性规定。一般情况下,当建筑物严重不规则、平面过长、有较大错层、不同部分的结构体系有较大差异时,应考虑设置防震缝。同时,防震缝的宽度应确保在地震作用下两侧结构单元不会发生碰撞。根据结构类型的不同,防震缝的宽度应符合下列具体规定。

　　(1) 框架结构(包括设置少量抗震墙的框架结构)房屋的防震缝宽度,当高度不超过 15 m 时不应小于 100 mm;高度超过 15 m 时,6 度、7 度、8 度和 9 度高度分别每增加 5 m、4 m、3 m 和 2 m,宜加宽 20 mm。

　　(2) 框架-抗震墙结构房屋的防震缝宽度不应小于(1) 条规定数值的 70%,抗震墙结构房屋的防震缝宽度不应小于(1) 条规定数值的 50%,且均不宜小于 100 mm。

　　(3) 防震缝两侧结构类型不同时,宜按需要较宽防震缝的结构类型和较低房屋高度确定缝宽。

　　此外,防震缝应尽可能与伸缩缝、沉降缝合并考虑。可以结合沉降缝要求贯通到地基,当无沉降问题时也可只从基础或地下室以上贯通,基础或地下室可不设防震缝,但应加强构造和连接。

　　按 8 度、9 度设防的框架结构房屋防震缝两侧结构层高相差较大时,防震缝两侧框架柱的箍筋应沿房屋全高加密,并可根据需要在缝两侧沿房屋全高各设置不少于两道垂直于防震缝的抗撞墙(见图 5-3),以减少地震时缝两侧结构单元发生碰撞破坏。抗撞墙的布置宜避免加大扭转效应,其长度可不大于 1/2 层高,抗震等级可同框架结构;框架和抗撞墙的内力应按设置和不设置抗撞墙两种计算模型的不利情况取值。

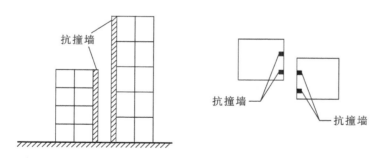

图 5-3　抗撞墙示意图

　　3) 结构布置的一般要求

　　混凝土结构房屋应按照概念设计要求进行合理的结构布置,一般要求如下。

　　(1) 为抵抗不同方向的地震作用,框架结构和框架-抗震墙结构中的框架和抗震墙均应双向设置;为防止柱发生扭转,柱中线与抗震墙中线、梁中线与柱中线之间偏心距不宜大于柱宽的 1/4,否则,应计入偏心影响。

　　(2) 甲、乙类建筑以及高度大于 24 m 的丙类建筑,不应采用单跨框架结构;高度不大于 24 m 的丙类建筑不宜采用单跨框架结构。

　　(3) 为了使楼盖、屋盖有效地将楼层地震剪力传给抗震墙,框架-抗震墙结构、板柱-抗震墙结构以及框支层中,抗震墙之间无大洞口的楼盖、屋盖的长宽比,不宜超过表 5-3 的规定,超过时,应计入楼盖平面内变形的影响。

表 5-3　抗震墙之间楼屋盖的长宽比

楼、屋盖类型		设 防 烈 度			
		6	7	8	9
框架-抗震墙结构	现浇或叠合楼、屋盖	4	4	3	2
	装配整体式楼、屋盖	3	3	2	不宜采用
板柱-抗震墙结构的现浇楼、屋盖		3	3	2	不宜采用
框支层的现浇楼、屋盖		2.5	2.5	2	不宜采用

(4)采用装配式楼、屋盖时,应采取措施保证楼、屋盖的整体性及其与抗震墙的可靠连接。装配整体式楼、屋盖采用配筋现浇面层加强时,厚度不应小于 50 mm。

(5)框架-抗震墙结构和板柱-抗震墙结构中的抗震墙设置,宜符合下列要求。

① 抗震墙宜贯通房屋全高,且横向与纵向的抗震墙宜相连。

② 楼梯间宜设置抗震墙,但不宜造成较大的扭转效应。

③ 抗震墙的两端(不包括洞口两侧)宜设置端柱或与另一方向的抗震墙相连。

④ 房屋较长时,刚度较大的纵向抗震墙不宜设置在房屋的端开间。

⑤ 抗震墙洞口宜上下对齐;洞边距端柱不宜小于 300 mm。

(6)抗震墙结构和部分框支抗震墙结构中的抗震墙设置,应符合下列要求。

① 抗震墙的两端(不包括洞口两侧)宜设置端柱或与另一方向的抗震墙相连;框支部分落地墙的两端(不包括洞口两侧)应设置端柱或与另一方向的抗震墙相连。

② 较长的抗震墙宜设置跨高比大于 6 的连梁形成洞口,将一道抗震墙分成长度较均匀的若干墙段,各墙段的高宽比不宜小于 3。

③ 墙肢的长度沿结构全高不宜有突变;抗震墙有较大洞口时,以及一、二级抗震墙的底部加强部位,洞口宜上下对齐。

④ 矩形平面的部分框支抗震墙结构,其框支层的楼层侧向刚度不应小于相邻非框支层楼层侧向刚度的 50%;框支层落地抗震墙间距不宜大于 24 m,框支层的平面布置宜对称,且宜设抗震筒体,如图 5-4 所示。底层框架部分承担的地震倾覆力矩,不应大于结构总地震倾覆力矩的 50%。

(7)抗震墙加强部位。

由于在水平荷载作用下抗震墙的弯矩和剪力均在底部最大,故需要加强抗震墙的底部。加强部位包括底部塑性铰范围及其上部的一定范围,在此范围内要增加边缘构件、箍筋和墙体横向钢筋等必要的抗震加强措施,以改善整个结构的抗震性能,避免发生脆性的剪切破坏。加强部位的范围应满足下列规定。

① 底部加强部位的高度,应从地下室顶板算起。

② 部分框支抗震墙结构的抗震墙,其底部加强部位的高度可取框支层加框支层以上两层的高度及落地抗震墙总高度的 1/10 二者的较大值。其他结构的抗震

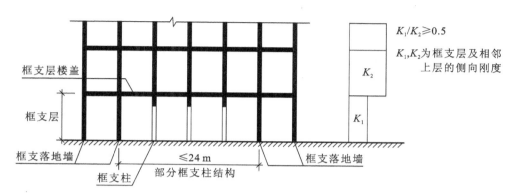

图 5-4　部分框支抗震墙示意图

墙,房屋高度大于 24 m 时,底部加强部位的高度可取底部两层和墙体总高度的1/10 二者的较大值;房屋高度不大于 24 m 时,底部加强部位可取底部一层。

③ 当结构计算嵌固端位于地下一层的底板或以下时,底部加强部位尚宜向下 延伸到计算嵌固端。

(8)地下室顶板作为上部结构嵌固部位时,应符合下列要求。

① 地下室顶板应避免开设大洞口;地下室在地上结构相关范围的顶板应采用 现浇梁板结构,相关范围以外的地下室顶板宜采用现浇梁板结构;其楼板厚度不宜 小于 180 mm,混凝土强度等级不宜小于 C30,应采用双层双向配筋,且每层每个方 向的配筋率不宜小于 0.25%。

② 结构地上一层的侧向刚度,不宜大于相关范围地下一层侧向刚度的 0.5 倍; 地下室周边宜有与其顶板相连的抗震墙。

③ 地下室顶板对应于地上框架柱的梁柱节点除应满足抗震计算要求外,尚应 符合下列规定之一。

a.地下一层柱截面每侧纵向钢筋不应小于地上一层柱对应纵向钢筋的 1.1 倍, 且地下一层柱上端和节点左右梁端实配的抗震受弯承载力之和应大于地上一层柱 下端实配的抗震受弯承载力的 1.3 倍。

b.地下一层梁刚度较大时,柱截面每侧的纵向钢筋面积应大于地上一层对应柱 每侧纵向钢筋面积的 1.1 倍;同时梁端顶面和底面的纵向钢筋面积均应比计算增大 10%以上。

(9)楼梯间应符合下列要求。

① 宜采用现浇钢筋混凝土楼梯。

② 对于框架结构,楼梯间的布置不应导致结构平面特别不规则;楼梯构件与主 体结构整浇时,应计入楼梯构件对地震作用及其效应的影响,应进行楼梯构件的抗 震承载力验算;宜采用构造措施,减少楼梯构件对主体结构刚度的影响。

③ 楼梯间两侧填充墙与柱之间应加强拉结。

5.2.4 基础结构的设计要求

基础设计应根据上部结构和地质状况,选择与之相适应的基础形式,使其具有足够的承载能力承受上部结构的重力荷载和地震作用,并与地基一起保证上部结构的良好嵌固、抗倾覆能力和整体工作性能。高层建筑宜采用筏形基础,必要时可采用箱形基础以增强结构的整体性与稳定性;当地质条件好、荷载较小且能满足地基承载力和变形要求时,也可采用交叉梁基础或其他基础形式。地基承载力或变形不能满足要求时,可采用桩基;单独柱基适用于地基土质较好、层数不多的框架结构;另外,单独柱基之间有时需要按规范要求设置基础系梁。框架-抗震墙结构的抗震墙基础,应有良好的整体性和抗转动能力。

框架结构可采用柱下单独基础,当有下列情况时,宜沿两个主轴方向设置基础系梁:

(1) 抗震等级为一级的框架和Ⅳ类场地上的二级框架;

(2) 各柱基础底面在重力荷载代表值作用下的压应力差别较大,承受的重力荷载代表值较大;

(3) 基础埋置较深,或各基础埋置深度差别较大;

(4) 地基主要受力层范围内存在软弱黏性土层、液化土层和严重不均匀土层;

(5) 桩基承台之间。

此外,当主楼与裙房相连且采用天然地基时,除应满足第 2 章式(2.3.2)和式(2.3.3)的要求外,在多遇地震作用下,主楼基础底面不宜出现零应力区。

5.3 框架结构的抗震设计

框架结构具有平面布置灵活的优点,如果设计合理,将具有良好的延性;缺点是侧向刚度较小,地震时会产生较大的水平变形,容易引起非结构构件的破坏,有时甚至造成主体结构的破坏。框架结构抗震设计流程如图 5-5 所示。

5.3.1 框架结构的内力和位移计算

1) 地震作用计算

框架结构一般情况下可在结构的两个主轴方向分别考虑水平地震作用并进行抗震验算,各方向的水平地震作用主要由该方向抗侧力框架结构来承担。

计算框架结构的水平地震作用时,应以防震缝所划分的结构单元作为计算单元。在计算单元中,各楼层重力荷载代表值的集中质点 G_i 设在楼屋盖标高处。框架结构水平地震作用的计算可采用底部剪力法、振型分解反应谱法和时程分析法。对于高度不超过 40 m、质量和刚度沿高度分布比较均匀的框架结构,可采用底部剪力法按第 3 章的公式分别求出计算单元的底部总水平地震作用标准值 F_{EK}、各楼层的

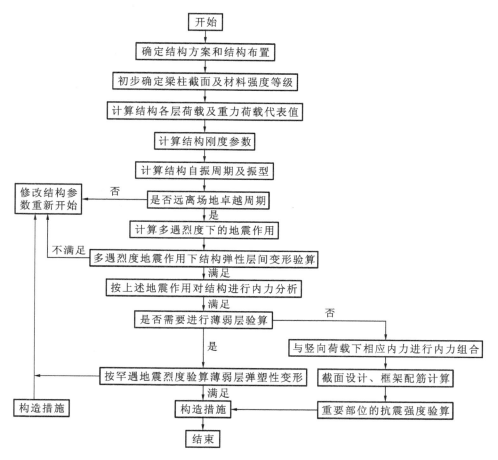

图 5-5　框架结构抗震设计流程图

水平地震作用标准值 F_i 和顶部附加水平地震作用标准值 ΔF_n。

计算结构总水平地震作用标准值时,首先需要确定结构的基本周期。除第 3 章给出的计算方法外,还可按下式根据层数 N 进行粗略计算。

$$T_1 = (0.08 \sim 0.1)N \qquad (5.3.1)$$

一般情况下,可采用顶点位移法来计算结构基本周期。考虑非结构墙体刚度的影响,则其基本周期 T_1 可按下列公式计算。

$$T_1 = 1.7\psi_T \sqrt{u_T} \qquad (5.3.2)$$

式中　ψ_T——考虑非结构墙体刚度影响的周期折减系数,当采用实砌填充砖墙时取
　　　　　0.6~0.7;当采用轻质墙、外挂墙板时取 0.8;

　　　u_T——结构顶点假想位移(单位:m),即假想把集中在各楼层处的重力荷载
　　　　　代表值 G_i 作为水平荷载,仅考虑计算单元全部柱的侧移刚度 $\sum D$,
　　　　　按弹性方法所求得的结构顶点位移。

应该指出,对于有突出屋面的屋顶间(电梯间、水箱间)等的框架结构房屋,结构顶点假想位移 u_T 是指主体结构顶点的位移。因此,在计算基本周期 T_1 时,突出屋面的屋顶间的顶面可不需设质点 G_{n+1},而按周期等效原则将其并入主体结构屋顶集中质点 G_n 内。

当已知第 j 层的水平地震作用标准值 F_j 和 ΔF_n,则第 i 层的水平地震剪力标准值 V_i 按下式计算。

$$V_i = \sum_{j=i}^{n} F_j + \Delta F_n \tag{5.3.3}$$

按式(5.3.3)求得第 i 层水平地震剪力标准值 V_i 后,再按各层各柱的侧移刚度求其分担的水平地震剪力标准值。一般仅将砖填充墙作为非结构构件,不考虑其抗侧力作用。

2) 水平荷载作用下框架内力计算

计算在水平荷载作用下框架结构的内力和位移时,通常采用的近似方法有反弯点法和 D 值法。

(1) 反弯点法。

框架在水平荷载作用下,节点将同时产生转角和侧移。根据分析,当梁的线刚度 K_b 和柱的线刚度 K_c 之比大于 3 时,节点转角 θ 将很小,其对框架的内力影响不大。因此,为简化计算,通常假定 $\theta=0$,也即将框架横梁看作无限刚性梁。这种处理,可使计算大大简化,而其误差一般不超过 5%。

采用上述假定后,对一般层柱,在其 1/2 高度处截面弯矩为零,形成反弯点。反弯点距柱底的距离称为反弯点高度。而对首层柱,取其 2/3 高度处截面弯矩为零(如图 5-6 所示)。

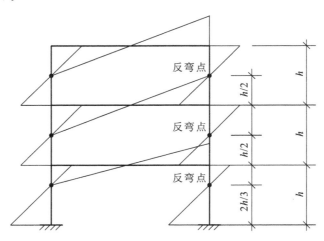

图 5-6 反弯点的位置

柱端弯矩可通过柱剪力及反弯点高度计算确定,边节点梁端弯矩可由节点力矩平衡条件确定,而中间节点两侧梁端弯矩则可将柱端弯矩按梁的转动刚度分配求得。

由结构力学可知,柱的侧移刚度 d 可按下式计算。

$$d = \frac{12i_c}{h^2} \tag{5.3.4}$$

式中　h——层高;

　　　i_c——柱的线刚度。

假定楼板平面内刚度无限大,楼板将各平面抗侧力结构连接在一起共同承受水平力,则当不考虑结构扭转变形时,同一楼层柱端侧移相等。根据同一楼层柱端侧移相等的假定,框架各柱所分配的剪力与其侧移刚度成正比,即第 i 层 k 根柱所分配的剪力为

$$V_{ik} = \frac{d_{ik}}{\sum\limits_{k=1}^{n} d_{ik}} V_i \tag{5.3.5}$$

式中　d_{ik}——第 i 层第 k 根柱的侧移刚度;

　　　V_i——第 i 层剪力。

反弯点法适用于层数较少的框架结构。因为这时柱截面尺寸较小,容易满足梁柱线刚度比大于 3 的条件。

（2）修正反弯点法（D 值法）。

D 值法近似考虑了框架节点转动对柱的侧移刚度和反弯点高度的影响,是目前分析框架内力比较简单而又比较精确的一种近似方法。计算步骤如下。

① 计算各柱的侧移刚度 D。

$$D = \alpha \frac{12i_c}{h^2} \tag{5.3.6}$$

式中　α——节点转动影响系数,由梁柱线刚度,按表 5-4 取用,其余同式（5.3.4）。

表 5-4　节点转动影响系数 α 的计算公式

位　　置	边　柱		中　柱		α
一般层	$\begin{array}{c} i_1 \\ i_c \mid i_2 \end{array}$	$\bar{K} = \dfrac{i_1 + i_2}{2i_c}$	$\begin{array}{c} i_3 \mid i_4 \\ \hline i_c \\ \hline i_1 \mid i_2 \end{array}$	$\bar{K} = \dfrac{i_1 + i_2 + i_3 + i_4}{2i_c}$	$\alpha = \dfrac{\bar{K}}{2 + \bar{K}}$
底层	$\begin{array}{c} i_2 \\ i_c \end{array}$	$\bar{K} = \dfrac{i_2}{i_c}$	$\begin{array}{c} i_1 \mid i_2 \\ \hline i_c \end{array}$	$\bar{K} = \dfrac{i_1 + i_2}{i_c}$	$\alpha = \dfrac{0.5 + \bar{K}}{2 + \bar{K}}$

注:式中 $\bar{K}$——梁柱线刚度比。

计算梁的线刚度时,考虑楼板对梁刚度的有利影响,即板作为梁的翼缘参加工

作。通常梁均先按矩形截面计算其惯性矩 I_0，然后再乘以表 5-5 中的增大系数，以考虑现浇楼板或装配整体式楼板上的现浇层对梁的刚度的影响。

表 5-5　框架梁截面惯性矩增大系数

结构类型	中 框 架	边 框 架
现浇整体梁板结构	2.0	1.5
装配整体式叠合梁	1.5	1.2

注：中框架是指梁两侧有楼板的框架；边框架是指梁一侧有楼板的框架。

② 计算各柱所分配的剪力 V_{ik}。

$$V_{ik} = \frac{D_{ik}}{\sum\limits_{k=1}^{n} D_{ik}} V_i \tag{5.3.7}$$

式中　V_{ik}——第 i 层第 k 根柱所分配的剪力；

D_{ik}——第 i 层第 k 根柱的侧移刚度；

$\sum\limits_{k=1}^{n} D_{ik}$——第 i 层所有各柱侧移刚度之和。

③ 确定反弯点高度 h'。

影响柱反弯点高度的主要因素是柱上下端的约束条件，而影响柱两端约束刚度的主要因素有：结构总层数及该层所在的位置；梁柱的线刚度比；上层与下层梁刚度比；上、下层层高变化。因此框架柱的反弯点高度确定按以下公式计算

$$h' = (y_0 + y_1 + y_2 + y_3)h \tag{5.3.8}$$

式中　y_0——标准反弯点高度比，由框架总层数、该柱所在层数及梁柱线刚度比 $\bar{K}$，查表 5-6 确定。

y_1——某层上下梁线刚度不同时，该层柱反弯点高度比的修正值。当 $i_{b1} + i_{b2} < i_{b3} + i_{b4}$ 时，令 $\alpha_1 = \dfrac{i_{b1} + i_{b2}}{i_{b3} + i_{b4}}$，根据比值 α_1 和梁柱线刚度比 $\bar{K}$，由表 5-7 查得；这时反弯点上移，故 y_1 取正值[见图 5-7(a)]。当 $i_{b1} + i_{b2} > i_{b3} + i_{b4}$ 时，则令 $\alpha_1 = \dfrac{i_{b3} + i_{b4}}{i_{b1} + i_{b2}}$ 仍由表 5-7 查得；这时反弯点下移，故 y_1 取负值[见图 5-7(b)]。对于首层不考虑 y_1 值。

y_2——上层高度 $h_{上}$ 与本层高度 h 不同时（见图 5-8）反弯点高度比的修正值。其值根据 $\alpha_2 = \dfrac{h_{上}}{h}$ 和梁柱线刚度比 $\bar{K}$，由表 5-8 查得。

y_3——下层高度 $h_{下}$ 与本层高度 h 不同时（见图 5-8）反弯点高度比的修正值。其值根据 $\alpha_3 = \dfrac{h_{下}}{h}$ 和梁柱线刚度比 $\bar{K}$，由表 5-8 查得。

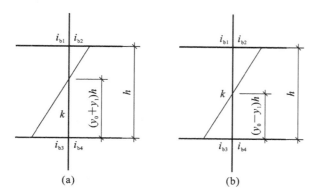

图 5-7　上、下层梁线刚度不同时反弯点高度修正

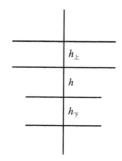

图 5-8　上、下层高度与本层
高度不同时的情况

表 5-6　规则框架承受三角形分布力作用时标准反弯点的高度比 y_0 值

m	n	$\bar{K}$ 0.1	0.2	0.3	0.4	0.5	0.6	0.7	0.8	0.9	1.0	2.0	3.0	4.0	5.0
1	1	0.80	0.75	0.70	0.65	0.65	0.60	0.60	0.60	0.60	0.55	0.55	0.55	0.55	0.55
2	2	0.50	0.45	0.40	0.40	0.40	0.40	0.40	0.40	0.40	0.45	0.45	0.45	0.45	0.50
	1	1.00	0.85	0.75	0.70	0.65	0.65	0.65	0.65	0.60	0.60	0.55	0.55	0.55	0.55
3	3	0.25	0.25	0.25	0.30	0.30	0.35	0.35	0.35	0.40	0.40	0.45	0.45	0.45	0.50
	2	0.60	0.50	0.50	0.50	0.50	0.45	0.45	0.45	0.45	0.45	0.50	0.50	0.50	0.50
	1	1.15	0.90	0.80	0.75	0.75	0.70	0.70	0.65	0.60	0.65	0.55	0.55	0.55	0.55
4	4	0.10	0.15	0.20	0.25	0.30	0.30	0.35	0.35	0.35	0.40	0.45	0.45	0.45	0.45
	3	0.35	0.35	0.35	0.40	0.40	0.40	0.40	0.45	0.45	0.45	0.50	0.50	0.50	0.50
	2	0.70	0.60	0.55	0.50	0.50	0.50	0.50	0.50	0.50	0.50	0.50	0.50	0.50	0.50
	1	1.20	0.95	0.85	0.80	0.75	0.70	0.70	0.65	0.65	0.65	0.55	0.55	0.55	0.55
5	5	−0.05	0.10	0.20	0.25	0.30	0.30	0.35	0.35	0.35	0.35	0.40	0.40	0.45	0.45
	4	0.20	0.25	0.35	0.35	0.40	0.40	0.40	0.40	0.45	0.45	0.45	0.50	0.50	0.50
	3	0.45	0.40	0.45	0.45	0.45	0.45	0.45	0.45	0.45	0.45	0.50	0.50	0.50	0.50
	2	0.75	0.60	0.55	0.55	0.55	0.50	0.50	0.50	0.50	0.50	0.50	0.50	0.50	0.50
	1	1.30	1.00	0.85	0.80	0.75	0.70	0.70	0.65	0.65	0.65	0.60	0.55	0.55	0.55
6	6	−0.15	0.05	0.15	0.20	0.25	0.30	0.30	0.35	0.35	0.35	0.40	0.45	0.45	0.45
	5	0.10	0.25	0.30	0.35	0.35	0.40	0.40	0.40	0.45	0.45	0.45	0.50	0.50	0.50
	4	0.30	0.35	0.40	0.40	0.45	0.45	0.45	0.45	0.45	0.45	0.50	0.50	0.50	0.50
	3	0.50	0.45	0.45	0.45	0.45	0.45	0.45	0.45	0.45	0.50	0.50	0.50	0.50	0.50
	2	0.80	0.65	0.55	0.55	0.55	0.55	0.50	0.50	0.50	0.50	0.50	0.50	0.50	0.50
	1	1.30	1.00	0.85	0.80	0.75	0.70	0.70	0.65	0.65	0.65	0.60	0.55	0.55	0.55

续表

m	n	$\bar{K}$ 0.1	0.2	0.3	0.4	0.5	0.6	0.7	0.8	0.9	1.0	2.0	3.0	4.0	5.0
7	7	−0.20	0.05	0.15	0.20	0.25	0.30	0.30	0.35	0.35	0.35	0.45	0.45	0.45	0.45
	6	0.05	0.20	0.30	0.35	0.35	0.40	0.40	0.40	0.40	0.45	0.45	0.50	0.50	0.50
	5	0.20	0.30	0.35	0.40	0.40	0.45	0.45	0.45	0.45	0.45	0.50	0.50	0.50	0.50
	4	0.35	0.40	0.40	0.45	0.45	0.45	0.45	0.45	0.45	0.45	0.50	0.50	0.50	0.50
	3	0.55	0.50	0.50	0.50	0.50	0.50	0.50	0.50	0.50	0.50	0.50	0.50	0.50	0.50
	2	0.80	0.65	0.60	0.55	0.55	0.55	0.50	0.50	0.50	0.50	0.50	0.50	0.50	0.50
	1	1.30	1.00	0.90	0.80	0.75	0.70	0.70	0.70	0.65	0.65	0.60	0.55	0.55	0.55
8	8	−0.20	−0.05	0.15	0.20	0.25	0.30	0.30	0.35	0.35	0.35	0.45	0.45	0.45	0.45
	7	0.00	0.20	0.30	0.35	0.35	0.40	0.40	0.40	0.40	0.45	0.45	0.50	0.50	0.50
	6	0.15	0.30	0.35	0.40	0.40	0.45	0.45	0.45	0.45	0.45	0.50	0.50	0.50	0.50
	5	0.30	0.45	0.40	0.45	0.45	0.45	0.45	0.45	0.45	0.45	0.50	0.50	0.50	0.50
	4	0.40	0.45	0.45	0.45	0.45	0.45	0.45	0.50	0.50	0.50	0.50	0.50	0.50	0.50
	3	0.60	0.50	0.50	0.50	0.50	0.50	0.50	0.50	0.50	0.50	0.50	0.50	0.50	0.50
	2	0.85	0.65	0.60	0.55	0.55	0.55	0.50	0.50	0.50	0.50	0.50	0.50	0.50	0.50
	1	1.30	1.00	0.90	0.80	0.75	0.70	0.70	0.70	0.65	0.65	0.60	0.55	0.55	0.55
9	9	−0.25	0.00	0.15	0.20	0.25	0.30	0.30	0.35	0.35	0.40	0.45	0.45	0.45	0.45
	8	−0.00	0.20	0.30	0.35	0.35	0.40	0.40	0.40	0.40	0.45	0.45	0.50	0.50	0.50
	7	0.15	0.30	0.35	0.40	0.40	0.45	0.45	0.45	0.45	0.45	0.50	0.50	0.50	0.50
	6	0.25	0.35	0.40	0.40	0.45	0.45	0.45	0.45	0.45	0.50	0.50	0.50	0.50	0.50
	5	0.35	0.40	0.45	0.45	0.45	0.45	0.45	0.45	0.50	0.50	0.50	0.50	0.50	0.50
	4	0.45	0.45	0.45	0.45	0.45	0.50	0.50	0.50	0.50	0.50	0.50	0.50	0.50	0.50
	3	0.60	0.50	0.50	0.50	0.50	0.50	0.50	0.50	0.50	0.50	0.50	0.50	0.50	0.50
	2	0.85	0.65	0.60	0.55	0.55	0.55	0.55	0.50	0.50	0.50	0.50	0.50	0.50	0.50
	1	1.35	1.00	0.90	0.80	0.75	0.75	0.70	0.70	0.65	0.65	0.60	0.55	0.55	0.55
10	10	−0.25	0.00	0.15	0.20	0.25	0.30	0.30	0.35	0.35	0.40	0.45	0.45	0.45	0.45
	9	−0.05	0.20	0.30	0.35	0.35	0.40	0.40	0.40	0.40	0.45	0.45	0.50	0.50	0.50
	8	0.10	0.30	0.35	0.40	0.40	0.40	0.45	0.45	0.45	0.45	0.50	0.50	0.50	0.50
	7	0.20	0.35	0.40	0.40	0.45	0.45	0.45	0.45	0.45	0.50	0.50	0.50	0.50	0.50
	6	0.30	0.40	0.40	0.45	0.45	0.45	0.45	0.45	0.45	0.50	0.50	0.50	0.50	0.50
	5	0.40	0.45	0.45	0.45	0.45	0.45	0.45	0.50	0.50	0.50	0.50	0.50	0.50	0.50
	4	0.50	0.45	0.45	0.45	0.50	0.50	0.50	0.50	0.50	0.50	0.50	0.50	0.50	0.50
	3	0.60	0.55	0.50	0.50	0.50	0.50	0.50	0.50	0.50	0.50	0.50	0.50	0.50	0.50
	2	0.85	0.65	0.60	0.55	0.55	0.55	0.55	0.50	0.50	0.50	0.50	0.50	0.50	0.50
	1	1.35	1.00	0.90	0.80	0.75	0.75	0.70	0.70	0.65	0.65	0.60	0.55	0.55	0.55
11	11	−0.25	0.00	0.15	0.20	0.25	0.30	0.30	0.30	0.35	0.35	0.45	0.45	0.45	0.45
	10	−0.05	0.20	0.25	0.30	0.35	0.40	0.40	0.40	0.40	0.45	0.45	0.50	0.50	0.50
	9	0.10	0.30	0.35	0.40	0.40	0.40	0.45	0.45	0.45	0.45	0.50	0.50	0.50	0.50
	8	0.20	0.35	0.40	0.40	0.45	0.45	0.45	0.45	0.45	0.45	0.50	0.50	0.50	0.50
	7	0.25	0.40	0.40	0.45	0.45	0.45	0.45	0.45	0.45	0.50	0.50	0.50	0.50	0.50
	6	0.35	0.40	0.45	0.45	0.45	0.45	0.45	0.50	0.50	0.50	0.50	0.50	0.50	0.50
	5	0.40	0.45	0.45	0.45	0.45	0.50	0.50	0.50	0.50	0.50	0.50	0.50	0.50	0.50
	4	0.50	0.50	0.50	0.50	0.50	0.50	0.50	0.50	0.50	0.50	0.50	0.50	0.50	0.50
	3	0.65	0.55	0.50	0.50	0.50	0.50	0.50	0.50	0.50	0.50	0.50	0.50	0.50	0.50
	2	0.85	0.65	0.60	0.55	0.55	0.55	0.55	0.50	0.50	0.50	0.50	0.50	0.50	0.50
	1	1.35	1.50	0.90	0.80	0.75	0.75	0.70	0.70	0.65	0.65	0.60	0.55	0.55	0.55

续表

m	n \ $\bar{K}$	0.1	0.2	0.3	0.4	0.5	0.6	0.7	0.8	0.9	1.0	2.0	3.0	4.0	5.0
12层以上	1	−0.30	0.00	0.15	0.20	0.25	0.30	0.30	0.30	0.35	0.35	0.40	0.45	0.45	0.45
	2	−0.10	0.20	0.25	0.30	0.35	0.40	0.40	0.40	0.40	0.40	0.45	0.45	0.45	0.50
	3	0.05	0.25	0.35	0.40	0.40	0.40	0.45	0.45	0.45	0.45	0.50	0.50	0.50	0.50
	4	0.15	0.30	0.40	0.40	0.45	0.45	0.45	0.45	0.45	0.45	0.50	0.50	0.50	0.50
	5	0.25	0.35	0.40	0.45	0.45	0.45	0.45	0.45	0.45	0.45	0.50	0.50	0.50	0.50
	6	0.30	0.40	0.40	0.45	0.45	0.45	0.45	0.45	0.45	0.45	0.50	0.50	0.50	0.50
	7	0.35	0.40	0.40	0.45	0.45	0.45	0.50	0.50	0.50	0.50	0.50	0.50	0.50	0.50
	8	0.35	0.45	0.45	0.45	0.50	0.50	0.50	0.50	0.50	0.50	0.50	0.50	0.50	0.50
	中间	0.45	0.45	0.45	0.45	0.50	0.50	0.50	0.50	0.50	0.50	0.50	0.50	0.50	0.50
	4	0.55	0.50	0.50	0.50	0.50	0.50	0.50	0.50	0.50	0.50	0.50	0.50	0.50	0.50
	3	0.65	0.55	0.50	0.50	0.50	0.50	0.50	0.50	0.50	0.50	0.50	0.50	0.50	0.50
	2	0.70	0.70	0.60	0.55	0.55	0.55	0.55	0.50	0.50	0.50	0.50	0.50	0.50	0.50
	1	1.35	1.05	0.90	0.80	0.75	0.70	0.70	0.70	0.65	0.65	0.60	0.55	0.55	0.55

表 5-7　上、下层梁线刚度比对 y_0 的修正值 y_1

α_1 \ $\bar{K}$	0.1	0.2	0.3	0.4	0.5	0.6	0.7	0.8	0.9	1.0	2.0	3.0	4.0	5.0
0.4	0.55	0.40	0.30	0.25	0.20	0.20	0.20	0.15	0.15	0.15	0.05	0.05	0.05	0.05
0.5	0.45	0.30	0.20	0.20	0.15	0.15	0.15	0.10	0.10	0.10	0.05	0.05	0.05	0.05
0.6	0.30	0.20	0.15	0.15	0.10	0.10	0.10	0.10	0.05	0.05	0.05	0.05	0	0
0.7	0.20	0.15	0.10	0.10	0.10	0.10	0.05	0.05	0.05	0.05	0	0	0	0
0.8	0.15	0.10	0.05	0.05	0.05	0.05	0.05	0.05	0	0	0	0	0	0
0.9	0.05	0.05	0.05	0.05	0	0	0	0	0	0	0	0	0	0

注：对底层柱不考虑 α_1 值，不作此项修正。

表 5-8　上、下层高变化对 y_0 的修正值 y_2 和 y_3

α_2	α_3 \ $\bar{K}$	0.1	0.2	0.3	0.4	0.5	0.6	0.7	0.8	0.9	1.0	2.0	3.0	4.0	5.0
2.0	—	0.25	0.15	0.15	0.10	0.10	0.10	0.10	0.10	0.05	0.05	0.05	0.05	0.0	0.0
1.8	—	0.20	0.15	0.10	0.10	0.10	0.05	0.05	0.05	0.05	0.05	0.05	0.0	0.0	0.0
1.6	0.4	0.15	0.10	0.10	0.05	0.05	0.05	0.05	0.05	0.05	0.05	0.0	0.0	0.0	0.0
1.4	0.6	0.10	0.05	0.05	0.05	0.05	0.05	0.05	0.05	0.05	0.0	0.0	0.0	0.0	0.0
1.2	0.8	0.05	0.05	0.05	0.0	0.0	0.0	0.0	0.0	0.0	0.0	0.0	0.0	0.0	0.0
1.0	1.0	0.0	0.0	0.0	0.0	0.0	0.0	0.0	0.0	0.0	0.0	0.0	0.0	0.0	0.0
0.8	1.2	−0.05	−0.05	−0.05	0.0	0.0	0.0	0.0	0.0	0.0	0.0	0.0	0.0	0.0	0.0
0.6	1.4	−0.10	−0.05	−0.05	−0.05	−0.05	−0.05	−0.05	−0.05	−0.05	0.0	0.0	0.0	0.0	0.0
0.4	1.6	−0.15	−0.10	−0.10	−0.05	−0.05	−0.05	−0.05	−0.05	−0.05	−0.05	0.0	0.0	0.0	0.0
	1.8	−0.20	−0.15	−0.10	−0.10	−0.10	−0.05	−0.05	−0.05	−0.05	−0.05	0.0	0.0	0.0	0.0
	2.0	−0.25	−0.15	−0.15	−0.10	−0.10	−0.10	−0.10	−0.10	−0.05	−0.05	−0.05	0.0	0.0	0.0

注：y_2 为上层层高变化的修正值，按照 α_2 求得，上层较高时为正值，但对于最上层 y_2 可不考虑；
　　y_3 为下层层高变化的修正值，按照 α_3 求得，上层较高时为正值，但对于最下层 y_3 可不考虑。

④ 计算柱端弯矩 M_c。

由柱剪力 V_{ik} 和反弯点高度 h'，求得下列公式。

柱上端弯距 $$M_c^t = V_{ik} \times (h - h') \tag{5.3.9a}$$

柱下端弯距 $$M_c^b = V_{ik} \times h' \tag{5.3.9b}$$

⑤ 计算梁端弯矩 M_b。

梁端弯矩可按节点弯矩平衡条件，将节点上、下端弯矩之和按左、右梁线刚度比例分配。

节点左侧梁端弯距 $$M_b^l = (M_c^t + M_c^b) \frac{K_{b1}}{K_{b1} + K_{b2}} \tag{5.3.10a}$$

节点右侧梁端弯距 $$M_b^r = (M_c^t + M_c^b) \frac{K_{b2}}{K_{b1} + K_{b2}} \tag{5.3.10b}$$

式中　M_c^t——节点处柱上端弯距；

　　　M_c^b——节点处柱下端弯距；

　　　K_{b1}——节点左侧梁线刚度；

　　　K_{b2}——节点右侧梁线刚度。

⑥ 计算梁端剪力 V_b。

梁端剪力可根据梁的左、右端弯矩，按下式计算

$$V_b = \frac{M_b^l + M_b^r}{l} \tag{5.3.11}$$

式中　M_b^l——梁左端弯距；

　　　M_b^r——梁右端弯距；

　　　l——梁的计算跨度。

⑦ 计算柱轴力 N。

边柱轴力为各层梁端剪力按层叠加；中柱轴力为柱两侧梁端剪力之差，也按层叠加。应该指出，上述柱轴力仅为该方向地震作用所产生的柱轴力。

3）竖向荷载下框架内力计算

（1）计算方法。

竖向荷载下的框架内力可采用分层法或二次弯矩分配法进行近似计算。

① 分层法。

分层法忽略了竖向荷载作用下的框架侧移，并假定作用于每一层框架梁的竖向荷载对其他各层梁无影响。其计算步骤为：先将 N 层框架结构按层拆成 N 个计算单元，每个计算单元仅由一层梁和与之相邻的上下柱组成，且只承受该层梁的竖向荷载，上下柱的远端均近似按固定端考虑。然后采用弯矩分配法计算各单元的弯矩。由于除底层柱的下端外，其余各层柱的柱端都不是固定端，而是弹性支承，为减少误差，在计算中，将除底层柱外其余各层柱的线刚度均乘以折减系数 0.9，并将柱的弯矩传递系数由 1/2 改为 1/3，底层柱不作此修正。最后将求出的各单元弯矩图叠加成框架结构的弯矩图。对叠加后各节点处的不平衡弯矩，可再分配一次，但不

再传递。一旦求出弯矩,即可用结构力学的方法确定框架结构的其他内力。

② 二次弯矩分配法。

二次弯矩分配法是对无侧移框架弯矩分配法的一种简化,其具体步骤如下:根据梁柱线刚度,求各节点杆件弯矩分配系数;然后计算各跨梁在竖向荷载作用下的固端弯矩;再将各节点的不平衡弯矩同时进行分配和传递,且传递系数均为 1/2;传递后再对各节点作一次弯矩分配。

(2) 弯矩调幅。

在竖向荷载作用下,可以考虑塑性内力重分布,进行弯矩调幅,降低梁端负弯矩。对于现浇框架,调幅系数可取 0.8~0.9;装配整体式框架,可取 0.7~0.8。梁端负弯矩降低后,跨中弯矩要相应增加,也就是使调幅后的梁端弯矩与简支梁弯矩图叠加,可得到梁的跨中弯矩。为保证跨中下部钢筋不至于过少,跨中弯矩不应小于简支梁跨中弯矩的 50%。

需要注意的是,只有竖向荷载作用下的梁端弯距可以调幅,水平荷载作用下的梁端弯距不能考虑调幅。因此,必须先将竖向荷载作用下的梁端弯距调幅后,再与水平荷载产生的弯距进行组合。

(3) 活荷载的布置。

当活荷载不太大时(楼面活荷载小于 4 kN/m²),由于活荷载的不利布置对结构的内力影响不大,可只按满布活荷载进行内力分析,以利于简化计算。这时,可将梁的跨中弯矩乘以 1.1~1.3 的放大系数,以考虑活荷载不利布置的影响。

4) 内力组合

通过框架内力分析,可获得不同荷载作用下结构构件的荷载作用效应。进行结构构件截面设计时,应根据可能出现的最不利情况进行荷载效应组合。在框架抗震设计时,一般应考虑以下两种基本组合。

(1) 地震作用效应与重力荷载代表值效应组合。

框架结构考虑地震作用时,除高层建筑需考虑风荷载以外,一般不考虑风荷载与地震作用的组合;另外,框架结构一般也不考虑竖向地震作用。因此,当只考虑水平地震作用与重力荷载代表值的组合时,取 $\gamma_G = 1.2$ 或 1.0(当重力荷载效应对结构承载力有利时取 1.0),$\gamma_{Eh} = 1.3$,有

$$S = 1.2 S_{GE} + 1.3 S_{Ehk} \leqslant R/\gamma_{RE} \qquad (5.3.12a)$$

$$S = 1.0 S_{GE} + 1.3 S_{Ehk} \leqslant R/\gamma_{RE} \qquad (5.3.12b)$$

式中　S_{GE}——水平地震作用效应的标准值;

　　　S_{Ehk}——相应于水平地震作用下重力荷载代表值效应的标准值。

(2) 竖向永久荷载与可变荷载的荷载效应组合。

无地震作用时,结构受到全部永久荷载和可变荷载的作用,对于这种组合,其荷载效应组合值 S 应从下列组合值中取最不利值。

$$S = 1.2 S_G + 1.4 \gamma_L \psi_Q S_Q \leqslant R \qquad (5.3.13a)$$

$$S = 1.0S_G + 1.4\gamma_L\psi_Q S_Q \leqslant R \tag{5.3.13b}$$

$$S = 1.35S_G + 1.4\gamma_L\psi_Q S_Q \leqslant R \tag{5.3.14}$$

式中　S_G——由恒荷载产生的内力标准值;

$\quad\quad S_Q$——由楼面活荷载产生的内力标准值;

$\quad\quad \psi_Q$——楼面活荷载组合值系数,当永久荷载效应起控制作用时一般取 0.7, 当可变荷载效应起控制作用时取 1.0;

$\quad\quad \gamma_L$——考虑结构设计使用年限的荷载调整系数,设计使用年限为 50 年时取 1.0,设计使用年限为 100 年时取 1.1。

一般情况下,有地震时的荷载效应组合值 S 大于无地震时竖向荷载作用下的荷载效应组合值 S,但考虑了承载力抗震调整系数 γ_{RE} 之后,哪一种组合起控制作用则难以确定,因此,必须对比以上两种情况之后方可确定。

上述两种荷载效应组合中,若需考虑竖向地震作用或风荷载作用时,其内力组合值可参考有关规定。

5) 框架结构水平位移验算

由于框架结构侧移刚度较小,水平位移较大,因此位移计算是框架结构抗震计算的一个重要方面。框架结构的构件尺寸往往决定于结构的侧移变形要求。按照"两阶段三水准"的设计思想,框架结构应进行两方面的侧移验算:① 多遇地震作用下层间弹性位移验算,对所有框架都应进行此项计算;② 罕遇地震下层间弹塑性位移验算,对 7~9 度时楼层屈服强度系数小于 0.5 的钢筋混凝土框架结构应进行此项计算。现分述如下。

(1) 多遇地震作用下层间弹性位移验算。

多遇地震作用下,框架结构的层间弹性位移应满足下式要求。

$$\Delta u_e \leqslant [\theta_e]h \tag{5.3.15}$$

式中　Δu_e——多遇地震作用标准值产生的楼层内最大的弹性层间位移。计算水平地震作用时,采用多遇地震时的地震影响系数,各作用分项系数均采用 1.0;计算构件刚度时,采用弹性刚度;

$\quad\quad [\theta_e]$——弹性层间位移角限值,钢筋混凝土框架结构取 1/550;

$\quad\quad h$——层高。

因为假定楼盖刚度在平面内为无穷大,在同一层各柱的相对水平位移(即层间位移)相同,等于该层框架层间位移 Δu_e,则有

$$\Delta u_e = \frac{V_i}{\sum\limits_{k=1}^{n} D_{ik}} \tag{5.3.16}$$

式中　V_i——多遇地震作用标准值产生的层间地震剪力标准值。

(2) 罕遇地震下层间弹塑性位移验算。

罕遇地震下层间弹塑性位移验算主要包括薄弱层位置的确定、薄弱层层间弹塑性位移计算和验算是否满足弹塑性位移限制等。相关内容已在 3.11.2 节详细

介绍。

其中,对于不超过 12 层且楼层刚度无突变的框架结构和填充墙框架结构可采用简化计算方法,即薄弱层的层间位移可按下式计算

$$\Delta u_p = \eta_p \Delta u_e \tag{5.3.17}$$

式中　Δu_p——层间弹塑性位移;

　　　η_p——弹塑性位移增大系数,与楼层屈服强度系数有关,具体取值参见3.11.2 节;

　　　Δu_e——罕遇地震作用下按弹性分析的层间位移,可按式(5.3.16)计算,但式中的 V_i 为罕遇地震时楼层地震剪力标准值。

层间弹塑性位移验算

$$\Delta u_p \leqslant [\theta_p] h \tag{5.3.18}$$

式中　$[\theta_p]$——层间弹塑性位移角限值,取 1/50;当框架柱的轴压比小于 0.4 时,可提高 10%;当柱沿全高加密箍筋并比表 5-13 规定的最小配筋特征值大 30% 时,可提高 20%,但累计不超过 25%;

　　　h——薄弱层的层高。

5.3.2　框架结构构件的截面抗震设计

1) 一般原则

我国《建筑抗震设计规范》(GB 50011—2010)按照"强柱弱梁""强剪弱弯"和"强节点、强锚固"的原则对框架结构进行抗震设计,以确保结构构件具有足够的延性。

"强柱弱梁"是使塑性铰首先在框架梁端出现,尽量避免或减少在柱中出现。即按照节点处梁端实际受弯承载力小于柱端实际受弯承载力的思想进行设计,以争取使结构能够形成总体机制,避免结构形成层间机制,见图 5-9。

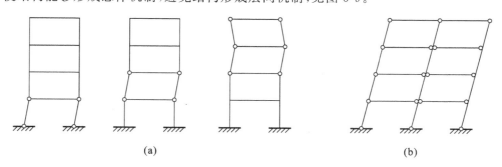

(a)　　　　　　　　　　　　　　　　　　(b)

图 5-9　框架结构破坏机制

(a) 层间机制;(b) 总体机制

"强剪弱弯"是指防止构件在弯曲屈服前出现脆性的剪切破坏,即要求构件的受剪承载力大于其屈服时实际达到的剪力。

"强节点、强锚固"是指在构件塑性铰充分发挥作用之前,节点不应出现破坏。因此,需进行框架节点核芯区截面抗震验算以及保证纵向钢筋具有足够的锚固

长度。

2）框架梁的截面抗震设计

（1）正截面受弯承载力计算。

求出梁控制截面处考虑地震作用的组合弯矩设计值后，即可按一般钢筋混凝土受弯构件进行正截面受弯承载力计算，但应注意在受弯承载力计算公式右边要除以相应的承载力抗震调整系数。

（2）斜截面受剪承载力计算。

① 梁端剪力设计值的调整。

按照"强剪弱弯"的原则，一、二、三级的框架梁，其梁端截面组合的剪力设计值应按下式调整。

$$V_b = \eta_{vb}(M_b^l + M_b^r)/l_n + V_{Gb} \qquad (5.3.19a)$$

9度时一级框架梁和一级框架结构可不按上式调整，但应符合下式要求。

$$V_b = 1.1(M_{bua}^l + M_{bua}^r)/l_n + V_{Gb} \qquad (5.3.19b)$$

式中　η_{vb}——梁端剪力增大系数，一级取 1.3，二级取 1.2，三级取 1.1；

V_b——梁端截面的剪力设计值；

l_n——梁的净跨；

V_{Gb}——梁重力荷载代表值（9度时高层建筑还应包括竖向地震作用标准值）作用下，按简支梁分析的梁端截面剪力设计值；

M_b^l、M_b^r——分别为梁左右端截面反时针或顺时针方向组合的弯矩设计值，一级框架两端弯矩均为负弯矩时，绝对值较小的弯矩应取零；

M_{bua}^l、M_{bua}^r——分别为梁左、右两端按实配钢筋截面面积（计入受压筋及梁有效翼缘宽度范围内的楼板钢筋）、材料强度标准值，且考虑承载力抗震调整系数的正截面抗震受弯承载力所对应的弯矩值，可按下式近似计算。

$$M_{bua} \approx \frac{1}{\gamma_{RE}} f_{yk} A_s^a (h_0 - a_s') \qquad (5.3.20)$$

② 剪压比的限制。

剪压比是截面上平均剪应力与混凝土轴心抗压强度设计值的比值，以 $V/f_c bh_0$ 表示，用来反映截面上承受名义剪应力的大小。梁塑性铰区的截面剪应力大小对梁的延性、消能及保持梁的刚度和承载力有明显的影响。根据反复荷载作用下配箍率较高的梁剪切试验资料，其极限剪压比约为 0.24。当剪压比大于 0.30 时，即使增加箍筋，也容易发生斜压破坏。为了保证梁截面不至于过小，使其不产生过高的主压应力，必须限制剪压比。

考虑地震组合的矩形、T 形和 I 形截面框架梁，其受剪截面应符合下列要求。

当跨高比大于 2.5 时

$$V_b \leqslant \frac{1}{\gamma_{RE}}(0.20\beta_c f_c bh_0) \qquad (5.3.21a)$$

当跨高比小于等于 2.5 时

$$V_b \leqslant \frac{1}{\gamma_{RE}}(0.15\beta_c f_c b h_0) \tag{5.3.21b}$$

③ 梁斜截面受剪承载力的验算。

对考虑地震组合的矩形、T 形和 I 形截面的框架梁,其斜截面受剪承载力的验算公式为

$$V_b \leqslant \frac{1}{\gamma_{RE}}\left(0.6\alpha_{cv} f_t b h_0 + f_{yv}\frac{A_{sv}}{s} h_0\right) \tag{5.3.22}$$

式中　f_t——混凝土轴心抗拉强度设计值;

　　　f_{yv}——箍筋抗拉强度设计值;

　　　A_{sv}——配置在同一截面内的箍筋各肢的全部截面面积;

　　　s——沿构件长度方向上箍筋的间距;

　　　α_{cv}——截面混凝土受剪承载力系数,对于一般受弯构件取 0.7;对集中荷载作用下(包括作用有多种荷载,其中集中荷载对支座截面或节点边缘所产生的剪力值占总剪力的 75% 以上的情况)的独立梁,取 α_{cv} 为 $\frac{1.75}{\lambda+1}$,λ 为计算截面的剪跨比,可取 λ 等于 a/h_0,a 为计算截面至支座截面或节点边缘的距离;当 $\lambda < 1.5$ 时,取 $\lambda = 1.5$,当 $\lambda > 3$ 时,取 $\lambda = 3$。

3) 框架柱的截面抗震设计

(1) 正截面承载力计算。

① 轴压比的限制。

轴压比是指柱组合的轴压力设计值与柱的全截面面积和混凝土轴心抗压强度设计值乘积之比,即 $N/(f_c b_c h_c)$。轴压比是影响柱的破坏形态和变形能力的重要因素之一。试验研究表明,柱的延性随轴压比的增大会显著下降,并且有可能产生脆性破坏。尤其是当轴压比增大到一定数值时,增加约束箍筋对柱的变形能力的提高很小。因此,抗震设计时必须限制轴压的大小,其限值可按表 5-9 的规定取用。

表 5-9　柱轴压比限值

结构类别	抗震等级			
	一	二	三	四
框架结构	0.65	0.75	0.85	0.90
框架-抗震墙,板柱-抗震墙,框架核心筒及筒中筒	0.75	0.85	0.90	0.95
部分框支抗震墙	0.60	0.70	—	

注:① 轴压比指柱地震作用组合的轴向压力设计值与柱的全截面面积和混凝土轴向抗压强度设计值乘积之比值;

　　② 当混凝土强度等级为 C65、C70 时,轴压比限值宜按表中数值减小 0.05;混凝土强度等

级为 C75、C80 时，轴压比限值宜按表中数值减小 0.10；

③ 表中限值适用于剪跨比大于 2、混凝土强度等级不高于 C60 的柱；剪跨比不大于 2 的柱轴压比限值应降低 0.05；剪跨比小于 1.5 的柱，轴压比限值应专门研究并采取特殊构造措施；

④ 沿柱高采用井字复合箍且箍筋肢距不大于 200 mm、间距不大于 100 mm、直径不小于 12 mm，或沿柱全高采用复合螺旋箍，且螺距不大于 100 mm、肢距不大于 200 mm、直径不小于 12 mm，或沿柱全高采用连续复合矩形螺旋箍，且螺旋净距不大于 80 mm、肢距不大于 200 mm，直径不小于 10 mm 时，轴压比限值均可按表中数值增加 0.10；

⑤ 当柱的截面中部设置由附加纵向钢筋形成的芯柱，且附加纵向钢筋的总面积不小于柱截面面积的 0.8%，轴压比限值可按表中数值增加 0.05；此项措施与④的措施同时采用时，轴压比限值可按表中数值增加 0.15，但箍筋的配箍特征值仍按轴压比增加 0.10 的要求确定；

⑥ 调整后的轴压比限值不应大于 1.05。

② 柱端弯矩设计值的调整。

按照"强柱弱梁"的原则，争取使塑性铰首先在梁中出现。对于一、二、三、四级框架的梁柱节点处，除框架顶层柱和柱轴压比小于 0.15 的柱以及框支梁与框支柱的节点外，框架柱节点上、下端和框支柱的中间层节点上、下端的截面弯矩设计值应符合下列公式要求。

$$\sum M_c = \eta_c \sum M_b \tag{5.3.23}$$

一级抗震等级的框架结构及 9 度设防烈度的一级抗震等级框架，尚应符合

$$\sum M_c = 1.2 \sum M_{bua} \tag{5.3.24}$$

式中　$\sum M_c$ ——节点上、下柱端截面顺时针或逆时针方向组合的弯矩设计值之和，上下柱端的弯矩设计值，可按上、下柱端弹性分析进行分配；

$\sum M_b$ ——同一节点左、右梁端截面顺时针或逆时针方向计算的两端考虑地震组合的弯矩设计值之和的较大值；一级抗震等级，当两端弯矩均为负弯矩时，绝对值较小的弯矩应取零；

$\sum M_{bua}$ ——同一节点左、右梁端截面顺时针或逆时针方向采用实配钢筋和材料强度标准值，且考虑承载力抗震调整系数计算的正截面抗震受弯承载力所对应的弯矩值之和的较大值。当有现浇板时，梁端的实配钢筋应包含梁有效翼缘宽度范围内楼板的纵向钢筋；

η_c ——柱端弯矩增大系数，对框架结构，一级取 1.7，二级取 1.5，三级取 1.3，四级取 1.2。其他情况时，一级取 1.4，二级取 1.2，三、四级取 1.1。

当反弯点不在柱的层高范围内时，柱端截面组合的弯矩设计值可乘以上述柱端弯矩增大系数。

考虑到框架结构底层柱柱底过早地出现塑性铰,将影响整个框架结构的变形能力;同时随着框架梁端塑性铰的出现,由于塑性内力重分布,使底层柱的反弯点位置具有较大的不确定性。因此,一、二、三、四级框架结构的底层柱下端截面组合的弯矩设计值,应分别乘以增大系数 1.7、1.5、1.3 和 1.2。底层柱纵向钢筋宜按上下端的不利情况配置。这里底层指无地下室的基础以上或地下室以上的首层。

③ 柱的正截面承载力计算。

考虑地震作用组合的框架柱和框支柱,其正截面受压、受拉承载力,可按钢筋混凝土偏心受压或偏心受拉构件计算,但在其所有的承载力计算公式右边,均应除以相应的正截面承载力抗震调整系数。

(2) 斜截面受剪承载力计算。

① 柱端剪力设计值的调整。

按照"强剪弱弯"的原则,一、二、三、四级的框架柱、框支柱的剪力设计值,应按下式调整:

$$V_c = \eta_{vc}(M_c^t + M_c^b)/H_n \tag{5.3.25}$$

一级抗震等级的框架结构及 9 度设防烈度的一级抗震等级框架,可不按上式调整,但应符合下式要求:

$$V_c = 1.2(M_{cua}^t + M_{cua}^b)/H_n \tag{5.3.26}$$

式中　H_n——柱的净高;

　　　M_c^t、M_c^b——考虑地震组合,且经过调整后的框架柱上、下端弯矩设计值;

　　　M_{cua}^t、M_{cua}^b——框架柱的上、下端按实配钢筋截面面积和材料强度标准值,且考虑承载力抗震调整系数计算的正截面抗震受弯承载力所对应的弯矩值;两者之和应分别按顺时针和逆时针方向进行计算,并取其较大值;N 可取重力荷载代表值产生的轴向压力设计值;

　　　η_{vc}——柱剪力增大系数,对框架结构,一级取 1.5、二级取 1.3,三级取 1.2,四级取 1.1;其他情况时,一级取 1.4,二级取 1.2,三、四级取 1.1。

考虑到地震扭转效应的影响明显,各级抗震等级的框架角柱,经上述调整后的柱端组合弯矩设计值、剪力设计值尚应乘以不小于 1.10 的增大系数。

② 剪压比的限制。

在静力受剪要求的基础上,考虑反复荷载的影响,规定了考虑地震作用组合的矩形截面框架柱和框支柱的受剪承载力的上限值,也就是提出了截面尺寸的限制条件(即剪压比限制)。应按下列各式考虑。

剪跨比大于 2 的框架柱

$$V_c \leqslant \frac{1}{\gamma_{RE}}(0.20\beta_c f_c b h_0) \tag{5.3.27a}$$

框支柱和剪跨比不大于 2 的框架柱

$$V_c \leqslant \frac{1}{\gamma_{RE}}(0.15\beta_c f_c bh_0) \tag{5.3.27b}$$

式中 λ——框架柱、框支柱的计算剪跨比,取 $\lambda = M/Vh_0$,此处,M 宜取柱上、下端考虑地震组合的弯矩设计值的较大者,V 取与 M 对应的剪力设计值,h_0 为柱截面有效高度;当柱反弯点在层高范围内时,可取 $\lambda = H_n/2h_0$,此处,H_n 为柱净高。

③ 斜截面受剪承载力的验算。

考虑地震作用组合的矩形截面框架柱和框支柱斜截面受剪承载力应符合下列规定。

$$V_c \leqslant \frac{1}{\gamma_{RE}}\left(\frac{1.05}{\lambda+1}f_t bh_0 + f_{yv}\frac{A_{sv}}{s}h_0 + 0.056N\right) \tag{5.3.28}$$

式中 λ——框架柱、框支柱的计算剪跨比;当 $\lambda < 1$ 时,取 $\lambda = 1$,当 $\lambda > 3$ 时,取 $\lambda = 3$;

N——考虑地震作用组合的框架柱、框支柱轴向压力设计值;当 N 大于 $0.3f_c A$ 时,取为 $0.3f_c A$。

当考虑地震作用组合的矩形截面框架柱和框支柱出现拉力时,其斜截面抗震受剪承载力的验算公式为

$$V_c \leqslant \frac{1}{\gamma_{RE}}\left(\frac{1.05}{\lambda+1}f_t bh_0 + f_{yv}\frac{A_{sv}}{s}h_0 - 0.2N\right) \tag{5.3.29}$$

式中 N——考虑地震作用组合的框架柱、框支柱轴向拉力设计值。

当式(5.3.29)中右边括号内的计算值小于 $f_{yv}\dfrac{A_{sv}}{s}h_0$ 时,取等于 $f_{yv}\dfrac{A_{sv}}{s}h_0$ 且 $f_{yv}\dfrac{A_{sv}}{s}h_0$ 值不应小于 $0.36f_t bh_0$。

4)框架节点核心区的截面抗震验算

框架节点破坏的主要形式是节点核心区剪切破坏和钢筋锚固破坏。因此,对框架节点要进行受剪承载力验算,并采取相应的构造措施。按照"强节点"的原则,应防止在梁柱破坏之前出现节点核心区的破坏,必须保证节点核心区的受剪承载力和配置足够数量的箍筋。因此,《建筑抗震设计规范》(GB 50011—2010)规定:一、二、三级框架的节点核心区,应进行截面抗震验算;四级框架的节点核心区,可不进行抗震验算,但应符合抗震构造措施的要求。

对一般框架的梁柱节点,可按下列要求验算。

(1)节点核心区的剪力设计值。

① 顶层中间节点和端节点。

a. 当一级抗震等级的框架结构及 9 度时的一级抗震等级框架时。

$$V_j = \frac{1.15\sum M_{bua}}{h_{b0} - a'_s} \tag{5.3.30}$$

b. 其他情况。

$$V_j = \frac{\eta_{jb} \sum M_b}{h_{b0} - a'_s} \tag{5.3.31}$$

② 其他层中间节点和端节点。

a. 当一级抗震等级的框架结构及 9 度时的一级抗震等级框架时。

$$V_j = \frac{1.15 \sum M_{bua}}{h_{b0} - a'_s}\left(1 - \frac{h_{b0} - a'_s}{H_c - h_b}\right) \tag{5.3.32}$$

b. 其他情况。

$$V_j = \frac{\eta_{jb} \sum M_b}{h_{b0} - a'_s}\left(1 - \frac{h_{b0} - a'_s}{H_c - h_b}\right) \tag{5.3.33}$$

式中　h_{b0}——梁截面的有效高度,节点两侧梁截面高度不等时可采用平均值;

a'_s——梁受压钢筋合力点至受压边缘的距离;

H_c——柱的计算高度,可采用节点上、下柱反弯点之间的距离;

h_b——梁的截面高度,节点两侧梁截面高度不等时可采用平均值;

η_{jb}——节点剪力增大系数,对于框架结构,一级取 1.50,二级取 1.35,三级取 1.20;对于其他结构中的框架,一级取 1.35,二级取 1.20,三级取 1.10。

其余符号意义同前。

(2) 核心区截面有效验算宽度。

① 梁、柱中线重合时。

核心区截面有效验算宽度 b_j,当验算方向的梁截面宽度 b_b 不小于该侧柱截面宽度 b_c 的 1/2 时,可采用该侧柱截面宽度 b_c,当小于时可采用下列二者的较小值。

$$b_j = b_b + 0.5h_c$$
$$b_j = b_c$$

式中　h_c——验算方向的柱截面高度。

② 梁、柱中线不重合,且偏心距 e_0 不大于柱宽的 1/4 时。

核心区截面验算宽度 b_j 可采用下列中的较小值。

$$\left.\begin{array}{l} b_j = 0.5(b_b + b_c) + 0.25h_c - e_0 \\ b_j = b_b + 0.5h_c \\ b_j = b_c \end{array}\right\} \text{取较小值}$$

式中　e_0——梁与柱中线偏心距。

(3) 节点抗震受剪承载力验算。

节点核心区的截面抗震验算,应采用下列公式

$$V_j \leqslant \frac{1}{\gamma_{RE}}(0.30\eta_j\beta_c f_c b_j h_j) \tag{5.3.34}$$

9 度设防烈度的一级抗震等级

$$V_j \leqslant \frac{1}{\gamma_{RE}} \left(0.9\eta_j f_t b_j h_j + f_{yv} A_{svj} \frac{h_{b0} - a_s'}{s} \right) \tag{5.3.35}$$

其他情况

$$V_j \leqslant \frac{1}{\gamma_{RE}} \left(1.1\eta_j f_t b_j h_j + 0.05\eta_j N \frac{b_j}{b_c} + f_{yv} A_{svj} \frac{h_{b0} - a_s'}{s} \right) \tag{5.3.36}$$

式中 η_j——正交梁的约束影响系数,楼板为现浇、梁柱中线重合、四侧各梁截面宽度不小于该侧柱截面宽度的 1/2,且正交方向梁高度不小于框架梁高度的 3/4 时,可采用 1.5,但 9 度一级时宜采用 1.25;其他情况均采用 1.00;

h_j——节点核心区的截面高度,可采用验算方向的柱截面高度;

γ_{RE}——承载力抗震调整系数,可采用 0.85;

N——对应于组合剪力设计值的上柱组合轴向压力较小值,其取值不应大于柱的截面面积和混凝土轴心抗压强度设计值的乘积的 50%,当 N 为拉力时,取 $N=0$;

A_{svj}——核心区有效验算宽度范围内同一截面验算方向各肢箍筋的总截面面积。

扁梁框架、圆柱框架的梁柱节点核心区的截面抗震验算方法见《建筑抗震设计规范》(GB 50011—2010)的相关规定。

5.3.3　框架结构的抗震构造措施

1)框架梁的抗震构造措施

(1)梁截面尺寸。

框架梁的截面尺寸宜符合下列要求。

① 截面宽度不宜小于 200 mm。强震作用下梁端塑性铰区混凝土保护层容易剥落,若梁截面宽度过小,将使截面损失比例较大。

② 截面高宽比不宜大于 4,以防在梁刚度降低后引起侧向失稳。

③ 净跨与截面高度之比不宜小于 4。若跨高比小于 4,则属于短梁,在反复剪弯作用下,斜裂缝将沿全长发展,从而使梁的延性及承载力急剧降低。

当框架结构采用梁宽大于柱宽的扁梁时,为了避免或减小扭转的不利影响,楼板应现浇,梁中线宜与柱中线重合;为了使宽扁梁端部在柱外的纵向钢筋有足够的锚固,扁梁应双向设置;扁梁不宜用于一级框架结构。

扁梁的截面尺寸应符合下列要求,并应满足现行有关规范对挠度和裂缝宽度的规定。

$$b_b \leqslant 2b_c \tag{5.3.37a}$$

$$b_b \leqslant b_c + h_b \tag{5.3.37b}$$

$$h_b \geqslant 16d \tag{5.3.37c}$$

式中 b_c——柱截面宽度,圆形截面取柱直径的 0.8 倍;

b_b、h_b——分别为梁截面宽度和高度；

d——柱纵筋直径。

（2）梁的纵向钢筋配置。

梁的纵向钢筋配置,应符合下列要求。

① 梁端纵向受拉钢筋的配筋率不宜大于 2.5%;且计入受压钢筋的梁端混凝土受压区高度与有效高度之比,一级不应大于 0.25,二、三级不应大于 0.35。

② 梁端截面的底面和顶面纵向钢筋配筋量的比值,除按计算确定外,一级不应小于 0.5,二、三级不应小于 0.3。

③ 沿梁全长顶面和底面的钢筋,一、二级不应少于 2Φ14,且分别不应少于梁两端顶面和底面纵向钢筋中较大截面面积的 1/4;三、四级不应少于 2Φ12。

④ 一、二、三级框架梁内贯通中柱的每根纵向钢筋直径,对矩形截面柱,不应大于柱在该方向截面尺寸的 1/20;对圆形截面柱,不应大于纵向钢筋所在位置柱截面弦长的 1/20。

（3）梁端部箍筋的配置。

在地震作用下,梁端部极易发生剪切破坏,箍筋间距应适当加密(称该范围为箍筋加密区)。梁端加密区的箍筋配置,应符合下列要求。

① 加密区的长度、箍筋最大间距和最小直径应按表 5-10 采用。当梁端纵向受拉钢筋配筋率大于 2% 时,表中箍筋最小直径数值应增大 2 mm。

② 加密区的箍筋肢距,一级不宜大于 200 mm 和 20 倍箍筋直径的较大值,二、三级不宜大于 250 mm 和 20 倍箍筋直径的较大值,四级不宜大于 300 mm。

表 5-10　梁端箍筋加密区的长度、箍筋的最大间距和最小直径

抗震等级	加密区长度 （采用较大值）(mm)	箍筋最大间距 （采用最小值）(mm)	箍筋最小直径 （mm）
一	$2h_b$、500	$h_b/4$、$6d$、100	10
二	$1.5h_b$、500	$h_b/4$、$8d$、100	8
三	$1.5h_b$、500	$h_b/4$、$8d$、150	8
四	$1.5h_b$、500	$h_b/4$、$8d$、150	6

注:① d 为纵向钢筋直径,h_b 为梁截面高度。

② 箍筋直径大于 12 mm、数量不少于 4 肢且肢距不大于 150 mm 时,一、二级的最大间距应允许适当放宽,但不得大于 150 mm。

2）框架柱的抗震构造措施

（1）柱截面尺寸。

框架柱的截面尺寸应符合下列要求。

① 截面的宽度和高度,四级或不超过 2 层时不宜小于 300 mm,一、二、三级且超过 2 层时不宜小于 400 mm;圆柱的直径,四级或不超过 2 层时不宜小于 350 mm,

一、二、三级且超过 2 层时不宜小于 450 mm。

② 剪跨比宜大于 2。

③ 截面长边与短边的边长比不宜大于 3。

（2）柱的纵向钢筋配置。

柱的纵向钢筋配置，应符合下列要求。

① 柱的纵向钢筋宜对称配置。

② 截面边长大于 400 mm 的柱，纵向钢筋间距不宜大于 200 mm。

③ 柱纵向钢筋的最小总配筋率应按表 5-11 采用，同时每一侧配筋率不小于 0.2%；对建造于 Ⅳ 类场地上较高的高层建筑，表中的数值应增加 0.1%。

④ 柱总配筋率不应大于 5%。

⑤ 剪跨比不大于 2 的一级框架柱，每侧纵向钢筋配筋率不宜大于 1.2%。

⑥ 边柱、角柱及抗震墙端柱在地震作用组合下产生小偏心受拉时，柱内纵筋总截面面积应比计算值增加 25%。

⑦ 柱内纵向钢筋的绑扎接头应避开柱端的箍筋加密区。

表 5-11　柱截面纵向钢筋的最小总配筋率（%）

类　别	抗 震 等 级			
	一	二	三	四
中柱和边柱	0.9(1.0)	0.7(0.8)	0.6(0.7)	0.5(0.6)
角柱、框支柱	1.1	0.9	0.8	0.7

注：① 表中括号内数值用于框架结构的柱；

　　② 钢筋强度标准值小于 400 MPa 时，表中数值应增加 0.1，钢筋强度标准值为 400 MPa 时，表中数值应增加 0.05；

　　③ 混凝土强度等级高于 C60 时，上述数值应相应增加 0.1。

（3）柱的箍筋配置。

柱常用的箍筋形式如图 5-10 所示，应合理选用，且箍筋的配置应符合下列要求。

① 柱的箍筋加密区范围。

a. 柱端，取截面高度（圆柱直径）、柱净高的 1/6 和 500 mm 三者的最大值；

b. 底层柱的下端，不小于柱净高的 1/3；

c. 刚性底面上下各 500 mm；

d. 剪跨比不大于 2 的柱和因填充墙等形成的柱净高与柱截面高度之比不大于 4 的柱、框支柱、一级和二级框架的角柱，取全高。

② 柱箍筋加密区的箍筋间距和直径。

a. 一般情况下，箍筋的最大间距和最小直径，应按表 5-12 采用。

b. 一级框架柱的箍筋直径大于 12 mm 且箍筋肢距不大于 150 mm 及二级框架柱的箍筋直径不小于 10 mm 且箍筋肢距不大于 200 mm 时,除底层柱下端外,最大间距应允许采用 150 mm;三级框架柱截面尺寸不大于 400 mm 时,箍筋最小直径应允许采用 6 mm;四级框架柱剪跨比不大于 2 时,箍筋直径不应小于 8 mm。

c. 框支柱和剪跨比不大于 2 的框架柱,箍筋间距不应大于 100 mm。

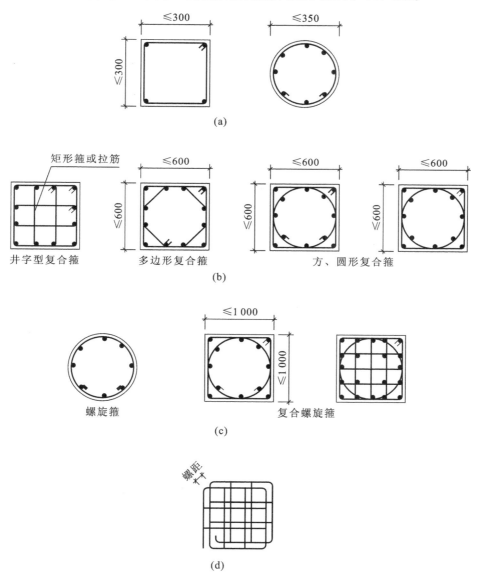

图 5-10　各类箍筋示意图

(a) 普通箍;(b) 复合箍;(c) 螺旋箍;(d) 连续复合螺旋箍(用于矩形截面柱)

表 5-12　柱箍筋加密区的箍筋最大间距和最小直径

抗震等级	箍筋最大间距(采用较小值)/mm	箍筋最小直径/mm
一	6d,100	10
二	8d,100	8
三	8d,150(柱根 100)	8
四	8d,150(柱根 100)	6(柱根 8)

注:① d 为柱纵筋最小直径;

② 柱根指底层柱下端箍筋加密区。

③ 柱箍筋加密区箍筋肢距。

一级不宜大于 200 mm,二、三级不宜大于 250 mm,四级不宜大于 300 mm。至少每隔一根纵向钢筋宜在两个方向有箍筋或拉筋约束;采用拉筋复合箍时,拉筋宜紧靠纵向钢筋并钩住箍筋。

④ 柱箍筋加密区的体积配箍率。

a.柱箍筋加密区的体积配箍率应符合下式要求。

$$\rho_v \geqslant \lambda_v f_c / f_{yv} \tag{5.3.38}$$

式中　ρ_v——按箍筋范围以内的核心截面计算的体积配箍率,一、二、三、四级分别不应小于 0.8%、0.6%、0.4% 和 0.4%;计算复合螺旋箍的体积配箍率时,其非螺旋箍的箍筋体积应乘以折减系数 0.80;

f_c——混凝土轴心抗压强度设计值,强度等级低于 C35 时,应按 C35 计算;

f_{yv}——箍筋或拉筋抗拉强度设计值;

λ_v——最小配箍特征值,按表 5-13 采用。

b.框支柱宜采用复合螺旋箍或井字复合箍,其最小配箍特征值应比表 5-13 内数值增加 0.02,且体积配箍率不应小于 1.5%。

c.剪跨比不大于 2 的柱宜采用复合螺旋箍或井字复合箍,其体积配箍率不应小于 1.2%,9 度时不应小于 1.5%。

⑤ 柱箍筋非加密区的箍筋配置。

a.柱箍筋非加密区的体积配箍率不宜小于加密区的 50%;

b.箍筋间距,一、二级框架柱不应大于 10 倍纵向钢筋直径,三、四级框架柱不应大于 15 倍纵向钢筋直径。

表 5-13　柱箍筋加密区的箍筋最小配箍特征值

抗震等级	箍筋形式	柱轴压比								
		≤0.3	0.4	0.5	0.6	0.7	0.8	0.9	1.00	1.05
一	普通箍、复合箍	0.10	0.11	0.13	0.15	0.17	0.20	0.23	—	—
	螺旋箍、复合或连续复合矩形螺旋箍	0.08	0.09	0.11	0.13	0.15	0.18	0.21	—	—

续表

抗震等级	箍筋形式	柱 轴 压 比								
		≤0.3	0.4	0.5	0.6	0.7	0.8	0.9	1.00	1.05
二	普通箍、复合箍	0.08	0.09	0.11	0.13	0.15	0.17	0.19	0.22	0.24
	螺旋箍、复合或连续复合矩形螺旋箍	0.06	0.07	0.09	0.11	0.13	0.15	0.17	0.20	0.22
三、四	普通箍、复合箍	0.06	0.07	0.09	0.11	0.13	0.15	0.17	0.20	0.22
	螺旋箍、复合或连续复合矩形螺旋箍	0.05	0.06	0.07	0.09	0.11	0.13	0.15	0.18	0.20

注:普通箍是指单个矩形箍或圆形箍,复合箍是指由矩形、多边形、圆形箍或拉筋组成的箍筋;复合螺旋箍指由螺旋箍与矩形、多边形、圆形箍或拉筋组成的箍筋;连续复合矩形螺旋箍指用一根通长钢筋加工而成的箍筋。

3) 框架节点的抗震构造措施

框架节点核心区箍筋的最大间距和最小直径宜按柱箍筋加密的要求采用,一、二、三级框架节点核心区配箍特征值分别不宜小于 0.12、0.10 和 0.08 且体积配箍率分别不宜小于 0.6%、0.5% 和 0.4%。柱剪跨比不大于 2 的框架节点核心区,体积配箍率不宜小于核心区上、下柱端的较大体积配箍率。

4) 钢筋的锚固和搭接

钢筋的接头和锚固,除应符合《混凝土结构设计规范》(GB 50010—2010)的有关规定外,尚应符合下列要求。

(1) 框架梁、柱中的纵向受拉钢筋的抗震锚固长度 l_{aE} 应按下式计算。

$$l_{aE} = \xi_{aE} l_a \tag{5.3.39}$$

式中　ξ_{aE}——纵向受拉钢筋抗震锚固长度的修正系数,对一、二级抗震等级取 1.15,对三级抗震等级取 1.05,对四级抗震等级取 1.00。

　　　l_a——纵向受拉钢筋的锚固长度,按《混凝土结构设计规范》(GB 50010—2010)规定采用。

(2) 当采用搭接接头时,其抗震搭接长度 l_{lE} 应按下式计算。

$$l_{lE} = \xi_l l_{aE} \tag{5.3.40}$$

式中　ξ_l——受拉钢筋搭接长度修正系数,按《混凝土结构设计规范》(GB 50010—2010)规定采用。

5) 砌体填充墙的构造

钢筋混凝土框架结构中的砌体填充墙,宜与柱脱开或采用柔性连接,并应符合下列要求。

(1) 填充墙在平面和竖向的布置,宜均匀对称,避免形成薄弱层或短柱。

（2）砌体的砂浆强度等级不应低于M5；实心块体的强度等级不宜低于MU2.5，空心块体的强度等级不宜低于MU3.5；墙顶应与框架梁密切结合。

（3）填充墙应沿框架柱全高每隔500～600 mm设置2φ6拉筋，拉筋伸入墙内的长度，6度、7度时宜沿墙全长贯通，8度、9度时应沿墙全长贯通。

（4）墙长大于5 m时，墙顶与梁宜有拉结；墙长超过8m或层高的2倍时，宜设置钢筋混凝土构造柱；墙高超过4 m时，墙体半高宜设置与柱连接且沿墙全长贯通的钢筋混凝土水平系梁。

（5）楼梯间和人流通道的填充墙，尚应采用钢丝网砂浆面层加强。

5.3.4　框架结构的抗震设计算例

【例5-1】　已知梁端组合弯矩设计值如图5-11所示。抗震等级为一级。梁截面尺寸300 mm×750 mm。A端实配负弯矩钢筋7φ25（$A'_s = 3\ 436$ mm²），正弯矩钢筋4φ22（$A^b_s = 1\ 520$ mm²）。B端实配负弯矩钢筋10φ25（$A'_s = 4\ 909$ mm²），正弯矩钢筋4φ22（$A^b_s = 1\ 520$ mm²）。混凝土强度等级C30，主筋HRB335级钢筋，箍筋用HPB300级钢筋。对此框架梁进行抗震设计。

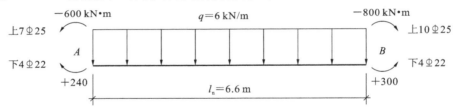

图5-11　梁端内力及梁上荷载图

【解】

1）梁端受剪承载力

（1）剪力设计值根据式（5.3.19a）调整得到。

一级抗震

$$V_b = \eta_{vb} \frac{M^l_b + M^r_b}{l_n} + \frac{1.2}{2} q l_n$$

$$\eta_{vb} = 1.3$$

由梁端弯矩按逆时针方向计算时有

$$V_b = 1.30 \times \frac{600 + 300}{6.6} + 1.2 \times \frac{1}{2} \times 6 \times 6.6 = 1.30 \times \frac{900}{6.6} + 23.760 = 201.03(kN)$$

当梁端弯矩按顺时针方向计算时有

$$V_b = 1.30 \times \frac{800 + 240}{6.6} + 1.2 \times \frac{1}{2} \times 6 \times 6.6 = 1.30 \times \frac{1\ 040}{6.6} + 23.760 = 228.61(kN)$$

由式（5.3.19b）得

$$V_b = 1.1 \frac{M^l_{bua} + M^r_{bua}}{l_n} + \frac{1.2}{2} q l_n$$

当梁端弯矩按逆时针方向计算时,由式(5.3.20)可得

$$M_{\text{bua}}^l \approx \frac{1}{0.75} \times 335 \times 3\,436 \times (750-70) = 1\,044(\text{kN} \cdot \text{m})$$

$$M_{\text{bua}}^r \approx \frac{1}{0.75} \times 335 \times 1\,520 \times (750-50) = 475(\text{kN} \cdot \text{m})$$

$$V_b = 1.1 \times \frac{1\,044+475}{6.6} + 1.2 \times \frac{1}{2} \times 6 \times 6.6 = 276.93(\text{kN})$$

当梁端弯矩按顺时针方向计算时,由式(5.3.20)可得

$$M_{\text{bua}}^l = \frac{1}{0.75} \times 335 \times 1\,520 \times (750-50) = 475(\text{kN} \cdot \text{m})$$

$$M_{\text{bua}}^r = \frac{1}{0.75} \times 335 \times 4\,909 \times (750-70) = 1\,491(\text{kN} \cdot \text{m})$$

$$V_b = 1.1 \times \frac{475+1\,491}{6.6} + 1.2 \times \frac{1}{2} \times 6 \times 6.6 = 351.43(\text{kN})$$

所以
$$V = 351.43(\text{kN})$$

(2) 剪压比。
$$\frac{1}{\gamma_{\text{RE}}}(0.2 f_c b h_0) = \frac{1}{0.85}(0.2 \times 14.3 \times 300 \times 700)$$
$$= 706.59(\text{kN}) > 356.26(\text{kN}) \quad (\text{满足要求})$$

(3) 斜截面受剪承载力。

混凝土受剪承载力为
$$V_c = 0.6 \times 0.7 f_t b h_0 = 0.42 \times 1.43 \times 300 \times 700 = 126.13(\text{kN})$$

需要箍筋
$$351\,430 = \frac{1}{0.85}\left(126\,130 + f_{\text{yv}} \frac{A_{\text{sv}}}{s} h_0\right)$$

所以
$$\frac{A_{\text{sv}}}{s} = \frac{0.85 \times 351\,430 - 126\,130}{270 \times 700} = 0.913(\text{mm})$$

梁端加密区,$s = 6d$(即 $6 \times 25 = 150$ mm)、$\frac{1}{4} h_b$(即 $\frac{1}{4} \times 750 = 187.5$ mm)或 100 mm三者中的最小值,所以取 $s = 100$ mm,则
$$A_{\text{sv}} = 0.913 \times 100 = 91.3(\text{mm}^2)$$

选Φ10,4 肢,$A_{\text{sv}} = 314$ mm$^2 > 91.3$ mm^2(满足要求)

2) 验算配箍率

一级抗震等级需满足
$$\rho_{\text{sv}} \geq 0.3 f_t / f_{\text{yv}}$$

中部非加密区,取 $s = 200$ mm。
$$\rho_{\text{sv}} = \frac{A_{\text{sv}}}{bs} = \frac{314}{300 \times 200} = 0.52\% > 0.3 \times 1.43/270 = 0.16\% \quad (\text{满足要求})$$

3）梁筋锚固

由《混凝土结构设计规范》(GB 50010—2010)，得

$$l_a = \alpha \frac{f_y}{f_t} d = 0.14 \times \frac{300}{1.43} \times 25 = 734.27 \text{(mm)}$$

一级抗震要求锚固长度　　$l_{aE} = 1.15 l_a = 1.15 \times 734.27 = 845 \text{(mm)}$

水平锚固段要求　　　　　$l_h \geqslant 0.4 l_{aE} = 0.4 \times 845 = 340 \text{(mm)}$

弯折段要求　　　　　　　$l_h \geqslant 15d = 15 \times 25 = 375 \text{(mm)}$

4）梁端箍筋加密区长度

$$l_0 = 2.0 h_b = 2 \times 750 = 1\,500 \text{(mm)}$$

此外，梁上部钢筋应贯穿中间节点，直径 d 为 25 mm，不大于 $h_c/20$（柱截面高度 $h_c = 500$ mm），满足要求；梁端负钢筋锚入边柱的水平长度为 470 mm＞340 mm，满足要求。梁纵向钢筋的布置和切断点的确定应符合《混凝土结构设计规范》(GB 50010—2010)的有关规定。

梁主要配筋构造如图 5-12 所示。

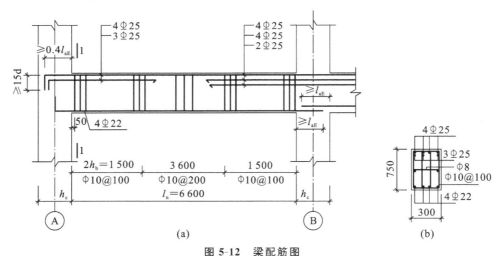

图 5-12　梁配筋图

(a) 侧面图；(b) 1—1 截面图

【例 5-2】　已知某框架中柱，抗震等级三级。轴向压力组合设计值 $N = 2\,710$ kN，柱端组合弯矩设计值分别为 $M_c^t = 730$ kN·m 和 $M_c^b = 770$ kN·m。梁端组合弯矩设计值之和 $\sum M_b = 900$ kN·m。选用柱截面 500 mm×600 mm，采用对称配筋，经配筋计算后每侧 5⌀25。梁截面 300 mm×750 mm，层高 4.2 m。混凝土强度等级 C30，主筋 HRB335 级钢筋，箍筋 HPB300 级钢筋。试对此框架柱进行抗震设计。

【解】

1）强柱弱梁验算

对框架结构，三级抗震等级时，要求节点处梁、柱端组合弯矩设计值应符合

$$\sum M_c \geqslant 1.3 \sum M_b$$

本例近似假定，已知的 M_c^t、M_c^b 和 $\sum M_b$ 亦分别在节点上、下柱端截面组合弯矩设计值和节点左、右梁端截面组合弯矩设计值之和，则

$$\sum M_c = M_c^t + M_c^b = 770 + 730 = 1\,500 > 1.3 \times \sum M_b = 1.3 \times 900$$
$$= 1\,170(\text{kN} \cdot \text{m}) \quad （满足要求）$$

2）斜截面受剪承载力

（1）剪力设计值。

$$V_c = 1.2 \times \frac{M_c^t + M_c^b}{H_n} = 1.2 \times \frac{770 + 730}{4.2 - 0.75} = 1.2 \times \frac{1\,500}{3.45} = 521.74(\text{kN})$$

（2）应满足剪压比要求。

$$V_c \leqslant \frac{1}{\gamma_{RE}}(0.2 f_c b_c h_{c0})$$

$$\frac{1}{\gamma_{RE}}(0.2 f_c b_c h_{c0}) = \frac{1}{0.85}(0.2 \times 14.3 \times 500 \times 550)$$
$$= 925.30(\text{kN}) > 521.74(\text{kN}) \quad （满足要求）$$

（3）混凝土受剪承载力 V_c。

$$V_c = \frac{1.05}{\lambda + 1} f_t b_c h_{c0} + 0.056\,N$$

由于柱反弯点在层高范围内，取 $\lambda = \dfrac{H_n}{2h_{c0}} = \dfrac{3.45}{2 \times 0.55} = 3.14 > 3.0$，取 $\lambda = 3.0$，得

$$N = 2\,710\,000\ \text{N} > 0.3 f_c b_c h_{c0} = 0.3 \times 14.3 \times 500 \times 550 = 1\,179\,750(\text{N})$$

则

$$V_c = \frac{1.05}{3 + 1} \times 1.43 \times 500 \times 550 + 0.056 \times 1\,179\,750$$
$$= 103\,228 + 66\,066 = 169\,294(\text{N})$$

（4）箍筋。

$$V_c \leqslant \frac{1}{\gamma_{RE}}\left(\frac{1.05}{\lambda + 1} f_t b h_0 + f_{yv} \frac{A_{sv}}{s} h_0 + 0.056\,N\right)$$

$$521\,740 = \frac{1}{0.85}\left(169\,294 + 270 \times \frac{A_{sv}}{s} \times 550\right)$$

$$\frac{A_{sv}}{s} = 1.85\ \text{mm}^2/\text{mm}$$

对柱端加密区尚应满足

$$\left.\begin{array}{l} s \leqslant 8d\,(\text{即}\ 8 \times 25 = 200\ \text{mm}) \\ s \leqslant 150\ \text{mm}（非柱根） \end{array}\right\} 取较小值，s = 150\ \text{mm}$$

则需

$$A_{sv} = 150 \times 1.85 = 277.5(\text{mm}^2)$$

选用 $\phi 10$，4 肢箍，得 $A_{sv} = 4 \times 78.5 = 314(\text{mm}^2) > 277.5(\text{mm}^2)$（满足要求）

对非加密区，仍选用上述箍筋，而 $s = 200$ mm（图 5-13a）

3）轴压比验算

$$\mu_N = \frac{N}{f_c b_c h_c} = \frac{2\,710\,000}{14.3 \times 500 \times 600} = 0.63 < 0.85 \quad （满足要求）$$

4）柱箍筋加密区箍筋的体积配箍率

根据 $\mu_N = 0.63$，由表 5-13 得 $\lambda_v = 0.116$，采用井字复合配箍（图 5-13(b)、(c)），其配箍率为

$$\rho_{sv} = \frac{n_1 A_{s1} l_1 + n_2 A_{s2} l_2}{A_{cor} \cdot s} = \frac{4 \times 78.5 \times 425 + 4 \times 78.5 \times 525}{425 \times 425 \times 150}$$

$$= 0.89\% > \lambda_v \frac{f_c}{f_{yv}} = 0.116 \times \frac{14.3}{270} = 0.62\% \quad （满足要求）$$

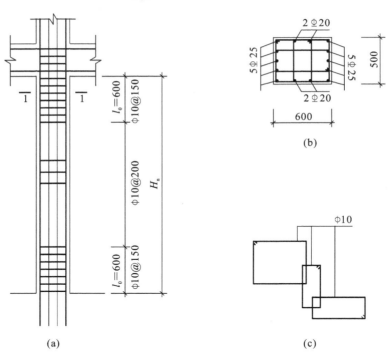

图 5-13 柱配筋图

（a）侧面图；（b）1—1 截面图；（c）箍筋形式

5）柱箍筋加密区长度

$$\left. \begin{array}{l} l_0 = h_c = 600 \text{ mm} \\ H_n/6 = 3\,450/6 = 575 \text{ mm} \\ 500 \text{ mm} \end{array} \right\} 取大者，l_0 = 600 \text{ mm}$$

6）其他

纵向钢筋的总配筋率、间距和箍筋肢距也都满足《建筑抗震设计规范》（GB 50011—2010）的要求，验算从略。

5.4　抗震墙结构的抗震设计要点

抗震墙结构的优点是整体性能好、抗侧刚度大，无论是强度或变形都易满足抗震设计的要求。其缺点是大面积墙体的使用限制了建筑物平面布置的灵活性。另外，刚度大导致地震作用也大，因此在设计中如果配筋和构造处理不当，可能会在受力大的部位产生严重的破坏。

在对抗震墙结构进行抗震设计时，应首先按照抗震设计的一般规定进行结构布置，其次进行地震作用效应计算并与其他内力进行组合，最后进行抗震墙截面设计，并采取抗震构造措施。本节主要对抗震墙结构构件的截面抗震设计要点及抗震构造措施进行介绍。

5.4.1　抗震墙结构构件的截面抗震设计要点

在水平荷载和竖向荷载作用下，抗震墙常见的破坏形态有弯曲破坏、斜拉破坏、斜压破坏、剪压破坏、沿施工缝滑移和锚固破坏等形式。为使抗震墙具有良好的抗震性能，设计时应确保抗震墙在发生弯曲破坏之前，不发生斜拉、斜压或剪压等剪切破坏形式和其他脆性破坏形式；同时，应采用合理的构造措施，保证抗震墙具有良好的延性和消能能力。

1）墙肢的截面抗震设计

（1）墙肢（或整体墙）正截面承载力计算。

① 墙肢截面组合内力设计值的确定。

现行《建筑抗震设计规范》(GB 50011—2010)规定，一级抗震等级抗震墙各墙肢截面考虑地震组合的弯矩设计值，底部加强部位应按墙肢截面地震组合弯矩设计值采用，底部加强部位以上部位，墙肢的组合弯矩设计值应乘以增大系数，其值可采用1.2，剪力作相应调整。部分框支抗震墙结构的落地抗震墙墙肢不应出现小偏心受拉。双肢抗震墙中，墙肢不宜出现小偏心受拉；当任一墙肢为偏心受拉时，另一墙肢的剪力设计值、弯矩设计值应乘以增大系数1.25。

② 偏心受压承载力计算。

抗震墙墙肢在竖向荷载和水平荷载作用下属偏心受力构件，它与普通偏心受力柱的区别在于截面高度大、宽度小，有均匀的分布钢筋。因此，截面设计时应考虑分布钢筋的影响并进行平面外的稳定验算。

偏心受压墙肢可分为大偏压和小偏压两种情况。当发生大偏压破坏时，位于受压区和受拉区的分布钢筋都可能屈服。但在受压区，考虑到分布钢筋直径小，受压易屈服，因此设计中可不考虑其作用。受拉区靠近中和轴附近的分布钢筋，其拉应力较小，可不考虑，而设计中仅考虑距受压区边缘 $1.5x$（x 为截面受压区高度）以外的受拉分布钢筋屈服。当发生小偏压破坏时，墙肢截面大部分或全部受压，因此可认为所有分布钢筋均受压易屈曲或部分受拉但应变很小而忽略其作用,故设计时可不考虑分布筋的作用,即小偏压墙肢的计算方法与小偏压柱完全相同,但须验算墙体平面外的稳定。大、小偏压墙肢的判别可采用与大、小偏压柱完全相同的判别方法。

建立在上述分析基础之上,矩形、T 形、I 形偏心受压墙肢的正截面承载力可按下列公式计算(见图 5-14)。

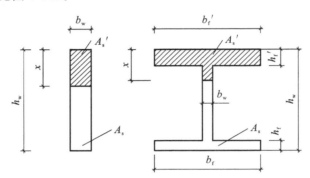

图 5-14 抗震墙横截面

$$N \leqslant \frac{1}{\gamma_{RE}}(A'_s f'_y - A_s \sigma_s - N_{SW} + N_C) \tag{5.4.1}$$

$$N(e_0 + h_w - \frac{h_w}{2}) \leqslant \frac{1}{\gamma_{RE}}[A_s{}' f'_y(h_{w0} - a'_s) - M_{SW} + M_C] \tag{5.4.2}$$

当 $x > h'_f$ 时

$$N_c = \alpha_1 f_c b_w x + \alpha_1 f_c (b'_f - b_w) h'_f \tag{5.4.3a}$$

$$M_c = \alpha_1 f_c b_w x (h_{w0} - \frac{x}{2}) + \alpha_1 f_c (b'_f - b_w) h'_f (h_{w0} - \frac{h'_f}{2}) \tag{5.4.3b}$$

当 $x \leqslant h'_f$ 时

$$N_c = \alpha_1 f_c b_w x_f \tag{5.4.4a}$$

$$M_c = \alpha_1 f_c b'_f x (h_{w0} - \frac{x}{2}) \tag{5.4.4b}$$

当 $x \leqslant \xi_b h_{w0}$ 时

$$\sigma_s = f_y \tag{5.4.5a}$$

$$N_{sw} = (h_{w0} - 1.5x) b_w f_{yw} \rho_w \tag{5.4.5b}$$

$$M_{sw} = \frac{1}{2}(h_{w0} - 1.5x)^2 b_w f_{yw} \rho_w \tag{5.4.5c}$$

当 $x > \xi_b h_{w0}$ 时

$$\sigma_s = \frac{f_y}{\xi_b - 0.8}(\frac{x}{h_{w0}} - \beta_c) \tag{5.4.6a}$$

$$N_{sw} = 0 \tag{5.4.6b}$$

$$M_{sw} = 0 \tag{5.4.6c}$$

其中
$$\xi_b = \frac{\beta_c}{1 + \dfrac{f_y}{E_s \varepsilon_{cu}}}$$

式中　γ_{RE}——承载力抗震调整系数,取为 0.85;

$\quad\quad N_c$——受压区混凝土受压合力;

$\quad\quad M_c$——受压区混凝土受压合力对端部受拉钢筋合力点的力矩;

$\quad\quad \sigma_s$——受拉区钢筋应力;

$\quad\quad N_{sw}$——受拉区分布钢筋受拉合力;

$\quad\quad M_{sw}$——受拉区分布钢筋受拉合力对端部受拉钢筋合力点的力矩;

$\quad\quad f_y$、f'_y、f_{yw}——分别为抗震墙端部受拉、受压钢筋和墙体竖向分布钢筋强度设计值;

$\quad\quad \alpha_1$——受压区混凝土矩形应力图的应力与混凝土轴心抗压强度设计值的比值,当混凝土强度等级不超过 C50 时取 1.0,混凝土强度等级为 C80 时取 0.94,当混凝土强度等级在 C50 和 C80 之间时按线性内插取值;

$\quad\quad \beta_c$——混凝土强度影响系数,当混凝土强度等级不超过 C50 时取 1.0,混凝土强度等级为 C80 时取 0.8,当混凝土强度等级在 C50 和 C80 之间时按线性内插取值;

$\quad\quad f_c$——混凝土轴向抗压强度设计值;

$\quad\quad e_0$——偏心距,$e_0 = M/N$;

$\quad\quad h_{w0}$——抗震墙截面有效高度,$h_{w0} = h_w - a'_s$;

$\quad\quad a'_s$——抗震墙受压区端部钢筋合力点到受压区边缘的距离,一般取 $a'_s = b_w$;

$\quad\quad \rho_w$——抗震墙竖向分布钢筋配筋率;

$\quad\quad \xi_b$——界限相对受压区高度;

$\quad\quad \varepsilon_{cu}$——混凝土极限压应变,应按现行《混凝土结构设计规范》(GB 50010—2010)的有关规定采用。

③ 偏心受拉承载力计算。

偏心受拉墙肢分为大偏拉和小偏拉两种情况。当发生大偏拉破坏时,其受力和破坏特征同大偏压,故采用大偏压的计算方法;当发生小偏拉破坏时,墙肢全截面受拉,混凝土不参与工作,其抗侧移能力和消能能力都很差,不利于抗震,因此应避免使用。

矩形截面受拉墙肢的正截面承载力,建议按下列近似公式计算。

$$N \leqslant \frac{1}{\gamma_{RE}} \frac{1}{\dfrac{1}{N_{ou}} + \dfrac{e_0}{M_{wu}}} \tag{5.4.7}$$

其中:

$$N_{ou} = 2A_s f_y + A_{sw} f_{yw} \tag{5.4.8a}$$

$$M_{wu} = A_s f_y (h_{w0} - a'_s) + A_{sw} f_{yw} \frac{h_{w0} - a'_s}{2} \tag{5.4.8b}$$

式中 A_{sw}——抗震墙腹板竖向分布钢筋的全截面面积。

（2）墙肢（或整体墙）斜截面承载力计算。

① 剪力设计值。

对于抗震墙底部加强部位，《建筑抗震设计规范》（GB 50011—2010）规定，其截面组合的剪力设计值，当一、二、三级抗震时应乘以下列增大系数，以防止墙底塑性铰区在弯曲破坏前发生剪切脆性破坏，即通过增大墙底剪力的方法来满足"强剪弱弯"的要求；其他部位的抗震墙以及四级抗震时的底部加强部位可不乘增大系数。

$$V_w = \eta_{vw} V \tag{5.4.9a}$$

9 度设防烈度的一级抗震墙可不按上式调整，但应符合下式要求。

$$V_w = 1.1 \frac{M_{wua}}{M} V \tag{5.4.9b}$$

式中 V——抗震墙底部加强部位截面组合的剪力计算值；

η_{vw}——剪力增大系数，一级取 1.6，二级取 1.4，三级取 1.2；

V_w——抗震墙底部加强部位截面组合的剪力设计值；

M_{wua}——抗震墙底部实配的正截面抗震承载力所对应的弯矩值，可根据实际配筋面积和材料强度标准值和轴向力并考虑承载力抗震调整系数等来确定；有翼墙时应计入两侧各一倍翼墙厚度范围内的纵向钢筋；

M——抗震墙底部截面组合的弯矩设计值。

② 剪压比限值。

为避免墙肢混凝土被压碎而发生斜压脆性破坏，抗震墙墙肢截面尺寸应符合下式要求。

当剪跨比 $\lambda > 2.5$ 时

$$V_w \leqslant \frac{1}{\gamma_{RE}}(0.2\beta_c f_c b h_0) \tag{5.4.10a}$$

当剪跨比 $\lambda \leqslant 2.5$ 时

$$V_w \leqslant \frac{1}{\gamma_{RE}}(0.15\beta_c f_c b h_0) \tag{5.4.10b}$$

式中 V_w——考虑地震组合的剪力墙的剪力设计值。

③ 斜截面受剪承载力计算。

抗震墙的斜截面受剪承载力包括墙肢混凝土、横向钢筋和轴向力的影响等三方面的抗剪作用。实验表明，反复荷载作用下，抗震墙的抗剪性能比静载下的抗剪性能降低 15%～20%。

a. 偏心受压墙肢斜截面受剪承载力按下列公式计算。

$$V_w \leqslant \frac{1}{\gamma_{RE}}\left[\frac{1}{\lambda-0.5}(0.4f_t b h_0 + 0.1N\frac{A_w}{A}) + 0.8f_{yv}\frac{A_{sh}}{s}h_0\right] \tag{5.4.11}$$

式中　N——抗震墙的轴向压力设计值,当 $N > 0.2f_c bh$ 时,取 $N = 0.2f_c bh$;

　　　A——抗震墙全截面面积;

　　　A_w——T 形或工形墙肢截面腹板的面积,取 $A_w = A$;

　　　λ——计算截面处的剪跨比,$\lambda = M/(Vh_0)$;当 $\lambda < 1.5$ 时,取 $\lambda = 1.5$,当 $\lambda > 2.2$ 时,取 $\lambda = 2.2$;此处 M 为与设计剪力值 V 对应的弯矩设计值,当计算截面与墙底之间的距离小于 $h_0/2$ 时,λ 应按距墙底 $h_0/2$ 处的弯矩值与剪力值计算;

　　　A_{sh}——配置在同一截面内的水平分布钢筋截面面积之和;

　　　f_{yh}——水平分布钢筋抗拉强度设计值;

　　　s——水平分布钢筋间距。

b. 偏心受拉墙肢斜截面受剪承载力按下列公式计算:

$$V_w \leqslant \frac{1}{\gamma_{RE}} \left[\frac{1}{\lambda - 0.5} (0.4f_t bh_0 - 0.1N \frac{A_w}{A}) + 0.8f_{yv} \frac{A_{sh}}{s} h_0 \right] \qquad (5.4.12)$$

式中　N——考虑地震组合的抗震墙轴向拉力设计值中的较大值。

当公式右边计算值小于 $\frac{1}{\gamma_{RE}} (0.8f_{yv} \frac{A_{sh}}{s} h_0)$ 时,取值为 $\frac{1}{\gamma_{RE}} (0.8f_{yv} \frac{A_{sh}}{s} h_0)$。

通过上述斜截面受剪承载力的计算,以避免墙肢发生剪压破坏。而墙肢的斜拉破坏,可通过满足水平分布钢筋最小配筋率和竖向钢筋的锚固来避免。

(3) 抗震墙水平施工缝的受剪承载力验算。

抗震墙的施工是分层浇筑混凝土的,因而层间留有水平施工缝。唐山地震灾害调查和抗震墙结构模型试验表明,水平施工缝在地震过程中容易开裂,为避免墙体受剪后沿水平施工缝滑移,应验算水平施工缝受剪承载力。

按一级抗震等级设计的抗震墙水平施工缝处竖向钢筋的截面面积应符合下列要求。

当 N 为轴向压力时

$$V_w \leqslant \frac{1}{\gamma_{RE}} (0.6f_y A_s + 0.8N) \qquad (5.4.13a)$$

当 N 为轴向拉力时

$$V_w \leqslant \frac{1}{\gamma_{RE}} (0.6f_y A_s - 0.8N) \qquad (5.4.13b)$$

式中　V_w——水平施工缝处的剪力设计值;

　　　N——水平施工缝处截面组合的轴向力设计值;

　　　A_s——抗震墙水平施工缝处全部竖向钢筋截面面积,包括竖向分布钢筋、附加竖向插筋以及边缘构件(不包括两侧翼墙)纵向钢筋的总截面面积;

　　　f_y——竖向钢筋抗拉强度。

2) 连梁的截面抗震设计

(1) 连梁正截面受弯承载力计算。

① 抗震墙连梁常采用对称配筋,受弯承载力可按框架梁的设计公式计算。

② 连梁在中部楼层的弯矩和剪力都很大,在截面设计极易超筋。此时可降低这些部位的连梁弯矩设计值,以满足平衡条件。经调整的连梁弯矩设计值,可均取为最大弯矩连梁调整前弯矩设计值的 80%,如图 5-15 所示。必要时可提高墙肢的配筋,以满足极限平衡条件。

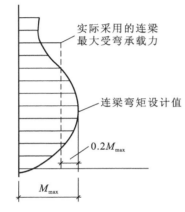

图 5-15 抗震墙连梁的弯矩设计值

(2) 配置普通箍筋时连梁斜截面受剪承载力计算。

① 剪力设计值。

根据"强剪弱弯"的要求,对于抗震墙中跨高比大于 2.5 的连梁,其端部截面组合的剪力设计值同框架梁的剪力设计值取法,见式(5.3.19a)、式(5.3.19b)。

② 剪压比限值。

实验表明,连梁跨高比对连梁的破坏形态和延性有重要影响。当跨高比大于 2.5 时,多为受弯破坏,延性较大;当跨高比小于 1.5 时,则多发生剪切破坏,延性低。因此,要求连梁的跨高比不小于 1.5。

《混凝土结构设计规范》(GB 50010—2010)规定,当配置普通箍筋时,其受剪截面应符合下列要求。

跨高比大于 2.5 时

$$V_{wb} \leqslant \frac{1}{\gamma_{RE}}(0.20\beta_c f_c b h_0) \tag{5.4.14a}$$

跨高比不大于 2.5 时

$$V_{wb} \leqslant \frac{1}{\gamma_{RE}}(0.15\beta_c f_c b h_0) \tag{5.4.14b}$$

③ 斜截面受剪承载力计算。

当配置普通箍筋时,斜截面受剪承载力应符合下列要求。

跨高比大于 2.5 时

$$V_{wb} \leqslant \frac{1}{\gamma_{RE}}\left(0.42 f_t b h_0 + \frac{A_{sv}}{s} f_{yv} h_0\right) \tag{5.4.15a}$$

跨高比小于 2.5 时

$$V_{wb} \leqslant \frac{1}{\gamma_{RE}}\left(0.38 f_t b h_0 + 0.9 \frac{A_{sv}}{s} f_{yv} h_0\right) \tag{5.4.15b}$$

(3) 配置斜向交叉钢筋时连梁的受剪承载力计算。

《混凝土结构设计规范》(GB 50010—2010)规定,对于一、二级抗震等级的连梁,当跨高比不大于 2.5 时,除普通箍筋外宜另配置斜向交叉钢筋,其截面限制条件及斜截面受剪承载力应符合下列规定。

① 洞口连梁截面宽度不小于 250 mm 时。

可采用交叉斜筋配筋(见图 5-16),其截面限制条件及斜截面受剪承载力应符合下列规定。

a. 受剪截面应符合下式要求。

$$V_{wb} \leqslant \frac{1}{\gamma_{RE}}(0.25\beta_c f_c bh_0) \qquad (5.4.16)$$

b. 斜截面受剪承载力应符合下列要求。

$$V_{wb} \leqslant \frac{1}{\gamma_{RE}}[0.4f_t bh_0 + (2.0\sin\alpha + 0.6\eta)f_{yd}A_{sd}] \qquad (5.4.17a)$$

$$\eta = (f_{sv}A_{sv}h_0)/(sf_{yd}A_{yd}) \qquad (5.4.17b)$$

式中　η——箍筋与对角斜筋的配筋强度比,当 η 小于 0.6 时取 0.6,当 η 大于 1.2 时取 1.2;

　　　α——对角斜筋与梁纵轴的夹角;

　　　f_{yd}——对角斜筋的抗拉强度设计值;

　　　A_{sd}——单向对角斜筋的截面面积;

　　　A_{sv}——同一截面内箍筋各肢的全部截面面积。

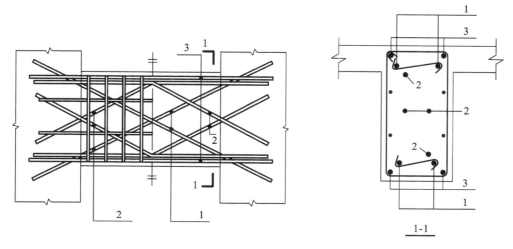

图 5-16　交叉斜筋配筋连梁

1—对角配筋;2—折线筋;3—纵向钢筋

② 连梁截面宽度不小于 400 mm 时。

可采用集中对角斜筋配筋(见图 5-17)或对角暗撑配筋(见图 5-18),其截面限制条件及斜截面受剪承载力应符合下列规定。

a. 受剪截面应符合式(5.4.16)的要求。

b. 斜截面受剪承载力应符合下式要求。

$$V_{wb} \leqslant \frac{2}{\gamma_{RE}} f_{yd} A_{sd} \sin\alpha \qquad\qquad (5.4.18)$$

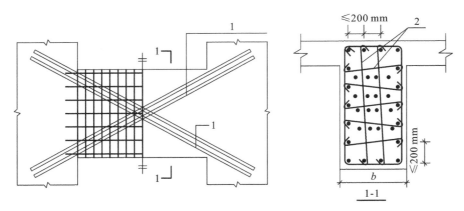

图 5-17　集中对角斜筋配筋连梁

1—对角斜筋；2—连梁

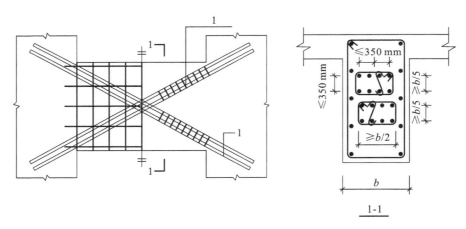

图 5-18　对角暗撑配筋连梁

1—对角暗撑

5.4.2　抗震墙结构的抗震构造措施

1）抗震墙的厚度

抗震墙厚度应根据不同的抗震等级确定,同时应区分底部加强部位与一般部位,且应考虑有无端柱或翼墙的影响。具体要求如下。

（1）抗震墙的厚度,按一、二级抗震等级设计时,底部加强部位不应小于200 mm且不宜小于层高或无支长度的1/16;其他部位不应小于 160 mm 且不宜小于层高或无支长度的1/20。无端柱或翼墙时,其底部加强部位不宜小于层高或无支长度的

1/12；其他部位不宜小于 180 mm 且不宜小于层高或无支长度的 1/16。

（2）抗震墙的厚度，按三、四级抗震等级设计时，底部加强部位不应小于160 mm 且不宜小于层高或无支长度的 1/20；其他部位不应小于 140 mm 且不宜小于层高的 1/25。无端柱或翼墙时，其底部加强部位不宜小于层高或无支长度的 1/16；其他部位不宜小于层高或无支长度的 1/20。

2）墙肢轴压比及边缘构件

实验表明，抗震墙在反复荷载作用下的塑性变形能力，与截面纵向钢筋的配筋、端部边缘构件范围、端部边缘构件内纵向钢筋及箍筋的配置，以及截面形状、截面轴压比等因素有关，而墙肢的轴压比是更重要的影响因素。当轴压比较小时，即使在墙端部不设约束边缘构件，抗震墙也具有较好的延性和消能能力；而当轴压比超过一定值时，不设约束边缘构件的抗震墙，其延性和消能能力降低。因此，《建筑抗震设计规范》(GB 50011—2010)规定，一、二、三级抗震等级的抗震墙在重力荷载代表值作用下，墙肢的轴压比不宜超过表 5-14 的限值。

表 5-14　墙肢轴压比限值

抗震等级（设防烈度）	一级（9 度）	一级（7、8 度）	二级、三级
轴压比限值	0.4	0.5	0.6

注：抗震墙墙肢轴压比指在重力荷载代表值作用下墙的轴压力设计值与墙的全截面面积和混凝土轴心抗压强度设计值乘积之比值。

为了保证抗震墙肢的延性性能以及消能能力，《建筑抗震设计规范》(GB 50011—2010)规定，抗震墙两端和洞口两侧应设置边缘构件，边缘构件包括暗柱、端柱和翼墙，并宜符合下列要求。

（1）对于抗震墙结构，底层墙肢底截面的轴压比不大于表 5-15 规定的一、二、三级抗震等级的抗震墙及四级抗震墙，墙肢两端可设置构造边缘构件，构造边缘构件的范围可按图 5-19 采用，构造边缘构件的配筋除应满足受弯承载力要求外，并宜符合表 5-16 的要求。

（2）底层墙肢底截面的轴压比大于表 5-15 规定的一、二、三级抗震墙，一级部分框支抗震墙结构的抗震墙，应在底部加强部位及相邻的上一层设置约束边缘构件，在以上的其他部位可设置构造边缘构件。约束边缘构件的范围可按图 5-20 采用，约束边缘构件沿墙肢的长度、配箍特征值、箍筋和纵向钢筋宜符合表 5-17 的要求。

表 5-15　抗震墙设置构造边缘构件的最大轴压比

抗震等级（设防烈度）	一级（9 度）	一级（7、8 度）	二级、三级
轴压比	0.1	0.2	0.3

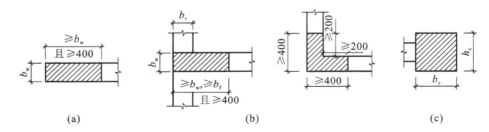

图 5-19　抗震墙的构造边缘构件（mm）

（a）暗柱；（b）翼柱；（c）端柱

表 5-16　抗震墙构造边缘构件的配筋要求

抗震等级	底部加强部位			其 他 部 位		
	纵向钢筋最小配筋量（取较大值）	箍筋、拉筋		纵向钢筋最小配筋量（取较大值）	箍筋、拉筋	
		最小直径/mm	沿竖向最大间距/mm		最小直径/mm	沿竖向最大间距/mm
一	$0.010A_c$，$6\,\Phi\,16$	8	100	$0.008A_c$，$6\,\Phi\,14$	8	150
二	$0.008A_c$，$6\,\Phi\,14$	8	150	$0.006A_c$，$6\,\Phi\,12$	8	200
三	$0.006A_c$，$6\,\Phi\,12$	6	150	$0.005A_c$，$4\,\Phi\,12$	6	200
四	$0.005A_c$，$4\,\Phi\,12$	6	200	$0.004A_c$，$4\,\Phi\,12$	6	250

注：① A_c 为计算边缘构件纵向构造钢筋的暗柱或端柱面积，即图 5-17 抗震墙截面的阴影部分；

② 对其他部位，拉筋的水平间距不应大于纵向钢筋间距的 2 倍，转角处宜设置箍筋；

③ 当端柱承受集中荷载时，应满足框架柱的配筋要求。

表 5-17　抗震墙约束边缘构件范围及其配筋要求

抗震等级（设防烈度）		一级（9 度）		一级（7、8 度）		二级、三级	
轴压比		$\leqslant 0.2$	>0.2	$\leqslant 0.3$	>0.3	$\leqslant 0.4$	>0.4
λ_v		0.12	0.20	0.12	0.20	0.12	0.20
l_c/mm	暗柱	$0.20h_w$	$0.25h_w$	$0.15h_w$	$0.20h_w$	$0.15h_w$	$0.20h_w$
	端柱、翼墙或转角墙	$0.15h_w$	$0.20h_w$	$0.10h_w$	$0.15h_w$	$0.10h_w$	$0.15h_w$
纵向钢筋（取较大值）		$0.012A_c$，$8\,\Phi\,16$		$0.012A_c$，$8\,\Phi\,16$		$0.010A_c$，$6\,\Phi\,16$（三级，$6\,\Phi\,14$）	
箍筋或拉筋沿竖向间距		100 mm		100 mm		150 mm	

注：① 抗震墙的翼墙长度小于其 3 倍厚度或端柱截面边长小于 2 倍墙厚时，按无翼墙、无端

柱查表;

② l_c 为约束边缘构件沿墙肢长度,不宜小于墙厚和 400 mm;有翼墙、端柱或转角墙时不应小于翼墙厚度或端柱沿墙肢方向截面高度加 300 mm;

③ λ_v 为约束边缘构件的配箍特征值,体积配箍率可按式(5.3.38)计算,并可适当计入满足构造要求且在墙端有可靠锚固的水平分布钢筋的截面面积;

④ h_w 为抗震墙墙肢截面高度;

⑤ A_c 为图 5-20 中约束边缘构件阴影部分的截面面积。

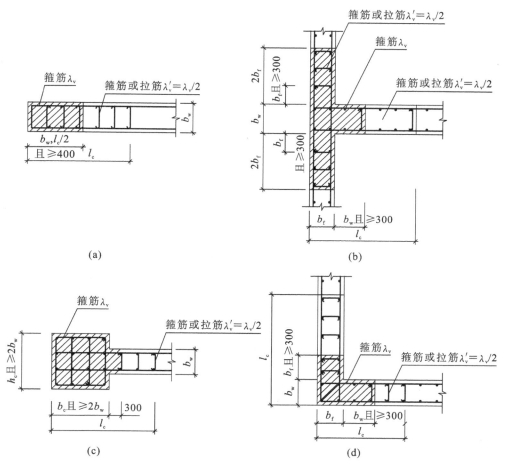

图 5-20 抗震墙的约束边缘构件(mm)

(a)暗柱;(b)有翼墙;(c)有端柱;(d)转角墙(L 形墙)

3) 墙身分布钢筋

墙身分布钢筋包括竖向和横向分布钢筋。《建筑抗震设计规范》(GB 50011—2010)规定墙身分布钢筋应符合下列要求:

(1) 一、二、三级抗震墙的竖向和横向分布钢筋最小配筋率均不应小于 0.25%,四级抗震墙分布钢筋最小配筋率不应小于 0.20%。高度小于 24 m 且剪压比很小的四级抗震墙,其竖向分布筋最小配筋率可按 0.15% 采用。

(2) 部分框支抗震墙结构的抗震墙底部加强部位,水平和竖向和分布钢筋配筋率均不应小于 0.3%。

(3) 抗震墙的竖向和分布钢筋的间距不宜大于 300 mm,部分框支抗震墙结构的落地抗震墙底部加强部位,水平和竖向分布钢筋的间距不宜大于 200 mm。

(4) 抗震墙厚度大于 140 mm 时,其水平和竖向分布钢筋不应少于双排布置;双排分布钢筋间拉筋的间距不宜大于 600 mm,且直径不应小于 6 mm。

(5) 抗震墙竖向、横向分布钢筋的钢筋直径,均不宜大于墙厚的 1/10 且不应小于 8 mm;竖向分布钢筋直径不宜小于 10 mm。

4) 小墙肢配筋

抗震墙的墙肢长度不大于墙厚的 3 倍时,称之为小墙肢。抗震设计时,应按柱的有关要求进行设计;矩形墙肢的厚度不大于 300 mm 时,尚宜全高加密箍筋。

5) 连梁构造

《混凝土结构设计规范》(GB 50010—2010)规定,抗震墙及筒体洞口连梁的纵向钢筋、斜筋及箍筋的构造应符合下列要求:

(1) 连梁沿上、下边缘单侧纵向钢筋的最小配筋率不应小于 0.15%,且配筋不宜少于 2Φ12;交叉斜筋配筋连梁单向对角斜筋不宜少于 2Φ12,单组折线筋的截面面积可取为单向对角斜筋截面面积的一半,且直径不宜小于 12 mm;集中对角斜筋配筋连梁和对角暗撑连梁中每组斜筋应至少由 4 根直径不小于 14 mm 的钢筋组成。

(2) 交叉斜向配筋连梁的对角斜筋在梁端部位应设置不少于 3 根拉筋,拉筋的间距不应大于连梁宽度和 200 mm 的较小值,直径不应小于 6 mm;集中对角斜向配筋连梁应在梁截面内沿水平方向及竖直方向设置双向拉筋,拉筋应勾住外侧纵向钢筋,间距不应大于 200 mm,直径不应小于 8 mm;对角暗撑配筋连梁中暗撑配筋的外缘沿梁截面宽度方向不宜小于梁宽的一半,另一方向不宜小于梁宽的 1/5;对角暗撑约束箍筋的间距不宜大于暗撑钢筋直径的 6 倍,当计算间距小于 100 mm 时可取 100 mm,箍筋肢距不应大于 350 mm。

(3) 除集中对角斜筋配筋连梁以外,其余连梁的水平钢筋及箍筋形成的钢筋网之间应采用拉筋拉结,拉筋直径不宜小于 6 mm,间距不宜大于 400 mm。

(4) 沿连梁全长箍筋的构造要求宜按 5.3.3 节对框架梁梁端加密区箍筋构造要求采用;对角暗撑配筋连梁沿连梁全长箍筋的间距可按表 5-10 规定值的两倍取用。

(5) 连梁纵向受力钢筋、交叉斜筋伸入墙内的锚固长度不应小于 l_{aE},且不应小于 600 mm;顶层连梁纵向钢筋伸入墙体的范围内,应配置间距不大于 150 mm 的构造箍筋,其直径应与该连梁的箍筋直径相同。

(6) 抗震墙的水平分布钢筋可作为连梁的纵向构造钢筋在连梁范围内贯通。

当连梁的腹板高度不小于 450 mm 时,其两侧沿梁高范围设置的纵向构造钢筋的直径不应小于 10 mm,间距不应大于 200 mm;对跨高比不大于 2.5 的连梁,梁两侧的纵向构造钢筋的面积配筋率不应小于 0.3%。

5.5　框架-抗震墙结构的抗震设计要点

框架-抗震墙结构能够克服框架结构体系和抗震墙结构体系各自的缺点,结构平面布置较灵活,自重较抗震墙结构轻,而刚度又较框架结构大,能有效地控制地震时产生的地震作用和结构变形。在地震区的多层及高层建筑设计时宜优先考虑采用框架-抗震墙结构体系。

在对框架-抗震墙结构进行抗震设计时,应首先按照抗震设计的一般规定进行结构布置,其次进行地震作用效应计算并与其他内力进行组合,最后进行框架与抗震墙的截面设计,并采取抗震构造措施。本节主要对框架-抗震墙结构构件的截面抗震设计要点及抗震构造措施进行介绍。

5.5.1　框架-抗震墙结构构件的截面抗震设计要点

1)内力调整

要使框架-抗震墙结构具有较好的抗震性能,对抗震墙和框架必须按延性要求进行设计。

(1)框架梁柱内力调整。

确定框架部分的抗震等级后,框架-抗震墙结构中框架部分的内力调整与框架结构相同,即应作"强柱弱梁"、"强剪弱弯"、"强节点,强锚固"的调整,并增大底层柱和角柱的设计内力。

(2)抗震墙内力调整。

① 墙肢剪力调整。

为了使墙体在出现塑性铰之前不会发生剪切破坏,要按"强剪弱弯"的原则调整剪力,剪力调整方法与抗震墙结构相同。

② 墙肢弯矩调整。

为了通过配筋方式迫使塑性铰区位于墙肢的底部加强部位,一级抗震墙的底部加强部位及以上一层,应按墙肢底部截面组合弯矩设计值采用;其他部位,墙肢截面的组合弯矩设计值应乘以增大系数,其值可采用 1.2。此外,底部加强部位的纵向钢筋宜延伸到相邻上层的顶板处,以满足锚固要求并保证加强部位以上墙肢截面的受弯承载力不低于加强部位顶截面的受弯承载力。抗震墙的剪力设计值和弯矩设计值的调整方法同抗震墙结构。

③ 连梁的剪力调整和刚度折减。

为使连梁在发生弯曲屈服前不出现脆性的剪切破坏,保证连梁具有较好的延性,在强震中能够消耗较多地震能量,连梁剪力需作"强剪弱弯"调整。对于抗震墙中跨高比大于2.5的连梁,剪力调整方法与框架梁相同。同时,为实现"强墙弱梁",使抗震墙的连梁屈服早于墙肢屈服,可降低连梁的弯矩后进行配筋,从而使连梁的抗弯承载力降低,较早出现塑性铰。

此外,在进行弹性内力分析时可适当降低连梁刚度,将连梁刚度乘以折减系数,但折减系数不宜小于0.50。考虑连梁刚度折减后,如部分连梁尚不能满足剪压比限值,可按剪压比要求降低连梁剪力设计值及弯矩,并相应调整抗震墙的墙肢内力。但当抗震墙连梁内力由风荷载控制时,连梁刚度不宜折减。

2) 构件截面验算

抗震墙的墙肢、连梁和框架柱、框架梁,其调整后的截面组合的剪力设计值都应符合剪压比的限值要求。若不能满足剪压比要求,则应加大构件的截面尺寸或提高混凝土强度等级。

此外,抗震墙的墙肢应满足轴压比的限值要求,而框架的梁、柱截面验算与纯框架相同,墙肢和连梁的截面验算详见现行《高层建筑混凝土结构技术规程》(JGJ3)。

5.5.2 框架-抗震墙结构的抗震构造措施

框架-抗震墙中框架部分的抗震构造措施与纯框架相同,详见5.3.3节,这里着重介绍抗震墙的构造措施。

(1) 框架-抗震墙结构中的抗震墙,一般部位的墙厚度不应小于160 mm且不宜小于层高或无支长度的1/20;底部加强部位的抗震墙厚度不应小于200 mm且不宜小于层高或无支长度的1/16。

(2) 有端柱时,墙体在楼该处宜设置暗梁,暗梁的截面高度不宜小于墙厚和400 mm的较大值;端柱截面宜与同层框架柱相同,并应满足5.3.3节对框架柱的要求;抗震墙底部加强部位的端柱和紧靠抗震墙洞口的端柱宜按柱箍筋加密区的要求沿全高加密箍筋。

(3) 抗震墙的竖向和横向分布钢筋,配筋率均不应小于0.25%,钢筋直径不宜小于10 mm,间距不宜大于300 mm,并应双排布置,双排分布钢筋间应设置拉筋。

(4) 楼面梁与抗震墙平面外连接时,不宜支承在洞口连梁上;沿梁轴线方向宜设置于梁连接的抗震墙,梁的纵筋应锚固在墙内;也可在支承梁的位置设置扶壁柱或暗柱,并应按计算确定其截面尺寸和配筋。

(5) 框架-抗震墙结构的其他抗震构造措施,应符合框架结构及抗震墙结构的有关要求。此外,对设置少量抗震墙的框架结构,其抗震墙的抗震构造措施,可仍按5.4.3节对抗震墙的规定执行。

【本章要点】

本章主要介绍:混凝土结构房屋的主要震害及其产生原因;混凝土结构房屋抗

震设计的一般规定;框架结构的内力和位移计算;框架结构的截面抗震设计及抗震构造措施;抗震墙结构的截面抗震设计要点及抗震构造措施;框架-抗震墙结构的截面抗震设计要点及抗震构造措施。另外,给出了框架结构构件的抗震设计算例。

【思考题】

5-1　混凝土结构房屋主要有哪几种结构体系? 各有何特点?

5-2　简述混凝土结构房屋抗震设计的一般规定?

5-3　框架结构在水平地震作用下的内力如何计算? 在竖向荷载作用下的内力如何计算?

5-4　怎样进行框架结构的内力组合?

5-5　为什么要进行结构的侧移计算? 框架结构的侧移计算包括哪几个方面? 如何计算?

5-6　什么是"强柱弱梁"、"强剪弱弯"、"强节点强锚固"? 在抗震设计时如何满足?

5-7　简述框架结构的抗震设计过程。

5-8　简述抗震墙结构的抗震设计要点。

5-9　简述框架-抗震墙结构的抗震设计要点。

第6章 多层砌体结构房屋抗震设计

砌体结构房屋主要有多层砌体房屋和底部框架-抗震墙房屋两种。其中,多层砌体房屋是指完全由砌体承重的多层房屋。底部框架-抗震墙房屋是指底部采用钢筋混凝土框架抗震墙,上部为多层砌体房屋。由于多层砌体结构房屋的墙体主要是由具有脆性性质的块体和砂浆砌筑而成,其抗拉、抗弯及抗剪能力均很低,因此,如未经合理的抗震设计,其抵抗地震灾害的能力较差。

本章首先对砌体结构房屋的震害进行分析,然后介绍其抗震设计的一般规定,最后,从抗震强度验算和抗震构造措施两方面分别对多层砌体房屋和底部框架-抗震墙房屋进行介绍。

6.1 多层砌体结构房屋震害现象及其分析

6.1.1 多层砌体房屋的震害

1) 震害类型

(1) 房屋倒塌。

当房屋墙体特别是底层墙体整体抗震强度不足时,易发生房屋整体倒塌;当房屋局部或上层墙体抗震强度不足时,易发生局部倒塌;另外,当构件间连接强度不足时,个别构件因失去稳定亦会倒塌。如图 6-1 所示。

图 6-1　房屋倒塌

（2）墙体开裂、局部塌落。

墙体裂缝形式主要有交叉斜裂缝（图 6-2）和水平裂缝两种。墙体出现斜裂缝的主要原因是抗剪强度不足，高宽比较小的墙片易出现斜裂缝，而高宽比较大的窗间墙易产生水平偏斜裂缝，当墙片出平面受弯时，极易出现通长水平缝。

（3）墙角破坏。

墙角为纵横墙的交汇点，地震作用下其应力状态极其复杂，因而其破坏形态多种多样，有受剪斜裂缝，也有受压的竖向裂缝，震害严重时块材被压碎或墙角脱落，如图 6-3 所示。

图 6-2　墙体交叉裂缝　　　　　　　　图 6-3　墙角破坏

（4）纵横墙连接破坏。

纵墙和横墙交接处易出现竖向剪切裂缝，严重时纵横墙脱开，外纵墙倒塌，如图 6-4 所示。

图 6-4　纵横墙连接破坏

（5）楼梯间破坏。

主要是楼梯间破坏，而楼梯本身很少破坏。楼梯间由于刚度相对较大，所受的地震力也大，且墙体高厚比较大，较易发生破坏。

（6）楼盖与屋盖的破坏。

主要是由于楼板搁置长度不够，引起局部塌落，或是其下部的支承墙体破坏塌落，引起楼屋盖塌落。

（7）附属构件的破坏。

如女儿墙、突出屋面的小烟囱、门脸或附属烟囱发生倒塌等；隔墙等非结构构件、室内装饰等开裂、倒塌。

2）震害规律

通过对我国几次大地震中砌体房屋的震害调查，总结出多层砌体房屋的震害规律如下。

（1）刚性楼盖房屋，上层破坏轻，下层破坏重；柔性楼盖房屋，上层破坏重，下层破坏轻。

（2）横墙承重房屋震害轻于纵墙承重房屋。

（3）坚实地基上的房屋震害轻于软弱地基上的房屋震害。

（4）外廊式房屋地震破坏普遍较重。

（5）预制楼板结构较现浇楼板结构破坏重。

（6）房屋两端、墙角、楼梯间及附属结构的震害较重。

（7）平面凸出凹进、立面变化复杂的结构，较平、立面布置简单、均匀的结构震害重。

3）破坏原因分析

多层砌体房屋发生震害的原因主要有以下三种。

（1）房屋建筑布置、结构布置不合理。导致局部地震作用效应过大，如房屋平立面布置突变造成结构刚度突变，使地震力异常增大；结构布置不对称引起扭转振动，使房屋两端墙片所受地震力增大等。

（2）砌体墙片抗震强度不足。当墙片所受的地震力大于墙片的抗震强度时，墙片将会开裂，甚至局部倒塌。

（3）房屋构件（墙片、楼盖、屋盖）间的连接强度不足。当地震作用较大时，各构件间的连接遭到破坏，各构件不能形成一个整体而共同工作，丧失稳定，发生局部倒塌。

6.1.2 底部框架-抗震墙房屋的震害

我国近十几年来强震震害表明，底层框架砖房震害多数发生在底层，且底层墙体的破坏比框架柱重，而框架柱震害又比框架梁重；房屋上部几层的破坏状况与多层砖房相类似，但破坏的程度比房屋的底层要轻得多。这主要是由于上部砖纵横墙较密，不仅重量大，而且抗侧刚度也大，而底部承重结构为框架-抗震墙，其抗侧刚度比上部小，形成"上刚下柔"的结构体系。在地震作用下，位移反应相对集中于底层，从而引起底层的严重破坏。

6.2　多层砌体结构房屋抗震设计的一般规定

6.2.1　结构布置的一般要求

按照抗震概念设计的原则,多层砌体结构房屋应选择抗震有利的承重方案,尽可能使建筑物符合规则结构的要求、合理进行结构布置和设置防震缝,确保房屋的整体性。一般要求如下。

(1) 应优先采用横墙承重或纵横墙共同承重的结构体系,不应采用砌体墙和混凝土墙混合承重的结构体系。

(2) 纵横向砌体抗震墙的布置应符合下列要求:

① 宜均匀对称,沿平面内宜对齐,沿竖向应上下连续;且纵横向墙体的数量不宜相差过大;

② 平面轮廓凹凸尺寸,不应超过典型尺寸的 50%;当超过典型尺寸的 25% 时,房屋转角处应采取加强措施;

③ 楼板局部大洞口的尺寸不宜超过楼板宽度的 30%,且不应在墙体两侧同时开洞;

④ 房屋错层的楼板高差超过 500 mm 时,应按两层计算;错层部位的墙体应采取加强措施;

⑤ 同一轴线上的窗间墙宽度宜均匀;墙面洞口的面积,6、7 度时不宜大于墙面总面积的 55%,8、9 度时不宜大于 50%;

⑥ 在房屋宽度方向的中部应设置内纵墙,其累计长度不宜小于房屋总长度的60%(高宽比大于 4 的墙段不计入)。

(3) 房屋有下列情况之一时宜设置防震缝,缝两侧均应设置墙体,缝宽应根据烈度和房屋高度确定,可采用 70~100 mm:

① 房屋立面高差在 6 m 以上;

② 房屋有错层,且楼板高差大于层高的 1/4;

③ 各部分结构刚度、质量截然不同。

(4) 楼梯间不宜设置在房屋的尽端或转角处。

(5) 不应在房屋转角处设置转角窗。

(6) 横墙较少、跨度较大的房屋,宜采用现浇钢筋混凝土楼、屋盖。

6.2.2　总高度、层数、层高及高宽比限制

1) 总高度及层数限制

震害调查表明,多层砌体结构房屋的震害与其总高度和层数有密切关系,随层数增加,震害随之加重,特别是房屋的倒塌率与房屋的层数成正比率增加。因此,应

对多层砌体结构房屋的总高度及层数予以限制。《建筑抗震设计规范》(GB 50011—2010)规定多层砌体结构房屋的总高度及层数应符合下列要求。

(1) 一般情况下,房屋的层数和总高度不应超过表 6-1 的规定。

表 6-1　房屋的层数和总高度限值(m)

房屋类别		最小墙厚(mm)	烈度和设计基本地震加速度											
			6		7				8				9	
			0.05g		0.10g		0.15g		0.20g		0.30g		0.40g	
			高度	层数	高度	层数	高度	层数	高度	层数	高度	层数	高度	层数
多层砌体	普通砖	240	21	7	21	7	21	7	18	6	15	5	12	4
	多孔砖	240	21	7	21	7	18	6	18	6	15	5	9	3
	多孔砖	190	21	7	18	6	15	5	15	5	12	4	—	—
	小砌块	190	21	7	21	7	18	6	18	6	15	5	9	3
底部框架-抗震墙	普通砖	240	22	7	22	7	19	6	16	5	—	—	—	—
	多孔砖	240	22	7	22	7	19	6	16	5	—	—	—	—
	多孔砖	190	22	7	19	6	16	5	13	4	—	—	—	—
	小砌块	190	22	7	22	7	19	6	16	5	—	—	—	—

注:① 房屋的总高度指室外地面到主要屋面板板顶或檐口的高度。半地下室从地下室室内地面算起,全地下室和嵌固条件好的半地下室应允许从室外地面算起;对带阁楼的坡屋面应算到山尖墙的 1/2 高度处;

② 室内外高差大于 0.6 m 时,房屋总高度应允许比表中数据适当增加,但增加量应少于1.0 m;

③ 乙类的多层砌体房屋仍按本地区设防烈度查表,其层数应减少一层且总高度应降低3 m;不应采用底部框架-抗震墙砌体房屋;

④ 本表小砌块砌体房屋不包括配筋混凝土小型空心砌块砌体房屋。

(2) 横向较少的多层砌体房屋,总高度应比表 6-1 的规定降低 3 m,层数相应减少一层;各层横墙很少的多层砌体房屋,还应再减少一层。这里,横墙较少是指同一楼层内开间大于 4.2 m 的房间占该层总面积的 40% 以上。其中,开间不大于 4.2 m

的房间占该层总面积不到 20％,且开间大于 4.8 m 的房间占该层总面积的 50％以上为横墙很少。

(3) 6、7 度时,横墙较少的丙类多层砌体房屋,当按规定采取加强措施并满足抗震承载力要求时,其高度和层数应允许仍按表 6-1 的规定采用。

(4) 采用蒸压灰砂砖和蒸压粉煤灰砖的砌体房屋,当砌体的抗剪强度仅达到普通黏土砖砌体的 70％时,房屋的层数应比普通砖房减少一层,总高度应减少 3 m;当砌体的抗剪强度达到普通黏土砖的取值时,房屋层数和总高度的要求同普通砖房屋。

2) 层高限制

多层砌体结构房屋的层高应满足下列要求。

(1) 多层砌体承重房屋的层高,不应超过 3.6 m。

(2) 底部框架-抗震墙房屋的底部,层高不应超过 4.5 m;当底层采用约束砌体抗震墙时,底层的层高不应超过 4.2 m。

(3) 当使用功能确有需要时,采用约束砌体等加强措施的普通砖房屋,层高不应超过 3.9 m。

3) 高宽比限制

震害调查表明,多层砌体房屋的墙体主要发生剪切破坏,产生对角斜裂缝;但也有少部分高宽比较大的房屋发生整体弯曲破坏,具体表现为底层外墙产生水平裂缝,并向内延伸至横墙。《建筑抗震设计规范》(GB 50011—2010)通过限制房屋高宽比的规定来确保砌体房屋不发生整体弯曲破坏,而在抗震强度验算时只验算墙片的抗剪强度,不再进行整体弯曲强度验算。表 6-2 为《建筑抗震设计规范》(GB 50011—2010)规定的多层砌体房屋总高度与总宽度的最大比值。

表 6-2　房屋最大高宽比

烈　　度	6	7	8	9
最大高宽比	2.5	2.5	2.0	1.5

注:① 单面走廊房屋的总宽度不包括走廊宽度;
　　② 建筑平面接近正方形时,其高宽比宜适当减小。

6.2.3　房屋抗震横墙间距的限制

横墙间距过大对抗震极其不利。首先,会使横墙整体抗震能力减弱;其次,会导致纵墙的侧向支撑减少,房的整体性变差;再者,会造成楼盖在侧向力作用下支承点的间距变大,使楼盖发生过大的平面内变形,从而不能有效地将地震力均匀地传递至各抗侧力构件,特别是纵墙有可能发生较大的出平面弯曲,导致破坏。因此,《建筑抗震设计规范》(GB 50011—2010)对抗震横墙间距予以限制,见表 6-3。

表 6-3　房屋抗震横墙最大间距（m）

房屋类别		烈　度			
		6	7	8	9
多层砌体	现浇或装配整体式钢筋混凝土楼、屋盖	15	15	11	7
	装配式钢筋混凝土楼、屋盖	11	11	9	4
	木屋盖	9	9	4	—
底部框架-抗震墙	上部各层	同多层砌体房屋			—
	底层或底部两层	18	15	11	—

注：① 多层砌体房屋的顶层，除木屋盖外的最大横墙间距应允许适当放宽，但应采取相应加强措施；

② 多孔砖抗震横墙厚度为 190 mm 时，最大横墙间距应比表中数值减少 3 m。

6.2.4　房屋的局部尺寸限制

房屋局部尺寸的影响，有时仅造成房屋局部的破坏而不影响结构的整体安全，但某些重要部位的局部破坏则会影响整个结构的破坏甚至倒塌。因此有必要对地震区建造的砌体房屋的某些局部尺寸加以控制。

表 6-4 为《建筑抗震设计规范》（GB 50011—2010）规定的房屋局部尺寸的限值。

表 6-4　房屋的局部尺寸限制（m）

部　位	6 度	7 度	8 度	9 度
承重窗间墙最小宽度	1.0	1.0	1.2	1.5
承重外墙尽端至门窗洞边的最小距离	1.0	1.0	1.2	1.5
非承重外墙尽端至门窗洞边的最小距离	1.0	1.0	1.0	1.0
内墙阳角至门窗洞边的最小距离	1.0	1.0	1.5	2.0
无锚固女儿墙（非出入口处）最大高度	0.5	0.5	0.5	0.0

注：① 局部尺寸不足时，应采取局部加强措施弥补，且最小宽度不宜小于 1/4 层高和表中数据的 80%；

② 出入口处的女儿墙应有锚固。

6.3　多层砌体房屋的抗震设计

6.3.1　多层砌体房屋的抗震强度验算

多层砌体房屋的抗震强度验算是指水平地震作用下砌体墙片的抗剪强度验算。

在抗震计算时,水平地震作用的方向应分别考虑房屋的两个主轴方向,即沿横墙方向和沿纵墙方向;当沿斜向布置有抗侧力墙片时,尚应考虑沿该斜向的水平地震作用。砌体墙片的抗震强度验算详见下述。

1) 计算简图的确定

多层砌体房屋在水平地震作用下的计算简图可采用工程实践中最为常用的层间剪切型计算简图,见图 6-5。

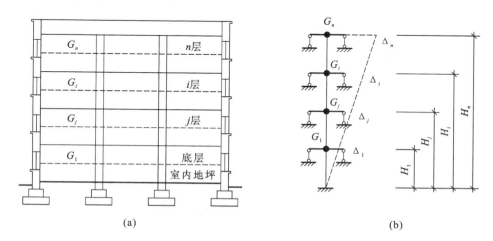

(a)   (b)

图 6-5 多层砌体结构房屋计算简图

在确定计算简图时,任意一质点的重量应包括该层楼盖的全部重量、上下各半层墙体(包括门、窗等)重量以及该楼面上 50% 的活荷载。此外,底部固定端的标高一般取室外地面以下 500 mm 处标高及基础梁顶部标高两者之中的较大值。

2) 各质点地震作用的计算

当多层砌体房屋满足 6.2 节抗震设计的一般规定后,一般均可采用底部剪力法计算各质点的水平地震作用,且可不考虑顶层质点的附加地震作用。另外,由于多层砌体房屋的基本自振周期一般小于 0.3 s,为简化计算,《建筑抗震设计规范》(GB 50011—2010)规定,对于多层砌体房屋,地震影响系数均取其最大值,即取 $\alpha_1 = \alpha_{\max}$。因此,多层砌体房屋的水平地震作用可按下述步骤进行计算。

(1) 按规范规定计算各质点的重力荷载代表值 G_i。

(2) 计算等效总重力荷载代表值 G_{eq}。

$$G_{eq} = \begin{cases} G_1 & (n = 1) \\ 0.85 \sum_{i=1}^{n} G_i & (n > 1) \end{cases} \tag{6.3.1}$$

(3) 计算总水平地震作用。

$$F_{Ek} = \alpha_{\max} \cdot G_{eq} \tag{6.3.2}$$

（4）计算各质点地震作用。

$$F_i = \frac{G_i H_i}{\sum\limits_{j=1}^{n} G_j H_j} F_{EK} \qquad (6.3.3)$$

3）各楼层地震剪力的计算

楼层地震剪力，是作用在整个房屋某一楼层上的剪力，取第 i 层以上的房屋为隔离体，根据力的平衡条件（见图 6-6），得第 i 楼层的层间地震剪力为

$$V_i = \sum_{j=i}^{n} F_j \qquad (6.3.4)$$

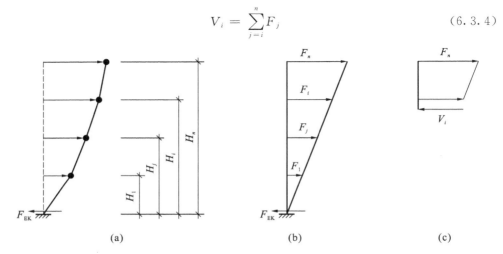

图 6-6　多层砌体房屋的地震作用分布图

《建筑抗震设计规范》（GB 50011—2010）还规定，对于突出屋面的屋顶间、女儿墙、烟囱等小建筑的地震作用效应，宜乘以增大系数 3，以考虑鞭梢效应，此增大部分不往下层传递。即当顶部质点为突出屋面的小建筑时，顶层的楼层地震剪力为

$$V_n = 3F_n \qquad (6.3.5)$$

而其余各层仍按式（6.3.4）计算。

4）楼层地震剪力在各墙体间的分配

同一楼层中各墙体或墙段承担的地震剪力之和等于该楼层的地震剪力。假定第 i 层间在验算方向共有 l 道墙，令第 i 层间第 m 道墙承担的地震剪力为 V_{im}，则有

$$V_i = \sum_{m=1}^{l} V_{im} \qquad (6.3.6)$$

同一楼层中各道墙所承担的地震剪力与楼盖的刚度、各墙的抗侧刚度及负荷面积有关。工程实践中，常将实际的各种楼盖理想化为三种楼盖类型，即刚性楼盖、柔性楼盖和中性楼盖。现首先介绍墙体抗侧刚度的计算方法，然后就三种楼盖类型分别讨论各墙体地震剪力的计算公式。

（1）墙体抗侧刚度的计算。

实际工程中,为提高房屋的整体性,一般情况下不宜采用柔性楼盖,如木楼盖、开大孔的预制装配式楼盖等。对于刚性楼盖和中性楼盖,计算墙体的地震剪力时都要用到墙体的抗侧刚度 K_{im}。

根据材料力学和结构力学的知识可知,对于两端不发生转动的构件,当只考虑其剪切变形时,其抗侧刚度为

$$K_{im} = \frac{G_i A_{im}}{\zeta h_i} \tag{6.3.7}$$

当只考虑其弯曲变形时,其抗侧刚度为

$$K_{im} = \frac{12 E_i I_{im}}{h_i^3} \tag{6.3.8}$$

当同时考虑其剪切变形和弯曲变形时,其抗侧刚度为

$$K_{im} = \frac{1}{\dfrac{\zeta h_{im}}{GA_{im}} + \dfrac{h_i^3}{12 E I_{im}}} \tag{6.3.9}$$

上述三式中　　h——构件(墙体)的高度,一般为层高;

　　　　　　　　A——构件的水平截面积;

　　　　　　　　I——构件水平截面惯性矩;

　　　　　　　　ζ——截面剪应力不均匀系数,矩形截面取 1.2;

　　　　　　　　E——砌体弹性模量;

　　　　　　　　G——砌体剪切模量,一般取 $G = 0.4E$。

若墙片厚度为 t,宽度为 b,则有

$$A_{im} = t_{im} b_{im} \tag{6.3.10}$$

$$I_{im} = \frac{1}{12} t_{im} b_{im}^3 \tag{6.3.11}$$

将上两式及 $\zeta = 1.2$、$G = 0.4E$ 分别代入式(6.3.7)、式(6.3.8)和式(6.3.9),可得

$$K_{im} = \frac{E t_i b_{im}}{3 h_i} \tag{6.3.12}$$

$$K_{im} = \frac{E_i t_i b_{im}^3}{h_i^3} \tag{6.3.13}$$

$$K_{im} = \frac{E_i t_i b_{im}}{h_i \left(3 + \left(\dfrac{h_i}{b_{im}}\right)^2\right)} \tag{6.3.14}$$

以上就是墙体抗侧刚度计算的一般公式。此外,在计算时还应计入墙段高宽比及墙段洞口对刚度的影响。这里,墙段的高宽比是指层高和墙长之比,门窗洞口边的小墙段是指洞净高与洞侧墙宽之比。考虑原则如下。

① 墙段高宽比对刚度影响的考虑。

a. 对于抗侧刚度很小(高宽比 h/b 大于 4)的构件,忽略其抗侧刚度,即不考虑这种构件的抗侧能力。当考虑横向水平地震作用时,由于横墙的平面内抗侧刚度远大于纵墙的平面外抗侧刚度,横向水平地震剪力主要由横墙承担,故为简化计算而忽略纵墙的平面外抗侧能力,即认为横向地震剪力全部由横墙承担。同理,当纵向地震作用时,忽略横墙平面外的抗侧能力,即认为纵向地震剪力全部由纵墙承担。

b. 当墙片的高宽比 $h/b<1$ 时,可只考虑剪切变形的影响,按式(6.3.12)计算墙片的抗侧刚度。

c. 当墙片的高宽比为 $1\leqslant h/b\leqslant 4$ 时,应同时考虑剪切变形和弯曲变形的影响,按式(6.3.14)计算其抗侧刚度。

因此,当考虑横向地震剪力在各道墙上的分配时,可只计算高宽比小于等于 4 的横墙墙段的抗侧刚度。而当考虑纵向地震剪力在各道墙上的分配时,可只计算高宽比小于等于 4 的纵墙墙段的抗侧刚度。

② 墙段洞口影响系数。

墙段宜按门窗洞口划分;对设置构造柱的小开口墙段按毛墙面计算的刚度,可根据开洞率乘以表 6-5 中的墙段洞口影响系数。

表 6-5　墙段洞口影响系数

开洞率	0.10	0.20	0.30
影响系数	0.98	0.94	0.88

注:① 开洞率为洞口水平截面积与墙段水平毛面积之比,相邻洞口之间净宽小于 500 mm 的墙段视为洞口;

② 洞口中线偏离墙段中线大于墙段长度的 1/4 时,表中影响系数值折减 0.9;门洞的洞顶高度大于层高的 80% 时,表中数据不适用;窗洞高度大于 50% 层高时,按门洞对待。

(2) 刚性楼盖。

所谓刚性楼盖是指楼盖的平面内刚度为无穷大,即假定楼盖在水平地震作用下不发生任何平面内的变形,仅发生刚体位移。当忽略扭转效应时,刚体仅产生一平动,且各点的平动处处相等,从而可知,各道墙的侧移也相等。记第 m 道墙的抗侧刚度为 K_{im},相对侧移为 Δ_{im},则第 m 道墙所承担的剪力为

$$V_{im}=K_{im}\Delta_{im} \tag{6.3.15}$$

在刚性楼盖的情况下,有 $\Delta_{im}=\Delta_i(m=1,2,\cdots,l)$,将式(6.3.15)代入式(6.3.6),得

$$V_i = \sum_{m=1}^{l} K_{im}\Delta_{im} = \Delta_i \sum_{m=1}^{l} K_{im} \tag{6.3.16}$$

从而

$$\Delta_{im} = \Delta_i = \frac{V_i}{\sum_{m=1}^{l} K_{im}} \tag{6.3.17}$$

将式(6.3.17)代入式(6.3.15),得第 m 道墙的地震剪力为

$$V_{im} = \frac{K_{im}}{\sum\limits_{m=1}^{l} K_{im}} V_i = \frac{K_{im}}{K_i} V_i \tag{6.3.18}$$

式中　$K_i = \sum\limits_{m=1}^{l} K_{im}$ 可称为第 i 楼层的横向或纵向抗侧刚度。

（3）柔性楼盖。

所谓柔性楼盖,即假定该楼盖的平面内刚度为零,从而各道墙在地震作用下的变形是自由的,不受楼盖的约束。在此情况下,认为各道墙承担的地震剪力和该道墙承担的重力荷载代表值成正比,即

$$V_{im} = c G_{im} \tag{6.3.19}$$

由 $V_i = \sum\limits_{m=1}^{l} V_{im} = c \sum\limits_{m=1}^{l} G_{im} = c G_i$ 得

$$c = \frac{V_i}{G_i} \tag{6.3.20}$$

从而

$$V_{im} = \frac{G_{im}}{G_i} V_i \tag{6.3.21}$$

当房屋各楼层的重力沿平面均匀分布时,有

$$G_{im} = \gamma_i F_{im} \tag{6.3.22}$$

$$G_i = \gamma_i F_i \tag{6.3.23}$$

式中:γ_i 为第 i 楼层单位面积的重力荷载代表值,F_{im} 为第 m 道墙的负荷面积,F_i 为第 i 楼层平面的面积。将式(6.3.22)、式(6.3.23)代入式(6.3.21),可得

$$V_{im} = \frac{F_{im}}{F_i} V_i \tag{6.3.24}$$

（4）中性楼盖。

中性楼盖是指介于刚性楼盖和柔性楼盖之间的楼盖。在中性楼盖情况下,各道墙的地震剪力计算比较复杂,工程实践中,近似地取刚性楼盖的各道墙的地震剪力和柔性楼盖时各道墙的地震剪力的平均值,即取

$$V_{im} = \frac{1}{2} \left(\frac{K_{im}}{K_i} + \frac{F_{im}}{F_i} \right) V_i \tag{6.3.25}$$

（5）横向楼层地震剪力在各道横墙上的分配。

当考虑横向楼层地震剪力在各道横墙上的分配时,应先确定楼盖属于何种楼盖,如为现浇或装配整体式(有较强的整浇配筋面层且无大孔),则可采用刚性楼盖假定,按式(6.3.18)计算各道横墙承担的地震剪力;如为木楼盖或整体性较差的装配式钢筋混凝土楼盖(无整浇面层或开有多个大孔),则可采用柔性楼盖假定,按式(6.3.21)或式(6.3.24)计算;对于工程中常见的钢筋混凝土装配式楼盖(有 30～40 mm 厚的配筋面层),则可采用中性楼盖假定,按式(6.3.25)计算。

（6）纵向楼层地震剪力在各道纵墙上的分配。

当考虑纵向地震作用时,楼盖平面由于其计算长度大于其宽度,楼盖的平面内抗弯刚度往往很大,此时,可不考虑楼盖的具体构造,一律采用刚性楼盖假定,按式(6.3.18)进行计算。

（7）只考虑剪切变形时的简化公式。

有时,当大部分墙片高宽比小于 1 时,为简化计算,在计算墙片的抗侧刚度时,只考虑剪切变形,即按式(6.3.7)计算墙片的抗侧刚度。现将式(6.3.7)代入式(6.3.18)。并注意到,同一楼层所用材料往往相同,墙片高度也相同,即各墙片 G_{im} 相等,h_{im} 也相等,从而式(6.3.18)可简化成

$$V_{im} = \frac{\dfrac{G_i A_{im}}{\zeta h_i}}{\displaystyle\sum_{m=1}^{l} \dfrac{G_i A_{im}}{\zeta h_i}} V_i = \frac{A_{im}}{\displaystyle\sum_{m=1}^{l} A_{im}} V_i = \frac{A_{im}}{A_i} V_i \qquad (6.3.26)$$

式中 $A_i = \displaystyle\sum_{m=1}^{l} A_{im}$,为该楼层各抗震墙片($h/b \leqslant 4$)的水平抗剪面积之和。式(6.3.25)可简化成

$$V_{im} = \frac{1}{2}\left(\frac{A_{im}}{A_i} + \frac{F_{im}}{F_i}\right) V_i \qquad (6.3.27)$$

（8）一道墙的地震剪力在各墙段间的分配。

一般地,当一道墙中各墙段的高宽比比较接近,且所受正应力差别不大时,可认为当这道墙的抗震强度满足要求时,其余各墙段的抗震强度也满足要求,从而可不必进行各墙段的抗震强度验算。

然而,当一道墙的抗震强度满足规范要求时,这道墙中高宽比较小或正应力较小的墙段的抗震强度仍有可能不满足规范要求,此时应计算各墙段所受的地震剪力及抗震强度,进行抗震强度验算。

由于圈梁及楼盖的约束作用,一般可认为同一道墙中各墙段具有相同的侧移,从而可按各墙段的抗侧刚度分配地震剪力。即第 i 层第 m 道墙第 r 墙段所受的地震剪力为

$$V_{imr} = \frac{K_{imr}}{K_{im}} V_{im} \qquad (6.3.28)$$

式中 K_{imr} 为该墙段的抗侧刚度。

5）墙体抗震强度验算

砌体房屋的抗震强度验算,最后可归结为一道墙或一个墙段的抗震强度验算。一般不必对每一道墙或每一个墙段都进行抗震强度验算,可根据工程经验,选择若干抗震不利墙段进行抗震强度验算。只要这些墙或墙段的抗震强度满足要求,则认为其他墙或墙段的抗震强度也能满足要求。

根据震害和工程实践经验,多层砌体房屋的抗震不利墙段可能是底层、顶层或砂

浆强度变化的楼层墙体,也可能是承担地震作用较大或竖向正应力较小的墙体等。

在进行墙体抗震强度验算前,首先需要确定砌体的抗震抗剪强度设计值。各类砌体沿阶梯形截面破坏的抗震抗剪强度设计值,按下式计算。

$$f_{vE} = \zeta_N f_v \tag{6.3.29}$$

式中 f_{vE}——砌体沿阶梯形截面破坏的抗剪强度设计值;

f_v——非抗震设计的砌体抗剪强度设计值;

ζ_N——砌体抗震抗剪强度的正应力影响系数,按表 6-6 采用。

表 6-6 砌体强度的正应力影响系数 ζ_N

砌体类别	σ_0/f_v							
	0.0	1.0	3.0	5.0	7.0	10.0	12.0	≥16.0
普通砖、多孔砖	0.80	0.99	1.25	1.47	1.65	1.90	2.05	—
小砌块	—	1.23	1.69	2.15	2.57	3.02	3.32	3.92

注:σ_0 为对应于重力荷载代表值的砌体截面平均正应力。

我国《建筑抗震设计规范》(GB 50011—2010)关于砌体房屋墙体的抗震强度验算公式是在大量墙片试验的基础上经适当调整后确定的。具体验算公式可按以下几种情况选用。

(1)普通砖、多孔砖墙体的截面抗震受剪承载力,应按下列规定验算。

$$V \leqslant \frac{f_{vE}A}{\gamma_{RE}} \tag{6.3.30}$$

式中 V——墙体剪力设计值;

A——墙体的横截面面积,多孔砖取毛截面面积;

γ_{RE}——承载力抗震调整系数,承重墙按表 3-12 采用,自承重墙按 0.75 采用;

f_{vE}——砖砌体沿阶梯形截面破坏的抗震抗剪强度设计值,按式(6.3.29)确定。

(2)采用水平配筋的墙体,应按下式验算。

$$V \leqslant \frac{1}{\gamma_{RE}}(f_{vE}A + \zeta_s f_{yh}A_{sh}) \tag{6.3.31}$$

式中 f_{yh}——水平钢筋抗拉强度设计值;

A_{sh}——层间墙体竖向截面的总水平钢筋面积,其配筋率应不小于 0.07% 且不大于 0.17%;

ζ_s——钢筋参与工作系数,可按表 6-7 采用。

表 6-7 钢筋参与工作系数 ζ_s

墙体高宽比	0.4	0.6	0.8	1.0	1.2
ζ_s	0.10	0.12	0.14	0.15	0.12

（3）当按式（6.3.30）、式（6.3.31）验算不满足要求时，可计入基本均匀设置于墙段中部、截面不小于 240 mm×240 mm（墙厚 190 mm 时为 240 mm×190 mm）且间距不大于 4 m 的构造柱对受剪承载力的提高作用，按下列简化方法验算。

$$V \leqslant \frac{1}{\gamma_{RE}}[\eta_c f_{vE}(A-A_c) + \zeta_c f_t A_c + 0.08 f_{yc} A_{sc} + \zeta_s f_{yh} A_{sh}] \quad (6.3.32)$$

式中　A_c——中部构造柱的横截面总面积（对横墙和内纵墙，$A_c > 0.15A$ 时，取 0.15A；对外纵墙，$A_c > 0.25A$ 时，取 0.25A）；

　　　f_t——中部构造柱的混凝土轴心抗拉强度设计值；

　　　A_{sc}——中部构造柱的纵向钢筋截面总面积（配筋率不小于 0.6%，大于 1.4% 时取 1.4%）；

　　　f_{yh}、f_{yc}——分别为墙体水平钢筋、构造柱钢筋的抗拉强度设计值；

　　　A_{sh}——层间墙体竖向截面的总水平钢筋面积，无水平钢筋时取 0.0；

　　　ζ_c——中部构造柱钢筋参与工作系数，居中设一根时取 0.5，不大于 3 m 时取 1.1。

（4）混凝土小砌块墙体的抗震强度验算公式。

对混凝土小砌块墙体可按下式进行抗震验算。

$$V \leqslant \frac{1}{\gamma_{RE}}[f_{vE}A + (0.3 f_t A_c + 0.05 f_y A_s)\zeta_c] \quad (6.3.33)$$

式中　f_t——钢筋混凝土芯柱混凝土轴心抗拉强度设计值；

　　　A_c——钢筋混凝土芯柱总截面面积；

　　　A_s——钢筋混凝土芯柱钢筋截面总面积；

　　　f_y——钢筋混凝土芯柱抗拉强度设计值；

　　　ζ_c——芯柱参与工作系数，根据填孔率（芯柱根数与孔洞总数之比）按表 6-8 采用。

当同时设置芯柱和构造柱时，构造柱截面可作为芯柱截面，构造柱钢筋可作为芯柱钢筋。

表 6-8　芯柱参与工作系数

填孔率 ρ	$\rho < 0.15$	$0.15 \leqslant \rho < 0.25$	$0.25 \leqslant \rho < 0.5$	$\rho \geqslant 0.5$
ζ_c	0	1.0	1.1	1.15

注：填孔率指芯柱根数（含构造柱和填实孔洞数量）与孔洞总数之比。

6.3.2　多层砌体房屋的抗震构造措施

多层砌体房屋一般不需进行罕遇地震作用下的变形验算，而是通过构造措施来提高房屋的变形能力，确保房屋大震不倒。此外，由于砌体房屋中各连接部位的强度难以验算，也必须通过构造措施来满足使用要求。因此，必须重视多层砌体房屋的抗震构造措施。

　　1) 加强房屋整体性的构造措施

　　(1) 构造柱与芯柱的设置及构造要求。

　　构造柱或芯柱的抗震作用在于和圈梁一起对砌体墙片乃至整幢房屋产生一种约束作用,使墙体在侧向变形下仍具有良好的竖向及侧向承载力,提高墙片的往复变形能力,从而提高墙片及整幢房屋的抗倒塌能力。对于砖砌体房屋可设置构造柱,而对混凝土空心砌块房屋,可利用空心砌块孔洞设置钢筋混凝土芯柱。

　　《建筑抗震设计规范》(GB 50011—2010)规定的构造柱的设置要求如下。

　　① 构造柱的设置部位一般情况下应符合表 6-9 的要求。

　　② 外廊式和单面走廊式的多层砖房,应根据房屋增加一层后的层数按表 6-9 要求设置构造柱,且单面走廊两侧的纵墙均应按外墙处理。

　　③ 横墙较少的房屋,应根据房屋增加一层的层数,按表 6-9 的要求设置构造柱。当横墙较少的房屋为外廊式或单面走廊式时,应按②要求设置构造柱;但 6 度不超过四层、七度不超过三层和 8 度不超过二层时,应按增加二层的层数对待。

　　④ 各层横墙很少的房屋,应按增加二层的层数设置构造柱。

　　⑤ 采用蒸压灰砂砖和蒸压粉煤灰砖的砌体房屋,当砌体的抗剪强度仅达到普通黏土砖砌体的 70% 时,应根据增加一层的层数按①～④的要求设置构造柱;但 6 度不超过四层、7 度不超过三层和 8 度不超过二层时,应按增加两层的层数对待。

表 6-9　多层砖砌体房屋构造柱设置要求

房 屋 层 数				设 置 部 位	
6 度	7 度	8 度	9 度		
四、五	三、四	二、三		楼、电梯间四角,楼梯斜梯段上下端对应的墙体处;	隔 12 m 或单元横墙与外纵墙交接处; 楼梯间对应的另一侧内横墙与外纵墙交接处
六	五	四	二	外墙四角和对应转角;错层部位横墙与外纵墙交接处;	隔开间横墙(轴线)与外墙交接处; 山墙与内纵墙交接处
七	≥六	≥五	≥三	大房间内外墙交接处;较大洞口两侧	内墙(轴线)与外墙交接处; 内墙的局部较小墙垛处; 内纵墙与横墙(轴线)交接处

　　注:较大洞口,内墙指不小于 2.1 m 的洞口;外墙在内外墙交接处已设置构造柱时应允许适当放宽,但洞侧墙体应加强。

　　多层砌体房屋的构造柱应符合下列构造要求。

　　① 构造柱的最小的截面可采用 180 mm×240 mm(墙厚 190 mm 时为 180 mm×1 900 mm),纵向钢筋宜采用 4Φ12,箍筋间距不宜大于 250 mm,且在柱上下端宜适当加密;6、7 度时超过六层、8 度并超过五层和 9 度时,构造柱纵向钢筋宜采用 4Φ14,箍筋间距不应大于 200 mm;房屋四角的构造柱可适当加大截面及配筋。

② 构造柱与墙连接处宜砌成马牙槎,并应沿墙高每隔 500 mm 设 2Φ6 水平钢筋和φ4 分布短筋平面点电焊组成的拉结网片或φ4 电焊钢筋网片,每边伸入墙内不宜小于 1 m。6、7 度时底部 1/3 楼层,8 度时底部 1/2 楼层,9 度时全部楼层,上述拉结钢筋网片应沿墙体水平通长设置。

③ 构造出与圈梁连接处,构造柱的纵筋应在圈梁纵筋内侧穿过,保证构造柱纵筋上下贯通。

④ 构造柱可不单独设置基础,但应伸入室外地面下 500 mm,或与埋深小于 500 mm 的基础圈梁相连。

⑤ 房屋高度和层数接近于表 6-1 规定的限值时,纵、横墙内构造柱间距尚应符合下列要求:

a. 横墙内的构造柱间距不宜大于层高的二倍;下部 1/3 楼层的构造柱间距适当减小;

b. 当外纵墙开间大于 3.9 m 时,应另设加强措施。内纵墙的构造柱间距不宜大于 4.2 m。

《建筑抗震设计规范》(GB 50011—2010)规定多层砌块房屋中芯柱的设置可按如下要求进行。

① 多层小砌块房屋应按表 6-10 要求设置钢筋混凝土芯柱。

② 对外廊式和单面走廊式的多层房屋、横墙较少的房屋、各层横墙很少的房屋,尚应按照上述构造柱设置时相关层数增加原则增加层数后,按表 6-10 设置芯柱。

表 6-10 多层小砌块房屋芯柱设置要求

房屋层数				设置部位	设置数量
6 度	7 度	8 度	9 度		
四、五	三、四	二、三		外墙转角,楼、电梯间四角,楼梯斜梯段上下端对应的墙体处;大房间内外墙交接处;错层部位横墙与外纵墙交接处;隔 12 m 或单元横墙与外纵墙交接处	外墙转角,灌实 3 个孔;内外墙交接处,灌实 4 个孔
六	五	四		同上;隔开间横墙(轴线)与外纵墙交接处	
七	六	五	二	同上;各内墙(轴线)与外纵墙交接处;内纵墙与横墙(轴线)交接处和洞口两侧	外墙转角,灌实 5 个孔;内外墙交接处,灌实 4 个孔;内墙交接处,灌实 4~5 个孔;洞口两侧各灌实 1 个孔

续表

房 屋 层 数				设 置 部 位	设 置 数 量
6 度	7 度	8 度	9 度		
	七	≥六	≥三	同上； 横墙内芯柱间距不宜大于 2 m	外墙转角,灌实 7 个孔；内外墙交接处,灌实 5 个孔；内墙交接处,灌实 4～5 个孔；洞口两侧各灌实 1 个孔

注:外墙转角、内外墙交接处、电梯间四角等部位,应允许采用钢筋混凝土构造柱替代部分芯柱。

多层小砌块房屋的芯柱,应符合下列构造要求。

① 小砌块房屋芯柱截面不应小于 120 mm×120 mm。

② 芯柱混凝土强度等级,不应低于 Cb20。

③ 芯柱的竖向插筋应贯通墙身且与圈梁连接；插筋不应小于 1φ12；6、7 度时超过五层、8 度时超过四层和 9 度时,插筋不应小于 1φ14。

④ 芯柱应伸入室外地面下 500 mm 或与埋深小于 500 mm 的基础圈梁相连。

⑤ 为提高墙体抗震受剪承载力而设置的芯柱,宜在墙体内均匀布置,最大净距不宜大于 2.0 m。

⑥ 多层小砌块房屋墙体交接处或芯柱与墙体连接处应设置拉结钢筋网片,网片可采用直径 4 mm 的钢筋点焊而成,沿墙高间距不大于 600 mm,并应沿墙体水平通长设置。6、7 度时底部 1/3 楼层,8 度时底部 1/2 楼层,9 度时全部楼层,上述拉结钢筋网片沿墙高间距不大于 400 mm。

小砌块房屋中替代芯柱的钢筋混凝土构造柱,应符合下列要求。

① 构造柱截面不宜小于 190 mm×190 mm,纵向钢筋宜采用 4φ12,箍筋间距不宜大于 250 mm,且在柱上下端宜适当加密；6、7 度时超过五层、8 度时超过四层和 9 度时,构造柱纵向钢筋宜采用 4φ14,箍筋间距不应大于 200 mm；外墙转角的构造柱可适当加大截面及配筋。

② 构造柱与砌体墙连接处宜砌成马牙槎,与构造柱相邻的砌块孔洞,6 度时宜填实,7 度时应填实,8、9 度时应填实并插筋。构造柱与砌块墙之间沿墙高每隔 600 mm 设φ4 电焊拉结钢筋网片,并应沿墙体水平通长设置。6、7 度时底部 1/3 楼层,8 度时底部 1/2 楼层,9 度时全部楼层,上述拉结钢筋网片沿墙高间距不大于400 mm。

③ 构造出与圈梁连接处,构造柱的纵筋应在圈梁纵筋内侧穿过,保证构造柱纵筋上下贯通。

④ 构造柱可不单独设置基础,但应伸入室外地面下 500 mm,或与埋深小于 500 mm 的基础圈梁相连。

（2）钢筋混凝土圈梁的设置。

钢筋混凝土圈梁对房屋抗震有重要作用,它除了和钢筋混凝土构造柱或芯柱对墙体及房屋产生约束作用外,还可以加强纵横墙的连接,箍住楼屋盖,增强其整体性并可增强墙体的稳定性。另外,钢筋混凝土圈梁可抑制地基不均匀沉降造成的破坏。

多层砖砌体房屋及多层小砌块房屋的现浇钢筋混凝土圈梁设置应符合下列要求。

① 装配式钢筋混凝土楼、屋盖或木屋盖的砖屋,应按表 6-11 的规定设置圈梁。纵墙承重时,抗震横墙上的圈梁应比表 6-11 内要求适当加密。

② 现浇或装配整体式钢筋混凝土楼、屋盖与墙体有可靠连接时,应允许不另设圈梁,但楼板沿抗震墙体周边均应加强配筋并应与相应的构造柱钢筋可靠连接。

表 6-11　砖房现浇钢筋混凝土圈梁设置要求

墙　　类	烈　　度		
	6、7	8	9
外墙和内纵墙	屋盖及每层楼盖处	屋盖及每层楼盖处	屋盖及每层楼盖处
内横墙	同上;屋盖处间距不应大于 4.5 m;楼盖处间距不应大于 7.2 m;构造柱对应部位	同上;各层所有横墙,且间距不应大于 4.5 m;构造柱对应部位	同上;各层所有横墙

多层砖砌体房屋现浇混凝土圈梁的构造应符合下列要求。

① 圈梁应闭合,遇有洞口圈梁应上下搭接。圈梁宜与预制板设在同一标高处或紧靠板底。

② 圈梁在表 6-11 要求的间距内无横墙时,应利用梁或板缝中配筋替代圈梁。

③ 圈梁的截面高度不应小于 120 mm,配筋应符合表 6-12 的要求。为加强基础整体性和刚性而增设的基础圈梁,其截面高度不应小于 180 mm,配筋不应少于 4φ12。

表 6-12　多层砖砌体房屋圈梁配筋要求

配　　筋	烈　　度		
	6、7	8	9
最小纵筋	4φ10	4φ12	4φ14
箍筋最大间距(mm)	250	200	150

对多层小砌块房屋的现浇钢筋混凝土圈梁,圈梁宽度不应小于 190 mm,配筋不应少于 4φ12,箍筋间距不应大于 200 mm。

2）加强构件间连接的构造措施

（1）墙与墙之间的连接要求。

对多层砖房纵横墙之间的连接,一方面应在施工过程中注意纵横墙的咬槎,另一方面在构造设计时也应注意,对 6、7 度时长度大于 7.2 m 的大房间及 8、9 度时外墙转角及内外墙交接处,应沿墙高每隔 500 mm 配置 2Φ6 通长钢筋和Φ4 分布短筋平面内点焊组成的拉结网片或Φ4 点焊网片。

(2)墙体与楼、屋盖间的连接要求。

① 现浇钢筋混凝土楼板或屋面板伸进纵、横墙内的长度,均不应小于 120 mm。

② 装配式钢筋混凝土楼板或屋面板,当圈梁未设在板的同一标高时,板端伸进外墙的长度不应小于 120 mm,伸进内墙的长度不应小于 100 mm 或采用硬架支模连接,在梁上不应小于 80 mm 或采用硬架支模连接。

③ 当板的跨度大于 4.8 m 并与外墙平行时,靠外墙的预制板侧边应与墙或圈梁拉结。

④ 房屋端部大房间的楼盖,6 度时房屋的屋盖和 7~9 度时房屋的楼、屋盖,当圈梁设在板底时,钢筋混凝土预制板应相互拉结,并应与梁、墙或圈梁拉结。

(3)其他构件间连接要求。

① 楼、屋盖的钢筋混凝土梁或屋架,应与墙、柱(包括构造柱)或圈梁可靠连接;不得采用独立砖柱。跨度不小于 6 m 大梁的支承构件应采用组合砌体等加强措施,并满足承载力要求。

② 坡屋顶房屋的屋架应与顶层圈梁可靠连接,檩条或屋面板应与墙及屋架可靠连接,房屋出入口处的檐口瓦应与屋面构件锚固。采用硬山搁檩时,顶层内纵墙顶宜增砌支承山墙的踏步式墙垛,并设置构造柱。

③ 预制阳台,6、7 度时应与圈梁和楼板的现浇板带可靠连接,8、9 度时不应采用预制阳台。

④ 门窗洞处不应采用砖过梁;过梁支承长度,6~8 度时不应小于 240 mm,9 度时不应小于 360 mm。

⑤ 后砌的非承重砌体隔墙,烟道、风道、垃圾道等应符合《建筑抗震设计规范》(GB 50011—2010)非结构构件的相关规定。

⑥ 同一结构单元的基础(或桩承台),宜采用同一类型的基础,底面宜埋置在同一标高上,否则应增设基础圈梁并应按 1∶2 的台阶逐步放坡。

⑦ 多层小砌块房屋的层数,6 度时超过五层、7 度时超过四层、8 度时超过三层和 9 度时,在底面和顶层的窗台标高处,沿纵横墙应设置通长的水平现浇钢筋混凝土带;其截面高度不小于 60 mm,纵筋不少于 2Φ10,并应有分布拉结钢筋;其混凝土强度等级不应低于 C20。水平现浇混凝土带亦可采用槽形砌块替代模板,其纵筋和拉结钢筋不变。

3)楼梯间的构造措施

《建筑抗震设计规范》(GB 50011—2010)对楼梯间的构造要求如下。

(1)顶层楼梯间墙体应沿墙高每隔 500 mm 设 2Φ6 通长钢筋和Φ4 分布短筋平面点电焊组成的拉结网片;7~9 度时其他各层楼梯间墙体应在休息平台或楼层半

高处设置 60 mm 厚、纵向钢筋不应少于 2Φ10 的钢筋混凝土带或配筋砖带,配筋砖不应少于 3 皮,每皮的配筋不少于 2Φ6,砂浆强度等级不应低于 M7.5 且不低于同层墙体的砂浆强度等级。

(2)楼梯间及门厅内墙阳角处的大梁支承长度不应小于 500 mm,并应与圈梁连接。

(3)装配式楼梯段应与平台板的梁可靠连接,8、9 度时不应采用装配式楼梯段;不应采用墙中悬挑式踏步或踏步竖肋插入墙体的楼梯,不应采用无筋砖砌栏板。

(4)突出屋顶的楼、电梯间,构造柱应伸到顶部,并与顶部圈梁连接,所有墙体应沿墙高每隔 500 mm 设 2Φ6 通长钢筋和Φ4 分布短筋平面内点焊组成的拉结网片或Φ4 点焊网片。

4)丙类多层砌体房屋的加强措施

对丙类多层砌体房屋,当横墙较少且总高度和层数接近或达到表 6-1 规定限值时,应采用下列加强措施。

(1)房屋的最大开间尺寸不宜大于 6.6 m。

(2)同一结构单元内横墙错位数量不宜超过横墙总数的 1/3,且连续错位不宜多于两道;错位的墙体交接处均应增设构造柱,且楼、屋面板应采用现浇钢筋混凝土板。

(3)横墙和内纵墙上洞口的宽度不宜大于 1.5 m;外纵墙上洞口的宽度不宜大于 2.1 m 或开间尺寸的一半;且内外墙上洞口位置不应影响内外纵墙与横墙的整体连接。

(4)所有纵横墙均应在楼、屋盖标高处设置加强的现浇钢筋混凝土圈梁;圈梁的截面高度不宜小于 150 mm,上下纵筋各不应少于 3Φ10,箍筋不小于Φ6,间距不大于 300 mm。

(5)对多层砖砌体房屋,所有纵横墙交接处及横墙的中部,均应增设满足下列要求的构造柱:在纵、横墙内的柱距不宜大于 3.0 m,最小截面尺寸不宜小于 240 mm×240mm(墙厚 190 mm 时为 240 mm×190mm),配筋宜符合表 6-13 的要求。而对多层小砌块房屋可采用芯柱替代,芯柱的灌孔数量不应少于 2 孔,每孔插筋的直径不应小于 18 mm。

表 6-13 增设构造柱的纵筋和箍筋设置要求

位 置	纵 向 钢 筋			箍 筋		
	最大配筋率(%)	最小配筋率(%)	最小直径(mm)	加密区范围(mm)	加密区间距(mm)	最小直径(mm)
角柱	1.8	0.8	14	全高	100	6
边柱			14	上端 700		
中柱	1.4	0.6	12	下端 500		

6.3.3 多层砌体房屋的抗震设计算例

【**例 6-1**】 图 6-7 为一 5 层砖砌体房屋底层及楼层平面图和剖面图。楼、屋盖采用装配式钢筋混凝土预应力圆孔板。采用横墙承重,墙厚均为 240 mm,砖的强度等级为 MU10,混合砂浆强度等级,1~2 层为 M5,3~5 层为 M2.5,层高 3 m,木内门为 1 m×2.4 m,木侧门及正门为 1.5 m×2.4 m,外窗为 1.5 m×1.5 m。无雪荷载及积灰荷载,抗震设防烈度为 7 度,设计地震分组为第二组,设计基本地震加速度为 0.10g,Ⅱ类场地。验算该房屋的横向抗震墙抗剪承载力。

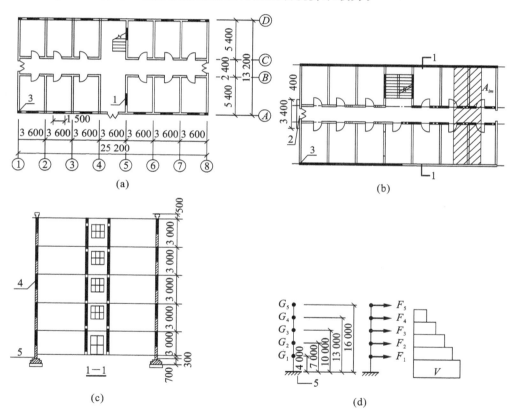

图 6-7 多层砌体结构平、剖面及计算简图

(a) 底层平面图;(b) 标准层平面图;(c) 1—1 剖面图;(d) 计算简图及地震剪力分布

1—1 200×1 500 窗洞;2—阳台;3—构造柱;4—圈梁;5—基础顶面

【**解**】

1) 重力荷载代表值计算

(1) 屋盖。

预应力圆孔板 120 mm 厚包括灌缝 1.9 kN/m²,80 mm 厚(平均)石灰焦渣找坡 1 kN/m²,40 mm 厚刚性防水层 1 kN/m²,砖礅折算荷载 0.92 kN/m²,25 mm 厚隔

热板 0.60 kN/m²,天棚 0.25 kN/m²,合计 5.67 kN/m²。

屋面面积近似按轴线尺寸计算:13.2 m×25.2 m=332.64 m²,取为 333 m²;屋盖重力荷载代表值,5.67 kN/m²×333 m²=1 888 kN。

(2) 楼盖(包括楼梯间)。

预应力圆孔板 120 mm 厚包括灌缝 1.9 kN/m²,水磨石地面 0.65 kN/m²,天棚 0.25 kN/m²,楼活荷载组合值 0.5×1.5= 0.75 kN/m²,合计 3.55 kN/m²。楼盖重力荷载代表值 3.55 kN/m²×333 m² = 1 182 kN。

(3)阳台 29 kN。

(4) 墙体荷载标准值。

240 mm 厚墙(双面粉刷):5.24 kN/m²。

① 500 mm 高女儿墙:0.5 m×(13.2 m+25.2 m)×2×5.24 kN/m²=201 kN。

② 楼层墙体。

横墙:{(5.4 m −0.24 m)×3 m×12+[(13.2 m −0.24 m)×3 m−1.5 m×1.5 m] +[(13.2 m −0.24 m)×3 m−1.5 m×2.4 m] }×5.24 kN/m²+(1.5 m ×1.5 m+1.5×2.4 m)×0.2 kN/m² = 1 351.36 kN;

外纵墙:[(25.2 m+0.24 m)×3 m−1.5 m×1.5 m×7]×2×5.24 kN/m² + 1.5 m×1.5m×14×0.2 kN/m²= 641.07 kN;

内纵墙:{[(25.2 m−0.24 m)×3 m−7×1 m×2.4 m]+[(25.2 m−0.24 m) −(3.6 m−0.24 m)] ×3 m − 6×1 m×2.4m}×5.24 kN/m²+13×1 m×2.4 m ×0.2 kN/m²=574.68 kN;

合计:1 351.36 kN + 641.07 kN + 574.68 kN = 2 567 kN。

③ 底层墙体。

横墙:[(5.40 m−0.24 m)×4 m×12−1.2 m×1.5 m]×5.24 kN/m²+1.2 m ×1.5 m×0.2 kN/m²+2×{[(13.2 m−0.24 m)×4 m−1.5 m×2.4 m]× 5.24 kN/m² + 1.5 m × 2.4 m × 0.2 kN/m² } = 1 288.77 kN + 507 kN = 1 795.77 kN;

外纵墙:[(25.2 m+0.24 m)×4 m−1.5 m×1.5 m×6−1.5 m×2.4 m]× 5.24 kN/m²+(1.5 m×1.5 m×6+1.5 m×2.4 m)×0.2 kN/m²=447.04 kN;

[(25.2 m +0.24 m)×4 m−1.5 m×1.5 m×7]×5.24 kN/m²+1.5 m× 1.5 m×0.2 kN/m²×7=453.84 kN;

内纵墙:{[(25.2 m−0.24 m)−(3.6 m −0.24 m)]×4 m−6×1 m×2.4 m} ×5.24 kN/m²×2+12×1 m×2.4 m×0.2 kN/m²=760.32 kN;

合计:1 795.77 kN+447.04 kN+453.84 kN+760.32 kN=3 457 kN。

(5) 各质点重力荷载代表值。

顶层:G_5=201 kN+1 888 kN+0.5×2 567 kN=3 372.5 kN;

4,3,2 层:G_4=G_3=G_2=1 182 kN+2 567 kN+29 kN=3 778 kN;

底层:$G_1 = 1\,182 + 0.5 \times (2\,567 + 3\,457) + 29 = 4\,223\,(\mathrm{kN})$;

总的重力荷载代表值:$\sum G_j = 3\,372.5 + 3\,778 \times 3 + 4\,223 = 18\,929.5\,(\mathrm{kN})$;

结构等效总重力荷载代表值:$G_{eq} = 0.85 \times 18\,929.5 = 16\,090\,(\mathrm{kN})$。

2)水平地震作用

图 6-7(d)为计算简图及地震剪力图。

(1)总水平地震作用标准值。

由设防烈度 7 度、设计基本地震加速度 $0.10g$,可知 $\alpha_1 = \alpha_{max} = 0.08$,则

$$F_{Ek} = \alpha_1 G_{eq} = 0.08 \times 16\,090 = 1\,287\,(\mathrm{kN})$$

(2)楼层水平地震作用和地震剪力标准值。

质点 i 的地震作用标准值为 $F_i = \dfrac{G_i H_i}{\sum\limits_{j=1}^{n} G_j H_j} F_{Ek}$,第 i 层的地震剪力标准值为

$V_i = \sum\limits_{j=i}^{n} F_j$,$V_i$ 的计算过程见表 6-14。

表 6-14　地震剪力标准值的计算

层号	$G_i(\mathrm{kN})$	$H_i(\mathrm{m})$	$G_i H_i$	$\dfrac{G_i H_i}{\sum\limits_{j=1}^{n} G_j H_j}$	$F_i(\mathrm{kN})$	$V_i(\mathrm{kN})$
5	3 372.5	16	53 960	0.293	377	377
4	3 778	13	49 114	0.267	344	721
3	3 778	10	37 780	0.205	264	985
2	3 778	7	26 446	0.143	184	1 169
1	4 223	4	16 892	0.092	118	1 287
$\sum$	18 929.5		184 192	1	1 287	

3)抗震承载力验算

(1)侧移刚度 K(单位:$\mathrm{kN/m}$)。

① 顶层各横墙侧移刚度。

对于无洞墙(见图 6-8)。

$\rho = \dfrac{3}{5.64} = 0.532 < 1$,其抗侧移刚度为

$$K = \dfrac{1}{3\rho} Et = \dfrac{1}{0.532} \times 0.24E = 0.150E$$

对于中间开洞墙的 ⑧ 轴墙,将墙沿高度分

为三段,如图 6-9(a)所示。

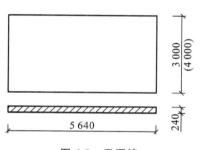

图 6-8　无洞墙

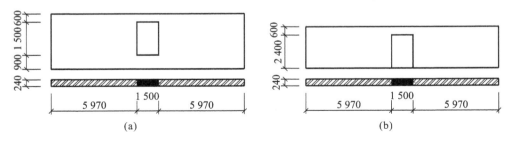

图 6-9 开洞墙

i_1 墙，$\rho_1 = \dfrac{0.60}{13.44} = 0.045 < 1$，其柔度系数为

$$\delta_1 = \frac{1}{K_1} = \frac{3\rho_1}{Et} = \frac{3 \times 0.045}{0.24E} = 0.563\,\frac{1}{E}$$

i_2 墙，$\rho_2 = \dfrac{1.50}{5.97} = 0.251 < 1$，其柔度系数为

$$\delta_2 = \frac{1}{\sum K_2} = \frac{3\rho_2}{2Et} = \frac{3 \times 0.251}{2 \times 0.24E} = 1.569\,\frac{1}{E}$$

i_3 墙，$\rho_3 = \dfrac{0.90}{13.44} = 0.067 < 1$，其柔度系数为

$$\delta_3 = \frac{1}{K_3} = \frac{3\rho_3}{Et} = \frac{3 \times 0.067}{0.24E} = 0.838\,\frac{1}{E}$$

总的柔度系数为

$$\delta = \sum \delta_j = (0.563 + 1.569 + 0.838)\,\frac{1}{E} = 2.97\,\frac{1}{E}$$

侧移刚度为

$$K = \frac{1}{\delta} = \frac{E}{2.97} = 0.337E$$

对于开门洞的①轴墙（见图 6-9(b)）

$$i_1 \text{ 墙，} \rho_1 = \frac{0.60}{13.44} = 0.045 < 1, \quad \delta_1 = \frac{3 \times 0.045}{0.24E} = 0.563\,\frac{1}{E}$$

$$i_2 \text{ 墙，} \rho_2 = \frac{2.40}{5.97} = 0.402 < 1, \quad \delta_2 = \frac{1}{\sum K_2} = \frac{3\rho_2}{2Et} = \frac{3 \times 0.40}{2 \times 0.24E} = 2.513\,\frac{1}{E}$$

$$\delta = \sum \delta_j = (0.563 + 2.513)\,\frac{1}{E} = 3.076\,\frac{1}{E}$$

$$K = \frac{1}{\delta} = \frac{E}{3.076} = 0.325E$$

② 底层各横墙侧移刚度。

对于无洞墙，$\rho = \dfrac{4}{5.64} = 0.709 < 1$，侧移刚度为

$$K=\frac{1}{3\rho}Et=\frac{1}{3\times0.709}\times0.24E=0.113E$$

对于 A～B 轴间的⑤轴墙(见图 6-10)

上段 $\rho_1=\frac{0.80}{5.64}=0.142<1, K_1=\frac{1}{3\rho_1}Et=\frac{1}{3\times0.142}\times0.24E=0.564E$

中段 $\rho_{2a}=\frac{1.50}{1.36}=1.103>1, K_{2a}=\frac{Et}{\rho_{2a}(\rho_{2a}^2+3)}=\frac{0.24E}{1.103\times(1.103^2+3)}=0.052E$

$\rho_{2b}=\frac{1.50}{3.08}=0.487<1, K_{2b}=\frac{Et}{3\rho_{2b}}=\frac{0.24E}{3\times0.487}=0.164E$

下段 $\rho_3=\frac{1.70}{5.64}=0.301<1, K_3=\frac{Et}{3\rho_3}=\frac{0.24E}{3\times0.301}=0.266E$

柔度系数为

$$\delta=\sum\delta_j=\frac{1}{K_1}+\frac{1}{\sum K_2}+\frac{1}{K_3}=\frac{1}{0.564E}+\frac{1}{0.052E+0.164E}+\frac{1}{0.266E}$$

$$=10.16\frac{1}{E}$$

侧移刚度为 $$K=\frac{1}{\delta}=\frac{E}{10.16}=0.098E$$

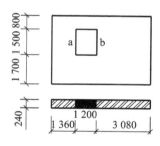

图 6-10 开洞墙一

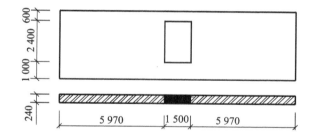

图 6-11 开洞墙二

对于①轴墙(见图 6-11),

上段 $\rho_1=\frac{0.60}{13.44}=0.045<1, K_1=\frac{1}{3\rho_1}Et=\frac{1}{3\times0.045}\times0.24E=1.78E$

中段 $\rho_2=\frac{2.40}{5.97}=0.402<1, K_2=\frac{2}{3\rho_2}Et=\frac{2}{3\times0.402}\times0.24E=0.398E$

下段 $\rho_3=\frac{1}{13.44}=0.074<1, K_3=\frac{1}{3\rho_3}Et=\frac{1}{3\times0.074}\times0.24E=1.081E$

于是 $\delta=\sum\delta_j=\frac{1}{1.78E}+\frac{1}{0.398E}+\frac{1}{1.081E}=4\frac{1}{E}$

侧移刚度为 $$K=\frac{1}{\delta}=\frac{E}{4}=0.25E$$

则⑧轴墙的侧移刚度亦为 $0.25E$。

③ 各横墙侧移刚度汇总。

各横墙侧移刚度汇总于表 6-15。同一层墙体的弹性模量相同,表中数值均应乘以 E。

表 6-15　横墙侧移刚度总汇

层　　数	各轴墙的抗侧刚度					$\sum K$
	①	②、③、④	⑤	⑥、⑦	⑧	
顶层	0.325	2×0.15	2×0.15	2×0.15	0.337	2.462
底层	0.25	2×0.113	$0.098+0.113$	2×0.113	0.25	1.841

(2) 地震剪力标准值 V_i 的分配。

① 顶层。

取⑦轴在 A～B 轴之间横墙 s 验算其抗震抗剪承载力。该墙段 S 侧移刚度 K_{im} $=0.15E$,顶层各横墙侧移刚度之和 $\sum K_{im}=2.462E$,墙 S 重力荷载代表值所属的面积 $A_{im}^*=3.60\times(5.4+1.2)=23.76(\mathrm{m}^2)$,顶层总面积 $A_i^*=333\ \mathrm{m}^2$,墙 S 所承担的楼层地震剪力标准值 V_{im} 为

$$V_{im}=\frac{1}{2}\left[\frac{K_{im}}{\sum K_{im}}+\frac{A_{im}^*}{A_i^*}\right]V_i=\frac{1}{2}\left(\frac{0.150}{2.462}+\frac{23.76}{333}\right)\times377=24.93\,(\mathrm{kN})$$

② 底层。

验算⑤轴在 A～B 轴之间的墙 k;k 墙侧移刚度 $K_{im}=0.098E$,总侧移刚度为

$$\sum K_{im}=1.841E$$

k 墙重力荷载代表值所属的面积

$$A_{im}^*=3.60\times(5.40+1.20)=23.76(\mathrm{m}^2)$$

楼层总面积　　　　　　　$A_i^*=333\ \mathrm{m}^2$, $V_i=1\ 287\ \mathrm{kN}$

$$V_{im}=\frac{1}{2}\left(\frac{0.098}{1.841}+\frac{23.76}{333}\right)\times1\ 287=80.17(\mathrm{kN})$$

地震剪力 V_{im} 在各墙肢间的分配

$$\sum K_2=K_{2a}+K_{2b}=0.052E+0.164E=0.216E$$

$$V_{2a}=\frac{0.052}{0.216}\times80.17=19.30(\mathrm{kN}),\ V_{2b}=\frac{0.164}{0.216}\times80.17=60.87(\mathrm{kN})$$

(3) 截面抗震抗剪承载力验算。

① 顶层。

对于 M2.5 砌体沿灰缝破坏的抗剪强度设计值 f_v 为 0.08 $\mathrm{N/mm^2}$。

验算⑦轴在 A～B 轴之间的墙,该墙段的横截面面积 $A=240\times5\ 640=1.353\ 6$ $\times10^6$(mm^2),计算该墙段的 $\frac{1}{2}$ 层高处水平截面上重力荷载代表值引起的平均竖向压应力 σ_0。

$$\sigma_0 = \frac{5.67\ kN/m^2 \times 3.60\ m + 5.24\ kN/m^2 \times 1.50\ m}{240\ mm} = 0.12\ N/mm^2$$

则

$$\frac{\sigma_0}{f_v} = \frac{0.12\ N/mm^2}{0.08\ N/mm^2} = 1.5$$

查表 6-6 得

$$\zeta_N = 1.055,\ f_{vE} = \zeta_N f_v = 1.055 \times 0.09 = 0.095 (N/mm^2)$$

由于 $\gamma_{RE} = 1$，则

$$\frac{f_{vE}A}{\gamma_{RE}} = 0.095\ N/mm^2 \times 1.353\ 6 \times 10^6\ mm^2 = 128.592 \times 10^3\ N = 128.59\ kN$$

该墙段承担的地震剪力设计值：$V = \gamma_{Eh} V_{im} = 1.30 \times 24.93\ kN = 32.409\ kN < 128.59\ kN$，抗震抗剪承载力满足要求。式中 γ_{Eh} 为水平地震作用分项系数，取 1.30。

② 底层。

验算⑤轴在 A～B 轴之间的墙（见图 6-12）。

对于 a 段墙，$A:240 \times 1\ 360 = 0.326\ 4 \times 10^6 (mm^2)$，承受压力为

$(5.67\ kN/m^2 \times 3.6\ m + 3.55\ kN/m^2 \times 3.6\ m \times 4) \times (1.36\ m + 1.2\ m/2) + (12\ m + 0.8\ m) \times (1.36\ m + 1.2\ m/2) \times 5.24\ kN/m^2 + 1.36\ m \times 1.5\ m/2 \times 5.24\ kN/m^2 = 277\ kN$

$$\sigma_0 = \frac{277 \times 1\ 000\ N}{1\ 360\ mm \times 240\ mm} = 0.85\ N/mm^2$$

M5 的 $f_v = 0.11\ N/mm^2$，则

$$\frac{\sigma_0}{f_v} = \frac{0.85\ N/mm^2}{0.11\ N/mm^2} = 7.27,\ \zeta_N = 1.67$$

故　$f_{vE} = \zeta_N f_v = 1.67 \times 0.11\ N/mm^2 = 0.184\ N/mm^2$

由于 $\gamma_{RE} = 1$，故

$$\frac{f_{vE}A}{\gamma_{RE}} = \frac{0.184\ N/mm^2 \times 0.326\ 4 \times 10^6\ mm^2}{1}$$
$$= 57.6\ kN$$

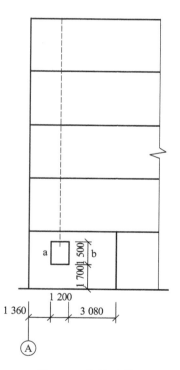

图 6-12　墙体验算

地震剪力设计值为：$V = 1.30 \times 19.30\ kN = 25.09\ kN < 57.6\ kN$，满足要求。

对于 b 段墙，A 截面面积：$240\ mm \times 3\ 080\ mm = 739.2 \times 10^3\ mm^2$，竖向压力为

$$\left(5.67\ kN/m^2 + 3.55\ kN/m^2 \times 4\right) \times 3.60\ m \times \left(\frac{1.20\ m}{2} + 3.08\ m\right)$$

$$+\left(12\ m + 0.80\ m\right) \times \left(\frac{1.20\ m}{2} + 3.08\ m\right) \times 5.24\ kN/m^2 + 3.08\ m$$

$$\times \frac{1.50\ m}{2} \times 5.24\ kN/m^2 = 522.17\ kN$$

$$\sigma_0 = \frac{522.17 \times 1\ 000\ N}{739.20 \times 10^3\ mm^2} = 0.71\ N/mm^2$$

$$\frac{\sigma_0}{f_v} = \frac{0.71\ N/mm^2}{0.11\ N/mm^2} = 6.45, \quad \zeta_N = 1.60$$

$$f_{vE} = \zeta_N f_v = 1.60 \times 0.11\ N/mm^2 = 0.176\ N/mm^2$$

$$\frac{f_{vE}A}{\gamma_{RE}} = 0.176\ N/mm^2 \times 739.2 \times 10^3\ mm^2 = 130.1\ kN$$

抗震剪力设计值 $V = 1.3 \times 60.87\ kN = 79.131\ kN < 130.1\ kN$，满足要求。

6.4 底部框架-抗震墙房屋的抗震设计

6.4.1 底部框架-抗震墙房屋的结构布置

底部框架-抗震墙房屋的结构布置除应满足 6.2 节的一般规定外，还应符合下列要求。

(1) 上部的砌体墙体与底部的框架梁或抗震墙，除楼梯间附近的个别墙段外均应对齐。

(2) 房屋的底部，应沿纵横两个方向设置一定数量的抗震墙，并应均匀对称布置。6 度且层数不超过四层的底层框架-抗震墙房屋，应允许采用嵌砌于框架之间的约束普通砖砌体或小砌块砌体的砌体抗震墙，但应计入砌体墙对框架的附加轴力和附加剪力，并进行底层的抗震验算，且同一方向不应同时采用钢筋混凝土抗震墙和约束砌体抗震墙；其余情况，8 度时，应采用钢筋混凝土抗震墙，6、7 度时应采用钢筋混凝土抗震墙或配筋小砌块砌体抗震墙。

(3) 底层框架-抗震墙砌体房屋的纵横两个方向，第二层计入构造柱影响的侧向刚度与底层侧向刚度的比值，6、7 度时不应大于 2.5，8 度时不应大于 2.0，且均不应小于 1.0。

(4) 底层框架-抗震墙砌体房屋的纵横两个方向，底层与底部第二层侧向刚度应接近，第三层计入构造柱影响的侧向刚度与底部第二层侧向刚度比值，6、7 度时不应大于 2.0，8 度时不应大于 1.5，且均不小于 1.0。

(5) 底部框架-抗震墙砌体房屋的抗震墙应设置条形基础、筏形基础等整体性较好的基础。

此外，底部框架抗震墙砌体房屋的钢筋混凝土结构部分，除应满足本章规定外，尚应符合第 5 章的有关要求，此时，底部混凝土框架的抗震等级，6、7、8 度应分别按

三、二、一级采用,混凝土墙体的抗震等级,6、7、8 度应分别按三、三、二级采用。

6.4.2　底部框架-抗震墙房屋的抗震计算

1) 水平地震作用及层间地震剪力计算

《建筑抗震设计规范》(GB 50011—2010)规定,底部框架-抗震墙房屋的抗震计算可采用底部剪力法,计算公式如下。

$$F_{Ek} = \alpha_{max} G_{eq} \tag{6.4.1}$$

$$F_i = \frac{G_i H_i}{\sum\limits_{j=1}^{n} G_j H_j} F_{Ek} \tag{6.4.2}$$

式中　F_{Ek}——结构总水平地震作用标准值;

α_{max}——水平地震影响系数最大值;

G_{eq}——结构等效总重力荷载;

G_i——集中于 i 质点的重力荷载代表值。

层间地震剪力按下式计算

$$V_i = \sum_{j=i}^{n} F_j \tag{6.4.3}$$

式中　V_i——第 i 层层间地震剪力;

F_j——第 j 层质点的地震作用。

上部砖房部分水平地震剪力的分配同多层砌体砖房,而底部框架和抗震墙的剪力分配就需要考虑两道设防的思想来分配。

2) 底层剪力设计值及分配

(1) 底层剪力计算。

为减轻底部的薄弱程度,《建筑抗震设计规范》(GB 50011—2010)规定,底部框架抗震墙房屋的底层地震剪力设计值应取底部剪力法所得底层地震剪力乘以增大系数 ξ_v,即

$$V_1 = \xi_v \alpha_{max} G_{eq} \tag{6.4.4}$$

式中　V_1——乘以放大系数后的底层剪力;

ξ_v——地震剪力放大系数,与第二层和底层侧移刚度比 γ 有关,可取

$$\xi_v = \sqrt{\gamma} \tag{6.4.5}$$

若按式(6.4.5)算得 $\xi_v < 1.2$ 时,取 $\xi_v = 1.2$;$\xi_v > 1.5$ 时,取 $\xi_v = 1.5$。

同理,对于底部两层框架-抗震墙房屋,底层与第二层框架的纵向和横向地震剪力设计值,亦均应乘以增大系数 ξ_v,其值根据侧向刚度比值在 $1.2 \sim 1.5$ 范围内选用,第三层与第二层侧向刚度比大者应取大值。

(2) 底层剪力分配。

底层框架中框架柱与抗震墙的剪力,应按两道防线的设计思想进行分配。在地震期间,抗震墙开裂前的侧向刚度最大。因此,在弹性阶段,不考虑框架柱承担地震

剪力,底层或底部两层纵向和横向地震剪力设计值全部由该方向的抗震墙承担,并按各抗震墙的侧向刚度比例分配。

关于底部框架柱承担的剪力,根据试验研究结果,发现在地震作用下,底部的钢筋混凝土抗震墙在层间位移角为 1/1 000 左右时,混凝土开裂;在层间位移角为 1/500 左右,其刚度降低到弹性刚度的 30％;底层的砖填充墙在层间位移角为 1/500 左右时已出现对角裂缝,其刚度已降低到弹性刚度的 20％,而钢筋混凝土框架在层间位移 1/500 左右时仍处于弹性阶段;这就说明在底层抗震墙开裂后将产生内力重分布。所以,《建筑抗震设计规范》(GB 50011—2010)规定,计算底部框架承担的地震剪力设计值时,把底层框架视为第二道防线,各抗侧力构件采用有效侧向刚度进行分配。有效侧向刚度的取值为:框架刚度不折减,混凝土墙或配筋混凝土小砌块砌体墙取 0.3 倍的弹性刚度;约束普通砖砌体或小砌块砌体抗震墙取 0.2 倍的弹性刚度。底层框架承担的地震剪力可按下式计算

$$V_{j(1)} = \frac{K_{fj}}{\sum K_{fj} + 0.3 \sum K_{cwj} + 0.2 \sum K_{bwj}} V_1 \qquad (6.4.6)$$

式中　$V_{j(1)}$——第 j 榀框架承担的地震剪力;

K_{fj}——第 j 榀框架的弹性刚度;

K_{cwj}——第 j 片混凝土墙或配筋混凝土小砌块砌体墙的弹性刚度;

K_{bwj}——第 j 片约束普通砖砌体或小砌块砌体抗震墙的弹性刚度。

3)底层框架柱轴力设计值

对底部两层和底层框架-抗震墙房屋,应考虑地震倾覆力矩对底层结构构件的影响。《建筑抗震设计规范》(GB 50011—2010)规定,框架柱的轴力应计入地震倾覆力矩引起的附加轴力。

(1) 地震倾覆力矩的计算。

在底部框架-抗震墙房屋中,作用于整个房屋底层的地震倾覆力矩(见图 6-13)为

$$M_1 = \sum_{i=2}^{n} F_i (H_i - H_1) \qquad (6.4.7)$$

式中　M_1——作用于房屋底层的地震倾覆力矩;

F_i——质点的水平地震作用标准值;

H_i——质点的计算高度;

H_1——底层框架的计算高度。

在底部两层框架抗震墙房屋中,作用于整个房屋第二层的地震倾覆力矩为

$$M_2 = \sum_{i=3}^{n} F_i (H_i - H_2) \qquad (6.4.8)$$

式中　M_2——作用于整个房屋第二层的地震倾覆力矩;

H_2——底部二层的计算高度。

（2）地震倾覆力矩的分配。

《建筑抗震设计规范》(GB 50011—2010)规定,上部砖房可视为刚体,底部各轴线承受的地震倾覆力矩,可近似按底部框架和抗震墙的有效侧向刚度的比例分配确定。其中,有效侧向刚度的取值和底层剪力分配时有效侧向刚度的取值方法相同。

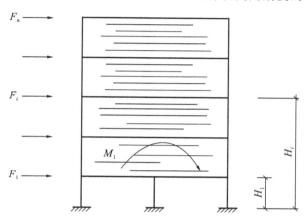

图 6-13　底部框架-抗震墙房屋倾覆力矩

（3）附加轴力。

由倾覆力矩 M_f 在框架中产生的附加轴力为

$$N_{ci} = \pm \frac{A_i x_i}{\sum A_i x_i^2} M_f \qquad (6.4.9)$$

式中　A_i——一榀框架中第 i 根柱子的水平截面面积;

　　　x_i——第 i 根柱子到所在框架形心的距离。

需要注意的是,当抗震墙之间楼盖长宽比大于 2.5 时,框架柱各轴线承担的地震剪力和轴向力,尚应计入楼盖平面内变形的影响。

4）托墙梁地震内力组合的计算规定

《建筑抗震设计规范》(GB 50011—2010)规定,底部框架-抗震墙砌体房屋的钢筋混凝土托墙梁计算地震组合内力时,应采用合适的计算简图。若考虑上部墙体与托墙梁的组合作用,应计入地震时墙体开裂对组合作用的不利影响,可调整有关的弯矩系数、轴力系数等计算参数。

5）底层框架与抗震墙抗震验算

（1）底层框架柱的轴力和剪力,应计入砖填充墙或小砌块填充墙引起的附加轴向力和附加剪力,其值可按下列公式确定。

$$N_f = V_w H_f / l \qquad (6.4.10)$$

$$V_f = V_w \qquad (6.4.11)$$

式中　V_w——墙体承担的剪力设计值,柱两侧有墙时可取二者的较大值;

　　　N_f——框架柱的附加轴向压力设计值;

V_f——框架柱的附加剪力设计值；

H_f——框架层高；

l——框架跨度。

（2）嵌砌于框架之间的普通砖墙或小砌块墙及两端框架柱，其抗震受剪承载力应按下式验算。

$$V \leqslant \frac{1}{\gamma_{REc}} \sum (M_{yc}^u + M_{yc}^l)/H_0 + \frac{1}{\gamma_{REw}} \sum f_{vE} A_{w0} \qquad (6.4.12)$$

式中　V——嵌砌普通砖墙或小砌块墙及两端框架柱剪力设计值；

A_{w0}——砖墙或小砌块墙水平截面的计算面积，无洞口时取实际截面的1.25倍，有洞口时取截面净面积，但不计入宽度小于洞口高度1/4的墙肢截面面积；

M_{yc}^u、M_{yc}^l——分别为底层框架柱上下端的正截面受弯承载力设计值，可按《混凝土结构设计规范》(GB 50010—2010)非抗震设计的有关公式取等号计算；

H_0——底层框架柱的计算高度，两侧均有砌体墙取柱净高的2/3，其余情况取柱净高；

γ_{REc}——底层框架柱承载力抗震调整系数，可采用0.8；

γ_{REw}——嵌砌普通砖墙或小砌块墙承载力抗震调整系数，可采用0.9。

6.4.3　底部框架-抗震墙房屋的抗震构造措施

1）构造柱或芯柱的构造措施

底部框架-抗震墙房屋的上部墙体应设置钢筋混凝土构造柱或芯柱，并应符合下列要求。

（1）钢筋混凝土构造柱的设置部位，应根据房屋的总层数按本章第6.3节的有关规定设置。

（2）构造柱、芯柱的构造，除应符合下列要求外，尚应符合6.3节的相关规定：

① 砖砌体墙中构造柱截面不宜小于240 mm×240 mm（墙厚190 mm时为240 mm×190 mm）；

② 构造柱的纵向钢筋不宜少于4Φ14，箍筋间距不宜大于200 mm；芯柱每孔插筋不应小于1Φ14，芯柱之间沿墙高应每隔400 mm设Φ4焊接钢筋网片；

③ 构造柱、芯柱应与每层圈梁连接，或与现浇楼板可靠拉接。

2）过渡层墙体的构造措施

过渡层墙体的构造应满足下列要求。

（1）上部抗震墙的中心线宜同底部的框架梁、抗震墙的轴线相重合；构造柱或芯柱宜与框架柱上下贯通。

（2）过渡层应在底部框架柱、混凝土墙或约束砌体墙的构造柱所对应处设置构造柱或芯柱;墙体内的构造柱间距不宜大于层高;芯柱除按表 6-10 设置外,最大间距不宜大于 1 m。

(3) 过渡层构造柱的纵向钢筋,6、7 度时不宜少于 4φ16,8 度时不宜少于 4φ18。过渡层芯柱的纵向钢筋,6、7 度时不宜少于每孔 1φ16,8 度时不宜少于每孔 1φ18。一般情况下,纵向钢筋应锚入下部的框架柱或混凝土墙内;当纵向钢筋锚固在托墙梁内时,托墙梁的相应位置应加强。

(4) 过渡层的砌体墙在窗台标高处,应设置沿纵横墙通长的水平现浇钢筋混凝土带;其截面高度不小于 60 mm,宽度不小于墙厚,纵向钢筋不少于 2φ10,横向分布钢筋的直径不小于 6 mm 且其间距不大于 200 mm。此外,砖砌体墙在相邻构造柱间的墙体,应沿墙高每隔 360 mm 设置 2φ6 通长水平钢筋和 φ4 分布短筋平面内点焊组成的拉结网片或 φ4 点焊钢筋网片,并锚入构造柱内;小砌块砌体墙芯柱之间沿墙高应每隔 400 mm 设置 φ4 通长水平点焊钢筋网片。

(5) 过渡层的砌体墙,凡宽度不小于 1.2 m 的门洞和 2.1 m 的窗洞,洞口两侧宜增设截面不小于 120 mm×240 mm(墙厚 190 mm 时为 120 mm×190 mm)的构造柱或单孔芯柱。

(6) 当过渡层的砌体抗震墙与底部框架梁、墙体不对齐时,应在底部框架内设置托墙转换梁,并且过渡层砖墙或砌块墙应采取比第(4)条更高的加强措施。

3) 楼盖的构造措施

底部框架-抗震墙砌体房屋的楼盖应符合下列要求。

(1) 过渡层的底板应采用现浇钢筋混凝土板,板厚不应小于 120 mm;并应少开洞、开小洞,当洞口尺寸大于 800 mm 时,洞口周边应设置边梁。

(2) 其他楼层,采用装配式钢筋混凝土楼板时均应设现浇圈梁;采用现浇钢筋混凝土楼板时应允许不另设圈梁,但楼板沿抗震墙体周边均应加强配筋并应与相应的构造柱可靠连接。

4) 托墙梁的构造措施

底部框架-抗震墙砌体房屋的钢筋混凝土托墙梁应符合下列要求。

(1) 梁的截面宽度不应小于 300 mm,梁的截面高度不应小于跨度的 1/10。

(2) 箍筋的直径不应小于 8 mm,间距不应大于 200 mm;梁端在 1.5 倍梁高且不小于 1/5 梁净跨范围内,以及上部墙体的洞口处和洞口两侧各 500 mm 且不小于梁高的范围内,箍筋间距不应大于 100 mm。

(3) 沿梁高应设腰筋,数量不应少于 2φ14,间距不应大于 200 mm。

(4) 梁的纵向受力钢筋和腰筋应按受拉钢筋的要求锚固在柱内,且支座上部的纵向钢筋在柱内的锚固长度应符合钢筋混凝土框支梁的有关要求。

5) 材料强度等级的要求

底部框架-抗震墙砌体房屋的材料强度等级,应符合下列要求。

(1) 框架柱、混凝土墙和托墙梁的混凝土强度等级,不应低于 C30。

（2）过渡层砌体块材的强度等级不应低于 MU10,砖砌体砌筑砂浆强度的等级不应低于 M10,砌块砌体砌筑砂浆强度的等级不应低于 Mb10。

6）框架柱的构造措施

底部框架-抗震墙砌体房屋的框架柱应符合下列要求。

（1）柱的截面不应小于 400 mm×400 mm,圆柱直径不应小于 450 mm。

（2）柱的轴压比,6 度时不宜大于 0.85,7 度时不宜大于 0.75,8 度时不宜大于 0.65。

（3）柱的纵向钢筋最小总配筋率,当钢筋的强度标准值低于 400 MPa 时,中柱在 6、7 度时不应小于 0.9%,8 度时不应小于 1.1%;边柱、角柱和混凝土抗震墙端柱在 6、7 度时不应小于 1.0%,8 度时不应小于 1.2%。

（4）柱的箍筋直径,6、7 度时不应小于 8 mm,8 度时不应小于 10 mm,并应沿全高加密箍筋,间距不应大于 100 mm。

（5）柱的最上端和最下端组合的弯矩设计值应乘以增大系数,一、二、三级的增大系数应分别按 1.5、1.25 和 1.15 采用。

7）其他构造措施

（1）当底部框架-抗震墙砌体房屋的底部采用钢筋混凝土墙时,其截面和构造应符合下列要求。

① 墙体周边应设置梁（或暗梁）和边框柱（或框架柱）组成的边框;边框梁的截面宽度不宜小于墙板厚度的 1.5 倍,截面高度不宜小于墙板厚度的 2.5 倍;边框住的截面高度不宜小于墙板厚度的 2 倍。

② 墙板的厚度不宜小于 160 mm,且不应小于墙板净高的 1/20;墙体宜开设洞口形成若干墙段,各墙段的高宽比不宜小于 2。

③ 墙体的纵向和横向分布钢筋配筋率均不应小于 0.30%,并应采用双排布置;双排分布钢筋间拉筋的间距不应大于 600 mm,直径不应小于 6 mm。

④ 墙体的边缘构件可按第 5 章关于一般部位的规定设置。

（2）当 6 度设防的底层框架-抗震墙砖房的底层采用约束砖砌体墙时,其构造应符合下列要求。

① 砖墙厚不应小于 240 mm,砌筑砂浆强度等级不应低于 M10,应先砌墙后浇框架。

② 沿框架柱每隔 300 mm 配置 2φ8 水平钢筋和 φ4 分布短筋平面内点焊组成的拉结网片,并沿砖墙水平通长设置;在墙体半高处尚应设置与框架柱相连的钢筋混凝土水平系梁。

③ 墙长大于 4 m 时和洞口两侧,应在墙内增设钢筋混凝土构造柱。

（3）当 6 度设防的底层框架-抗震墙砖房的底层采用约束小砌块砌体墙时,其构造应符合下列要求。

① 墙厚不应小于 190 mm,砌筑砂浆强度等级不应低于 Mb10,应先砌墙后浇框架。

② 沿框架柱每隔 400 mm 配置 2Φ8 水平钢筋和 Φ4 分布短筋平面点电焊组成的拉结网片,并沿砖墙水平通长设置;在墙体半高处尚应设置与框架柱相连的钢筋混凝土水平系梁,系梁截面不应小于 190 mm×190 mm,纵筋不应小于 4Φ12,箍筋直径不应小于 Φ6,间距不应大于 200 mm。

③ 墙体在门、窗洞口两侧应设置芯柱,墙长大于 4 m 时,应在墙内增设芯柱,芯柱应符合 6.3.2 节的有关规定。

除以上列出的构造措施外,底部框架-抗震墙砌体房屋的其他抗震构造措施,应符合 6.3.2 节及第 5 章的有关规定。

6.4.4　底部框架-抗震墙房屋的抗震设计算例

【例 6-2】　某五层砌体房屋,底层为钢筋混凝土框架,平面及剖面如图 6-14 所示。外墙 370 厚,内墙 240 厚,框架柱截面尺寸 400 mm×400 mm。各层质点的重量为 $G_1 = 4\,920$ kN,$G_2 = G_3 = G_4 = 4\,300$ kN,$G_5 = 2\,300$ kN。底层混凝土强度等级为 C30,底层和二层普通砖均为 MU10,混合砂浆强度等级分别为 M10 及 M7.5,地震烈度为 7 度,设计基本地震加速度为 0.10 g,设计地震分组为第二组,II 类场地。试确定底层柱所承担的剪力、弯矩和轴力。

【解】
1）计算底部总剪力 F_{Ek}

$$\sum_{i=1}^{n} G_i = G_1 + G_2 + G_3 + G_4 + G_5$$
$$= 4\,920 + 4\,300 + 4\,300 + 4\,300 + 2\,300 = 20\,120 \text{(kN)}$$

$$F_{Ek} = \alpha_{max} \times 0.85 \times \sum_{i=1}^{n} G_i = 0.08 \times 0.85 \times 20\,120 = 1\,368.16 \text{(kN)}$$

2）计算各层地震作用及各层层间剪力

各层地震作用及层间剪力计算结果见表 6-16。

表 6-16　各层地震作用及层间剪力计算表

楼　层	G_i(kN)	H_i(m)	$G_i H_i$	$\dfrac{G_i H_i}{\sum\limits_{j=1}^{n} G_j H_j}$	F_i(kN)	V_i(kN)
5	2 300	16	36 800	0.189	258.58	258.58
4	4 300	13.2	56 760	0.292	399.50	658.08
3	4 300	10.4	44 720	0.23	314.68	972.76
2	4 300	7.6	32 680	0.168	229.85	1 202.61
1	4 920	4.8	23 616	0.121	165.55	1 368.16
$\sum$	20 120	—	194 576	1	1 368.16	—

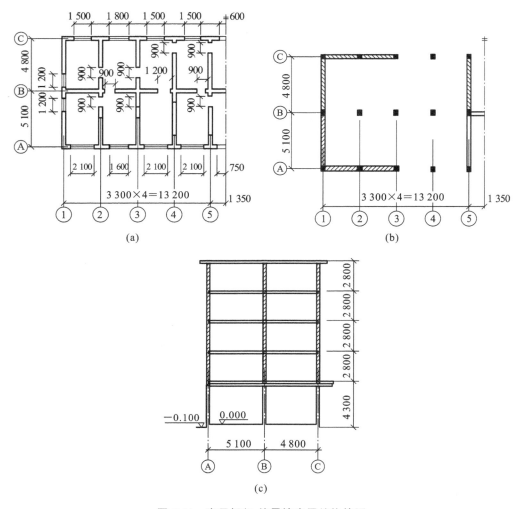

图 6-14 底层框架-抗震墙房屋结构简图

(a) 标准层平面图；(b) 底层框架和抗震墙布置图；(c) 侧立面图

3）底层框架-抗震墙与第二层侧移刚度比

（1）底层框架侧移刚度。

单根柱的侧移刚度：（混凝土强度等级 C30, $E_c = 3.0 \times 10^7 \text{ kN/m}^2$）

$$K_c = \frac{12EI}{H^3} = \frac{12 \times 3.0 \times 10^7 \times 0.4^4/12}{4.8^3} = 6\ 944.4 \text{(kN/m)}$$

一榀框架的侧移刚度

$$K_{f1} = 3 \times K_c = 3 \times 6\ 944.4 = 20\ 833.2 \text{(kN/m)}$$

十榀框架的侧移刚度

$$\sum K_{f1} = 10 \times K_f = 208\ 332 \text{(kN/m)}$$

（2）底层抗震砖墙的侧移刚度。

底层采用 MU10 普通砖,M10 混合砂浆,$f = 1.89 \text{ N/mm}^2$。
$$E = 1\,600f = 1\,600 \times 1.89 = 3\,024 \ (\text{N/mm}^2)$$

根据式(6.3.7)可计算得到一榀抗震墙的侧移刚度

$$K_{\text{bw}} = \frac{0.4EA}{1.2H} = \frac{EA}{3H} = \frac{3\,024 \times 10^3 \times 0.37 \times (9.9 - 0.4 \times 2)}{3 \times 4.8} = 707\,070 (\text{kN/m})$$

四榀抗震墙的侧移刚度

$$\sum K_{\text{bw}} = 4 \times 707\,070 = 2\,828\,280 (\text{kN/m})$$

(3)底层框架-抗震墙的总横向侧移刚度。

$$K_1 = \sum K_{\text{fl}} + \sum K_{\text{bw}} = 208\,332 + 2\,828\,280 = 3\,036\,612 (\text{kN/m})$$

(4)二层砖横墙的侧移刚度。

二层砌体墙采用 MU10 砖,M7.5 混合砂浆,$f = 1.69 \text{ N/mm}^2$,$E = 1\,600f = 1\,600 \times 1.69 = 2704 \text{ N/mm}^2$。

二层砖横墙的面积

$$\begin{aligned}
\sum A &= [(9.9 + 0.4) \times 8 - 0.9 \times 14] \times 0.24 \\
&\quad + [(9.9 + 0.4) \times 2 - 1.2 \times 4] \times 0.37 \\
&= 22.598 (\text{m}^2)
\end{aligned}$$

$$K_2 = \frac{EA}{3H} = \frac{2\,704 \times 10^3 \times 22.598}{3 \times 2.8} = 7\,274\,404 (\text{kN/m})$$

(5)二层与底层侧向刚度比验算。

$$\gamma = \frac{K_2}{K_1} = \frac{7\,274\,404}{3\,036\,612} = 2.396$$

故 $1.0 < \gamma < 2.5$,满足《建筑抗震设计规范》(GB 50011—2010)的规定。

4)框架柱承担的剪力和弯矩计算

(1)底层剪力放大系数 ξ_v 及调整后底层剪力 V。

根据《建筑抗震规范》(GB 50011—2010)的规定,$\xi_v = \sqrt{\gamma} = \sqrt{2.396} = 1.548 > 1.5$,取 $\xi_v = 1.5$,则

$$V_1 = \zeta_v \alpha_{\max} G_{\text{eq}} = 1.5 \times 1\,368.16 = 2\,052.24 (\text{kN})$$

(2)一榀框架分担的剪力。

框架柱承担的地震剪力设计值,可按各抗侧力构件有效刚度比例分配确定;有效侧向刚度的取值,框架不折减,混凝土墙可乘以折减系数 0.3,砖墙可乘以折减系数 0.2 计算。

$$V_{1(1)} = \frac{K_{\text{fl}}}{0.2 \sum K_{\text{bw}} + \sum K_{\text{fl}}} V = 55.24 \ (\text{kN})$$

(3)单根框架柱分担的地震剪力。

$$V_c = V_{1(1)}/3 = 55.24/3 = 18.41 (\text{kN})$$

（4）框架柱的柱端弯矩。

取反弯点距柱底 0.55 倍柱高度，则

柱下端弯矩： $M_v^F = V_c \times 0.55H = 18.41 \times 0.55 \times 4.8 = 48.60 (\text{kN} \cdot \text{m})$

柱上端弯矩： $M_v^{\pm} = V \times (1-0.55)H = 18.41 \times 0.45 \times 4.8 = 39.77 (\text{kN} \cdot \text{m})$

5）框架柱轴力计算

（1）作用于底层顶部的倾覆力矩，如图 6-15 所示。

$$M_1 = \sum_{i=2}^{5} F_i(H_i - H_1)$$
$$= 229.85 \times 2.8 + 314.68 \times 5.6 + 399.50 \times 8.4 + 258.58 \times 11.2$$
$$= 8\ 657.68 (\text{kN} \cdot \text{m})$$

（2）单榀框架分配到的地震倾覆力矩。

按《建筑抗震设计规范》（GB 50011—2010），框架底部各轴线承受的地震倾覆力矩，可近似按底部抗震墙和框架的侧向刚度比例分配

$$M_f = \frac{K_{f1}}{0.2 \sum K_{bw} + \sum K_{f1}} M_1$$
$$= \frac{20\ 833.2}{0.2 \times 2\ 828\ 280 + 208\ 332} \times 8\ 657.68$$
$$= 233.04 (\text{kN} \cdot \text{m})$$

（3）倾覆力矩引起框架柱附加轴力每根柱分担的附加轴力计算公式为

$$N_i = \frac{M_f A_i x_i}{\sum A_i x_i^2}$$

当各柱的截面面积相等时，则有

$$N_i = \frac{M_f x_i}{\sum x_i^2}$$

其中，x_i 为第 i 个柱子到所在框架形心的距离。

该单榀框架形心位置（见图 6-16）可按下式计算确定。

$$x = \frac{\sum (A_i x_i)}{\sum A_i} = \frac{0.16 \times (5.1 + 9.9)}{0.16 \times 3} = 5.0 (\text{m})$$

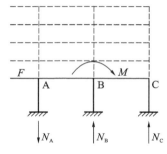

图 6-15 倾覆力矩计算图

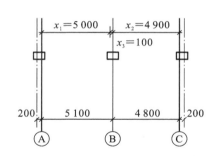

图 6-16 单榀框架形心位置计算

则

$$x_1 = 5.0 \text{ m}, \ x_2 = 4.9 \text{ m}, \ x_3 = 0.1 \text{ m}$$

$$N_A = \pm \frac{5.0}{5.0^2 + 4.9^2 + 0.1^2} \times 233.04 = \pm 23.77 (\text{kN})$$

$$N_B = \pm \frac{0.1}{5.0^2 + 4.9^2 + 0.1^2} \times 233.04 = \pm 0.48 (\text{kN})$$

$$N_C = \pm \frac{4.9}{5.0^2 + 4.9^2 + 0.1^2} \times 233.04 = \pm 23.29 (\text{kN})$$

【本章要点】

　　本章主要介绍:多层砌体结构房屋的震害;多层砌体结构房屋抗震设计的一般规定;多层砌体房屋的抗震强度验算及抗震构造措施;底部框架-抗震墙房屋的抗震计算及抗震构造措施。另外,分别给出了多层砌体房屋及底部框架-抗震墙房屋的抗震设计算例。

【思考题】

6-1　试说明多层砌体房屋及底部框架-抗震墙房屋的主要震害现象,并分析其产生原因。

6-2　为什么要限制多层砌体结构房屋的总高度、层数、层高及高宽比?

6-3　为什么要限制抗震横墙的最大间距? 需限制砌体墙段的哪些局部尺寸?

6-4　什么是墙体的侧移刚度? 它的确定原则是什么?

6-5　简述多层砌体房屋楼层地震剪力在各墙体间的分配方法。

6-6　简述多层砌体房屋中墙体的截面抗震验算方法。该选择哪些墙段进行验算?

6-7　在砌体结构中设置构造柱、芯柱和圈梁的目的是什么? 主要设置在哪些部位? 为什么?

6-8　简述多层砌体房屋的抗震设计过程。

6-9　简述底部框架-抗震墙房屋的抗震设计过程。

第7章 单层钢筋混凝土柱厂房抗震设计

单层厂房结构是工业建筑中广泛应用的一种结构形式,多用于生产设备或产品较重且规模较大的生产车间。按照承重构件的材料,可以分为单层砖柱厂房、单层钢筋混凝土柱厂房及钢结构厂房。本章主要介绍单层钢筋混凝土柱厂房的抗震设计,首先对震害现象进行分析,然后介绍抗震设计的一般规定,最后依次介绍横向抗震计算、纵向抗震计算和抗震构造措施。

7.1 单层钢筋混凝土柱厂房震害现象及其分析

7.1.1 横向地震作用下厂房主体结构的震害

横向地震作用主要由横向排架抵抗。单层厂房在横向地震作用下的震害通常集中在上柱、下柱、牛腿、天窗架以及围护墙等部位,其中较为典型的震害主要有以下几个方面。

(1)柱头与屋架连接破坏。

柱头在较大的横向水平地震作用、重力荷载及竖向地震作用的共同作用下,易出现焊缝撕裂、锚筋松动或钢筋被拔出、柱头混凝土劈裂或酥碎等破坏现象(见图 7-1(a))。

(2)柱肩竖向拉裂。

支撑高低跨屋盖的中柱除出现水平裂缝外,还会发生竖向开裂。地震时由于高阶振型的影响,高低跨两层产生相反方向的运动,柱肩或牛腿所受的水平地震作用增大许多,从而产生竖向裂缝(见图 7-1(b))。

(3)上柱在牛腿附近开裂或折断。

在横向水平地震作用下,上柱处于压弯剪复合受力状态。单层厂房的钢筋混凝土柱在牛腿处发生刚度突变,从而引起应力集中,易在该处出现裂缝甚至折断(图 7-2)。

(4)下柱震害。

下柱内力较大,若抗弯承载力不足,则在柱根附近易产生水平裂缝或环向裂缝(平腹杆双肢柱),严重时可能发生酥碎、错位乃至折断。

(5)天窗架破坏。

天窗架突出于屋面,且重量大、重心高,刚度突变,由于"鞭端效应"影响,在横向地震作用下,内力明显增大,造成天窗架立柱折断,或使天窗架与屋架的连接节点破坏。

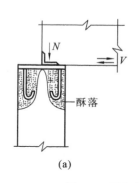 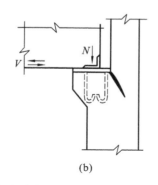 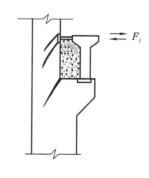

図 7-1　屋架与柱头、柱肩节点的破坏　　　　図 7-2　上柱震害

（6）围护墙体开裂、外闪或倒塌。

其中高悬墙、女儿墙受鞭梢效应的影响，破坏最为严重。

7.1.2　纵向地震作用下厂房主体结构的震害

纵向地震作用主要由纵向柱列抵抗。单层厂房在纵向地震作用下的震害通常集中在屋面板、天窗架、屋架、支撑以及围护墙体等部位，其中较为典型的震害主要有以下几方面。

（1）屋面板错动坠落。

屋面板与屋架或屋面梁焊点数量不足或焊接不牢，或预埋件锚固强度不足而被拔出，即会引起屋面板与屋架的拉脱、错动以及坠落。严重时，屋面板坠落砸坏厂房设备，甚至屋架因失去上弦支撑而引起平面外倾倒。

（2）天窗架倾倒，天窗架立柱在平面外折断。

由于天窗架与屋面板之间的联结破坏，纵向支撑杆件的压曲失稳或支撑与天窗架之间联结失效而引起天窗架的倾倒；但是如果纵向支撑过强或者天窗架的下部侧向挡板与天窗架焊接时，则将造成应力集中而致使立柱在平面外折断。

（3）屋架破坏。

在纵向地震作用下，屋架端部支承大型屋面板的支墩被切断；屋架端节间上弦剪断。这是因为屋架两端的剪力最大，而屋架端节间经常是零杆，设计的截面较弱，在受到较大的纵向地震作用时，因承载力不足而破坏。

（4）支撑震害。

支撑系统对单层工业厂房的纵向刚度影响较大，在纵向地震作用下，支撑系统承担的内力较大。但是，一般情况下，支撑仅仅按照构造设置，为此，在纵向地震作用下普遍发生杆件屈曲（见图 7-3）、部分节点板扭折、焊缝撕裂、锚件拉脱、锚筋拉断等现象，也有个别杆件拉断。在整个支撑系统中，以天窗垂直支撑的震害最重，其次是屋盖支撑及柱间支撑。

（5）山墙、山尖外闪或局部塌落。

山墙面积大，与主体结构联结少，山尖部位高，动力反应大，在地震中往往破坏较早，较重（图7-4）；伸缩缝两侧的墙面由于缝宽较小，地震时易发生相互碰撞，造成局部破坏。

图 7-3　柱间支撑杆件压屈

图 7-4　山墙倒塌

7.2　单层钢筋混凝土柱厂房抗震设计的一般规定

根据我国《建筑抗震设计规范》(GB 50011—2010)要求，单层钢筋混凝土柱厂房结构布置应注意以下问题。

（1）单层厂房的平面布置应该体型规整、简单，各部分结构刚度、质量均匀对称，尽量避免曲折复杂的体型。结构布置时，应符合下列要求。

① 多跨厂房宜等高等长，以减轻高阶振型和扭转效应对结构震害的影响；高低跨厂房不宜采用一端开口的结构布置。

② 厂房的贴建房屋和构筑物，不宜布置在厂房角部和紧临防震缝处。

③ 厂房体型复杂或有贴建的房屋和构筑物时，宜设防震缝；在厂房的纵横跨交接处、大柱网厂房或不设柱间支撑的厂房，在地震作用下的侧移较大，防震缝宽度可采用 100～150 mm，其他情况可采用 50～90 mm。

④ 两个主厂房之间的过渡跨至少应该有一侧采用防震缝与主厂房脱开，以避免过渡跨两侧主厂房振动变形不一致造成过渡跨屋盖的塌落。

⑤ 厂房内上吊车的铁梯不应靠近防震缝设置；多跨厂房各跨上吊车的铁梯不宜设置在同一横向轴线附近。

⑥ 工作平台宜与厂房主体结构脱开。

⑦ 厂房的同一结构单元内，不应采用不同的结构形式；厂房端部应设屋架，不应采用山墙承重；厂房单元内不应采用横墙和排架混合承重。

⑧ 厂房各柱列的侧移刚度宜均匀，当有抽柱时，应采取抗震加强措施。

（2）突出屋面的天窗架，地震时位移反应大，特别是在纵向地震作用下，由于高振型的影响往往造成天窗架与支撑的破坏，对屋盖和厂房抗震不利。为此，厂房天窗架的设置，应符合下列要求。

① 天窗宜采用突出屋面较小的避风型天窗，有条件或 9 度时宜采用下沉式天窗。

② 突出屋面的天窗宜采用钢天窗架；6～8 度时，可采用矩形截面杆件的钢筋混凝土天窗架。

③ 天窗架不宜从厂房结构单元第一开间开始设置；8 度和 9 度时，天窗架宜从厂房单元端部第三柱间开始设置。

④ 天窗屋盖、端壁板和侧板，宜采用轻型板材；不应采用端壁板代替端天窗架。

（3）厂房尽可能采用轻屋架，从而减小地震作用，减轻支撑体系、连结构造以及承重结构构件的震害。屋架的设置，应符合下列要求。

① 厂房宜采用钢屋架或重心较低的预应力混凝土、钢筋混凝土屋架。

② 跨度不大于 15 m 时，可采用钢筋混凝土屋面梁。

③ 跨度大于 24 m，或 8 度Ⅲ、Ⅳ类场地和 9 度时，应优先采用钢屋架。

④ 柱距为 12 m 时，可采用预应力混凝土托架（梁）；当采用钢屋架时，亦可采用钢托架（梁）。

⑤ 有突出屋面的天窗架的屋盖不宜采用预应力混凝土或钢筋混凝土空腹屋架。

⑥ 8 度（0.30g）和 9 度时，跨度大于 24 m 的厂房不宜采用大型屋面板。

（4）单层厂房采用的钢筋混凝土柱应该具有足够的延性，使其在进入弹塑性工作阶段后仍具有足够的变形能力和承载力。厂房柱的设置，应符合下列要求。

① 8 度和 9 度时，宜采用矩形、工字形截面柱或斜腹杆双肢柱，不宜采用薄壁工字形柱、腹板开孔工字形柱、预制腹板的工字形柱和管柱。

② 柱底至室内地坪以上 500 mm 范围内和阶形柱的上柱宜采用矩形截面。

（5）厂房的围护结构常采用砖墙或大型墙板方案。震害表明，围护砖墙的震害较重，为此，宜优先采用轻质墙板或钢筋混凝土大型墙板。同时，厂房围护墙、女儿墙的布置和抗震构造措施应符合《建筑抗震设计规范》（GB 50011—2010）对非结构构件的有关规定。

7.3　单层钢筋混凝土柱厂房横向抗震计算

单层钢筋混凝土柱厂房一般需要进行水平地震作用下横向和纵向抗侧力构件的抗震强度验算。我国《建筑抗震设计规范》（GB 50011—2010）规定，单层厂房符合下列条件之一时，可不进行抗震验算，只需采取规范规定的抗震构造措施即可：

（1）7 度区Ⅰ、Ⅱ类场地，柱高不超过 10 m，且两端有山墙的单跨及等高多跨厂房（除锯齿形厂房外）；

（2）7 度时和 8 度（0.20g）Ⅰ、Ⅱ类场地的露天吊车栈桥。

此外,8度、9度区跨度大于 24 m 的屋架尚需考虑竖向地震作用。8度区Ⅲ、Ⅳ类场地和9度区的高大单层钢筋混凝土柱厂房,还需对阶形柱的上柱进行罕遇地震作用下的弹塑性变形验算。

本节主要介绍单层钢筋混凝土柱厂房横向地震作用下的抗震计算。一般来说,对于钢筋混凝土无檩和有檩屋盖厂房在横向地震作用下的内力分析,宜考虑屋盖平面的横向弹性变形,按多质点空间结构进行内力计算。为了简化计算并方便手算,当单层厂房符合《建筑抗震设计规范》(GB 50011—2010)附录 J 的规定时,可按平面排架计算,并按附录 J 的规定对排架柱的地震剪力和弯矩进行调整。当采用压型钢板、瓦楞铁等有檩屋盖的轻型屋盖厂房,柱距相等时,也可按平面排架计算。

下面主要介绍按平面排架计算的内力分析方法。

7.3.1 计算简图和重力荷载代表值的计算

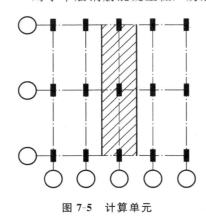

图 7-5 计算单元

对于单层钢筋混凝土柱厂房通常取单榀排架作为计算单元进行抗震计算,如图 7-5 所示。值得注意的是计算排架自振周期和计算其地震作用时采用的计算假定不一样,因而两者的计算简图和重力荷载代表值也有区别,应分别考虑。

1)确定自振周期时的计算简图和重力荷载集中

根据厂房类型和质量分布的不同,取重量集中在不同标高处、下端固定于基础顶面的竖直弹性杆作为计算简图。例如,单跨和等高多跨厂房可简化为单质点体系(见图 7-6(a)),两跨不等高厂房可以简化为二质点体系(见图 7-6(b)),三跨不对称带升高中跨的厂房可以简化为三质点体系(见图 7-6(c))。

集中于第 i 屋盖处的重力荷载代表值可按下式计算。

$$G_i = 1.0G_{屋盖} + 0.5G_{雪} + 0.5G_{积灰} + 1.0G_{悬挂} + 0.5G_{吊车梁}$$
$$+ 0.25G_{柱} + 0.25G_{纵墙} + 0.5G_{悬墙} \qquad (7.3.1)$$

式中　$1.0G_{屋盖}$、$1.0G_{悬挂}$、$0.5G_{雪}$、$0.5G_{积灰}$——分别为屋盖结构自重、屋盖悬挂荷载和乘以可变荷载组合值系数后的雪荷载、屋面积灰荷载;

$0.5G_{吊车梁}$、$0.25G_{柱}$、$0.25G_{纵墙}$——分别为乘以动力等效(即基本周期等效)换算系数的吊车梁自重、柱自重、外纵墙自重;

$0.5G_{悬墙}$——高低跨处的悬墙重,假定上下各半,分别集中到高跨和低跨的屋盖处。

对于不等高厂房高跨的吊车梁重量,如集中到相邻低跨屋盖处时,式(7.3.1)中应取 $1.0G_{吊车梁}$。

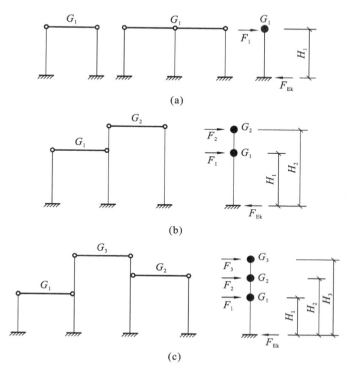

图 7-6　确定排架自振周期的计算简图

由于吊车桥架对排架自振周期影响很小,因此,在屋盖质点重力荷载代表值中不考虑吊车桥架重力荷载。一般来说,这样处理对于厂房抗震计算是偏安全的。

2)计算厂房地震作用时的计算简图和重力荷载集中

对于设有桥式吊车的厂房,除了把厂房质量集中于屋盖标高处,还要考虑吊车重量对柱子的最不利影响,一般把某跨吊车的全部重量布置于该跨两个柱子的吊车梁顶面处。如两跨不等高厂房,每跨皆设有桥式吊车,则确定地震作用时按对厂房的不利影响,低跨的集中质量可取 G_{cr1},高跨的集中质量可取 G_{cr2},相应的地震作用分别为 F_{cr1} 和 F_{cr2},计算方法见后述。有桥式吊车厂房地震作用计算简图如图 7-7 所示。

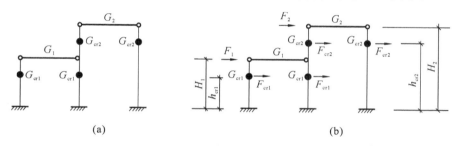

图 7-7　有桥式吊车厂房地震作用计算简图

集中于第 i 屋盖处的重力荷载代表值可按下式计算。

$$G_i = 1.0G_{屋盖} + 0.5G_{雪} + 0.5G_{积灰} + 1.0G_{悬挂} + 0.75G_{吊车梁}$$
$$+ 0.5G_{柱} + 0.5G_{纵墙} + 0.5G_{悬墙} \tag{7.3.2}$$

式中　$0.75G_{吊车梁}$、$0.5G_{柱}$、$0.5G_{纵墙}$——分别为吊车梁、柱和纵墙换算至第 i 屋盖处的等效重量。

注意到式(7.3.2)中的换算系数与式(7.3.1)中的不同,这是因为计算周期时主要考虑结构的周期等效;而计算地震作用时则需考虑柱或墙底截面的弯矩等效,其值是通过对一些单层厂房的实际计算结果统计分析得出的。

7.3.2　横向自振周期计算

1) 单跨和等高多跨厂房

这类厂房可以简化为单质点体系,可按照下式计算基本周期。

$$T_1 = 2\pi \sqrt{\frac{G_1\delta_{11}}{g}} \approx 2\sqrt{G_1\delta_{11}} \tag{7.3.3}$$

式中　G_1——集中于屋盖处的重力荷载代表值(kN),按式(7.3.1)计算;
　　　δ_{11}——作用于排架顶部的单位水平力在该处引起的侧移(m/kN),$\delta_{11} = (1-x_1)\delta_{11}^a$,其中 x_1 为排架横梁内力(kN);δ_{11}^a 为 A 柱柱顶作用单位水平力时,在该处产生的侧移(见图 7-8)。

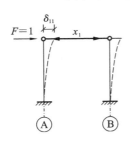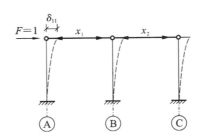

图 7-8　等高排架的侧移

2) 两跨不等高厂房

这类厂房的自振周期可以通过对两质点体系自由振动频率方程求解,也可以采用近似方法如能量法求其基本频率。对两跨不等高厂房,可按下式计算其基本周期。

$$T_1 = 2\sqrt{\frac{G_1u_1^2 + G_2u_2^2}{G_1u_1 + G_2u_2}} \quad (u_i 以 \text{ m 为单位}) \tag{7.3.4}$$

$$\left.\begin{array}{l} u_1 = G_1\delta_{11} + G_2\delta_{12} \\ u_2 = G_1\delta_{21} + G_2\delta_{22} \end{array}\right\} \tag{7.3.5}$$

式中　G_1、G_2——质点 1、2 的重力荷载代表值,按式(7.3.1)计算;
　　　δ_{11}、δ_{22}——$F=1$ 作用于屋盖 1、2 处时在该处产生的侧移;
　　　δ_{12}、δ_{21}——$F=1$ 作用于屋盖 2 或 1 处时在屋盖 1 或 2 处产生的侧移,$\delta_{12} = \delta_{21}$(图 7-9);

按图 7-9,δ_{11}、δ_{12}、δ_{21}、δ_{22} 可按下式计算。

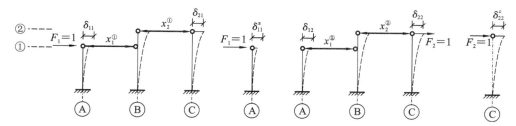

图 7-9 两跨不等高排架的侧移

$$\left.\begin{array}{l} \delta_{11}=(1-x_1^{①})\delta_{11}^{a} \\[2mm] \delta_{21}=x_2^{①}\delta_{22}^{c}=\delta_{12}=x_1^{②}\delta_{11}^{a} \\[2mm] \delta_{22}=(1-x_2^{②})\delta_{22}^{c} \end{array}\right\} \qquad (7.3.6)$$

式中 $x_1^{①}$、$x_2^{①}$、$x_1^{②}$、$x_2^{②}$——分别为 $F=1$ 作用于屋盖 1 处和 2 处在横梁 1 和 2 内引起的内力；

δ_{11}^{a}、δ_{22}^{c}——在 A、C 柱柱顶作用单位水平力时，在该处引起的侧移。

3）三跨不对称带升高跨厂房

计算这类厂房的自振周期时，一般可简化为三质点体系，采用能量法计算其基本周期，其计算公式为

$$T_1=2\sqrt{\dfrac{G_1u_1^2+G_2u_2^2+G_3u_3^2}{G_1u_1+G_2u_2+G_3u_3}} \qquad (u_i\text{以 m 为单位}) \qquad (7.3.7)$$

$$\left.\begin{array}{l} u_1=G_1\delta_{11}+G_2\delta_{12}+G_3\delta_{13} \\[2mm] u_2=G_1\delta_{21}+G_2\delta_{22}+G_3\delta_{23} \\[2mm] u_3=G_1\delta_{31}+G_2\delta_{32}+G_3\delta_{33} \end{array}\right\} \qquad (7.3.8)$$

式中，δ_{11}、δ_{12}、δ_{13}、δ_{21}、δ_{22}、δ_{23}、δ_{31}、δ_{32}、δ_{33} 均按结构力学方法计算，其他符号解释同前。

7.3.3 横向自振周期的调整

按平面排架计算厂房的横向地震作用时，排架的基本自振周期应考虑纵墙及屋架与柱连接的固结作用。而上述横向自振周期是按平面铰接排架计算简图进行的，这导致实际自振周期比计算值小。所以《建筑抗震设计规范》(GB 50011—2010)规定，按平面铰接排架计算的横向自振周期，应按照表 7-1 的规定进行调整。

表 7-1 横向自振周期调整系数

厂房结构类型		调整系数
木屋架、钢木屋架或轻钢屋架与砖柱组成的排架		1.0
钢筋混凝土屋架或钢屋架与钢筋混凝土柱组成的排架	有纵墙	0.8
	无纵墙	0.9
钢筋混凝土屋架或钢屋架与砖柱组成的排架		0.9

注：表中规定不适用于纵墙连有刚度较大的附属建筑物的房屋。

7.3.4　排架的横向水平地震作用计算

1）结构底部总剪力

通常，单层厂房可按底部剪力法计算地震作用。作用于排架底部剪力即总水平地震作用为

$$F_{Ek} = \alpha_1 G_{eq} \tag{7.3.9}$$

式中　α_1——相应于结构基本周期 T_1 的地震影响系数 α 值；

G_{eq}——结构等效总重力荷载，单质点时取 G_E，多质点取 $0.85G_E$；

G_E——结构的总重力荷载代表值，$G_E = \sum\limits_{i=1}^{n} G_i$；

G_i——集中于 i 点的重力荷载代表值。

2）第 i 屋盖处的横向水平地震作用

作用于第 i 屋盖处的横向水平地震作用标准值 F_i 为

$$F_i = \frac{G_i H_i}{\sum\limits_{j=1}^{n} G_j H_j} F_{Ek} \quad (i = 1, 2, \cdots, n) \tag{7.3.10}$$

3）吊车重产生的横向水平地震作用

图 7-7(b)所示的吊车重量产生的横向水平地震作用 F_{cr} 可按式(7.3.11)计算。对于柱距为 12 m 或 12 m 以下的厂房，单跨时应取一台，多跨时不超过两台。集中的吊车重量为跨内一台最大吊车重，软钩时不包括吊重，硬钩时要考虑吊重的 30%。

一台吊车重产生的作用在一根柱上的吊车水平地震作用 F_{cr} 为

$$F_{cri} = \alpha_1 G_{cri} \frac{h_{cri}}{H_i} \tag{7.3.11}$$

式中　G_{cri}——第 i 跨吊车重作用于一根柱上的重力荷载，其数值取一台吊车自重轮压在一根柱上的牛腿反力；

h_{cri}——第 i 跨吊车梁顶面标高处的高度；

H_i——吊车所在跨柱顶的高度；

α_1——按厂房平面排架横向水平地震作用计算所取的 α_1 值采用。

当为多跨厂房时，各跨的吊车地震作用应分别进行计算。

7.3.5　天窗架的横向水平地震作用计算

《建筑抗震设计规范》(GB 50011—2010)规定，有斜撑杆的三铰拱式钢筋混凝土天窗架和钢天窗架的横向抗震计算可采用底部剪力法；跨度大于 9 m 或抗震设防烈度为 9 度时，混凝土天窗架的地震作用效应应乘以增大系数，其值可采用 1.5。其他情况下天窗架的横向水平地震作用可采用振型分解反应谱法。

天窗架的横向水平地震作用 F_{sl} 可按下式计算。

$$F_{sl} = \frac{G_{sl}H_{sl}}{\sum\limits_{j=1}^{n} G_j H_j} F_{Ek} \qquad (7.3.12)$$

式中　G_{sl}——突出屋面部分天窗架的等效集中重力荷载代表值;

$$G_{sl} = 1.0G_{天窗屋盖} + 0.5G_{天窗积雪} + 0.5G_{天窗积灰}$$

　　　　H_{sl}——天窗屋盖标高的高度,从厂房柱基础顶面算起。

其他符号意义同前。

7.3.6　排架内力分析及组合

1) 排架内力分析及调整

在求得地震作用 F_i 后,便可将其视为静力荷载,作用于排架相应的 i 点,如图 7-7 所示,然后按照结构力学的方法对此平面排架进行内力分析,求出各柱控制截面的内力,并应按照《建筑抗震设计规范》(GB 50011—2010)的要求对各排架柱的地震作用效应进行调整。

(1) 考虑空间作用及扭转影响对柱地震作用效应的调整。

震害调查和理论分析表明,当厂房山墙之间的距离不太大,且为钢筋混凝土屋盖时,作用在厂房上的地震作用将有一部分通过屋盖传给山墙,而使作用在排架上的地震作用减小,这种现象称为厂房的空间作用。单层厂房的空间作用大小取决于山墙的间距和屋盖刚度的大小。由于这种空间作用使得各排架实际承受的地震作用将比按平面排架计算的小,因此,对按平面排架分析得到的地震作用效应应该进行调整。

另外,当厂房一侧有山墙,或虽两侧有山墙但两侧的山墙抗侧移刚度相差很大时,厂房除了有空间作用影响外,还会出现较大的扭转效应。

为此,《建筑抗震设计规范》(GB 50011—2010)规定,钢筋混凝土屋盖的单层钢筋混凝土柱厂房,按表 7-1 调整基本自振周期且按平面排架进行横向抗震计算时,对等高厂房排架柱和不等高厂房除高低跨交接处的上柱以外的全部排架柱各截面的地震作用效应(弯矩、剪力),当符合下列要求时,可考虑空间作用及扭转的影响而加以调整,调整系数按表 7-2 采用。

表 7-2　钢筋混凝土柱(除高低跨交接处上柱外)考虑空间工作和扭转影响的效应调整系数

屋盖	山墙		屋盖长度(m)											
			≤30	36	42	48	54	60	66	72	78	84	90	96
钢筋混凝土无檩屋盖	两端山墙	等高厂房	—	—	0.75	0.75	0.75	0.80	0.80	0.80	0.85	0.85	0.85	0.90
		不等高厂房	—	—	0.85	0.85	0.85	0.90	0.90	0.90	0.95	0.95	0.95	1.00
	一端山墙		1.05	1.15	1.20	1.25	1.30	1.30	1.30	1.30	1.35	1.35	1.35	1.35
钢筋混凝土有檩屋盖	两端山墙	等高厂房	—	—	0.80	0.85	0.90	0.95	0.95	1.00	1.00	1.05	1.05	1.10
		不等高厂房	—	—	0.85	0.90	0.95	1.00	1.00	1.05	1.05	1.10	1.10	1.15
	一端山墙		1.00	1.05	1.10	1.10	1.15	1.15	1.15	1.20	1.20	1.20	1.25	1.25

当采用表 7-2 的调整系数时,尚应符合下列条件:

① 抗震设防烈度为 7 度和 8 度;

② 厂房单元屋盖长度(山墙到山墙的间距,仅一端有山墙时,应取所考虑排架至山墙的距离)与总跨度之比小于 8 或者厂房总跨度大于 12 m(高低跨相差较大的不等高厂房,总跨度可不包括低跨);

③ 山墙或承重(抗震)横墙的厚度不小于 240 mm,开洞所占的水平截面面积不超过总面积的 50%,并与屋盖系统有良好的连接;

④ 柱顶高度不大于 15 m。

(2)高低跨交接处的钢筋混凝土柱地震作用效应调整。

对不等高厂房,高低跨交接处的钢筋混凝土柱的支承低跨屋盖牛腿以上各截面,按底部剪力法求得的地震剪力和弯矩应乘以增大系数 η,其值可以按下式计算。

$$\eta = \zeta(1 + 1.7 \frac{n_h}{n_0} \cdot \frac{G_{El}}{G_{Eh}}) \tag{7.3.13}$$

式中　η——地震剪力和弯矩的增大系数;

　　　ζ——不等高厂房高低跨交接处的空间工作影响系数,可按表 7-3 采用;

　　　n_h——高跨的跨数;

　　　n_0——计算跨数,仅一侧有低跨时应取总跨数,两侧均有低跨时应取总跨数与高跨跨数之和;

　　　G_{Eh}——集中于高跨柱顶标高处的总重力荷载代表值;

　　　G_{El}——集中于交接处一侧各低跨屋盖标高处的总重力荷载代表值。

表 7-3　高低跨交接处钢筋混凝土上柱空间工作影响系数

屋盖	山墙	屋盖长度(m)										
		≤36	42	48	54	60	66	72	78	84	90	96
钢筋混凝土无檩屋盖	两端山墙	—	0.70	0.76	0.82	0.88	0.94	1.00	1.06	1.06	1.06	1.06
	一端山墙	1.25										
钢筋混凝土有檩屋盖	两端山墙	—	0.90	1.00	1.05	1.10	1.10	1.15	1.15	1.15	1.20	1.20
	一端山墙	1.05										

(3)吊车桥架引起的地震作用效应的增大系数。

吊车桥架在地震中往往引起厂房的强烈局部振动,加重震害。因此应考虑吊车桥架自重引起的地震作用效应,并乘以表 7-4 所示的增大系数。

表 7-4　桥架引起的地震剪力和弯矩增大系数

屋盖类型	山墙	边柱	高低跨柱	其他中柱
钢筋混凝土无檩屋盖	两端山墙	2.0	2.5	3.0
	一端山墙	1.5	2.0	2.5
钢筋混凝土有檩屋盖	两端山墙	1.5	2.0	2.5
	一端山墙	1.5	2.0	2.0

2）排架内力组合

内力组合是指地震作用引起的内力（即作用效应，考虑到地震作用是往复作用，故内力符号可正可负）和与其相应的竖向荷载（即结构自重、雪荷载和积灰荷载，有吊车时还应考虑吊车的竖向荷载）引起的内力，根据可能出现的最不利荷载组合情况，进行组合。

进行单层厂房排架的地震作用效应和与其相应的其他荷载效应组合时，一般可不考虑风荷载效应，不考虑吊车横向水平制动力引起的内力，也不考虑竖向地震作用，因此，其效应组合表达式可表示为

$$S = \gamma_G S_{GE} + \gamma_{Eh} S_{Ehk} \tag{7.3.14}$$

式中　γ_G——重力荷载分项系数，一般情况下应采用 1.2；当重力荷载效应对结构的承载力有利时，不应大于 1.0；

γ_{Eh}——水平地震作用分项系数，可取 1.3；

S_{GE}——重力荷载代表值的效应，有吊车时，尚应包括悬吊物重力标准值的效应；

S_{Ehk}——水平地震作用标准值的效应，尚应乘以相应的增大系数或调整系数。

7.3.7　截面抗震验算

对于单层钢筋混凝土柱厂房，柱截面的抗震验算，应满足下列一般表达式的要求：

$$S \leqslant R/\gamma_{RE} \tag{7.3.15}$$

式中　R——结构构件承载力设计值，按《混凝土结构设计规范》（GB 50010—2010）所列偏心受压构件的承载力计算公式规定计算；

γ_{RE}——承载力抗震调整系数，对钢筋混凝土偏心受压柱，当轴压比小于 0.15 时，取 0.75；当轴压比不小于 0.15 时，取 0.80；抗剪计算时，取 0.85。

7.3.8　厂房横向抗震验算的其他问题

（1）在重力荷载与水平地震作用同时作用下，不等高厂房支承低跨屋盖的柱牛腿（柱肩），其纵向水平受拉钢筋截面面积 A_s 应按下式确定。

$$A_s \geqslant \left(\frac{N_G a}{0.85 h_0 f_y} + 1.2 \frac{N_E}{f_y} \right) \gamma_{RE} \tag{7.3.16}$$

式中　N_G——柱牛腿面上承受的重力荷载代表值产生的压力设计值；

N_E——柱牛腿面上地震组合的水平拉力设计值；

a——重力作用点至下柱近侧边缘的距离，当 $a < 0.3 h_0$ 时，取 $a = 0.3 h_0$；

h_0——牛腿最大竖向截面的有效高度；

f_y——钢筋抗拉强度设计值；

γ_{RE}——承载力抗震调整系数，可采用 1.0。

（2）两个主轴方向柱距均不小于 12 m、无桥式吊车且无柱间支撑的大柱网厂

房,柱截面抗震验算应同时计算两个主轴方向的水平地震作用,并应计入位移引起的附加弯矩。

【例 7-1】 某两跨不等高厂房,横剖面如图 7-10 所示。试计算厂房排架结构的横向地震作用,并进行内力分析。

厂房的基本数据如下:AB 跨 15 m,BC 跨 24 m,柱距为 6 m,纵向共 12 个柱间,厂房长度为 72 m;AB 跨设有 5 t 中级工作制吊车两台,BC 跨设有 30/5 t 中级工作制吊车两台;屋盖采用钢筋混凝土屋架和钢筋混凝土大型屋面板,低跨屋盖自重为 3.23 kN/m²;高跨屋盖自重为 3.53 kN/m²;柱截面尺寸详见表 7-5,混凝土强度等级为 C25;围护墙采用 240 厚砖墙,MU10 烧结普通砖,M7.5 混合砂浆;屋面雪荷载为 0.3 kN/m²,活荷载为 0.5 kN/m²;抗震设防烈度为 8 度(0.20g),设计地震分组为第二组,Ⅱ 类场地。

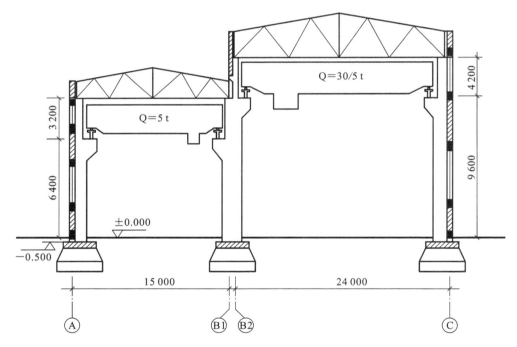

图 7-10 厂房横剖面图

表 7-5 柱截面尺寸及自重标准值

柱列	上 柱		下 柱	
	截面尺寸	自重(kN/m)	截面尺寸	自重(kN/m)
A 列	矩形 400×400	4.00	I 形 400×600×100×100	3.19
B 列	矩形 500×600	7.50	I 形 500×1200×120×200	7.64
C 列	矩形 500×600	7.50	I 形 500×1200×120×200	7.64

【解】　（1）计算横向自振周期。

取 6 m 柱距的一榀排架为标准计算单元,则作用在该标准计算单元上的重力荷载如表 7-6 所示。

表 7-6　作用于计算单元范围内的重力荷载值

荷　载 \ 跨　别		AB 跨	BC 跨
屋盖自重(kN)		$3.23\times15\times6=290.7$	$3.53\times24\times6=508.3$
雪荷载(kN)		$0.3\times15\times6=27.0$	$0.3\times24\times6=43.2$
吊车梁自重(kN)		31.6	49.8
柱自重(kN)	上柱	12.8	31.5
	下柱	22.0	81.0(B 柱),77.2(C 柱)
外纵墙重(kN)		215.5	312.6
吊车桥架重(kN)		144.0	420.0
悬墙重(kN)		85.6	

计算简图如图 7-11 所示。

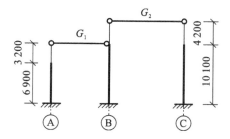

图 7-11　自振周期计算简图

集中于 AB 跨屋盖处的重量 G_1：

$G_1 = 1.0G_{屋盖} + 0.5G_{雪} + 0.5G_{AB吊车梁} + 1.0G_{BC吊车梁} + 0.25G_{柱} + 0.5G_{B柱上} + 0.25G_{纵墙} + 0.5G_{悬墙}$

$= 1.0\times290.7 + 0.5\times27.0 + 0.5\times2\times31.6 + 1.0\times49.8 + 0.25$

$\times(12.8+22.0+81.0) + 0.5\times31.5 + 0.25\times215.5 + 0.5\times85.6$

$= 527.0(kN)$

集中于 BC 跨屋盖处的重量 G_2：

$G_2 = 1.0G_{屋盖} + 0.5G_{雪} + 0.5G_{BC吊车梁} + 0.25G_{柱} + 0.5G_{B柱上} + 0.25G_{纵墙} + 0.5G_{悬墙}$

$= 1.0\times508.3 + 0.5\times43.2 + 0.5\times49.8 + 0.25\times(31.5+77.2) + 0.5\times31.5$

$+ 0.25\times312.6 + 0.5\times85.6$

$= 718.7(kN)$

排架柱的惯性矩及柱高见表 7-7。

表 7-7　柱截面惯性矩及柱高

	$I_u(\mathrm{m}^4)$	$I_l(\mathrm{m}^4)$	$H_u(\mathrm{m})$	$H_l(\mathrm{m})$	$H(\mathrm{m})$
A 柱	$0.213\ 3\times 10^{-2}$	$0.587\ 6\times 10^{-2}$	3.2	6.9	10.1
B 柱	$0.900\ 0\times 10^{-2}$	$5.724\ 5\times 10^{-2}$	4.2	10.1	14.3
C 柱	$0.900\ 0\times 10^{-2}$	$5.724\ 5\times 10^{-2}$	4.2	10.1	14.3

根据相关排架计算手册即可求得单阶排架柱在柱顶单位力作用下的位移。

$$\delta_{11}^a = \frac{1}{3EI_l}\Big[H^3 + H_u^3\Big(\frac{I_l}{I_u}-1\Big)\Big]$$

$$= \frac{1}{3\times 2.80\times 10^7 \times 0.587\ 6\times 10^{-2}}\Big[10.1^3 + 3.2^3\Big(\frac{0.587\ 6\times 10^{-2}}{0.213\ 3\times 10^{-2}}-1\Big)\Big]$$

$$= 2.20\times 10^{-3}\,(\mathrm{m/kN})$$

$$\delta_{22}^c = \frac{1}{3EI_l}\Big[H^3 + H_u^3\Big(\frac{I_l}{I_u}-1\Big)\Big]$$

$$= \frac{1}{3\times 2.80\times 10^7 \times 5.724\ 5\times 10^{-2}}\Big[14.3^3 + 4.2^3\Big(\frac{5.724\ 5\times 10^{-2}}{0.900\ 0\times 10^{-2}}-1\Big)\Big]$$

$$= 0.69\times 10^{-3}\,(\mathrm{m/kN})$$

下面计算排架结构的侧移。首先根据图 7-9 计算排架横梁的内力。

取图 7-12 所示的结构为力法基本结构，取排架横梁内力 x_1、x_2 为基本未知力。按 $F=1$ 分别作用在低跨 1 和高跨 2 处，建立两组力法方程，可求得 $x_1^{①}$、$x_2^{①}$、$x_1^{②}$、$x_2^{②}$（具体计算过程从略）。计算结果如下：

$$x_1^{①}=0.95,\ x_2^{①}=0.24,\ x_1^{②}=0.075,\ x_2^{②}=0.52$$

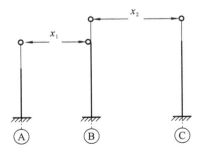

图 7-12　力法基本结构

则排架侧移为

$$\delta_{11}=(1-x_1^{①})\delta_{11}^a=(1-0.95)\times 2.20\times 10^{-3}=1.10\times 10^{-4}\,(\mathrm{m/kN})$$

$$\delta_{21}=x_2^{①}\delta_{22}^c=\delta_{12}=x_1^{②}\delta_{11}^a=0.24\times 0.69\times 10^{-3}=1.66\times 10^{-4}\,(\mathrm{m/kN})$$

$$\delta_{22}=(1-x_2^{②})\delta_{22}^c=(1-0.52)\times 0.69\times 10^{-3}=3.31\times 10^{-4}\,(\mathrm{m/kN})$$

在质点 1、2 重力荷载 G_1、G_2 作用下排架的侧移按式(7.3.5)计算。

$$u_1=G_1\delta_{11}+G_2\delta_{12}=527.0\times 1.10\times 10^{-4}+718.7\times 1.66\times 10^{-4}=0.177\,(\mathrm{m})$$

$$u_2 = G_1\delta_{21} + G_2\delta_{22} = 527.0 \times 1.66 \times 10^{-4} + 718.7 \times 3.31 \times 10^{-4} = 0.325(\mathrm{m})$$

$$T_1 = 2\sqrt{\frac{G_1 u_1^2 + G_2 u_2^2}{G_1 u_1 + G_2 u_2}} = 2\sqrt{\frac{527.0 \times 0.177^2 + 718.7 \times 0.325^2}{527.0 \times 0.177 + 718.7 \times 0.325}} = 1.06(\mathrm{s})$$

考虑到该厂房由钢筋混凝土屋架与钢筋混凝土柱组成,且有纵墙,因而取周期调整系数为 0.8。

则 $T_1 = 0.8 \times 1.06 = 0.848(\mathrm{s})$

(2) 计算横向地震作用。

厂房横向地震作用计算简图如图 7-13 所示。

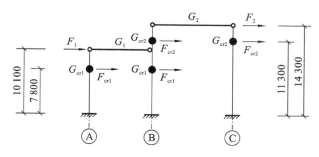

图 7-13　横向地震作用计算简图

集中于屋盖处的重力荷载按式(7.3.2)计算。

$$
\begin{aligned}
G_1 &= 1.0G_{屋盖} + 0.5G_{雪} + 0.75G_{吊车梁} + 0.5G_{柱} + 0.5G_{纵墙} + 0.5G_{悬墙}\\
&= 1.0 \times 290.7 + 0.5 \times 27.0 + 0.75 \times 31.6 \times 2 + 1.0 \times 49.8 + 0.5\\
&\quad \times (12.8 + 22.0 + 31.5 + 81.0) + 0.5 \times 215.5 + 0.5 \times 85.6\\
&= 625.6(\mathrm{kN})
\end{aligned}
$$

$$
\begin{aligned}
G_2 &= 1.0G_{屋盖} + 0.5G_{雪} + 0.75G_{吊车梁} + 0.5G_{柱} + 0.5G_{纵墙} + 0.5G_{悬墙}\\
&= 1.0 \times 508.3 + 0.5 \times 43.2 + 0.75 \times 49.8 + 0.5 \times (31.5 + 77.2)\\
&\quad + 0.5 \times 31.5 + 0.5 \times 312.6 + 0.5 \times 85.6\\
&= 836.5(\mathrm{kN})
\end{aligned}
$$

下面计算吊车重作用于排架柱上的重力荷载 G_{cr1} 和 G_{cr2},首先根据吊车梁支座反力影响线求出 AB 跨的反力系数分别为 1.0 和 0.417;BC 跨的反力系数分别为 1.0 和 0.217。

AB 跨吊车重在一侧柱上的牛腿反力为

$$G_{cr1} = \frac{1}{4} \times 144.0 \times (1.0 + 0.417) = 51.0(\mathrm{kN})$$

$$G_{cr2} = \frac{1}{4} \times 420.0 \times (1.0 + 0.217) = 127.8(\mathrm{kN})$$

$$\alpha_1 = \left(\frac{T_g}{T_1}\right)^{\gamma} \eta_2 \alpha_{max} = \left(\frac{0.40}{0.848}\right)^{0.9} \times 1.0 \times 0.16 = 0.081\,4$$

排架底部总水平地震作用标准值为

$$F_{Ek} = \alpha_1 G_{eq} = \alpha_1 \times 0.85 \times (G_1 + G_2)$$

$$= 0.081\ 4 \times 0.85 \times (625.6 + 836.5) = 101.16(\text{kN})$$

作用于屋盖 1、2 处的地震作用为

$$F_1 = \frac{G_1 H_1}{G_1 H_1 + G_2 H_2} F_{\text{Ek}} = \frac{625.6 \times 10.1}{625.6 \times 10.1 + 836.5 \times 14.3} \times 101.16 = 34.97(\text{kN})$$

$$F_2 = \frac{G_2 H_2}{G_1 H_1 + G_2 H_2} F_{\text{Ek}} = \frac{836.5 \times 14.3}{625.6 \times 10.1 + 836.5 \times 14.3} \times 101.16 = 66.19(\text{kN})$$

吊车地震作用为

$$F_{\text{cr1}} = \alpha_1 G_{\text{cr1}} \frac{h_{\text{cr1}}}{H_1} = 0.081\ 4 \times 51.0 \times \frac{7.8}{10.1} = 3.21(\text{kN})$$

$$F_{\text{cr2}} = \alpha_1 G_{\text{cr2}} \frac{h_{\text{cr2}}}{H_2} = 0.081\ 4 \times 127.8 \times \frac{11.3}{14.3} = 8.22(\text{kN})$$

（3）排架内力分析。

① 屋盖标高处地震作用引起的内力标准值。

在计算排架横向基本周期时，已经得到低跨和高跨屋盖处作用单位力时的横梁内力。在此，利用该结果，排架在 F_1、F_2 共同作用下的横梁内力为

$$x_1 = x_1^① F_1 + x_1^② F_2 = 0.95 \times 34.97 - 0.075 \times 66.19 = 28.26(\text{kN}) \quad （压力）$$

$$x_2 = x_2^① F_1 + x_2^② F_2 = 0.24 \times 34.97 - 0.52 \times 66.19 = -26.03(\text{kN}) \quad （拉力）$$

排架柱的弯矩图、柱底剪力如图 7-14(a)所示。

根据 7.3.6 节对排架内力调整的要求，本例应考虑空间工作和扭转影响对排架柱地震作用效应进行调整。查表 7-2，取调整系数为 0.9，但该系数不能用于高低跨交接处上柱截面内力的调整。对于高低跨交接处上柱截面内力应乘以调整系数 η。

$$\eta = \zeta \left(1 + 1.7 \frac{n_{\text{h}}}{n_0} \cdot \frac{G_{\text{E}l}}{G_{\text{Eh}}}\right) = 1 \times \left(1 + 1.7 \times \frac{1}{2} \times \frac{625.6}{836.5}\right) = 1.64$$

调整后排架柱的弯矩图、柱底剪力如图 7-14(b)所示。

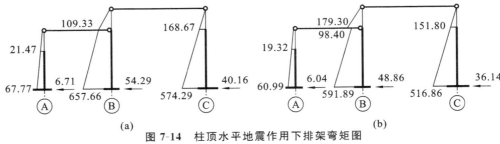

图 7-14　柱顶水平地震作用下排架弯矩图

(a)排架弯矩图；(b)调整后排架弯矩图

② 吊车桥架地震作用引起的内力标准值。

这时，排架柱的内力可由静力计算中吊车横向水平荷载 T_{max} 引起的内力乘以相应 $F_{\text{cr}} / T_{\text{max}}$ 的比值求得，并需要将 A 柱、C 柱吊车梁顶面标高处的上柱截面的剪力和弯矩乘以增大系数 2.0；将 B 柱吊车梁顶面标高处的上柱截面的剪力和弯矩乘以增大系数 2.5，具体计算过程从略。

7.4　单层钢筋混凝土柱厂房纵向抗震计算

　　与横向振动相比,单层厂房的纵向振动十分复杂。对于质量和刚度分布均匀的等高厂房,在纵向地震作用下,可以认为其上部结构仅产生纵向平移振动,扭转作用可以忽略不计;而对于质心和刚心不重合的不等高厂房,在纵向地震作用下,厂房将产生平移振动和扭转振动的耦联作用,即平扭耦联作用。大量震害表明,地震时,厂房除产生侧移、扭转振动外,屋盖还产生纵、横向平面内的弯、剪变形;纵向围护墙参与工作,致使纵向各柱列的破坏程度不等,空间作用显著。所以,选择合理的力学模式和计算简图进行厂房纵向抗震计算十分必要。

　　《建筑抗震设计规范》(GB 50011—2010)规定,对混凝土无檩和有檩屋盖及有较完整支撑系统的轻型屋盖厂房进行纵向抗震计算时,一般情况下宜计及屋盖的纵向弹性变形,围护墙与隔墙的有效刚度,不对称时尚宜计及扭转的影响,按多质点进行空间结构分析;对纵墙对称布置的单跨厂房和轻型屋盖的多跨厂房,可按柱列分片独立计算。

　　对于两跨不等高厂房的纵向抗震计算可以采用拟能量法,该方法以剪扭振动空间分析结果为标准,进行试算对比,找出各柱列按跨度中心划分质量的调整系数,从而得出各柱列作为分离体时的有效质量,然后按能量法确定整个厂房的自振周期,并按单独柱列分别计算出各柱列的水平地震作用。

　　本节主要讲述单层钢筋混凝土柱厂房纵向抗震计算的修正刚度法。

7.4.1　修正刚度法

　　1) 纵向柱列的刚度

　　纵向第 i 柱列的刚度一般由三部分组成,即该列所有柱子、柱间支撑和贴砌砖围护墙的侧移刚度之和(如图 7-15 所示)。可表达为

$$K_i = \sum K_c + \sum K_b + \sum K_w \tag{7.4.1}$$

式中　K_c——一根柱子的弹性侧移刚度;

　　　K_b——一片支撑的弹性侧移刚度;

　　　K_w——贴砌砖围护墙的侧移刚度,应考虑墙开裂而引起的刚度折减,可根据柱列侧移值的大小取刚度折减系数为 $0.2 \sim 0.6$。

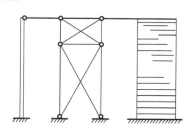

图 7-15　纵向柱列刚度

　　K_c、K_b、K_w 按结构力学方法计算,先确定构件的柔度矩阵,然后进行求逆即可得弹性刚度。

　　2) 基本周期计算

　　采用修正刚度法确定厂房的纵向自振周期时,首先假定整个屋盖为一刚性盘

体,把所有柱列的纵向刚度加在一起,按单质点体系计算,但屋盖实际上并非绝对刚性,为此,自振周期计算中引入了一个修正系数 k 以考虑屋盖变形的影响。厂房纵向自振周期可按下式计算。

$$T_1 = 0.85 \times 2\pi k \sqrt{\frac{\sum G_i}{g \sum K_i}} \approx 1.7k \sqrt{\frac{\sum G_i}{\sum K_i}} \tag{7.4.2}$$

式中 G_i——第 i 柱列柱顶处的等效重力荷载;

$$G_i = 1.0G_{屋盖} + 0.5G_{雪} + 0.5G_{积灰} + 0.25(G_{柱} + G_{横墙})$$
$$+ 0.35G_{纵墙} + 0.5(G_{吊车梁} + G_{吊车}) \tag{7.4.3}$$

K_i——第 i 柱列的刚度;

k——纵向周期修正系数,按表 7-8 取值。

表 7-8 钢筋混凝土屋盖厂房的纵向周期修正系数 k

纵 墙	屋 盖	无 檩 屋 盖		有 檩 屋 盖	
		边跨无天窗	边跨有天窗	边跨无天窗	边跨有天窗
砖墙	7 度	1.20	1.25	1.30	1.35
	8 度	1.10	1.15	1.20	1.25
	9 度	1.00	1.05	1.05	1.10
无墙、石棉瓦、挂板		1.00	1.00	1.00	1.00

除了按照式(7.4.2)计算厂房的纵向自振周期,还可以根据《建筑抗震设计规范》(GB 50011—2010)推荐的经验公式确定纵向自振周期。对于柱顶标高不大于 15 m 且平均跨度不大于 30 m 的单跨或等高多跨单层钢筋混凝土柱厂房,其纵向基本周期可以按照下式确定。

(1) 砖围护墙厂房,可按下式计算。

$$T_1 = 0.23 + 0.000\,25\psi_1 l \sqrt{H^3} \tag{7.4.4}$$

式中 ψ_1——屋盖类型系数,大型屋面板钢筋混凝土屋架可采用 1.0,钢屋架采用 0.85;

l——厂房跨度,多跨厂房可取各跨的平均值(单位:m);

H——基础顶面至柱顶的高度(单位:m)。

(2) 敞开、半敞开或墙板与柱子柔性连接的厂房,可按式(7.4.4)计算,并乘以下列围护墙影响系数。

$$\psi_2 = 2.6 - 0.002l \sqrt{H^3} \tag{7.4.5}$$

式中 ψ_2——围护墙影响系数,小于 1.0 时应取 1.0。

3) 柱列地震作用计算

(1) 等高多跨钢筋混凝土屋盖的厂房,各纵向柱列的柱顶标高处的地震作用标准值,可按下式计算。

$$F_i = \alpha_1 G_{eq} \frac{K_{ai}}{\sum K_{ai}} \qquad (7.4.6)$$

$$K_{ai} = \psi_3 \psi_4 K_i \qquad (7.4.7)$$

式中　F_i——第 i 柱列柱顶标高处的纵向地震作用标准值;

　　　α_1——相应于厂房纵向基本自振周期的水平地震影响系数;

　　　G_{eq}——厂房单元柱列总等效重力荷载代表值,应包括屋盖重力荷载代表值、70%纵墙自重、50%横墙与山墙自重及折算的柱自重(有吊车时采用10%柱自重,无吊车时采用50%柱自重);

　　　K_i——第 i 柱列柱顶的总侧移刚度;应包括 i 列内柱子和上、下柱间支撑的侧移刚度及纵墙折减侧移刚度的总和,贴砌的砖围护墙侧移刚度的折减系数,可根据柱列侧移值的大小,采用 0.2～0.6;

　　　K_{ai}——第 i 柱列柱顶的调整侧移刚度;

　　　ψ_3——柱列侧移刚度的围护墙影响系数,可按表 7-9 采用,有纵向砖围护墙的四跨或五跨厂房,由边柱列数起的第三柱列,可按表 7-9 数值的 1.15 倍采用;

　　　ψ_4——柱列侧移刚度的柱间支撑影响系数,纵向为砖围护墙时,边柱列可采用 1.0,中柱列可按表 7-10 采用。

表 7-9　围护墙影响系数 ψ_3

围护墙类别和烈度		柱列和屋盖类别				
			中柱列			
240 砖墙	370 砖墙	边柱列	无檩屋盖		有檩屋盖	
			边跨无天窗	边跨有天窗	边跨无天窗	边跨有天窗
	7 度	0.85	1.7	1.8	1.8	1.9
7 度	8 度	0.85	1.5	1.6	1.6	1.7
8 度	9 度	0.85	1.3	1.4	1.4	1.5
9 度		0.85	1.2	1.3	1.3	1.4
无墙、石棉瓦或挂板		0.90	1.1	1.1	1.2	1.2

表 7-10　纵向采用砖围护墙的中柱列柱间支撑影响系数 ψ_4

厂房单元内设置下柱支撑的柱间数	中柱列下柱支撑斜杆的长细比					中柱列无支撑
	≤40	41～80	81～120	121～150	>150	
一柱间	0.9	0.95	1.0	1.1	1.25	1.4
二柱间	—	—	0.9	0.95	1.0	

（2）等高多跨钢筋混凝土屋盖的厂房，柱列各吊车梁顶标高处的纵向地震作用标准值，可按下式计算。

$$F_{ci} = \alpha_1 G_{ci} \frac{H_{ci}}{H_i} \qquad (7.4.8)$$

式中　F_{ci}——第 i 柱列在吊车梁顶标高处的纵向地震作用标准值；

G_{ci}——集中于第 i 柱列吊车梁顶标高处的等效重力荷载代表值，应包括吊车梁与悬吊物的重力荷载代表值和 40% 柱子自重；

H_{ci}——第 i 柱列吊车梁顶高度；

H_i——第 i 柱列柱顶高度。

7.4.2　突出屋面天窗架纵向抗震计算

地震震害表明，没有考虑抗震设防的一般钢筋混凝土天窗架，其横向受损并不明显，而纵向破坏却相当普遍。为此，应该重视突出屋面天窗架的纵向抗震计算。

（1）天窗架的纵向抗震计算可以采用空间结构分析法，并计及屋盖平面弹性变形和纵墙的有效刚度。

（2）柱高不超过 15 m 的单跨和等高多跨混凝土无檩屋盖厂房的天窗架纵向地震作用计算，可采用底部剪力法，但天窗架的地震作用效应应乘以增大系数，其值可按下列规定采用。

① 单跨、边跨屋盖或有纵向内隔墙的中跨屋盖。

$$\eta = 1 + 0.5n \qquad (7.4.9)$$

② 其他中跨屋盖。

$$\eta = 0.5n \qquad (7.4.10)$$

式中　η——效应增大系数；

n——厂房跨数，超过四跨时取四跨。

7.4.3　截面抗震验算

1）排架柱

由于按刚度分配承担的地震作用效应较小，一般不必验算。但对于在两个主轴方向柱距均不小于 12 m，无桥式吊车且无柱间支撑的大柱网厂房，排架柱截面抗震验算应同时计算两个主轴方向的水平地震作用，并应计入位移引起的附加弯矩，即 P-Δ 效应。

2）柱间支撑

柱间支撑截面抗震验算是单层厂房纵向抗震计算的主要目的，主要包括拉杆承载力验算和端节点预埋件承载力验算。

对于无贴砌砖墙的纵向柱列，上柱支撑与同列下柱支撑宜采用等强设计。

斜杆长细比不大于 200 的柱间支撑在单位侧力作用下的水平位移，可按下式确定。

$$u = \sum \frac{1}{1 + \varphi_i} u_{ti} \tag{7.4.11}$$

式中 u——单位侧力作用点的位移;

φ_i——i 节间斜杆轴心受压稳定系数,应按现行国家标准《钢结构设计规范》(GB 50017—2003)采用;

u_{ti}——单位侧力作用下 i 节间仅考虑拉杆受力的相对位移。

长细比不大于 200 的斜杆截面可仅按抗拉验算,但应考虑压杆的卸载影响,其拉力可按下式确定:

$$N_t = \frac{l_i}{(1 + \psi_c \varphi_i) s_c} V_{bi} \tag{7.4.12}$$

式中 N_t——i 节间支撑斜杆抗拉验算时的轴向拉力设计值;

l_i——i 节间斜杆的全长;

ψ_c——压杆卸载系数,压杆长细比为 60、100 和 200 时,可分别采用 0.7、0.6 和 0.5;

V_{bi}——i 节间支撑承受的地震剪力设计值;

s_c——支撑所在柱间的间距。

斜拉杆的抗震承载力验算应满足下列条件:

$$N_t \leqslant A_i f / \gamma_{RE} \tag{7.4.13}$$

式中 A_i——斜向杆件截面面积;

f——杆件钢材强度设计值;

γ_{RE}——承载力抗震调整系数,取 0.75。

另外,关于柱间支撑端节点预埋件的截面抗震验算,在此不再叙述,可参考《建筑抗震设计规范》(GB 50011—2010)的相关内容。

3)其他抗震验算

厂房的抗风柱、屋架小立柱和计及工作平台影响的抗震计算,应符合下列规定。

① 高大山墙的抗风柱,在 8 度和 9 度时应进行平面外的截面抗震承载力验算。

② 当抗风柱与屋架下弦相连接时,连接点应设在下弦横向支撑节点处,下弦横向支撑杆件的截面和连接节点应进行抗震承载力验算。

③ 当工作平台和刚性内隔墙与厂房主体结构连接时,应采用与厂房实际受力相适应的计算简图,并计入工作平台和刚性内隔墙对厂房的附加地震作用影响。变位受约束且剪跨比不大于 2 的排架柱,其斜截面受剪承载力应按现行国家标准《混凝土结构设计规范》(GB 50010—2010)的规定计算,并采取相应的抗震构造措施。

④ 8 度 Ⅲ、Ⅳ 类场地和 9 度时,带有小立柱的拱形和折线型屋架或上弦节点间较长且矢高较大的屋架,其上弦宜进行抗扭验算。

7.5 单层钢筋混凝土柱厂房抗震构造措施

7.5.1 屋盖系统的构造措施

1) 无檩屋盖

装配式钢筋混凝土厂房的整体性主要靠构件之间的良好连接和合理的支撑系统来保证,而厂房的整体性则是抵抗地震作用十分重要的条件。震害调查,特别是海城、唐山地震的震害表明,凡是没有完善支撑系统的厂房,一般均遭受较严重的破坏。

无檩屋盖构件的连接及支撑布置,应符合下列要求。

(1) 大型屋面板应与屋架(屋面梁)焊牢,靠柱列的屋面板与屋架(屋面梁)的连接焊缝长度不宜小于 80 mm。

(2) 6 度和 7 度时,有天窗厂房单元的端开间,或 8 度和 9 度时各开间,宜将垂直屋架方向两侧相邻的大型屋面板的顶面彼此焊牢。

(3) 8 度和 9 度时,大型屋面板端头底面的预埋件宜采用角钢并与主筋焊牢。

(4) 非标准屋面板宜采用装配整体式接头,或将板四角切掉后与屋架(屋面梁)焊牢。

(5) 屋架(屋面梁)端部顶面预埋件的锚筋,8 度时不宜少于 4φ10,9 度时不宜少于 4φ12。

(6) 屋盖支撑的布置宜符合表 7-11 的要求,有中间井式天窗时宜符合表 7-12 的要求;8 度和 9 度跨度不大于 15 m 的厂房屋盖采用屋面梁时,可仅在厂房单元两端各设竖向支撑一道。单坡屋面梁的屋盖支撑布置,宜按屋架端部高度大于900 mm 的屋盖支撑布置执行。

除上述基本要求外,屋盖支撑尚应符合下列要求。

(1) 天窗开洞范围内,在屋架脊点处应设上弦通长水平压杆;8 度Ⅲ、Ⅳ类场地和 9 度时,梯形屋架端部上节点应沿厂房纵向设置通长水平压杆。

(2) 屋架跨中竖向支撑在跨度方向的间距,6~8 度时不大于 15 m,9 度时不大于 12 m;当仅在跨中设一道时,应设在跨中屋架屋脊处;当设二道时,应在跨度方向均匀布置。

(3) 屋架上、下弦通长水平系杆与竖向支撑宜配合设置。

(4) 柱距不小于 12 m 且屋架间距 6 m 的厂房,托架(梁)区段及其相邻开间应设下弦纵向水平支撑。

(5) 屋盖支撑杆件宜用型钢。

2) 有檩屋盖

有檩屋盖构件的连接,应符合下列要求。

(1) 檩条应与混凝土屋架(屋面梁)焊牢,并应有足够的支承长度。

(2) 双脊檩应在跨度 1/3 处相互拉结。

（3）压型钢板应与檩条可靠连接，瓦楞铁、石棉瓦等应与檩条拉结。

（4）支撑布置宜符合表 7-13 的要求。

3）屋架

混凝土屋架的截面和配筋，应符合下列要求。

（1）屋架上弦第一节间和梯形屋架端竖杆的配筋，6 度和 7 度时不宜少于 4Φ12，8 度和 9 度时不宜少于 4Φ14。

（2）梯形屋架的端竖杆截面宽度宜与上弦宽度相同。

（3）拱形和折线形屋架上弦端部支撑屋面板的小立柱，截面不宜小于 200 mm×200 mm，高度不宜大于 500 mm，主筋宜采用 Ⅱ 形，6 度和 7 度时不宜少于 4Φ12，8 度和 9 度时不宜少于 4Φ14，箍筋可采用Φ6，间距不宜大于 100 mm。

表 7-11　无檩屋盖的支撑布置

支撑名称		烈　度		
		6、7 度	8 度	9 度
屋架支撑	上弦横向支撑	屋架跨度小于 18 m 时同非抗震设计，跨度不小于 18 m 时在厂房单元端开间各设一道	厂房单元端开间及柱间支撑开间各设一道，天窗开洞范围的两端各增设局部的支撑一道	
	上弦通长水平系杆	同非抗震设计	沿屋架跨度不大于 15 m 设一道，但装配整体式屋面可不设；围护墙在屋架上弦高度有现浇圈梁时，其端部可不另设	沿屋架跨度不大于 12 m 设一道，但装配整体式屋面可不设；围护墙在屋架上弦高度有现浇圈梁时，其端部可不另设
	下弦横向支撑		同非抗震设计	同上弦横向支撑
	跨中竖向支撑			
	两端竖向支撑　屋架端部高度 ≤900 mm	厂房单元端开间各设一道	厂房单元端开间各设一道	厂房单元端开间及每隔 48 m 各设一道
	两端竖向支撑　屋架端部高度 >900 mm		厂房单元端开间及柱间支撑开间各设一道	厂房单元端开间、柱间支撑开间及每隔 30 m 各设一道
天窗架支撑	天窗两侧竖向支撑	厂房单元天窗端开间及每隔 30 m 各设一道	厂房单元天窗端开间及每隔 24 m 各设一道	厂房单元天窗端开间及每隔 18 m 各设一道
	上弦横向支撑	同非抗震设计	天窗跨度不小于 9 m 时，厂房单元天窗端开间及柱间支撑开间各设一道	厂房单元端开间及柱间支撑开间各设一道

表 7-12 中间井式天窗无檩屋盖支撑布置

支 撑 名 称		6、7 度	8 度	9 度
上弦横向支撑 下弦横向支撑		厂房单元端开间各设一道	厂房单元端开间及柱间支撑开间各设一道	
上弦通长水平系杆		天窗范围内屋架跨中上弦节点处设置		
下弦通长水平系杆		天窗两侧及天窗范围内屋架下弦节点处设置		
跨中竖向支撑		有上弦横向支撑开间布置,位置与下弦通长系杆相对应		
两端竖向支撑	屋架端部高度 ≤900 mm	同非抗震设计		有上弦横向支撑开间,且间距不大于48 m
	屋架端部高度 >900 mm	厂房单元端开间各设一道	有上弦横向支撑开间,且间距不大于48 m	有上弦横向支撑开间,且间距不大于30 m

表 7-13 有檩屋盖的支撑布置

支 撑 名 称		烈　　　度		
		6、7 度	8 度	9 度
屋架支撑	上弦横向支撑	厂房单元端开间各设一道	厂房单元端开间及厂房单元长度大于66 m的柱间支撑开间各设一道; 天窗开洞范围的两端各增设局部的支撑一道	厂房单元端开间及厂房单元长度大于42 m的柱间支撑开间各设一道; 天窗开洞范围的两端各增设局部的上弦横向支撑一道
	下弦横向支撑	同非抗震设计		
	跨中竖向支撑			
	端部竖向支撑	屋架端部高度大于 900 mm 时,厂房单元端开间及柱间支撑开间各设一道		
天窗架支撑	上弦横向支撑	厂房单元天窗端间各设一道	厂房单元天窗端开间及每隔 30 m 各设一道	厂房单元天窗端开间及每隔 18 m 各设一道
	两侧竖向支撑	厂房单元天窗端间及每隔 36 m 各设一道		

7.5.2 柱与柱间支撑的构造措施

1) 排架柱

排架柱的配筋构造主要是箍筋加密的范围和加密构造。

下列范围内柱的箍筋应加密:

(1) 柱头,取柱顶以下 500 mm 并不小于柱截面长边尺寸;

(2) 上柱,取阶形柱自牛腿面至吊车梁顶面以上 300 mm 高度范围内;

(3) 牛腿(柱肩),取全高;

(4) 柱根,取下柱柱底至室内地坪以上 500 mm;

(5) 柱间支撑与柱连接节点和柱变位受平台等约束的部位,取节点上、下各 300 mm。

加密区箍筋间距不应大于 100 mm,箍筋肢距和最小直径应符合表 7-14 的规定。

表 7-14 柱加密区箍筋最大肢距和最小箍筋直径

烈度和场地类别		6 度和 7 度 Ⅰ、Ⅱ类场地	7 度Ⅲ、Ⅳ类场地和 8 度Ⅰ、Ⅱ类场地	8 度Ⅲ、Ⅳ类场地和 9 度
箍筋最大肢距(mm)		300	250	200
箍筋最小直径	一般柱头和柱根	Φ6	Φ8	Φ8(Φ10)
	角柱柱头	Φ8	Φ10	Φ10
	上柱牛腿和有支撑的柱根	Φ8	Φ8	Φ10
	有支撑的柱头和柱变位受约束部位	Φ8	Φ10	Φ12

注:括号内数值用于柱根。

侧向受约束且剪跨比不大于 2 的排架柱,柱顶预埋钢板和柱箍筋加密区的构造尚应符合下列要求:

(1) 柱顶预埋钢板沿排架平面方向的长度,宜取柱顶的截面高度,且不得小于截面高度的 1/2 及 300 mm;

(2) 屋架的安装位置,宜减小在柱顶的偏心,其柱顶轴向力的偏心距不应大于截面高度的 1/4;

(3) 柱顶轴向力排架平面内的偏心距在截面高度的 1/6～1/4 范围内时,柱顶箍筋加密区的箍筋体积配筋率:9 度时不宜小于 1.2%;8 度不宜小于 1.0%;6、7 度不宜小于 0.8%;

(4) 加密区箍筋宜配置四肢箍,肢距不大于 200 mm。

不等高厂房支承低跨屋盖的中柱牛腿(柱肩),应按计算增设抵抗水平地震作用的抗拉钢筋,6、7 度时不少于 2φ12,8 度时不少于 2φ14,9 度时不少于 2φ16。抗拉钢筋应与牛腿(柱肩)面的预埋板焊牢。另外,柱子根部自柱底至设计地坪以上 500 mm 高度范围内应采用矩形截面,以提高柱根部截面的抗剪承载力。在牛腿(柱肩)箍筋加密范围内,柱截面也应做成矩形。

2)抗风柱

唐山地震中,抗风柱的柱头和上、下柱的根部都有产生裂缝、甚至折断的震害;另外,柱肩产生劈裂的情况也不少。为此,山墙抗风柱的配筋,应符合下列要求。

(1)抗风柱柱顶以下 300 mm 和牛腿(柱肩)面以上 300 mm 范围内的箍筋,直径不宜小于 6 mm,间距不应大于 100 mm,肢距不宜大于 250 mm。

(2)抗风柱的变截面牛腿(柱肩)处,宜设置纵向受拉钢筋。

3)大柱网厂房柱

大柱网厂房柱的截面和配筋构造,应符合下列要求。

(1)柱截面宜采用正方形或接近正方形的矩形,边长不宜小于柱全高的 1/18～1/16。

(2)重屋盖厂房地震组合的柱轴压比,6、7 度时不宜大于 0.8,8 度时不宜大于 0.7,9 度时不应大于 0.6。

(3)纵向钢筋宜沿柱截面周边对称配置,间距不宜大于 200 mm,角部宜配置直径较大的钢筋。

(4)柱头和柱根的箍筋应加密,并应符合下列要求。

① 加密范围,柱根取基础顶面至室内地坪以上 1 m,且不小于柱全高的 1/6;柱头取柱顶以下 500 mm,且不小于柱截面长边尺寸。

② 箍筋直径、间距和肢距,应符合表 7-14 的规定。

4)柱间支撑

柱间支撑是保证厂房纵向刚度和抵抗纵向地震作用的重要抗侧力构件。不设支撑或支撑过弱,地震时会导致柱列纵向变位过大,柱子开裂,使整个厂房纵向震害加重,甚至倒塌;如支撑设置不当或支撑刚度过大,则可能引起柱身和柱顶连接的破坏。所以柱间支撑的设置是必不可少的,而且要使刚度适宜。

厂房柱间支撑的设置和构造,应符合下列要求。

(1)厂房柱间支撑的布置,应符合下列规定:

① 一般情况下,应在厂房单元中部设置上、下柱间支撑,且下柱支撑应与上柱支撑配套设置;

② 有吊车或 8 度和 9 度时,宜在厂房单元两端增设上柱支撑;

③ 厂房单元较长或 8 度Ⅲ、Ⅳ类场地和 9 度时,可在厂房单元中部 1/3 区段内设置两道柱间支撑。

(2)柱间支撑应采用型钢,支撑形式宜采用交叉式,其斜杆与水平面的交角不宜大于 55 度。

（3）支撑杆件的长细比，不宜超过表 7-15 的规定。

（4）下柱支撑的下节点位置和构造措施，应保证将地震作用直接传给基础；当 6 度和 7 度（0.10g）不能直接传给基础时，应计及支撑对柱和基础的不利影响采取加强措施。

（5）交叉支撑在交叉点应设置节点板，其厚度不应小于 10 mm，斜杆与交叉节点板应焊接，与端节点板宜焊接。

另外，8 度时跨度不小于 18 m 的多跨厂房中柱和 9 度时多跨厂房各柱，柱顶宜设置通长水平压杆，此压杆可与梯形屋架支座处通长水平系杆合并设置，钢筋混凝土系杆端头与屋架间的空隙应采用混凝土填实。

表 7-15　交叉支撑斜杆的最大长细比

位置	烈　　度			
	6 度和 7 度 I、II 类场地	7 度 III、IV 类场地 和 8 度 I、II 类场地	8 度 III、IV 类场地 和 9 度 I、II 类场地	9 度 III、IV 类 场地
上柱支撑	250	250	200	150
下柱支撑	200	150	120	120

7.5.3　连接节点的构造措施

厂房结构构件的连接节点包括屋架与柱的连接、柱预埋件、抗风柱、牛腿（柱肩）、柱与柱间支撑连接处的预埋件等。

（1）屋架（屋面梁）与柱顶的连接，8 度时宜采用螺栓（图 7-16(a)），9 度时宜采用钢板铰（图 7-16(b)），亦可采用螺栓；屋架（屋面梁）端部支承垫板的厚度不宜小于 16 mm。

（2）柱顶预埋件的锚筋，8 度时不宜少于 4Φ14，9 度时不宜少于 4Φ16；有柱间支撑的柱子柱顶预埋件尚应增设抗剪钢板。

（3）山墙抗风柱的柱顶应设置预埋板，使柱顶与端屋架的上弦（屋面梁上翼缘）可靠连接。连接部位应位于上弦横向支撑与屋架的连接点处，不符合时可在支撑中增设次腹杆或设置型钢横梁，将水平地震作用传至节点部位。

（4）支承低跨屋盖的中柱牛腿（柱肩）的预埋件，应与牛腿（柱肩）中按计算承受水平拉力部分的纵向钢筋焊接，且焊接的钢筋，6 度和 7 度时不应少于 2Φ12，8 度时不应少于 2Φ14，9 度时不应少于 2Φ16。

（5）柱间支撑与柱连接节点预埋件的锚件，8 度 III、IV 类场地和 9 度时，宜采用角钢加端板，其他情况可采用不低于 HRB335 级的热轧钢筋，但锚固长度不应小于 30 倍锚筋直径或增设端板。

（6）厂房中的吊车走道板、端屋架与山墙间的填充小屋面板、天沟板、天窗端壁板和天窗侧板下的填充砌体等构件应与支承结构有可靠的连接。

（7）突出屋面的混凝土天窗架,其两侧墙板与天窗立柱宜采用螺栓连接。

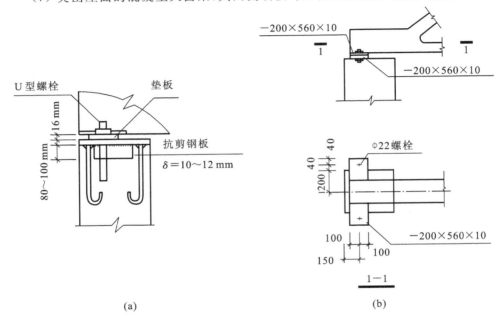

图 7-16　屋架与柱的连接
（a）加抗剪钢板；（b）钢板铰连接

7.5.4　围护墙体

《建筑抗震设计规范》(GB50011)对砖围护墙提出了一系列抗震构造措施,主要有以下几方面:

（1）为了避免地震时砖围护墙外闪和倒塌,增加墙体平面外的稳定,砖围护墙应沿全高与柱子牢固拉结,转角处的砖墙应沿两个主轴方向与厂房柱拉结(图 7-17),柱顶以上的墙体应与屋架(屋面梁)端部拉结,围护墙顶部还应与屋面板、天沟板拉结。不等高厂房的高跨封墙以及纵横跨交接处的悬墙,由于位置较高,倒塌后砸坏低跨屋盖,后果十分严重,因此应优先采用优质墙板或钢筋混凝土挂板。因条件所限,只能采用砖墙时,必须加强墙体与柱和屋盖构件的锚拉。为了增加厂房的整体性,除应按下述设置足够的圈梁外,还应将山墙与抗风柱拉结,山墙沿屋面应设钢筋混凝土卧梁,并与屋架端部上弦标高处的圈梁连接。

（2）宜采用现浇钢筋混凝土墙梁。当采用预制墙梁时,要防止各层墙顶部因填砌不密实而造成实际上的自由端,致使地震时发生平面外倒塌。为此,要求每层墙顶面必须与其上面的墙梁底面,用连接钢筋或钢板互相牢固拉结,预制墙梁与柱也应妥善锚拉。拉于厂房转角处的墙梁,应相互可靠连接。这些连接是很重要的,但因构造繁杂,不便于施工,所以当地震烈度较高时,最好采用现浇钢筋混凝土墙梁。

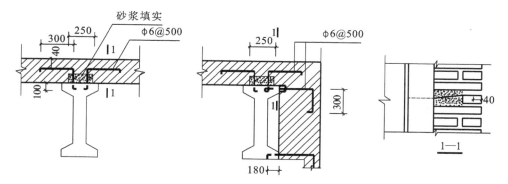

图 7-17　砖墙与柱的拉结（单位：mm）

（3）闭合圈梁能增加厂房的整体性，限制墙体的开裂破坏，减轻砖墙震害。为此，《建筑抗震设计规范》在总结震害经验的基础上，提出砖围护墙圈梁的设置要求为：圈梁沿平面必须闭合；在屋架端头上弦处、柱顶标高处，应各设现浇圈梁一道，当屋架端头高度不大于 900 mm 时，可仅在柱顶或屋架端头上弦标高处设一道圈梁；8度、9 度区，应沿厂房竖向按上密下稀的原则，每隔 4 m 左右，在窗顶标高处增设现浇圈梁一道。山墙沿屋面尚应设现浇钢筋混凝土卧梁，并与屋架端头上弦标高处的圈梁连接封闭。圈梁主要承受墙面地震时的外甩力，因此其截面高度不应小于 180 mm，宽度宜与墙厚相同。其配筋，6～8 度时不少于 4Φ12，9 度时不少于 4Φ14。厂房转角处柱顶圈梁再端开间范围内的纵筋，6～8 度时不宜少于 4Φ14，9 度时不宜少于 4Φ16，转角两侧各 1 m 范围内的箍筋直径不宜小于Φ8，间距不宜大于 100 mm。圈梁在转角处应增设水平斜筋加强，以防止圈梁在角部斜面拉裂或断开（图 7-18(b)）。预制圈梁在转角处应用钢板将其互相焊接连接。圈梁应与柱或屋架牢固锚拉，顶部圈梁与柱连接的锚拉钢筋不宜小于 4Φ12，且锚固长度不宜小于 35 倍钢筋直径（图 7-18(a)）。

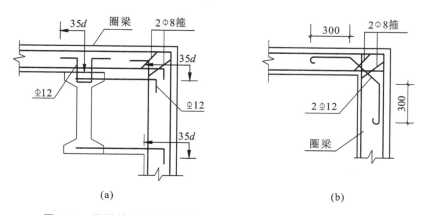

（a）　　　　　　　　　　　　　　　（b）

图 7-18　圈梁转角处斜向拉筋加强及柱与圈梁的拉结（单位：mm）

（4）半截隔墙以及高低跨厂房中的低跨横隔墙，应贴靠柱边砌筑，与柱柔性连接,不宜采用柱间嵌砌。砌体围护墙宜采用外贴式,但单跨厂房可在两侧均采用嵌砌式。

(5) 当采用钢筋混凝土大型墙板时,墙板与厂房柱或屋架间宜采用柔性连接,6～7度区可采用型钢互焊的刚性连接。

【本章要点】

本章主要介绍:单层钢筋混凝土柱厂房的震害现象及其产生原因;单层钢筋混凝土柱厂房抗震设计的一般规定;横向抗震计算;纵向抗震计算;抗震构造措施。

【思考题】

7-1 简述单层钢筋混凝土柱厂房的主要震害。

7-2 简述单层钢筋混凝土柱厂房平面布置的主要要求。

7-3 以两跨不等高单层钢筋混凝土柱厂房的横向地震作用计算为例,分别建立自振周期计算时以及地震作用计算时的计算简图,并给出重力荷载代表值的计算公式。

7-4 如何进行单层钢筋混凝土柱厂房的纵向抗震计算? 简述单层厂房纵向抗震计算的修正刚度法的基本原理。

7-5 简述厂房柱间支撑的设置及构造要求。

第8章 钢结构房屋抗震设计

钢材基本上属于各向同性的均质材料,且具有轻质高强、延性好的特点。因此,在地震作用下,钢结构房屋由于材质均匀,强度易于保证,结构的可靠性大;由于质量较轻,将明显减小结构所受的地震作用;良好的延性性能,又使钢结构房屋具有较大的变形能力,即使在很大的变形下仍不致倒塌,从而保证结构的抗震安全性。所以,钢结构是一种适宜于地震区,特别是高烈度区的抗震结构体系。

本章首先对钢结构房屋的震害现象进行分析,然后分别介绍多高层钢结构房屋、多层钢结构厂房以及单层钢结构厂房的抗震设计。

8.1 钢结构房屋震害现象及其分析

钢结构是一种抗震有利的结构体系,但如果设计与施工不当,在地震作用下,钢结构房屋可能发生构件的失稳和材料的脆性破坏或者连接破坏,而导致其优良的材料性能得不到充分发挥。此外,钢结构房屋在强震作用下,若侧向刚度不足,则可能会发生整体倒塌。总的来说,钢结构房屋在地震中的破坏形式主要有:构件破坏、节点连接破坏、结构倒塌。

8.1.1 构件破坏

钢结构构件破坏的主要形式有以下几种。

① 梁柱局部失稳。梁或柱在地震作用下反复受弯,在弯矩最大截面处附近由于过度弯曲可能发生翼缘局部失稳破坏(图 8-1)。

② 支撑压屈。支撑在地震中所受的压力超过其屈曲临界力时,即发生压屈破坏(图 8-2)。

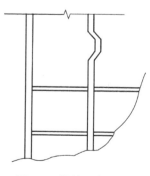

图 8-1 柱的局部失稳

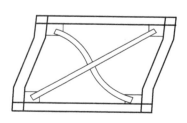

图 8-2 支撑的压屈

(a)　　　　　　(b)

图 8-3　钢柱的断裂

(a) 母材断裂；(b) 支撑处断裂

③ 柱出现水平裂缝或发生断裂破坏。1995 年日本阪神地震中,位于阪神地震区芦屋市海滨城的 52 栋高层钢结构住宅,有 57 根钢柱发生断裂,其中 13 根钢柱为母材断裂(图8-3(a)),7 根钢柱在与支撑连接处断裂(图 8-3(b)),37 根钢柱在拼接焊缝处断裂。钢柱的断裂是出人意料的,分析认为主要是竖向地震使柱中出现动拉力,由于应变速率高,使材料变脆;加上地震时为日本严冬时期,钢柱位于室外,钢材温度低于 0 ℃;以及焊缝和弯矩与剪力的不利影响,最终造成柱水平断裂。

8.1.2　节点破坏

节点连接破坏主要有两种,一种是支撑连接破坏(图 8-4),另一种是梁柱连接破坏(图 8-5)。支撑连接破坏是钢结构中常见的震害。圆钢拉条的破坏发生在花篮螺栓处、拉条与节点板连接处(图 8-4(a))。型钢支撑受压时容易发生失稳,而导致屈曲破坏,在受拉时在端部连接处易被拉脱或拉断(图 8-4(b))。

(a)　　　　　　　　　　　　　　(b)

图 8-4　支撑连接破坏

(a) 圆钢支撑连接的破坏；(b) 角钢连接的破坏

1994 年美国 Northridge 和 1995 年日本阪神地震造成了很多梁柱刚性连接破坏,震害调查发现,梁柱连接的破坏大多数发生在梁的下翼缘处,而上翼缘的破坏要少得多。这可能有两种原因:① 楼板与梁共同变形导致下翼缘应力增大;② 下翼缘在腹板位置焊接的中断是一个显著的焊缝缺陷的来源。图 8-6 给出了震后观察到的在梁柱焊接连接处的失效模式。

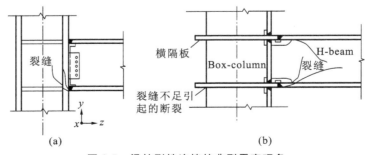

(a)　　　　　　　　　　　　　　(b)

图 8-5　梁柱刚性连接的典型震害现象

(a) 美国 Northridge 地震；(b) 日本阪神地震

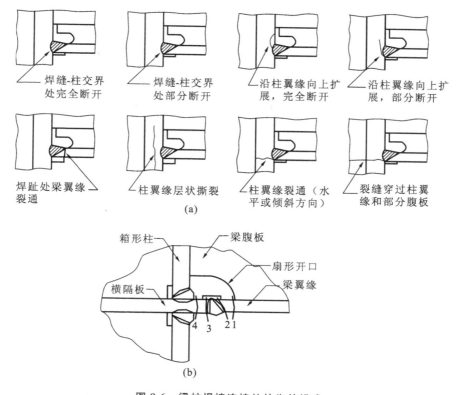

图 8-6　梁柱焊接连接处的失效模式

（a）美国 Northridge 地震；（b）日本阪神地震

1—翼缘断裂；2,3—热影响区断裂；4—横隔板断裂

梁柱刚性连接裂缝或断裂破坏的原因如下。

① 三轴应力影响。分析表明,梁柱连接的焊缝变形由于受到梁和柱约束,施焊后焊缝残存三轴拉应力,使材料变脆。

② 焊缝缺陷,如裂纹、欠焊、夹渣和气孔等。这些缺陷将成为裂缝开展直至断裂的起源。

③ 构造缺陷。出于焊接工艺的要求,梁翼缘与柱连接处设有垫条,实际工程中垫条在焊接后就留在结构上,这样垫条与柱翼缘之间就形成一条"人工"裂缝（图 8-7）,成为连接裂缝发展的起源。

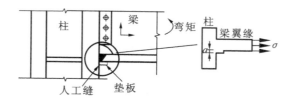

图 8-7　"人工"裂缝

④ 焊缝金属冲击韧性低。在美国北岭地震前,焊缝采用 E70T-4 或 E70T-7 自屏蔽药芯焊条,这种焊条对冲击韧性无规定,实验室试件和从实际破坏的结构中取出的连接试件在室温下的试验表明,其冲击韧性往往只有 10～15 J,这样低的冲击韧性使得连接很易产生脆性破坏,成为引发节点破坏的重要因素。

8.1.3 结构倒塌

结构倒塌是地震中最严重的破坏形式。钢结构房屋的倒塌主要是由于结构的抗侧刚度不足或是由于部分构件破坏而致使结构发生连续倒塌。震害调查表明,钢结构房屋由于抗震能力较强、延性好,在世界上发生的历次罕遇地震中,极少发生整体倒塌事故,常发生结构的局部破坏。

8.2 多、高层钢结构房屋抗震设计

8.2.1 多、高层钢结构体系

高层钢结构房屋的结构体系主要有框架体系、框架-支撑(剪力墙板)体系、筒体体系(框筒、筒中筒、桁架筒、束筒等)等。

1) 纯框架体系

框架体系是沿房屋纵横方向由多榀平面框架构成的结构,建筑平面布置灵活。这类结构的抗侧能力主要取决于柱以及梁柱节点的强度与延性,故常采用刚性连接节点。

2) 框架-支撑体系

框架结构抗侧刚度较小,对于高层结构,若为了满足抗侧刚度的要求而采用增大截面,则会导致承载能力过大,且浪费材料。一种比较经济的提高抗侧刚度方法是在框架的一部分开间中设置支撑,而框架-支撑体系就是在框架体系中沿结构的纵、横两个方向均匀布置一定数量的支撑所形成的结构体系。在框架-支撑体系中,框架是剪切型结构,底部层间位移大;支撑架为弯曲型结构,底部层间位移小,两者并联,可以明显减小建筑物下部的层间位移。因此,在相同的侧移限值标准的情况下,框架-支撑体系可以用于比框架体系更高的房屋。

支撑体系的布置由建筑要求及结构功能来确定,一般布置在端框架中、电梯井周围等处。支撑类型的选择与是否抗震有关,也与建筑的层高、柱距以及建筑使用要求(如人行通道、门洞和空调管道设置等)有关,可以选择中心支撑或偏心支撑。

中心支撑是指斜杆、横梁及柱汇交于一点的支撑体系,或两根斜杆与横杆汇交于一点,也可与柱子汇交于一点,但汇交时均无偏心距。根据斜杆的不同布置形式,可形成 X 形支撑(图 8-8(a))、单斜支撑(图 8-8(b))、人字形支撑(图 8-8(c))、K 形支撑(图 8-8(d))及 V 形支撑(图 8-8(e))等类型。中心支撑是常用的支撑类型之一,

因具有较大的侧向刚度,对减小结构的水平位移和改善结构的内力分布是有效的。

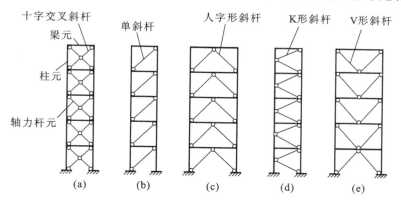

图 8-8　中心支撑的类型(中心支撑框架)

(a) X 形支撑;(b) 单斜支撑;(c) 人字形支撑;(d) K 形支撑;(e) V 形支撑

偏心支撑是指支撑斜杆的两端,至少有一端与梁相交(不在柱节点处),另一端可在梁与柱交点处连接,或偏离另一根支撑斜杆一段长度与梁连接,并在支撑斜杆杆端与柱子之间构成一消能梁段,或在两根支撑斜杆之间构成一消能梁段的支撑。图 8-9 为偏心支撑的几种类型。

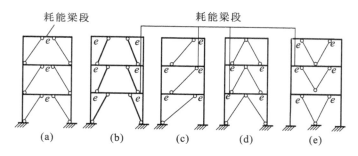

图 8-9　偏心支撑的类型(偏心支撑框架)

(a) 门架式 1;(b) 门架式 2;(c) 单斜杆式;(d) 人字形式;(e) V 字形式

采用偏心支撑的主要目的是改变支撑斜杆与梁(消能梁段)的屈服先后顺序,即在罕遇地震时,消能梁段在支撑失稳之前就进入弹塑性阶段,从而利用非弹性变形消耗能量,保护支撑斜杆不屈曲或屈曲在后。

因此,偏心支撑与中心支撑相比具有较大的延性,它是适用于高烈度地区的一种新型支撑体系。

3) 框架-剪力墙板体系

框架-剪力墙板体系是以钢框架为主体,并配置一定数量的剪力墙板的结构。由于剪力墙板可以根据需要布置在任何位置上,布置灵活,另外剪力墙板可以分开布置,两片以上剪力墙并联体较宽,从而可减小抗侧力体系等效高宽比,提高结构的抗侧移刚度和抗倾覆能力。剪力墙板主要有以下 3 种类型。

① 钢板剪力墙墙板。

钢板剪力墙墙板一般需采用厚钢板,其上下两边缘和左右两边缘可分别与框架梁和框架柱连接,一般采用高强螺栓连接。钢板剪力墙墙板承担沿框架梁、柱周边的剪力,不承担框架梁上的竖向荷载。

② 内藏钢板支撑剪力墙墙板。

内藏钢板支撑剪力墙是以钢板为基本支撑,外包钢筋混凝土墙板的预制构件,如图 8-10 所示。内藏钢板支撑可做成中心支撑也可做成偏心支撑,但在高烈度地区,宜采用偏心支撑。预制墙板仅在钢板支撑斜杆的上下端节点处与钢框架梁相连,除该节点部位外,与钢框架的梁或柱均不相连,并留有间隙,因此,内藏钢板支撑剪力墙仍是一种受力明确的钢支撑。由于钢支撑有外包混凝土,故可不考虑平面内和平面外的屈曲。墙板对提高框架结构的承载能力和刚度,以及在强震作用时吸收地震能量方面均有重要作用。

③ 带竖缝钢筋混凝土剪力墙板。

普通整块钢筋混凝土墙板由于初期刚度过高,地震时首先斜向开裂,发生脆性破坏而退出工作,造成框架超载而破坏,为此提出了一种带竖缝的剪力墙板,如图 8-11所示。它在墙板中设有若干条竖缝,将墙板分割成一系列延性较好的壁柱。多遇地震时,墙板处于弹性阶段,侧向刚度大,墙板如同由壁柱组成的框架板承担水平剪力。罕遇地震时,墙板处于弹塑性阶段而在壁柱上产生裂缝,壁柱屈服后刚度降低,变形增大,起到消能减震的作用。

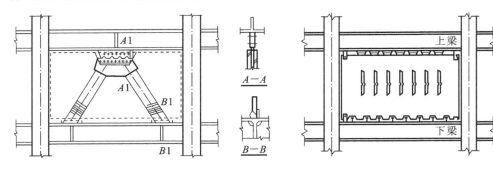

图 8-10　内藏钢板剪力墙与框架的连接　　　图 8-11　带竖缝剪力墙板与框架的连接

4) 简体体系

简体结构体系因其刚度较大,有较强的抗侧能力,能形成较大的使用空间,对于超高层建筑是一种经济有效的结构形式。根据简体的布置、组成、数量的不同,简体结构体系可分为框架筒、桁架筒、筒中筒及束筒等。

① 框架筒体系。

框架筒体系由密柱深梁刚性连接构成外筒结构来承担水平荷载的结构体系。房屋内部的梁柱铰接,内部柱子只承受竖向荷载而不承担水平荷载。柱网布置如图8-12(a)所示。

框架筒作为悬臂筒体结构,在水平荷载作用下结构如能整体工作,其截面上的应力分布理论上如图 8-12(a)中虚线所示,但由于框架横梁的弯曲变形,引起剪切滞后现象,截面上弯曲应力的分布将呈非线性分布,如图 8-12(a)中实线所示,这样,使得房屋的角柱要承受比中柱更大的轴力。结构的侧向挠度呈明显的剪切型变形。

② 桁架筒体系。

在框架筒体系中沿外框筒的四个面设置大型桁架(支撑)构成桁架筒体系,如图 8-12(b)所示。由于设置了大型桁架(支撑),一方面大大提高了结构的空间刚度和整体性,另一方面因剪力主要由桁架(支撑)斜杆承担,避免了横梁受剪切变形,基本上消除了剪切滞后现象。

③ 筒中筒体系。

筒中筒体系是由内外设置的几个筒体通过楼盖系统连接组成的能共同工作的结构体系,如图 8-12(c)所示。它具有很大的侧向刚度和抗侧力能力。

④ 束筒体系。

几个筒体并列组合在一起形成的结构整体称为束筒结构体系,如图 8-12(d)所示。它是以外框筒为基础,在其内部沿纵横向设置多榀密柱深梁框架所构成。因此,具有更好的整体性和更大的整体侧向刚度;同时由于设置了多榀腹板框架,减小了筒体的边长,从而大大减小了剪切滞后效应。

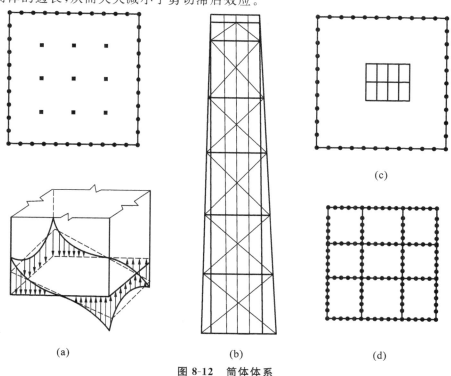

(a)　　　　　　　　　　(b)　　　　　　　　　　(d)

图 8-12　筒体体系

(a) 框架筒;(b) 桁架筒;(c) 筒中筒;(d) 束筒

8.2.2 多、高层钢结构房屋抗震设计的一般规定

1）多、高层钢结构房屋的最大适用高度

多、高层钢结构房屋可选用各种不同的结构体系,其适用的最大高度宜符合表8-1的规定。平面和竖向均不规则的钢结构,适用的最大高度宜适当降低。

表 8-1　钢结构房屋适用的最大高度(m)

结 构 类 型	6、7 度 (0.10g)	7 度 (0.15g)	8 度 (0.20g)	8 度 (0.30g)	9 度 (0.40g)
框架	110	90	90	70	50
框架-中心支撑	220	200	180	150	120
框架-偏心支撑(延性墙板)	240	220	200	180	160
筒体(框筒,筒中筒,桁架筒,束筒)和巨型框架	300	280	260	240	180

注:① 房屋的高度指室外地面到主要屋面板板顶的高度(不包括局部突出屋顶部分);
② 超过表内高度的房屋,应进行专门研究和论证,采取有效的加强措施;
③ 表内的筒体不包括混凝土筒。

2）多、高层钢结构房屋的高宽比限制

结构的高宽比对结构的整体稳定性等有重要影响,钢结构民用房屋适用的最大高宽比见表8-2。

表 8-2　钢结构房屋的最大高宽比

烈　　度	6、7 度	8 度	9 度
最大高宽比	6.5	6.0	5.5

注:塔形建筑的底部有大底盘时,高宽比可按大底盘以上计算。

3）多、高层钢结构房屋抗震等级的确定

钢结构房屋应根据设防分类、烈度和房屋高度采用不同的抗震等级,并应符合相应的计算和构造措施要求。丙类建筑的抗震等级应按表8-3确定。

表 8-3　钢结构房屋的抗震等级

房 屋 高 度	烈 度			
	6 度	7 度	8 度	9 度
≤50 m	—	四级	三级	二级
>50 m	四级	三级	二级	一级

注:① 高度接近或等于高度分界时,应允许结合房屋不规则程度和场地、地基条件确定抗震等级;
② 一般情况,构件的抗震等级应与结构相同;当某个部位各构件的承载力均满足2倍地震作用组合下的内力要求时,7~9度的构件抗震等级应允许按降低一度确定。

4）多、高层钢结构房屋的结构布置原则

（1）一、二级的钢结构房屋，宜设置偏心支撑、带竖缝钢筋混凝土抗震墙板、内藏钢支撑钢筋混凝土墙板、屈曲约束支撑等消能支撑或筒体。采用框架结构时，甲、乙类建筑和高层的丙类建筑不应采用单跨框架，多层的丙类建筑不宜采用单跨框架。

（2）支撑框架在两个方向的布置均宜基本对称，支撑框架之间楼盖的长宽比不宜大于 3。

（3）三、四级且高度不大于 50 m 的钢结构宜采用中心支撑，也可采用偏心支撑、屈曲约束支撑等消能支撑。

（4）中心支撑框架宜采用交叉支撑，也可采用人字支撑或单斜杆支撑，不宜采用 K 形支撑；支撑的轴线宜交汇于梁柱构件轴线的交点，偏离交点时的偏心距不应超过支撑杆件宽度，并应计入由此产生的附加弯矩。当中心支撑采用只能受拉的单斜杆体系时，应同时设置不同倾斜方向的两组斜杆，且每组中不同方向单斜杆的截面面积在水平方向的投影面积之差不应大于 10%。

（5）偏心支撑框架的每根支撑应至少有一端与框架梁连接，并在支撑与梁交点和柱之间或同一跨内另一支撑与梁交点之间形成消能梁段。

（6）采用屈曲约束支撑时，宜采用人字支撑、成对布置的单斜杆支撑等形式，不应采用 K 形或 X 形，支撑与柱的夹角宜在 35°～55°之间。屈曲约束支撑受压时，其设计参数、性能检验和作为一种消能部件的计算方法可按相关要求设计。

（7）钢框架-筒体结构，必要时可设置由筒体外伸臂或外伸臂和周边桁架组成的加强层。

（8）钢结构房屋的楼盖应符合下列要求。

① 宜采用压型钢板现浇钢筋混凝土组合楼板或钢筋混凝土楼板，并应与钢梁有可靠连接。

② 对 6、7 度时不超过 50 m 的钢结构，尚可采用装配整体式钢筋混凝土楼板，也可采用装配式楼板或其他轻型楼盖，但应将楼板预埋件与钢梁焊接，或采取其他保证楼盖整体性的措施。

③ 对转换层楼盖或楼板有大洞口等情况，必要时可设置水平支撑。

（9）钢结构房屋的地下室设置，应符合下列要求。

① 设置地下室时，框架-支撑（抗震墙板）结构中竖向连续布置的支撑（抗震墙板）应延伸至基础；钢框架柱应至少延伸至地下一层，其竖向荷载应直接传至基础。

② 超过 50 m 的钢结构房屋应设置地下室。其基础埋置深度，当采用天然地基时不宜小于房屋总高度的 1/15；当采用桩基时，桩承台埋深不宜小于房屋总高度的 1/20。

8.2.3　多、高层钢结构房屋的抗震计算

1）地震作用计算

（1）结构自振周期。

对于质量及刚度沿高度分布比较均匀的高层钢结构，基本自振周期可按式

(3.4.38)顶点位移法计算。考虑非结构构件的影响,式中的修正系数 ξ_t 取 0.9。

在初步设计时,基本周期可按经验公式估算:

$$T_1 = 0.1n \quad (s) \tag{8.2.1}$$

式中　n——建筑物层数(不包括地下部分及屋顶小塔楼)。

（2）结构阻尼比。

钢结构抗震计算的阻尼比宜符合下列规定:① 多遇地震下的计算,高度不大于 50 m 时可取 0.04;高度大于 50 m 且不大于 200 m 时,可取 0.03;高度不小于 200 m 时,宜取 0.02。② 当偏心支撑框架部分承担的地震倾覆力矩大于结构总地震倾覆力矩的 50% 时,其阻尼比可比①条中相应增加 0.005。③ 在罕遇地震下的弹塑性分析,阻尼比可取 0.05。

（3）设计反应谱。

钢结构在弹性阶段的阻尼比均小于一般结构的阻尼比 0.05,使地震作用增大。因此,多、高层钢结构房屋的水平地震影响系数按本章 3.3.2 节中的设计反应谱取值。

（4）底部剪力计算。

采用底部剪力法计算水平地震作用时,结构总水平地震作用按式(3.5.11)计算。

2）地震作用下内力与位移计算

（1）多遇地震作用下。

结构在第一阶段多遇地震作用下的抗震设计中,其地震作用效应采取弹性方法计算。可根据不同情况,采用底部剪力法、振型分解反应谱法以及时程分析法等。

高层钢结构在进行内力和位移计算时,对于框架、框架-支撑、框架-剪力墙板及框筒等结构常采用矩阵位移法,但计算时应考虑梁、柱弯曲变形,并应考虑梁柱节点域的剪切变形对侧移的影响。对于筒体结构,可将其按位移相等原则转化为连续的竖向悬臂筒体,采用有限元法进行计算。

在预估杆件截面时,内力和位移的分析可采用近似方法。在水平荷载作用下,框架结构可采用 D 值法进行简化计算;框架-支撑(剪力墙)结构可简化为平面抗侧力体系,分析时将所有框架合并为总框架,所有竖向支撑(剪力墙)合并为总支撑(剪力墙),然后进行协同工作分析。此时,可将总支撑(剪力墙)当做一悬臂梁。

（2）罕遇地震作用下。

高层钢结构第二阶段的抗震验算应采用时程分析法对结构进行弹塑性分析,计算模型可以采用杆系模型、剪切型层模型、剪弯型层模型或剪弯协同工作模型结构等。在采用杆系模型分析时,柱、梁的恢复力模型可采用两折线型,其滞回模型可不考虑刚度退化。钢支撑和消能梁段等构件的恢复力模型,应按杆件特性确定。采用层模型分析时,应采用计入有关构件弯曲、轴向力、剪切变形影响的等效层剪切刚度,层恢复力模型的骨架曲线可采用静力弹塑性方法进行计算,并可简化为两折线或三折线。对新型、特殊的杆件和结构,其恢复力模型宜通过试验确定。分析时结构的阻尼比可取 0.05,并应考虑 P-Δ 效应对侧移的影响。

3）构件的内力组合与设计原则

（1）内力组合。

构件设计内力的组合方法见式(3.11.3)。在抗震设计中,一般高层钢结构可不考虑风荷载及竖向地震作用,但对于高度大于 60 m 的高层钢结构则须考虑风荷载的作用,在 9 度区尚须考虑竖向地震作用。

（2）设计原则。

框架梁、柱截面按弹性设计。设计时应考虑到结构在罕遇地震作用下将转入塑性工作,必须保证这一阶段的延性性能,使其不致倒塌。特别要注意防止梁、柱在塑性变形时发生整体和局部失稳,故梁、柱板件的宽厚比应不超过其在塑性设计时的限值。同时,将框架设计成强柱弱梁体系,使框架在形成倒塌机构时塑性铰只出现在梁上,而柱子除柱脚截面外保持为弹性状态,以使框架具有较大的消能能力。也要考虑到塑性铰出现在柱端的可能性而采取构造措施,以保证柱的强度。这是因为框架在重力荷载和地震作用的共同作用下反应十分复杂,很难保证所有塑性铰出现在梁上,且由于构件的实际尺寸、强度以及材料性能常与设计取值有相当大的出入,当梁的实际强度大于柱时,塑性铰将转移至柱上。

4）侧移控制

钢结构房屋应限制并控制其侧移,使其不超过一定的数值,否则,过大的层间变形会造成非结构构件的破坏,而在大震下(弹塑性阶段),过大的变形会造成结构的破坏或倒塌。

在多遇地震下,多、高层钢结构的层间侧移标准值应不超过层高的 1/250;在罕遇地震下,多、高层钢结构的层间侧移不应超过层高的 1/50。

8.2.4　钢构件的抗震设计与构造措施

为充分发挥钢结构的延性性能,保证其能发挥最大的耗能能力,避免在强震作用下结构尚未形成塑性倒塌机构以前发生破坏,必须对其梁、柱、支撑构件和连接等进行合理的设计和验算,主要包括以下内容:构件的强度验算;构件的稳定承载力验算;构件宽厚比的限值验算;受压构件的长细比和受弯构件塑性铰处侧向支承点与相邻侧向支承点间构件最大侧向长细比的验算。

1）钢梁

钢梁的破坏主要表现在梁的侧向整体失稳和局部失稳,钢梁的强度及变形性能根据其板件宽厚比、侧向支承长度及弯矩梯度、节点的连续构造等的不同而有很大差别。在抗震设计中,为了满足抗震要求,钢梁必须具有良好的延性性能,因此必须正确设计截面尺寸、合理布置侧向支撑,注意连接构造,保证其能充分发挥变形能力。

(1) 梁的强度。

钢梁在反复荷载下的极限荷载将比单调荷载时小,但考虑到楼板的约束作用又将使梁的承载能力有明显提高,因此,钢梁承载力计算与一般在静力荷载作用下的钢结构相同,计算时取截面塑性发展系数 $\gamma_x=1.0$,承载力抗震调整系数 $\gamma_{RE}=0.75$。

(2) 梁的整体稳定。

钢梁的整体稳定验算公式一般与在静力荷载作用下的钢结构相同,承载力抗震调整系数 $\gamma_{RE}=0.75$。

当梁设有侧向支撑,并符合《钢结构设计规范》(GB 50017—2003)规定的受压翼缘自由长度与其宽度之比的限制时,可不计算整体稳定。按 7 度及 7 度以上抗震设防的高层钢结构,梁受压翼缘侧向支承点间的距离与梁翼缘宽度之比尚应符合该规范关于塑性设计时的长细比要求。

(3) 板件宽厚比。

由于在强震作用下钢梁中将产生塑性铰,而在整个结构未形成破坏机构之前要求塑性铰不断转动,为了使其在转动过程中始终保持极限抗弯能力,不但要避免板件的局部失稳,而且必须避免构件的侧向扭转失稳。板件的局部失稳,会降低构件的承载力。为防止板件的局部失稳,有效方法是限制它的宽厚比。《建筑抗震设计规范》(GB 50011—2010)规定,框架梁、柱板件的宽厚比不应超过表 8-4 规定的限值。

表 8-4　框架梁、柱板件宽厚比限值

板件名称		一级	二级	三级	四级
柱	工字形截面翼缘外伸部分	10	11	12	13
	工字形截面腹板	43	45	48	52
	箱形截面壁板	33	36	38	40
梁	工字形截面和箱形截面翼缘外伸部分	9	9	10	11
	箱形截面翼缘在两腹板之间部分	30	30	32	36
	工字形截面和箱形截面腹板	$72-120N_b$ $/(Af)\leqslant60$	$72-100N_b$ $/(Af)\leqslant65$	$80-110N_b$ $/(Af)\leqslant70$	$85-120N_b$ $/(Af)\leqslant75$

注：① 表中所列数值适用于 Q235 钢,采用其他牌号钢材时,应乘以 $\sqrt{235/f_{ay}}$;

② $N_b/(Af)$ 为梁轴压比。

2) 钢柱

在框架柱的抗震设计中,当计算柱在多遇地震作用组合下的稳定时,柱的计算长度系数 μ,纯框架体系按《钢结构设计规范》(GB 50017—2003)中有侧移时的 μ 值取用;有支撑或剪力墙的体系在层间位移不超过层高的 1/250 时,取 $\mu=1.0$。对纯框架体系及有支撑或剪力墙体系,若层间位移不超过层高的 1/10 000 时,按《钢结构设计规范》(GB 50017—2003)中无侧移时的 μ 值确定。

为了满足"强柱弱梁"的设计原则,在地震作用下,塑性铰应出现在梁端而不应在柱端,使框架具有较大的内力重分布和耗散能量的能力。为此柱端应比梁端有更大的承载力储备。对于抗震设防的框架柱在框架的任一节点处,柱截面的截面模量和梁截面的截面模量宜满足下式要求。

等截面梁

$$\sum W_{pc}(f_{yc} - \frac{N}{A_c}) \geqslant \eta \sum W_{pb} f_{yb} \tag{8.2.2}$$

端部翼缘变截面的梁

$$\sum W_{pc}(f_{yc} - \frac{N}{A_c}) \geqslant \sum (\eta W_{pb1} f_{yb} + V_{pb}s) \tag{8.2.3}$$

式中　W_{pc}、W_{pb}——分别为交汇于节点的柱和梁的塑性截面模量;

　　　W_{pb1}——梁塑性铰所在截面的梁塑性截面模量;

　　　N——柱轴向压力设计值;

　　　A_c——柱截面面积;

　　　f_{yc}、f_{yb}——分别为柱和梁的钢材屈服强度设计值;

　　　η——强柱系数,一级取 1.15,二级取 1.10,三级取 1.05;

　　　V_{pb}——梁塑性铰剪力;

　　　s——塑性铰至柱面的距离,塑性铰可取梁端部变截面翼缘的最小处。

当符合下列情况时,可不按式(8.2.2)或式(8.2.3)进行计算:

① 柱所在楼层的抗剪承载力比相邻上一层的抗剪承载力高出 25%;

② 柱轴压比不超过 0.4,或 $N_2 \leqslant \varphi A_c f$($N_2$ 为 2 倍地震作用下的组合轴力设计值,φ 为轴心受压构件的稳定系数);

③ 与支撑斜杆相连的节点。

框架柱当根据"强柱弱梁"设计时,柱中一般不会出现塑性铰,仅考虑柱在后期出现少量塑性,不需要很高的转动能力。因此,对柱板件的宽厚比不需要像梁那样严格。《建筑抗震设计规范》(GB 50011—2010)规定,框架柱板件的宽厚比不应超过表 8-4 规定的限值。

3)节点域

① 节点域的屈服承载力。

为了较好地发挥节点域的消能作用,在大地震时使节点首先屈服,其次是梁出现塑性铰,节点域的屈服承载力应符合下式要求:

$$\psi(M_{pb1} + M_{pb2})/V_p \leqslant \frac{4}{3} f_{yv} \tag{8.2.4}$$

式中　M_{pb1}、M_{pb2}——分别为节点域两侧梁的全塑性受弯承载力;

　　　V_p——节点域的体积,按式(8.2.7)、式(8.2.8)或式(8.2.9)计算;

　　　f_{yv}——钢材的屈服抗剪强度,取钢材屈服强度的 0.58 倍;

　　　ψ——折减系数;三、四级取 0.6,一、二级取 0.7。

② 节点域的稳定及受剪承载力验算。

为了保证在大地震作用下使柱和梁连接的节点域腹板不致局部失稳,以利于吸收和耗散地震能量,在柱与梁连接处,柱应设置与梁上下翼缘位置对应的加劲肋,使之与柱翼缘相包围处形成梁柱节点域。节点域柱腹板的厚度,一方面要满足腹板局部稳定的要求,另一方面还应满足节点域的抗剪要求。为保证工字形截面柱和箱形截面柱的节点域的稳定,节点域腹板的厚度应满足式(8.2.5)要求:

$$t_w \geqslant \frac{h_b + h_c}{90} \tag{8.2.5}$$

式中 t_w——柱在节点域的腹板厚度;

h_b、h_c——分别为梁腹板高度和柱腹板高度。

节点域的受剪承载力应满足式(8.2.6)的要求:

$$(M_{b1} + M_{b2})/V_p \leqslant \frac{4}{3} \frac{f_v}{\gamma_{RE}} \tag{8.2.6}$$

式中 M_{b1}、M_{b2}——分别为节点域两侧梁的全塑性受弯承载力;

f_v——钢材的抗剪强度设计值;

V_p——节点域的体积,应按下列规定计算:

工字形截面柱

$$V_p = h_{b1} h_{c1} t_w \tag{8.2.7}$$

箱形截面柱

$$V_p = 1.8 h_{b1} h_{c1} t_w \tag{8.2.8}$$

圆管截面柱

$$V_p = \frac{\pi}{2} h_{b1} h_{c1} t_w \tag{8.2.9}$$

式中 γ_{RE}——节点域承载力抗震调整系数,取 0.75;

h_{b1}、h_{c1}——分别为梁翼缘厚度中点间的距离和柱翼缘(或钢管直径线上管壁)厚度中点间的距离。

长细比和轴压比均较大的柱,其延性较小,并容易发生全框架整体失稳。对柱的长细比和轴压比作些限制,就能控制二阶效应对柱极限承载力的影响。为了保证框架柱具有较好的延性,地震区柱的长细比不宜太大,一级不应大于 $60\sqrt{235/f_{ay}}$,二级不应大于 $80\sqrt{235/f_{ay}}$,三级不应大于 $100\sqrt{235/f_{ay}}$,四级不应大于 $120\sqrt{235/f_{ay}}$。

4) 中心支撑

中心支撑体系包括十字交叉支撑、单斜杆支撑、人字形或 V 形支撑、K 形支撑等。支撑构件的性能与杆件的长细比、截面形状、板件宽厚比、端部支承条件、杆件初始缺陷和钢材性能等因素有关。

中心支撑的斜杆可按端部铰接杆件进行分析。当斜杆轴线偏离梁柱轴线交点不超过支撑杆件的宽度时,仍可按中心支撑框架分析,但应考虑由此产生的附加弯矩。人字形支撑和 V 形支撑的地震组合内力设计值应乘以增大系数,其值可取 1.4。

在多遇地震作用效应组合下,支撑斜杆受压承载力验算按式(8.2.10)进行:

$$\frac{N}{\varphi A_{br}} \leqslant \frac{\psi f}{\gamma_{RE}} \tag{8.2.10}$$

$$\psi = \frac{1}{1+0.35\lambda_n} \tag{8.2.11}$$

$$\lambda_n = \frac{\lambda}{\pi}\sqrt{\frac{f_{ay}}{E}} \tag{8.2.12}$$

式中　N——支撑斜杆的轴向力设计值;

A_{br}——支撑斜杆截面面积;

φ——轴心受压构件的稳定系数;

ψ——受循环荷载时的强度降低系数;

λ、λ_n——支撑斜杆的长细比和正则化(归一化)长细比;

E——支撑斜杆材料的弹性模量;

f、f_{ay}——分别为钢材强度设计值和屈服强度;

γ_{RE}——支撑稳定破坏承载力抗震调整系数。

人字形支撑和 V 形支撑的横梁在支撑连接处应保持连续。并按不计入支撑支点作用的梁验算重力荷载和支撑屈曲时不平衡力作用下的承载力;不平衡力应按受拉支撑的最小屈曲承载力和受压支撑最大屈曲承载力的 0.3 倍计算。必要时,人字形支撑和 V 形支撑可沿竖向交替设置或采用拉链柱。

在轴向往复荷载作用下,支撑杆件抗拉和抗压承载力均有不同程度的降低,在弹塑性屈曲后,支撑杆件的抗压承载力退化更为严重。支撑杆件的长细比是影响其性能的重要因素,当长细比较大时,构件只能受拉,不能受压,通常在反复荷载作用下,当支撑构件受压失稳后,其承载能力降低、刚度退化,消能能力随之降低。长细比小的杆件,滞回曲线丰满,消能性能好,工作性能稳定。但支撑的长细比并非越小越好,支撑的长细比越小,支撑框架的刚度就越大,不但承受的地震作用越大,而且在某些情况下动力分析得出的层间位移也越大。支撑杆件的长细比,按压杆设计时,不应大于 $120\sqrt{235/f_{ay}}$;一、二、三级中心支撑不得采用拉杆设计,四级采用拉杆设计时,其长细比不应大于 180。

板件宽厚比直接影响支撑杆件的承载力和消能能力,杆件在反复荷载作用下比单向静载作用下更容易发生失稳,所以,板件宽厚比是影响局部屈曲的重要因素。因此,有抗震设防要求时,板件宽厚比的限值应比非抗震设防时要求更严格。同时,板件宽厚比应与支撑杆件长细比相匹配,对于长细比小的支撑杆件,宽厚比应严格一些,对长细比大的支撑杆件,宽厚比应放宽是合理的。支撑杆件的板件宽厚比,不应大于表 8-5 规定的限值。

表 8-5　钢结构中心支撑板件宽厚比限值

板 件 名 称	一级	二级	三级	四级
翼缘外伸部分	8	9	10	13
工字形截面腹板	25	26	27	33
箱形截面腹板	18	20	25	30
圆管外径与壁厚比	38	40	40	42

注：表中所列数值适用于 Q235 钢，采用其他牌号钢材应乘以 $\sqrt{235/f_{ay}}$，圆管应乘以 $235/f_{ay}$。

5）偏心支撑

（1）消能梁段的设计。

偏心支撑框架设计是使消能梁段进入塑性状态，而其他构件仍处于弹性状态。设计良好的偏心支撑框架，除柱脚有可能出现塑性铰外，其他塑性铰均出现在梁段上。

偏心支撑框架的每根支撑应至少一端与梁连接，并在支撑与梁交点和柱之间或同一跨内另一支撑与梁交点之间形成消能梁段。消能梁段的受剪承载力应按下列规定验算：

当 $N \leqslant 0.15Af$ 时

$$V \leqslant \frac{\phi V_l}{\gamma_{RE}} \qquad (8.2.13)$$

其中，$V_l = 0.58 A_w f_{ay}$ 或 $V_l = 2M_{lp}/a$，取两者中较小值；$A_w = (h - 2t_f)t_w$；$M_{lp} = W_p f$。

当 $N > 0.15Af$ 时

$$V \leqslant \frac{\phi V_{lc}}{\gamma_{RE}} \qquad (8.2.14)$$

其中，$V_{lc} = 0.58 A_w f_{ay} \sqrt{1 - [N/(Af)]^2}$ 或 $V_{lc} = 2.4 M_{lp}[1 - N/(Af)]/a$，取两者中较小值。

式中　ϕ——系数，可取 0.9；

V、N——分别为消能梁段的剪力设计值和轴力设计值；

V_l、V_{lc}——分别为消能梁段的受剪承载力和考虑轴力影响的受剪承载力；

M_{lp}——消能梁段的全塑性受弯承载力；

a、h、t_w、t_f——分别为消能梁段的净长、截面高度、腹板厚度和翼缘厚度；

A、A_w——分别为消能梁段的截面面积和腹板截面面积；

W_p——消能梁段的塑性截面模量；

f、f_{ay}——分别为消能梁段钢材的抗压强度设计值和屈服强度；

γ_{RE}——消能梁段承载力抗震调整系数，取 0.75。

消能梁段的屈服强度越高,屈服后的延性越差,消能能力越小,因此消能梁段的钢材屈服强度不应大于 345 MPa。

消能梁段板件宽厚比的要求比一般框架梁略严格一些。消能梁段及与消能梁段同一跨内的非消能梁段的板件宽厚比不应大于表 8-6 规定的限值。

表 8-6　偏心支撑框架梁的板件宽厚比限值

板 件 名 称		宽厚比限值
翼缘外伸部分		8
腹板	当 $N/(Af)\leqslant 0.14$ 时	$90[1-1.65N/(Af)]$
	当 $N/(Af)>0.14$ 时	$33[2.3-N/(Af)]$

注:① N 为偏心支撑框架梁的轴力设计值,A 为梁截面面积,f 为钢材抗拉强度设计值;

② 表中所列数值适用于 Q235 钢,当采用其他牌号钢材时,应乘以 $\sqrt{235/f_{ay}}$。

消能梁段尚应符合下列构造要求。

①当 $N>0.16Af$ 时,消能梁段的长度 a 应符合下列规定:

当 $\rho A_w/A<0.3$ 时($\rho=N/V$),

$$a<1.6M_{lp}/V_l \tag{8.2.15}$$

当 $\rho A_w/A\geqslant 0.3$ 时,

$$a\leqslant 1.6[1.15-0.5\rho(A_w/A)]M_{lp}/V_l \tag{8.2.16}$$

② 消能梁段与支撑斜杆的连接处,应在梁腹板的两侧配置加劲肋,加劲肋的高度应为梁腹板高度,一侧加劲肋宽度不应小于($b_f/2-t_w$)。厚度不应小于 $0.75t_w$ 和 10 mm 的较大值;

③ 消能梁段的腹板不得贴焊补强板,也不得开洞;

④ 消能梁段应按下列要求在腹板上配置中间加劲肋:

a. 当 $a\leqslant 1.6M_{lp}/V_l$ 时,加劲肋间距不宜大于($30t_w-h/5$);

b. 当 $2.6M_{lp}/V_l<a\leqslant 5M_{lp}/V_l$ 时,应在距连梁端部各 $1.5b_f$ 处配置中间加劲肋,且加劲肋间距不应大于($52t_w-h/5$);

c. 当 $1.6M_{lp}/V_l<a\leqslant 2.6M_{lp}/V_l$ 时,中间加劲肋的间距宜在上述两者之间线性插入;

d. 当 $a>5M_{lp}/V_l$ 时,可不配置中间加劲肋;

e. 中间加劲肋应与消能梁段的腹板等高,当消能梁段截面高度不大于 640 mm 时,可配置单侧加劲肋;消能梁段截面高度大于 640 mm 时,应在两侧配置加劲肋,一侧加劲肋的宽度不应小于($b_f/2-t_w$),厚度不应小于 t_w 和 10 mm。

（2）支撑斜杆及框架柱设计。

偏心支撑框架的设计要求是在足够大的地震效应作用下,消能梁段屈服而其他构件不屈服,为了满足这一要求,偏心支撑框架构件的内力设计值应按下列要求调整。① 偏心支撑斜杆的内力设计值,应取与支撑斜杆相连接的消能梁段达到受剪承载力时支撑斜杆内力乘以增大系数;其增大系数,一级不应小于 1.4,二级不应小于 1.3,三级不应小于 1.2。② 位于消能梁段同一跨的框架梁内力设计值,应取消能梁段达到受剪承载力时框架梁内力乘以增大系数;其增大系数,一级不应小于 1.3,二级不应小于 1.2,三级不应小于 1.1。③ 偏心支撑框架柱的内力设计值,应取消能梁段达到受剪承载力时柱内力乘以增大系数;其增大系数,一级不应小于 1.3,二级不应小于 1.2,三级不应小于 1.1。

偏心支撑斜杆的长细比不应大于 $120\sqrt{235/f_{ay}}$;支撑斜杆的板件宽厚比不应超过《钢结构设计规范》(GB 50017—2003)规定的轴心受压构件在弹性设计时的宽厚比限值。支撑斜杆的强度按下式计算:

$$N_{br}\varphi A_{br}\leqslant f/\gamma_{RE} \tag{8.2.17}$$

式中　A_{br}——支撑截面面积;

　　　φ——由支撑长细比确定的轴心受压构件稳定系数;

　　　N_{br}——支撑轴力设计值。

消能梁段的上下翼缘应设置侧向支撑,支撑的轴力设计值不得小于消能梁段翼缘轴向承载力设计值的 6%,即 $0.06b_f t_f f$。偏心支撑框架梁的非消能梁段上下翼缘,应设置侧向支撑,支撑的轴力设计值不得小于梁段翼缘轴向承载力设计值的 2%,即 $0.02b_f t_f f$。

8.2.5　构件连接的抗震计算与构造措施

1) 构件连接的抗震计算

多高层钢结构抗侧力构件的抗震计算,应符合下列要求。

钢结构抗侧力构件连接的极限承载力应大于相连构件的屈服承载力。

钢结构抗侧力构件连接的承载力设计值,不应小于相连构件的承载力设计值;高强螺栓连接不得发生滑移。

梁与柱刚性连接的极限承载力,应按如下公式进行验算。

$$M_u^j\geqslant\eta_j M_p \tag{8.2.18}$$

$$V_u^j\geqslant 1.2(2M_p/l_n)+V_{Gb} \tag{8.2.19}$$

支撑与框架连接和梁、柱、支撑的拼接极限承载力,应按以下公式进行验算。

支撑连接与拼接

$$N_{ubr}^j\geqslant\eta_j A_{br}f_v \tag{8.2.20}$$

梁的拼接

$$M_{ub,sp}^j\geqslant\eta_j M_p \tag{8.2.21}$$

柱的拼接

$$M_{uc,sp}^j\geqslant\eta_j M_{pc} \tag{8.2.22}$$

柱脚与基础的连接极限承载力,应按以下公式进行验算。

$$M^j_{u,base} \geqslant \eta_j M_{pc} \qquad (8.2.23)$$

式中　M_p、M_{pc}——梁的塑性受弯承载力和考虑轴力影响时柱的塑性受弯承载力；

　　　M^j_u、V^j_u——连接的极限受弯、受剪承载力；

　　　l_n——梁的净跨；

　　　V_{Gb}——梁在重力荷载代表值（9 度时高层建筑尚应包括竖向地震作用标准值）作用下，按简支梁分析的梁端截面剪力设计值；

　　　A_{br}——支撑杆件的截面面积；

　　　N^j_{ubr}、$M^j_{ub,sp}$、$M^j_{uc,sp}$——支撑连接和拼接、梁、柱拼接的极限受压（拉）、受弯承载力；

　　　$M^j_{u,base}$——柱脚的极限受弯承载力；

　　　η_j——连接系数，按表 8-7 取值。

表 8-7　钢结构抗震设计的连接系数

母材牌号	梁柱连接		支撑连接、构件连接		柱　脚	
	焊接	螺栓连接	焊接	螺栓连接		
Q235	1.40	1.45	1.25	1.30	埋入式	1.20
Q345	1.30	1.35	1.20	1.25	外包式	1.20
Q345GJ	1.25	1.30	1.15	1.20	外露式	1.10

注：① 屈服强度高于 Q345 的钢材，按 Q345 的规定采用；

② 屈服强度高于 Q345GJ 的 GJ 钢材，按 Q345GJ 的规定采用；

③ 翼缘焊接腹板拴接时，连接系数分别按表中连接形式取用。

2）构件连接的构造措施

（1）梁与柱的连接。

框架梁与柱的连接宜采用柱贯通型。柱在两个互相垂直的方向都与梁刚性连接时，宜采用箱形截面，并在梁翼缘连接处设置隔板；隔板采用电渣焊时，柱壁板厚度不宜小于 16 mm，小于 16 mm 时可改用工字形柱或采用贯通式隔板。当柱仅在一个方向与梁刚接时，宜采用工字形截面，并将柱腹板置于刚接框架平面内。

工字形柱（绕强轴）和箱形柱与梁刚接时（图 8-13），应符合下列要求：梁翼缘与柱翼缘间应采用全熔透坡口焊缝；一、二级时，应检验 V 形切口的冲击韧性，其夏比冲击韧性在-20℃时不低于 27 J；柱在梁翼缘对应位置应设置横向加劲肋（隔板），加劲肋（隔板）厚度不应小于梁翼缘厚度，强度与梁翼缘相同；梁腹板宜采用摩擦型高强度螺栓通过连接板与柱连接；腹板角部应设置焊接孔，孔形应使其端部与梁翼缘和柱翼缘间的全熔透坡口焊缝完全隔开；腹板连接板与柱的焊接，当板厚不大于 16 mm 时应采用双面角焊缝，焊缝有效厚度应满足等强度要求，且不小于 5 mm；板厚大于 16 mm 时采用 K 形坡口对接焊缝。该焊缝宜采用气体保护焊，且板端应绕焊;一级和二级时,宜采用能将塑性铰自梁端外移的端部扩大形连接、梁端加盖板或骨形连接。

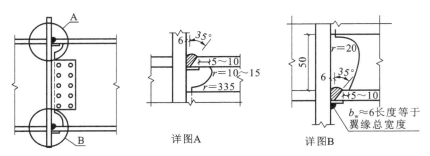

图 8-13 框架梁与柱的现场连接

框架梁采用悬臂梁段与柱刚性连接时(见图 8-14),悬臂梁段与柱应采用全焊接连接,此时上下翼缘焊接孔的形式宜相同;梁的现场拼接可采用翼缘焊接腹板螺栓连接或全部螺栓连接。箱形柱在与梁翼缘对应位置设置的隔板,应采用全熔透对接焊缝与壁板相连。工字形柱的横向加劲肋与柱翼缘,应采用全熔透对接焊缝连接,与腹板可采用角焊缝连接。

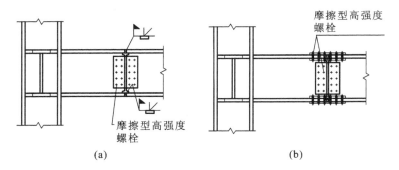

图 8-14 框架梁与柱翼缘的刚性连接

梁与柱刚性连接时,柱在梁翼缘上下各 500 mm 的节点范围内,柱翼缘与柱腹板间或箱形柱壁板间的连接焊缝应采用全熔透坡口焊缝。

(2) 柱与柱的连接。

钢框架宜采用工字形柱或箱形柱,箱形柱宜为焊接柱,其角部的组装焊缝应为部分熔透的 V 形或 U 形焊缝,抗震设防时,焊缝厚度不小于板厚的 1/2,并不应小于 14 mm。当梁与柱刚接时,在主梁上、下至少 600 mm 范围内,应采用全熔透焊缝。

抗震设防时,柱的拼接应位于框架节点塑性区以外,并按等强度原则设计。

(3) 梁与梁的连接。

工地上,梁的接头主要用于柱带悬臂梁段与梁的连接,可采用下列接头形式:翼缘采用全熔透焊缝连接,腹板用摩擦型高强度螺栓连接;翼缘和腹板采用摩擦型高强度螺栓连接;翼缘和腹板采用全熔透焊缝连接。

抗震设防时,为了防止框架横梁的侧向屈曲,在节点塑性区段应设置侧向支撑构件。由于梁上翼缘和楼板连在一起,所以只需在相互垂直的横梁下翼缘设置侧向隔撑,此时隔撑可起到支承两根横梁的作用(见图 8-15)。隔撑应设置在距柱轴线 $1/10\sim1/8$ 梁跨处,其长细比不得大于 $130\sqrt{235/f_{ay}}$。

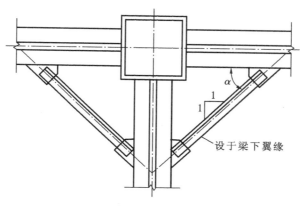

图 8-15　隔撑

侧向隔撑的轴向力应按下式计算。

$$N=\frac{A_{f}f}{850\sin\alpha}\sqrt{\frac{f_{y}}{235}} \tag{8.2.24}$$

式中　A_{f}——梁受压翼缘的截面面积;

　　　f_{y}——梁翼缘抗压强度设计值;

　　　α——隔撑与梁轴线的夹角。

(4) 钢柱脚。

钢结构的刚接柱脚宜采用埋入式,也可采用外包式;6、7 度且高度不超过 50 m 时也可采用外露式。

(5) 支撑连接。

中心支撑的轴线应交汇于梁柱构件轴线的交点,当受构造条件的限制有偏心时,偏离中心不得超过支撑杆件的宽度;否则,节点设计应计入偏心造成附加弯矩的影响。一、二、三级,中心支撑宜采用 H 型钢制作,两端与框架可采用刚接构造,梁柱与支撑连接处应设置加劲肋;一级和二级采用焊接工字形截面支撑时,其翼缘与腹板的连接宜采用全熔透连续焊缝;支撑与框架连接处,支撑杆端宜做成圆弧。

梁在其与 V 形支撑或人字形支撑相交处,应设置侧向支撑;该支撑点与梁端支承点间的侧向长细比(λ_{y})以及支承力,应符合现行国家标准《钢结构设计规范》(GB 50017—2003)关于塑性设计的规定。若支撑和框架采用节点板连接,应符合现行国家标准《钢结构设计规范》(GB 50017—2003)关于节点板在连接杆件每侧有不小于 30°夹角的规定;一、二级时,支撑端部至节点板最近嵌固点在沿支撑杆件轴线方向的距离,不应小于节点板厚度的 2 倍。

　　偏心支撑的轴线与消能梁段轴线的交点宜交于消能梁段的端点(见图 8-16(a)),也可交于消能梁段内(见图 8-16(b)),这样可使支撑的连接设计更灵活些,但不得将交点设置于消能梁段外。支撑与梁的连接应为刚性连接,支撑直接焊于梁段的节点连接特别有效。

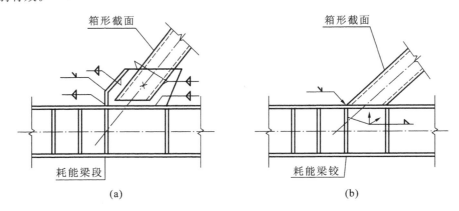

图 8-16　支撑与消能梁段轴线交点的位置

　　消能梁段与支撑斜杆的连接处,应在梁腹板的两侧设置加劲肋。加劲肋的构造要求详见 8.2.4 节。

　　消能梁段与柱的连接应符合下列要求:消能梁段与柱连接时,其长度不得大于 $1.6M_{lp}/V_b$,且应满足相关标准的规定;消能梁段翼缘与柱翼缘之间应采用坡口全熔透对接焊缝连接,消能梁段腹板与柱之间应采用角焊缝(气体保护焊)连接;角焊缝的承载力不得小于消能梁段腹板的轴力、剪力和弯矩同时作用时的承载力;消能梁段与柱腹板连接时,消能梁段翼缘与横向加劲板间应采用坡口全熔透焊缝,其腹板与柱连接板间应采用角焊缝连接;角焊缝的承载力不得小于消能梁段腹板的轴力、剪力和弯矩同时作用时的承载力。

8.3　单层钢结构厂房抗震设计

8.3.1　单层钢结构厂房的体系与布置

　　单层钢结构厂房的横向抗侧力体系,可采用刚接框架、铰接框架、门式刚架或其他结构体系。厂房纵向抗侧力体系,8 度、9 度时应采用柱间支撑;6 度、7 度时宜采用柱间支撑,也可采用刚接框架。

　　屋盖应设置完整的屋盖支撑系统。屋盖横梁与柱顶铰接时,宜采用螺栓连接。厂房内设有桥式吊车时,吊车梁系统的构件与厂房框架柱的连接应能可靠地传递纵向水平地震作用。

　　单层钢结构厂房平面布置、钢筋混凝土屋面板和天窗架的设置要求等可参照第

7.5 节的单层钢筋混凝土柱厂房的有关规定。当设置防震缝时,其缝宽不宜小于单层混凝土柱厂房防震缝宽度的 1.5 倍。

8.3.2　单层钢结构厂房的抗震计算

1) 计算模型与地震作用计算

单层钢结构厂房横向、纵向抗震计算时,应根据屋盖高差和吊车设置情况,采用与厂房结构的实际工作状况相适应的计算模型。单层厂房的阻尼比,可依据屋盖和围护墙的类型,取 0.045~0.05。

2) 墙的自重和刚度在计算中的取值

在进行厂房地震作用计算时,根据围护墙的类型和墙与柱的连接方式来决定其质量与刚度的取值,可使计算较为合理,《建筑抗震设计规范》(GB 50011—2010)规定:

(1) 轻型墙板或与柱柔性连接的预制钢筋混凝土墙板,应计入墙体的全部自重,但不应计入刚度;

(2) 柱边贴砌且与柱拉结的砌体围护墙,应计入全部自重;当沿墙体纵向进行地震作用计算时,尚可计入普通砖砌体墙的折算刚度,折算系数,7、8 和 9 度可分别取 0.6、0.4 和 0.2。

3) 厂房横向、纵向抗震计算

(1) 厂房横向抗震计算。

一般情况下,宜采用考虑屋盖弹性变形的空间分析方法;平面规则、抗侧刚度均匀的轻型屋盖厂房,可按平面框架进行计算;等高厂房可采用底部剪力法,高低跨厂房应采用振型分解反应谱法。

(2) 厂房纵向抗震计算。

采用轻型板材围护墙或与柱柔性连接的大型墙板的厂房,可采用底部剪力法计算,各纵向柱列的地震作用可按以下原则分配:钢筋混凝土无檩屋盖可按纵向柱列刚度比例分配;轻型屋盖可按纵向柱列承受的重力荷载代表值的比例分配;钢筋混凝土有檩屋盖可取上述两种分配结果的平均值。

采用与柱边贴砌且与柱拉结的普通砖砌体围护墙厂房,可参照第 7.5 节单层钢筋混凝土柱厂房纵向抗震计算的规定。

设置柱间支撑的柱列应计入支撑杆件屈曲后的地震作用效应。

4) 厂房屋盖构件的抗震计算

厂房屋盖构件的抗震计算,应符合下列要求。

(1) 竖向支撑桁架的腹杆应能承受和传递屋盖的水平地震作用,其连接的承载力应大于腹杆的承载力,并满足构造要求。

(2) 屋盖横向水平支撑、纵向水平支撑的交叉斜杆均可按拉杆设计,并取相同的截面面积。

(3) 8 度、9 度时,支承跨度大于 24 m 的屋盖横梁的托架以及设备荷重较大的屋盖横梁,均应计算其竖向地震作用。

5）支撑与连接节点的抗震计算

柱间 X 形支撑、V 形或 ∧ 形支撑应考虑拉压杆共同作用,其地震作用及验算可按拉杆计算,并计及相交受压杆的影响,但压杆卸载系数宜改取 0.30。

交叉支撑端部的连接,对单角钢支撑应计入强度折减,8 度、9 度时不得采用单面偏心连接;交叉支撑有一杆中断时,交叉节点板应予以加强,其承载力不小于 1.1 倍杆件承载力。支撑杆件的截面应力比,不宜大于 0.75。

6）厂房结构构件的连接的承载力计算

厂房结构构件连接的承载力计算,应符合下列规定。

（1）框架上柱的拼接位置应选择弯矩较小区域,其承载力不应小于按上柱两端呈全截面塑性屈服状态计算的拼接处的内力,且不得小于柱全截面受拉屈服承载力的 0.5 倍。

（2）刚接框架屋盖横梁的拼接,当位于横梁最大应力区以外时,宜按与被拼接截面等强度设计。

（3）实腹屋面梁与柱的刚性连接、梁端梁与梁的拼接,应采用地震组合内力进行弹性阶段设计。梁柱刚性连接、梁与梁拼接的极限受弯承载力应符合下列要求：① 一般情况,可按《建筑抗震设计规范》(GB 50011—2010)第 8.2.8 条钢结构梁柱刚接、梁与梁拼接的规定考虑连接系数进行验算。其中,当最大应力区在上柱时,全塑性受弯承载力应取实腹梁、上柱二者的较小值;② 当屋面梁采用钢结构弹性设计阶段的板件宽厚比时,梁柱刚性连接和梁与梁拼接,应能可靠传递设防烈度地震组合内力。

刚接框架的屋架上弦与柱相连的连接板,在设防地震下不宜出现塑性变形。

（4）柱间支撑与构件的连接,不应小于支撑杆件塑性承载力的 1.2 倍。

8.3.3　单层钢结构厂房的抗震构造措施

1）屋盖的构造措施

（1）无檩屋盖的支撑布置,宜符合表 8-8 的要求。

（2）有檩屋盖的支撑布置,宜符合表 8-9 的要求。

（3）当轻型屋盖采用实腹屋面梁、柱刚性连接的刚架体系时,屋盖水平支撑可布置在屋面梁的上翼缘平面。屋面梁下翼缘应设置隅撑侧向支承,隅撑的另一端可与屋面檩条连接。屋盖横向支撑、纵向天窗架支撑的布置可参照表 8-8 或表 8-9 的要求。

（4）屋盖纵向水平支撑的布置,尚应符合下列规定：

①当采用托架支承屋盖横梁的屋盖结构时,应沿厂房单元全长设置纵向水平支撑;

表 8-8　无檩屋盖的支撑系统布置

支撑名称			烈　度		
			6、7 度	8 度	9 度
屋架支撑	上、下弦横向支撑		屋架跨度小于 18 m 时同非抗震设计;屋架跨度不小于 18 m 时,在厂房单元端开间各设一道	厂房单元端开间及上柱支撑开间各设一道;天窗开洞范围的两端各增设局部上弦支撑一道,当屋架端部支承在屋架上弦时,其下弦横向支撑同非抗震设计	
	上弦通长水平系杆		同非抗震设计	在屋脊处、天窗架竖向支撑处、横向支撑节点处和屋架两端处设置	
	下弦通长水平系杆			屋架竖向支撑节点处设置;当屋架与柱刚接时,在屋架端节处按控制下弦平面外长细比不大于 150 设置	
	竖向支撑	屋架跨度小于 30 m		厂房单元两端开间及上柱支撑各开间屋架端部各设一道	同 8 度,且每隔 42 m在屋架端部设置
		屋架跨度大于等于 20 m		厂房单元的端开间,屋架 1/3 跨度处和上柱支撑开间内的屋架端部设置,并与上、下弦横向支撑相对应	同 8 度,且每隔 36 m在屋架端部设置
纵向天窗架支撑	上弦横向支撑		天窗架单元两端开间各设一道	天窗架单元端开间及柱间支撑开间各设一道	
	竖向支撑	跨中	跨度不小于 12 m 时设置,其道数与两侧相同	跨度不小于 9 m 时设置,其道数与两侧相同	
		两侧	天窗架单元端开间及每隔 36 m 设置	天窗架单元端开间及每隔 30 m 设置	天窗架单元端开间及每隔 24 m 设置

　② 对于高低跨厂房,在低跨屋盖横梁端部支承处,应沿屋盖全长设置纵向水平支撑;

　③ 纵向柱列局部柱间采用托架支承屋盖横梁时,应沿托架的柱间及向其两侧至少各延伸一个柱间设置屋盖纵向水平支撑;

表 8-9 有檩屋盖的支撑系统布置

支撑名称		烈　　度		
		6、7度	8度	9度
屋架支撑	上弦横向支撑	厂房单元端开间及每隔 60 m 各设一道	厂房单元端开间及上柱柱间支撑开间各设一道	同 8 度,且天窗开洞范围的两端各增设局部上弦横向支撑一道
	下弦横向支撑	同非抗震设计;当屋架端部支承在屋架下弦时,同上弦横向支撑		
	跨中竖向支撑	同非抗震设计		屋架跨度大于等于 30 m 时,跨中增设一道
	两侧竖向支撑	屋架端部高度大于 900 mm 时,厂房单元端开间及柱间支撑开间各设一道		
	下弦通长水平系杆	同非抗震设计	屋架两端和屋架竖向支撑处设置;与柱刚接时,屋架端节间处按控制下弦平面外长细比不大于 150 设置	
纵向天窗架支撑	上弦横向支撑	天窗架单元两端开间各设一道	天窗架单元两端开间及每隔 54 m 各设一道	天窗架单元两端开间及每隔 48 m 各设一道
	两侧竖向支撑	天窗架单元端开间及每隔 42 m 各设一道	天窗架单元端开间及每隔 36 m 各设一道	天窗架单元端开间及每隔 24 m 各设一道

④ 当设置沿结构单元全长的纵向水平支撑时,应与横向水平支撑形成封闭的水平支撑体系。多跨厂房屋盖纵向水平支撑的间距不宜超过两跨,不得超过三跨;高跨和低跨宜按各自的标高组成相对独立的封闭支撑体系。

(5) 支撑杆宜采用型钢;设置交叉支撑时,支撑杆的长细比限值可取 350。

2) 柱、梁的构造措施

为了防止地震时柱子失稳,厂房框架柱的长细比,轴压比小于 0.2 时不宜大于 150;轴压比不小于 0.2 时,不宜大于 $120\sqrt{235/f_{ay}}$。

为了控制柱、梁截面不出现局部失稳,厂房框架柱、梁的板件宽厚比,应符合:重屋盖厂房,板件宽厚比限值可按表 8-4 的规定采用,7、8、9 度的抗震等级可分别按四、三、二级采用。轻屋盖厂房,塑性消能区板件宽厚比限值可根据其承载力的高低按性能目标确定。塑性消能区外的板件宽厚比限值,可采用现行《钢结构设计规范》

(GB 50017—2003)弹性设计阶段的板件宽厚比限值。

柱脚应能可靠传递柱身承载力,宜采用埋入式、插入式或外包式柱脚,6、7 度时也可采用外露式柱脚。柱脚设计应符合:实腹式钢柱采用埋入式、插入式柱脚的埋入深度,应由计算确定,且不得小于钢柱截面高度的 2.5 倍。格构式柱采用插入式柱脚的埋入深度,应由计算确定,其最小插入深度不得小于单肢截面高度(或外径)的 2.5 倍,且不得小于柱总宽度的 0.5 倍。采用外包式柱脚时,实腹 H 形截面柱的钢筋混凝土外包高度不宜小于 2.5 倍的钢结构截面高度,箱型截面柱或圆管截面柱的钢筋混凝土外包高度不宜小于 3.0 倍的钢结构截面高度或圆管截面直径。当采用外露式柱脚时,柱脚承载力不宜小于柱截面塑性屈服承载力的 1.2 倍。柱脚锚栓不宜用以承受柱底水平剪力,柱底剪力应由钢底板与基础间的摩擦力或设置抗剪键及其他措施承担。柱脚锚栓应可靠锚固。

3) 柱间支撑的构造措施

厂房单元的各纵向柱列,应在厂房单元中部布置一道下柱柱间支撑;当 7 度厂房单元长度大于 120 m(采用轻型围护材料时为 150 m)、8 度和 9 度厂房单元大于 90 m(采用轻型围护材料时为 120 m)时,应在厂房单元 1/3 区段内各布置一道下柱支撑;当柱距数不超过 5 个且厂房长度小于 60 m 时,亦可在厂房单元的两端布置下柱支撑。上柱柱间支撑应布置在厂房单元两端和具有下柱支撑的柱间。

柱间支撑宜采用 X 形支撑,条件限制时也可采用 V 形、Λ 形及其他形式的支撑。X 形支撑斜杆与水平面的夹角、支撑斜杆交叉点的节点板厚度,应符合第 7.5 节的相关规定。柱间支撑杆件的长细比限值,应符合现行国家标准《钢结构设计规范》(GB 50017—2003)的规定。柱间支撑宜采用整根型钢,当热轧型钢超过材料最大长度规格时,可采用拼接等强接长。有条件时,可采用消能支撑。

8.4　多层钢结构厂房抗震设计

8.4.1　多层钢结构厂房的体系与布置

1) 结构体系

多层钢结构厂房多采用框架体系或框架-支撑体系,按工艺布置或功能要求可设置或不设置地下室,当设置地下室,厂房一般较高,钢结构宜延伸至地下室。

框架-支撑结构体系的竖向支撑宜采用中心支撑,有条件时也可采用偏心支撑等消能支撑。中心支撑宜采用交叉支撑,也可采用人字形支撑或单斜杆支撑,采用单斜杆支撑时,应符合第 8.2.4 节的有关规定。厂房的支撑宜布置在荷载较大的柱间,且在同一柱间上下贯通,不贯通时应错开开间后连续布置,并宜适当增加相近楼层、屋面的水平支撑,确保楼层水平地震作用能传递至基础。

有抽柱的结构,宜适当增加相近楼层、屋面的水平支撑并在相邻柱间设置竖向支撑。

厂房的楼盖宜采用现浇混凝土的组合楼板,亦可采用装配整体式楼板或钢铺板。

2)厂房的布置

多层钢结构厂房的布置应符合以下要求。

考虑抗震设计时,应使厂房的体型规则、均匀、对称,刚度中心与质量中心尽量重合;厂房的竖向布置要避免质量与刚度沿高度突变,从而保证厂房结构沿竖向变形协调且受力均匀。

平面形状复杂、各部分构架高度差异大或楼层荷载相差悬殊时,应设防震缝或采取其他措施。

设备自承重时,厂房楼层应与设备分开。

料斗等设备穿过楼层且支承在该楼层时,其运行装料后的设备总重心宜接近楼层的支点处,同一设备穿过两个以上楼层时,应选择其中的一层作为支座;必要时可另选一层加设水平支承点。

8.4.2 多层钢结构厂房的抗震计算

1)地震作用计算

多层钢结构厂房的地震作用计算,一般情况下,宜采用空间结构模型分析;当结构布置规则,质量分布均匀时,亦可分别按结构横向和纵向进行验算。在多遇地震作用下,结构的阻尼比可采用 0.03～0.04;在罕遇地震下,阻尼比可采用 0.05。

通过对国内外多层钢结构厂房震害调查表明,设备或材料的支撑结构破坏将危及下层的设备和人身安全,所以直接支撑设备和料斗的构件及其连接,除振动设备计算动力荷载外,还应计入其重力支撑构件及其连接的地震作用。设备与料斗对支撑构件及其连接的水平地震作用,可按下式确定。

$$F_s = \alpha_{max}(1.0 + H_x/H_n)G_{eq} \qquad (8.4.1)$$

式中 F_s ——设备或料斗重心处的水平地震作用标准值;

α_{max} ——水平地震影响系数最大值;

G_{eq} ——设备或料斗的重力荷载代表值;

H_x ——基础至设备或料斗重心的距离;

H_n ——基础底部至建筑物顶部的距离。

此水平地震作用对支撑构件产生的弯矩、扭矩,取设备或料斗重心至支撑构件形心距计算。多层钢结构房屋荷载效应组合按第3章的有关规定进行。

2)构件和节点的抗震承载力验算

根据 8.2.4 节验算节点左右梁端和上下柱端的全塑性承载力时,框架柱的强柱系数,一级和地震作用控制时,取 1.25;二级和 1.5 倍地震作用控制时,取 1.20;三级和 2 倍地震作用控制时,取 1.0。当存在下列情况时,可不满足 8.2.4 节的要求:

（1）单层框架的柱顶或多层框架顶层的柱顶；

（2）不满足 8.2.4 节的框架柱沿验算方向的受剪承载力总和小于该楼层框架受剪承载力的 20%；且该楼层每一柱列不满足 8.2.4 节的框架柱的受剪承载力总和小于本柱列全部框架柱受剪承载力总和的 33%。

此外，《建筑抗震设计规范》（GB 50011—2010）规定，柱间支撑杆件设计内力与其承载力设计值之比不宜大于 0.8；当柱间支撑承担不小于 70% 的楼层剪力时，不宜大于 0.65。

8.4.3　多层钢结构厂房的抗震构造措施

1）柱间支撑

多层框架部分的柱间支撑，宜与框架横梁组成 X 形或其他有利于抗震的形式，其长细比不宜大于 150；支撑杆件的板件宽厚比应符合单层钢结构厂房的相关规定。

2）框架柱、梁

多层钢结构厂房中框架柱的长细比不宜大于 150，当轴压比大于 0.2 时，不宜大于 $125(1-0.8N/Af)\sqrt{235/f_y}$。

厂房框架柱、梁的板件宽厚比，对单层部分和总高度不大于 40 m 的多层部分，应符合单层钢结构厂房的相关规定；当多层部分总高度大于 40 m 时，应满足表 8-4 的限值要求。

框架梁、柱的最大应力区，不得突然改变翼缘截面，其上下翼缘均应设置侧向支撑，此支承点与相邻支承点之间应符合《钢结构设计规范》（GB 50017—2003）中塑性设计的有关要求。

框架梁采用高强度螺栓拼接时，其位置宜避开最大应力区（1/10 梁净跨和 1.5 倍梁高的较大值）。梁翼缘拼接时，在平行于内力方向的高强度螺栓不宜少于 3 排，拼接板的截面模量应大于被拼接截面模量的 1.1 倍。

厂房柱脚应能保证传递柱的承载力，宜采用埋入式、插入式或外包柱脚，并应符合单层钢结构厂房的相关规定。

【本章要点】

本章主要介绍：钢结构房屋的震害及破坏特点；多、高层钢结构房屋的体系与布置、抗震计算、钢构件的抗震设计与构造措施、钢节点及连接的抗震计算与构造措施；单层钢结构厂房的布置与结构体系、抗震计算以及构造措施；多层钢结构厂房的布置与结构体系、抗震计算以及构造措施。

【思考题】

8-1　钢结构在地震中的破坏有哪些形式，原因是什么？

8-2　多、高层钢结构房屋有哪些结构体系，各有什么优缺点？

8-3　简述多高层钢结构房屋的结构布置原则。

8-4　多、高层钢结构房屋抗震设计时，"强柱弱梁"的设计原则是如何实现的？

8-5　在多遇地震作用下，支撑斜杆的抗震验算如何进行？

8-6　多、高层钢结构中抗侧力构件的连接计算应符合哪些要求？

8-7　单层钢结构厂房抗震设计时，墙的自重和刚度该如何取值？

8-8　怎样进行单层钢结构厂房的纵向抗震计算？

8-9　简述多层钢结构厂房中构件和节点的抗震承载力验算要点。

8-10　多层钢结构厂房抗震设计时，如何限制柱、梁的板件宽厚比、柱的长细比？

第9章 桥梁结构抗震设计

桥梁结构,作为现代交通网中的枢纽工程,在发展国民经济、促进文化交流和巩固国防等方面起着非常重要的作用;尤其是在地震时实施紧急救援、灾后恢复生产、确保生命干线的畅通中占有重要地位。因此,桥梁结构抗震设计的重要性不言而喻。

本章首先对桥梁结构的震害现象进行分析,然后依次介绍桥梁结构的抗震计算、延性设计及抗震构造措施。

9.1 桥梁结构震害现象及其分析

9.1.1 桥梁结构震害表现

据统计,世界上由于地震灾害而毁坏的桥梁数量,远远多于由于风振、船撞等其他原因而破坏的桥梁。国内外地震工作者历来都很重视震害的调查研究。可以说,桥梁抗震设计理论发展的历史,也是人类对桥梁震害认识的历史。

桥梁震害主要反映在结构的各个部位,下面将分别介绍桥梁上部结构、支座及下部结构的震害表现。

1) 上部结构震害

因地震造成的桥梁破坏形式各异,对上部结构而言,本身遭受震害而被毁坏的情况较少。在发现的少数上部结构自身的震害中,主要是钢结构的局部屈曲破坏。图 9-1 为 1995 年阪神地震中六甲岛(Rokko Island)大桥拱桥风撑构件的屈曲破坏。

桥梁上部结构的梁体损伤在破坏性地震中极为常见,以落梁产生的震害最为严重。落梁破坏的主要原因是梁与桥墩(台)的相对位移过大,支座丧失了约束能力。图 9-2 为西宫港大桥发生的落梁震害。

图9-1 日本六甲岛大桥拱桥风撑构件屈曲

图 9-2 日本西宫港大桥落梁震害

2）支座及伸缩装置的震害

桥梁支座历来被认为是桥梁结构体系中抗震性能比较薄弱的一个环节,在历次破坏性地震中,支座的震害现象都比较普遍。图9-3为1995年日本阪神地震中的支座震害。图9-4为1995年日本兵库县南部地震中支座破坏引起的上部结构大转动。

图9-3 日本阪神地震中支座震害　　　　图9-4 支座失效导致的转动

另外,地震中伸缩缝装置的破坏也很常见,图9-5是伸缩缝装置在地震中的破坏情况。

图9-5 地震中伸缩缝装置的破坏

3）下部结构的震害

下部结构的严重破坏是引起桥梁倒塌,并在震后难以修复使用的主要原因。下部结构的常见震害现象为墩(台)折断、倾斜、开裂、下沉及混凝土桥墩下部钢筋屈服成灯笼状、混凝土崩裂、压酥等。桥墩的倾斜有单向的、八字形的,桥墩的开裂处主要在墩身的下部、墩顶与盖梁连接处、墩柱与横系梁连接处或墩柱截面变化处等。而桥台的震害主要表现为台身与上部结构的碰撞破坏,以及桥台向后倾斜。

图9-6为日本阪神地震中神户市内的高架桥独柱墩被剪断的震害。图9-7是我国汶川地震中百花大桥桥墩典型的墩底塑性铰破坏。

图9-6 日本阪神地震中独柱墩的倒塌　　　图9-7 我国汶川地震中百花大桥桥墩破坏

9.1.2　震害原因

1）地裂缝

由于地下断层错动在地表上形成构造地裂缝,或由于地表土质松软及不同地貌在地震作用下而形成重力地裂缝。前者的走向与地下断裂带的走向一致,带长可延续几公里甚至几十公里;后者的规模较小且走向与地下断裂带走向无直接关系。地裂缝是使路面产生开裂、路基破坏的重要原因之一。此外对于土质松软的土层或密度小的地基,在地震时会产生塌陷,从而造成路面下沉及桥梁墩台倾斜、沉陷等;地震造成的地基不均匀下沉也是导致桥梁破坏的重要因素之一。

2）地基失稳或失效

地震中地基或土坡失稳会造成滑坡塌方现象,特别是山区公路地基及河岸更易产生此类现象。当此类现象发生时,会造成路基路面断裂,桥台向河心滑动而导致桥梁破坏。

3）结构强度不足

前面所举很多震害,均发生在高烈度地区,而其中有些桥梁设计上没有考虑抗震设防,有些虽然有所考虑,但对地震作用的大小估计不足,致使桥梁产生强度破坏,如裂缝、断裂、倒塌等现象。

4）结构丧失整体稳定性

桥梁的上、下部结构通过支座连接,而所采用的支座大多不适应抗震要求。地震时,桥梁结构先是上下跳动,然后是左右摇晃,活动支座首先脱落、固定支座销钉剪断,因而桥梁的上、下部结构之间的相互联系被破坏,丧失了结构的整体稳定性。

5）结构布局不合理

在地震中发生破坏的某些桥梁,其结构布局不合理,导致结构受力不均衡,而形成某些薄弱环节,引发震害。

9.1.3　桥梁震害的教训及启示

几十年来的桥梁震害,以及桥梁抗震设计的实践告诉我们:合理的结构形式和较强的抗震能力可以大大减轻甚至避免震害的产生。总结桥梁震害教训,可以得到以下一些关于桥梁抗震设计的启示。

（1）要重视桥梁结构的总体设计,选择较理想的抗震结构体系。

（2）要重视延性抗震,并且必须避免出现脆性破坏。

（3）要重视结构的局部构造设计,避免出现构造缺陷。

（4）要重视桥梁支承连接部位的抗震设计,同时开发有效的防止落梁装置。

（5）对复杂桥梁(斜弯桥、高墩桥梁或桥墩刚度变化很大的桥梁),应进行空间动力时程分析。

（6）要重视采用减隔震技术,提高桥梁结构的抗震能力。

9.2 桥梁结构抗震设计的一般规定

9.2.1 桥梁抗震设计的基本要求

基于历次桥梁震害教训和当前公认的理论知识,一般来说,在进行桥梁抗震设计时应尽量符合以下要求。

(1) 选择对抗震有利的地段布设线路和选定桥位。

选择公路工程建设场地时,应根据工程需要,掌握地震活动情况和工程地质的有关资料,作出综合评价,宜选择有利地段,避开不利地段及危险地段。

对抗震有利的地段,一般是指坚硬土或开阔、平坦、密实、均匀的中硬土等地段;不利地段,一般是指孤突的山梁、高差较大的台地边缘、软弱粘性土及可液化土层等地段;危险地段,是指发震断层及其邻近地段和地震时可能发生大规模滑坡、崩塌等不良地质地段。

路线及桥位宜避开下列地段。

① 地震时可能发生滑坡、崩塌的地段。

② 地震时可能塌陷的暗河、岩洞等岩溶地段和地下已采空的矿穴地段。

③ 河床内基岩具有倾斜河槽的构造软弱面被深切河槽所切割的地段。

④ 地震时可能倒塌而严重中断公路交通的各种构造物。

当桥位无法避开发震断层时,宜将全部墩台布置在断层的同一盘(最好是下盘)上。

对河谷两岸在地震时可能发生滑坡、崩塌而造成堵河成湖的地方,应估计其淹没和堵塞体溃决的影响范围,合理确定路线的标高和选定桥位。当可能因发生滑坡、崩塌而改变河流方向,影响岸坡和桥梁墩台以及路基的安全时,应采取适当的防护措施。

(2) 避免或减轻在地震影响下因地基变形或地基失效对公路造成的破坏。

对可能发生的地基变形及地基失效应引起足够重视,如松散的饱和砂土液化,会造成地基失效,使桥梁基础产生严重位移和下沉,严重的会导致桥梁垮塌,所以应采取适当措施来避免或减轻由此带来的地震破坏作用。

(3) 本着减轻震害和便于修复(抢修)的原则,确定合理的设计方案。

在确定路线的总走向和主要控制点时,应尽量避开基本烈度较高的地区和震害危险性较大的地段;在路线设计中,要合理利用地形,正确掌握标准,尽量采用浅挖低填的设计方案,以减少对自然平衡条件的破坏。对于地震区的桥型选择,一般按下列几个原则进行。

① 尽量减轻结构的自重和降低其重心,以减小结构物的地震作用和内力,提高稳定性。

② 力求使结构物的质量中心与刚度中心重合,以减小在地震中因扭转引起的附加地震作用。

③ 应协调结构物的长度和高度,以减小各部分不同性质的振动所造成的危害作用。

④ 加强地基的调整和处理,以减小地基变形和防止地基失效。

(4)提高结构构件的强度和延性,避免脆性破坏。

桥梁墩柱应具有足够的延性,以利用塑性铰消能。但要充分发挥预期塑性铰部位的延性能力,必须防止墩柱发生脆性的剪切破坏。

(5)加强桥梁结构的整体性。

(6)在设计中提出保证施工质量的要求和措施。

9.2.2 桥梁结构的抗震设防类别

在进行桥梁结构抗震设计时,水平设计加速度反应谱最大值与抗震重要性系数有关,而重要性系数的取值又与桥梁抗震设防类别有关。我国交通运输部颁布的《公路桥梁抗震设计细则》(JTG/T B02—01—2008),从我国目前的具体情况出发,考虑到公路桥梁的重要性和在抗震救灾中的作用,本着确保重点和节约投资的原则,将不同桥梁给予不同的抗震安全度。具体来讲,将桥梁分为 A、B、C、D 四个抗震设防类别。一般情况下,桥梁抗震设防分类应根据各桥梁抗震设防类别的适用范围按表 9-1 的规定确定。但对抗震救灾以及在经济、国防上具有重要意义的桥梁或破坏后修复(抢修)困难的桥梁,可按国家批准权限,报请批准后,提高设防类别。

表 9-1 桥梁抗震设防分类的适用范围

桥梁抗震设防类别	适 用 范 围
A 类	单跨跨径超过 150 m 的特大桥
B 类	单跨跨径不超过 150 m 的高速公路、一级公路上的桥梁,单跨跨径不超过 150 m 的二级公路上的特大桥、大桥
C 类	二级公路上的中桥、小桥,单跨跨径不超过 150 m 的三、四级公路上的特大桥、大桥
D 类	三、四级公路上的中桥、小桥

9.2.3 桥梁结构的抗震设防目标

目前国内外的总趋势是对结构物采用分级的设防目标,"小震不坏、中震可修、大震不倒"的三级设计原则已被广泛接受。这一抗震设计思想常表示为以下三个要求:在小震(多遇地震)作用下,结构物不需修理,仍可正常使用;在中震(偶遇地震)作用下,结构物无重大损坏,经修复后仍可继续使用;在大震(罕遇地震)作用下,结构物可能产生重大破坏,但不致倒塌。

统计分析表明,我国主要地震影响区地震发生概率符合极值Ⅲ型分布(见第 1 章图 1-15)。可将小震定义为烈度概率密度曲线上峰值所对应的烈度,即众值烈度(或称多遇烈度)时的地震,当基准设计期为 50 年时,则 50 年内众值烈度的超越概率约为 63.2%;中震烈度,一般情况下可采用中国地震烈度区划图所规定的基本烈度,它在 50 年内的超越概率大体为 10%;大震是罕遇的地震,原则上按 2%~3%的超越概率来确定。

桥梁抗震的目标是减轻桥梁工程的地震破坏,保障人民生命财产的安全,减少经济损失。我国根据地震的不确定性、现有的技术条件和国家的经济条件及桥梁结构的分类,在考虑国家经济力量可以承受并保障人民生命财产的安全及桥梁结构设施基本完好的前提下,提出了桥梁抗震水平设防目标,分别为 E1 地震作用和 E2 地震作用。各抗震设防类别桥梁的抗震设防目标应符合表 9-2 的规定。

表 9-2 各抗震设防类别桥梁的抗震设防目标

桥梁抗震设防类别	设 防 目 标	
	E1 地震作用	E2 地震作用
A 类	一般不受损伤或不需修复可继续使用	可发生局部轻微损伤。不需修复或经简单修复可继续使用
B 类	一般不受损伤或不需修复可继续使用	应保证不致倒塌或产生严重结构损伤,经临时加固后可供维持应急交通使用
C 类	一般不受损伤或不需修复可继续使用	应保证不致倒塌或产生严重结构损伤,经临时加固后可供维持应急交通使用
D 类	一般不受损伤或不需修复可继续使用	

由此可见,对于桥梁一般是按两级的地震水平进行抗震设计计算,但对于不同抗震设防类别的桥梁,所选取的 E1 级的具体地震水平是不相同的。A 类桥梁的抗震设防目标是中震(E1 地震,重现期约为 475 年)不坏,大震(E2 地震,重现期约为 2000 年)可修;B、C 类桥梁的抗震设防目标是小震(E1 地震,重现期为 50~100 年)不坏,中震(重现期约为 475 年)可修,大震(E2 地震,重现期约为 2000 年)不倒;D 类桥梁的抗震设防目标是小震(重现期约为 25 年)不坏。需要指出的是,对于 B、C 类桥梁,其抗震设计只进行 E1 地震作用下的弹性抗震设计和 E2 地震作用下的延性抗震设计,满足了这两个阶段的性能目标要求后,中震(重现期约为 475 年)可修的目标即认为已隐含满足。因此,现行规范实质上是采用两水平设防、两阶段设计。总之,对 A 类、B 类和 C 类桥梁必须进行 E1 地震作用和 E2 地震作用下的抗震设

计。而 D 类桥梁只须进行 E1 地震作用下的抗震设计。对抗震设防烈度为 6 度地区的 B 类、C 类、D 类桥梁,可只需满足抗震构造措施要求。

9.2.4　桥梁结构的抗震设防标准

确定桥梁工程的抗震设防标准,实际上就是选择桥址场地地震作用概率水平。各类桥梁的抗震设防标准,应符合下列规定。

(1) 各类桥梁在不同抗震设防烈度下的抗震设防措施等级按表 9-3 确定。

表 9-3　各类公路桥梁抗震设防措施等级

抗震设防烈度 桥梁分类	6	7		8		9
	0.05g	0.1g	0.15g	0.2g	0.3g	0.4g
A	7	8	9	9	更高,需专门研究	
B	7	8	8	9	9	≥9
C	6	7	7	8	8	8
D	6	7	7	8	8	9

注:g 为重力加速度。

(2) 各类桥梁的重要性系数 C_i,按表 9-4 确定。

表 9-4　各类桥梁的抗震重要性系数 C_i

桥 梁 类 别	E1 地震	E2 地震
A 类	1.0	1.7
B 类	0.43(0.5)	1.3(1.7)
C 类	0.34	1.0
D 类	0.23	—

注:高速公路和一级公路上的大桥、特大桥,其抗震重要性系数取 B 类对应括号内的值。

9.2.5　选择良好的抗震结构体系

从抗震的角度来看,理想的桥梁结构体系应包括以下几种。

(1) 从几何线形上看,是直桥,而且各墩高度相差不大。弯桥或斜桥会使地震反应复杂化,而墩高不等则导致桥墩刚度不等,从而造成地震力的分配不均匀,对整体结构的抗震不利。

(2) 从结构布局上看:上部结构是连续的,伸缩缝尽可能少;桥梁保持小跨径;在多个桥墩上布置弹性支座;各个桥墩的强度和刚度在各个方向都相同;基础是建造在坚硬的场地上。要求上部结构是连续的,并尽可能少用伸缩缝,主要是为了避免出现落梁。像简支梁以及使用挂梁的桥梁,相对容易落梁,在地震区使用时应考虑采用防止落梁的构造和装置。要求桥梁保持小跨径,主要是希望桥墩承受的轴压水平较低,从而可以获得更佳的延性。要求弹性支座布置在多个桥墩上,目的是为了把地震力分散到更多的桥墩上。

在实际工程中,由于各种限制条件,如功能要求、路线走向以及桥址地质条件等,理想的抗震体系很难达到。尽管如此,在抗震概念设计阶段,仍应当考虑使桥梁结构尽可能地服从上述原则要求。

9.2.6 桥梁结构抗震设计流程

不管是采用多级设防还是单一水准的设防,桥梁工程的抗震设计一般都要包括五大部分,即抗震设防标准选定、抗震概念设计、地震反应分析、抗震性能验算以及抗震构造设计,如图 9-8 所示。其中,地震反应分析和抗震性能验算的工作量最大,也最为复杂。如果采用三级设防的抗震设计思想,则就要做三次循环,即对应于每一个设防水准,进行一次地震反应分析,并进行相应的抗震性能验算,直到结构的抗震性能满足要求。

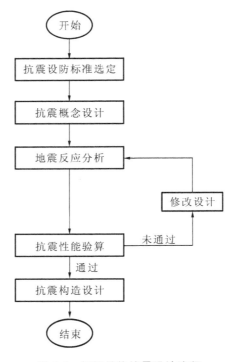

图 9-8 桥梁结构抗震设计流程

9.3 桥梁结构抗震计算分析

针对桥梁在地震下的严重损坏,各国均在积极寻求适合于本国的抗震设计规范及相应的各种构造措施,以减小地震作用,从而使桥梁结构在地震作用下的损坏最小,并且震后容易修复,达到安全合理的抗震目标。

9.3.1 引言

与建筑结构类似,在桥梁抗震计算中,早期采用简化的静力法,20 世纪 50 年代后发展了反应谱理论,近 20 年来对重要结构物采用动态时程分析法。

反应谱理论无法反映许多实际的复杂因素,诸如大跨桥梁的地震波输入相位差、结构的非线性二次效应、地震振动的结构-基础-土的共同作用等等问题。动态时程分析法可以考虑结构几何和物理非线性及各种减、隔震装置非线性性质(如桥梁特制橡胶支座、特种阻尼装置等),使非线性地震反应分析更趋成熟与完善。大量的桥梁震害表明:造成桥梁破坏的主要原因是地震时桥梁所产生的沿桥轴线的纵向水平振动和横向水平振动。因此桥梁结构地震反应的动态时程分析的输入方式主要是地震加速度时程的水平分量,只对大悬臂结构或大跨柔性结构(如吊桥、斜拉桥)才考虑竖向分量的输入。输入形式一般采取同步单点输入,必要时可考虑不同步(相位差)单点输入,或同步、不同步多点输入。每个输入点的地震加速度时程可以是相同的或不同的。

目前,大多数的国家对常用的桥梁结构形式的中小跨桥梁仍采用反应谱理论计算,而对重要、复杂、大跨的桥梁抗震计算都建议采用动态时程分析法。

现行的《公路桥梁抗震设计细则》(JTG/T B02—01—2008)从桥梁抗震设计角度,将单跨跨径不超过 150 m 的混凝土桥梁、圬工或混凝土拱桥等定义为常规桥梁;对于墩高超过 40 m,墩身第一阶振型有效质量低于 60%,且结构进入塑性的高墩桥梁应作专项研究。

根据在地震作用下动力响应特性的复杂程度,常规桥梁分为规则桥梁和非规则桥梁两类。表 9-5 限定范围内的桥梁属于规则桥梁,不在此表限定范围内的桥梁属于非规则桥梁,拱桥为非规则桥梁。

表 9-5 规则桥梁的定义

参 数	参 数 值				
单跨最大跨径	≤ 90 m				
墩高	≤ 30 m				
单墩高度与直径或宽度比	大于 2.5 且小于 10				
跨数	2	3	4	5	6

续表

参　　数	参　数　值				
曲线桥梁圆心角 φ 及半径 R	单跨 $\varphi<30°$ 且一联累计 $\varphi<90°$,同时曲梁半径 $R \geqslant 20b$(b 为桥宽)				
跨与跨间最大跨长比	3	2	2	1.5	1.5
轴压比	<0.3				
跨与跨间桥墩最大刚度比	—	4	4	3	2
支座类型	普通板式橡胶支座、盆式支座(铰接约束)等。使用滑板支座、减隔震支座等属于非规则性桥梁				
下部结构类型	桥墩为单柱墩、双柱框架墩、多柱排架墩				
地基条件	不易液化、侧向滑移或易冲刷的场地,远离断层				

根据以上规则桥梁和非规则桥梁分类,各类桥梁的抗震分析计算方法可参见表 9-6。

表 9-6 桥梁抗震分析可采用的计算方法

地震作用 ＼ 桥梁分类	B 类		C 类		D 类	
	规则	非规则	规则	非规则	规则	非规则
E1	SM/MM	MM/TH	SM/MM	MM/TH	SM/MM	MM
E2	SM/MM	TH	SM/MM	TH	—	—

表中:TH 代表线性和非线性时程计算方法;

SM 代表单振型反应谱或功率谱方法;

MM 代表多振型反应谱或功率谱方法。

9.3.2　按反应谱理论的计算方法

1) 设计加速度反应谱

(1) 水平设计加速度反应谱。

阻尼比为 5% 的水平设计加速度反应谱(见图 9-9)由下式确定:

$$S=\begin{cases} S_{\max}(5.5T+0.45), & T<0.1\ \text{s} \\ S_{\max}, & 0.1\text{s} \leqslant T \leqslant T_g \\ S_{\max}(T_g/T), & T>T_g \end{cases} \quad (9.3.1)$$

式中　T_g——特征周期(单位:s),按场址位置在《中国地震动反应谱特征周期区划图》上查取,根据场地类别按表 9-7 取值。

T——结构自振周期。

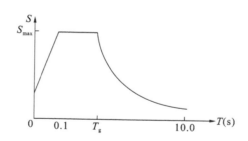

图 9-9　水平设计加速度反应谱

S_{max}——水平设计加速度反应谱最大值,由式(9.3.2)确定。

C_i——抗震重要性系数,按表 9-4 取值。

C_s——场地系数,按表 9-8 取值。

C_d——阻尼调整系数;除有专门规定外,结构的阻尼比 ζ 应取值 0.05,式
(9.3.2)中的阻尼调整系数 C_d 取值 1.0。当结构的阻尼比按有关规定
取值不等于 0.05 时,阻尼调整系数 C_d 应按下式(9.3.3)取值。当 C_d
小于 0.55 时,应取 0.55。

A——水平向设计基本地震加速度峰值,按表 9-9 取值。

$$S_{max} = 2.25C_iC_sC_dA \tag{9.3.2}$$

$$C_d = 1 + \frac{0.05 - \zeta}{0.06 + 1.7\zeta} \geqslant 0.55 \tag{9.3.3}$$

表 9-7　设计加速度反应谱特征周期调整表

区划图上的特征周期(s)	场地类型划分			
	I	II	III	IV
0.35	0.25	0.35	0.45	0.65
0.40	0.30	0.40	0.55	0.75
0.45	0.35	0.45	0.65	0.90

注:本表引自《中国地震动参数区划图》(GB 18306—2001)的表 C1。

表 9-8　场地系数 C_s 的数值

抗震设防烈度 场地类型	6	7		8		9
	0.05g	0.1g	0.15g	0.2g	0.3g	0.4g
I	1.2	1.0	0.9	0.9	0.9	0.9
II	1.0	1.0	1.0	1.0	1.0	1.0
III	1.1	1.3	1.2	1.2	1.0	1.0
IV	1.2	1.4	1.3	1.3	1.0	0.9

表 9-9　抗震设防烈度和水平向设计基本地震加速度峰值 A

抗震设防烈度	6	7	8	9
A	$0.05g$	$0.10(0.15)g$	$0.20(0.30)g$	$0.40g$

注:g 为重力加速度。

（2）竖向设计加速度反应谱。

竖向设计加速度反应谱由水平向设计加速度反应谱乘以式（9.3.4）和式（9.3.5）中给出的竖向/水平谱比函数 R。

基岩场地：
$$R = 0.65 \tag{9.3.4}$$

土层场地：
$$R = \begin{cases} 1.0 & T < 0.1 \\ 1.0 - 2.5(T - 0.1) & 0.1 \leqslant T \leqslant 0.3 \\ 0.5 & T \geqslant 0.3 \end{cases} \tag{9.3.5}$$

2）地震作用计算

规则桥梁水平地震力的计算，采用反应谱方法计算时，分析模型中应考虑上部结构、支座、桥墩及基础等刚度的影响。

（1）重力式桥墩地震作用。

在地震作用下，规则桥梁重力式桥墩顺桥向和横桥向的水平地震作用，采用反应谱方法计算时，可按下列公式计算。其结构计算简图如图 9-10 所示。
$$E_{ihp} = S_{h1} \gamma_1 X_{1i} G_i / g \tag{9.3.6}$$

式中　E_{ihp}——作用于桥墩质点 i 的水平地震作用（单位:kN）；

S_{h1}—— 相应水平方向的加速度反应谱值，根据桥梁结构基本周期按式（9.3.1）和式（9.3.2）确定；

γ_1——桥墩顺桥向或横桥向的基本振型参与系数；

$$\gamma_1 = \frac{\sum_{i=0}^{n} X_{1i} G_i}{\sum_{i=0}^{n} X_{1i}^2 G_i} \tag{9.3.7}$$

X_{1i}——桥墩基本振型在第 i 分段重心处的相对水平位移，对于实体桥墩，当 $H/B > 5$ 时，$X_{1i} = X_f + \dfrac{1 - X_f}{H} H_i$（一般适用于顺桥向）；当 $H/B < 5$ 时，$X_{1i} = X_f + \left(\dfrac{H_i}{H}\right)^{1/3} (1 - X_f)$（一般适用于横桥向）；

X_f——考虑地基变形时，顺桥向作用于支座顶面或横桥向作用于上部结构质量重心上的单位水平力在一般冲刷线或基础顶面引起的水平位移与在支座顶面或上部结构质量重心处的水平位移之比值；

H_i——一般冲刷线或基础顶面至墩身各分段重心处的垂直距离(单位:m);

H——桥墩计算高度,即一般冲刷线或基础顶面至支座顶面或上部结构质量重心的垂直距离(单位:m);

B——顺桥向或横桥向的墩身最大宽度(单位:m),(见图 9-11);

$G_{i=0}$——桥梁上部结构重力(单位:kN),对于简支梁桥,计算顺桥向地震荷载时为相应于墩顶固定支座的一孔梁的重力;计算横桥向地震荷载时为相邻两孔梁的重力的一半;

$G_{i=1,2,3\cdots}$——桥墩墩身各分段的重力(单位:kN)。

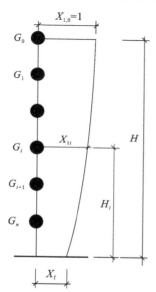

图 9-10　结构计算简图

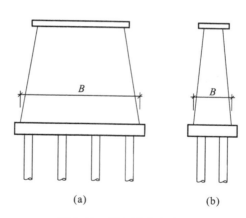

图 9-11　墩身最大宽度 B

(a) 横桥向;(b) 顺桥向

(2)柱式墩地震作用。

规则桥梁的柱式墩,采用反应谱方法计算时,其顺桥向水平地震作用可采用下列简化公式(9.3.8)计算。其计算简图如图 9-12 所示。

$$E_{\text{htp}} = S_{\text{h1}} G_t / g \qquad (9.3.8)$$

式中　E_{htp}—— 作用于支座顶面处的水平地震作用(单位:kN);

G_t—— 支座顶面处的换算质点重力(单位:kN),按下式计算:

$$G_t = G_{\text{sp}} + G_{\text{cp}} + \eta G_{\text{p}}$$

G_{sp}—— 桥梁上部结构的重力(单位:kN),对于简支梁桥,为相应于墩顶固定支座的一

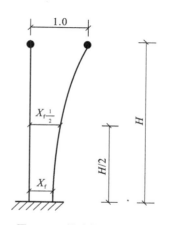

图 9-12　柱式墩计算简图

孔梁的重力；

G_{cp}——盖梁的重力（单位：kN）；

G_p——墩身重力（单位：kN），对于扩大基础，为基础顶面以上墩身的重力；对于桩基础，为一般冲刷线以上墩身的重力；

η——墩身重力换算系数，按下式计算：

$$\eta = 0.16(X_f^2 + 2X_{f\frac{1}{2}}^2 + X_f X_{f\frac{1}{2}} + X_{f\frac{1}{2}})$$

$X_{f\frac{1}{2}}$——考虑地基变形时，顺桥向作用于支座顶面上的单位水平力在墩身计算高度 $H/2$ 处引起的水平位移与支座顶面处的水平位移之比值。

（3）采用板式橡胶支座的规则桥梁的地震作用。

《公路桥梁抗震设计细则》(JTG/T B02—01—2008)规定：采用板式橡胶支座的规则桥梁，采用反应谱方法计算时，其顺桥向水平地震作用一般应分别按下列情况计算：

① 全联结均采用板式橡胶支座的连续梁桥或桥面连续、顺桥向具有足够强度的抗震联结措施（即纵向联结措施的强度大于支座抗剪极限强度）的简支梁桥，其水平地震作用可按下述简化方法计算：

a. 上部结构对板式橡胶支座顶面处产生的水平地震作用。

$$E_{ihs} = \frac{K_{itp}}{\sum\limits_{i=1}^{n} K_{itp}} S_{h1} G_{sp}/g \tag{9.3.9}$$

式中 E_{ihs}——上部结构对第 i 号墩板式橡胶支座顶面处产生的水平地震作用（单位：kN）；

K_{itp}——第 i 号墩组合抗推刚度（kN/m），$K_{itp} = \dfrac{K_{is}K_{ip}}{K_{is} + K_{ip}}$；

K_{is}——第 i 号墩板式橡胶支座抗推刚度（kN/m），$K_{is} = \sum\limits_{i=1}^{n_s} \dfrac{G_d A_r}{\sum t}$；

式中 n_s——第 i 号墩板式橡胶支座数量；

G_d——板式橡胶支座动剪切模量（单位：kN/m²），一般取 1 200 kN/m²；

A_r——板式橡胶支座面积（单位：m²）；

$\sum t$——板式橡胶支座橡胶层总厚度（单位：m）；

K_{ip}——第 i 号墩墩顶抗推刚度（单位：kN/m）；

G_{sp}——上部结构的总重力（单位：kN）。

b. 墩身水平地震作用。

实体墩由墩身自重在墩身质点 i 的水平地震作用

$$E_{ihp} = S_{h1} \gamma_1 X_{1i} G_i/g \tag{9.3.10}$$

式中符号意义同前。

柱式墩由墩身自重在板式支座顶面产生的水平地震作用

$$E_{hp} = S_{h1} G_{tp} / g \tag{9.3.11}$$

式中　G_{tp}——桥墩对板式橡胶支座顶面处的换算质点重力(单位:kN);

$$G_{tp} = G_{cp} + \eta G_p$$

其余符号意义同前。

② 采用板式橡胶支座的多跨简支梁桥,对刚性墩可按单墩单梁计算;对柔性墩应考虑支座与上、下部结构的耦联作用(一般情况可考虑 3~5 孔),按图 9-13 进行计算。

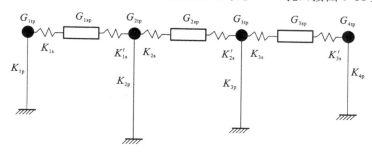

图 9-13　板式橡胶支座简支梁桥计算简图

注:G_{1tp},G_{2tp},G_{3tp},G_{4tp}——桥墩对板式橡胶支座顶面处的换算质点重力(单位:kN);

　　G_{1sp},G_{2sp},G_{3sp}——上部结构重力(单位:kN);

　　K_{1p},K_{2p},K_{3p},K_{4p}——墩顶抗推刚度(单位:kN/m);

　　K_{1s},K'_{1s},K_{2s},K'_{2s},K_{3s},K'_{3s}——板式橡胶支座抗推刚度(单位:kN/m)。

采用板式橡胶支座的简支梁桥和连续梁桥,当横桥向设置有限制横桥向位移的抗震措施(例如挡块)时,桥墩横桥向水平地震作用可按式(9.3.11)计算。

(4) 桥台的水平地震作用。

可按下式计算:

$$E_{hau} = C_i C_s C_d A G_{au} / g \tag{9.3.12}$$

式中　C_i、C_s、C_d——抗震重要性系数、场地系数和阻尼调整系数,分别按表 9-4、表 9-8 和式(9.3.3)取值;

　　A——水平向设计基本地震动加速度峰值,按表 9-9 取值;

　　E_{hau}——作用于台身重心处的水平地震作用(单位:kN);

　　G_{au}——基础顶面以上台身的重力(单位:kN)。

① 对于修建在基岩上的桥台,其水平地震作用可按式(9.3.12)计算值的 80% 采用。

② 验算设有固定支座的梁桥桥台时,还应计入由上部结构所产生的水平地震作用,其值按式(9.3.12)计算,但 C_{au} 取一孔梁的重力。

9.3.3　抗震验算

《公路桥梁抗震设计细则》(JTG/T B02—01—2008)采用强度和变形双重指标控制的抗震验算方法。

1) 一般规定

(1) 在 E1 地震作用下,结构在弹性范围内工作,基本不损伤;在 E2 地震作用下,延性构件(墩柱)可发生损伤,产生弹塑性变形,耗散地震能量,但延性构件(墩柱)的塑性铰区域应具有足够的塑性转动能力。

(2) 梁桥基础、盖梁、梁体以及墩柱的抗剪按能力保护原则设计,在 E2 地震作用下基本不发生损伤。

(3) 在 E2 地震作用下,混凝土拱桥的主拱圈和基础基本不发生损伤;对系杆拱桥,其桥墩、支座和基础的抗震性能可按梁桥的要求进行抗震设计。

(4) 对于 D 类桥梁、圬工拱桥、重力式桥墩和桥台,可只进行 E1 地震作用下结构的强度验算。

2) B 类、C 类桥梁抗震验算

(1) 顺桥向和横桥向 E1 地震作用效应和永久作用效应组合后,应按现行的公路桥涵设计规范相关规定验算桥墩的强度。

(2) 对于计算长度与矩形截面计算方向的尺寸之比小于 2.5(或墩柱的计算长度与圆形截面直径之比小于 2.5)的矮墩,顺桥向和横桥向 E2 地震作用效应和永久作用效应组合后,应按现行的公路桥涵设计规范相关规定验算桥墩的强度。

(3) 顺桥向和横桥向 E2 地震作用效应和永久作用效应组合后,应按现行的公路桥涵设计规范相关规定验算拱桥主拱圈、联结系和桥面系的强度。

(4) 对 B、C 类桥梁墩柱还应进行变形验算和支座验算。

3) D 类桥梁和重力式桥墩强度验算

(1) 顺桥向和横桥向 E1 地震作用效应和永久作用效应组合后,应按现行公路桥涵设计规范相关规定验算重力式桥墩、桥台、圬工拱桥主拱及基础的强度、偏心、稳定性。

(2) 顺桥向和横桥向 E1 地震作用效应和永久作用效应组合后,应按现行公路桥涵设计规范相关规定验算 D 类桥梁桥墩、盖梁和基础的强度。

(3) D 类桥梁和重力式桥墩桥梁板式橡胶支座厚度验算。

$$\sum t \geqslant \frac{X_E}{\tan\gamma} = X_e \qquad (9.3.13)$$

$$X_E = \alpha_d X_D + X_H \qquad (9.3.14)$$

式中　　$\sum t$——橡胶层的总厚度(单位:m);

　　　$\tan\gamma$——橡胶片剪切角正切值,取 $\tan\gamma = 1.0$;

　　　X_D——在 E1 地震作用下,支座顶面相对于底面的水平位移(单位:m);

　　　X_H——永久作用产生的支座顶面相对于底面的水平位移(单位:m);

　　　α_d——支座调整系数,一般取 2.3。

除此之外,还应进行板式橡胶支座的抗滑稳定性验算。

对盆式支座也应进行抗震验算。

9.3.4 大跨度桥梁结构的抗震计算

《公路桥梁抗震设计细则》(JTG/T B02—01—2008)相对于《公路工程抗震设计规范》(JTJ 044—89)扩大了适用范围,对于超过规范适用范围的大跨度桥梁,给出了抗震设计原则和有关规定,详细的抗震设计仍须作专门研究。对于大跨度桥梁,建议从方案的可行性研究开始就要对方案的抗震性能进行评估,即桥址区地震危险性分析;一旦方案成立,即把结构的抗震性能研究单独立项深入地进行专题研究,采用反应谱方法在方案设计阶段做大桥抗震性能比较粗略的评估;在初步或技术设计阶段应根据设计地震动参数进行结构空间非线性地震反应时程分析,以确保生命线工程的安全。以下是对于大跨度桥梁抗震计算中需要专门考虑的问题。

1) 设计概率水准的确定

对于大跨度桥梁,应采用两水平设防、两阶段设计的抗震设计思想。对 E2 地震作用的抗震设计阶段,抗震设防标准应按重现期约为 2000 年设计,并应引入延性抗震设计。

2) 地震动输入

通常桥梁结构的地震反应分析是假定所有桥墩底的地面运动是一致的,实际上,由于地震机制、波的传播特征、地形、地址的不同,入射地震波在空间上是变化的。对于长跨桥梁,在桥长范围内,各墩基础类型和周围土质条件可能有较大差别,因此各墩的地震波的幅值是不同的,甚至波形亦有变化。欧洲规范在规定地震作用时考虑了空间变化的地震运动特征,并指出在下面两种情况下考虑地震运动的空间变化:① 桥长大于 200 m,并且有地质上的不连续或明显的不同地貌特征;② 桥长大于 600 m。

实际工程如单跨越过大江的斜拉桥、吊桥、拱桥,左右岸可能位于显著不同的场地土上,或连续多跨拱桥或连续梁桥(几百米甚至几公里以上)的桥墩也可能处于不同的场地土上,由此导致各支承处输入地震波的不相同,在地震反应分析中就要考虑多支承不同激振,简称多点激振。如果场地土情况变化不大,也可能因地震波沿桥纵轴向先后到达的时间差,也要考虑各支承输入地震波的相位差,简称行波效应。显然,地震波的相位差也是多点激振另一形式。对于多跨梁式桥,行波效应会带来各个桥墩墩顶纵向位移的相位差,可能增加落梁的危险,一般不至于在上部结构中产生内力和损害。而对我国常见的多孔连续拱桥则可能造成破坏,因为拱桥的上部结构对于墩台的水平位移很敏感。我国一些较长的,且无中间制动墩的多孔连续拱桥的震害可能部分地由相位差原因所造成。

对于大跨度桥梁,地面运动的空间变化特性,包括行波效应、部分相干效应以及局部场地效应,对抗震分析影响较大,而且也非常复杂,对不同类型的桥梁可能得到完全不同的结果,因此,在抗震分析时应进行多点非一致激励,即采用非一致地震动输入,尤其是在进行时程分析时,各个桥墩的地震动输入是不同的,以反映地震动场的空间变异性和空间相关性。

3）地震反应分析

大跨度桥梁的地震反应分析可采用时程分析法、多振型反应谱法或功率谱法。时程分析结果应与多振型反应谱法相互校核，线性时程分析结果不应小于反应谱法结果的 80%。

（1）低频设计反应谱。

大跨桥梁大多是柔性结构，第一阶振型的周期往往较长。因此在地震反应中，第一阶振型的贡献非常重要，为使用反应谱法进行大跨度桥梁的抗震计算，首先要解决地震动长周期反应谱问题。提供的反应谱曲线频谱应包括含第一阶自振周期在内的长周期成分。

（2）振型组合。

在大跨桥梁的地震反应中，高阶振型的影响比较显著。因此，采用反应谱法进行地震反应分析时，应充分考虑高阶振型的影响，即所计算的振型阶数要包括所有贡献较大的振型。进行多振型反应谱法分析时，应根据结构特点，考虑足够的振型，目前，CQC 法以其严密的理论推导和较好的精度在桥梁结构的反应谱分析中得到越来越多的应用，而且已被世界各国的桥梁抗震设计规范所采用。应采用较为成熟的 CQC 法进行振型组合。

9.4　桥梁结构抗震延性设计

在钢筋混凝土桥梁结构的抗震设计中，必须考虑结构进入弹塑性变形阶段后的动力特性和抗震性能。世界上主要的多地震国家针对钢筋混凝土桥梁在地震作用下的延性抗震设计方法进行了大量的实验和理论研究，其中许多研究成果已经应用于一些新的设计规范中，例如欧洲模式规范和新西兰的规范中都规定对桥梁采用延性抗震设计方法。我国现行的《公路桥梁抗震设计细则》（JTG/T B02—01—2008）也增加了桥梁延性抗震设计的有关规定。

同传统的强度理论不同，延性抗震理论是通过结构选定部位的塑性变形来抵抗地震作用的。这种抗震理论的主要依据有两点：第一，塑性变形消耗地震能量，从而减小地震影响；第二，由于出现塑性铰使结构基本周期延长，从而减小地震所产生的惯性力。根据以上的解释，延性抗震理论包括两个内容：

（1）在结构不发生大的破坏和丧失整体稳定的前提下，提高构件的滞回消能能力；

（2）在结构遭遇罕遇地震时，允许结构上选定部位出现塑性铰，以达到改变结构动力特性，减小地震影响的目的。

9.4.1　延性的基本概念

1）延性的定义

材料、构件或结构的延性，通常定义为在初始强度没有明显退化情况下非弹性变形能力。它包括两个方面的能力：一是承受较大的非弹性变形,同时强度没有明显下降的能力;二是利用滞回特性吸收能量的能力。

从延性的本质来看,它反映了一种非弹性变形的能力,即结构从屈服到破坏的后期变形能力,这种能力能保证强度不会因为发生非弹性变形而急剧下降。延性就其讨论的范围而言可以分为材料、截面、构件和整体延性。对材料而言,延性材料是指发生较大的非弹性变形时强度没有明显下降的材料,与之相应的叫做脆性材料。不同材料的延性是不同的:低碳钢的延性较好,素混凝土在受压时延性较差,而混凝土当配有适当的箍筋时,延性会有显著提高。对结构和结构构件而言,结构的延性称为整体延性,结构构件的延性称为局部延性。

2）延性系数

延性一般可用以下的无量纲比值 μ 来表示,称为延性系数。其定义为

$$\mu = \frac{\Delta_{\max}}{\Delta_y} \tag{9.4.1}$$

式中　Δ_y 和 $\Delta_{\max}$ 分别表示结构首次屈服和所经历过的最大变形。

延性系数一般表示成与变形有关的各种参数,如挠度、转角和曲率等。

3）桥梁结构的整体延性与构件局部延性的关系

桥梁具有"头重脚轻"的特点,质量基本集中在上部结构,因此,在很多时候,桥梁结构的地震反应可以近似采用单自由度系统计算。而桥梁结构的延性系数,通常也就定义为上部结构质量中心处的极限位移与屈服位移之比。桥梁结构的整体延性与桥墩的局部延性密切相关,但并不意味着桥梁中有一些延性很高的桥墩,其整体延性就一定高。实际上,如果设计不合理,即使个别构件延性很高,但桥梁结构的整体延性却可能相当低。在桥墩屈服后直到到达极限状态为止,结构的变形能力主要来自墩底塑性铰区的塑性转动,因此,当考虑支座弹性变形和基础柔度影响时,结构的延性系数比桥墩的延性小;而且支座和基础的附加柔度越大,结构的延性系数越小。

9.4.2　简化的延性设计理论与方法

延性设计计算过程可以借助于弹塑性动力时程分析来获得,但这种方法计算量大,不利于在工程设计中推广应用。目前,对于量多面广的规则桥梁,一般采用简化的延性抗震设计理论,以简化抗震设计计算过程。

1）桥梁延性抗震设计

现行的《公路桥梁抗震设计细则》(JTG/T B02—01—2008)对梁桥延性抗震设计规定。

(1) 钢筋混凝土墩柱桥梁,抗震设计时,墩柱宜作为延性构件设计。桥梁基础、盖梁、梁体和结点宜作为能力保护构件。墩柱的抗剪强度宜按能力保护原则设计。

(2) 沿顺桥向,连续梁桥、简支梁桥墩柱的底部区域,连续刚构桥墩柱的端部区

域为塑性铰区域;沿横桥向,单柱墩的底部区域、双柱墩或多柱墩的端部区域为塑性铰区域。典型墩柱塑性铰区域见图 9-14。

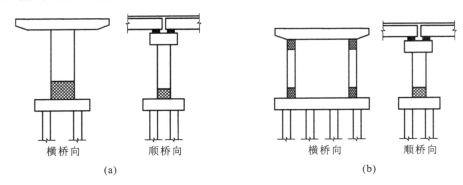

横桥向   顺桥向   横桥向   顺桥向

(a)   (b)

图 9-14 墩柱潜在塑性铰区域

(a) 单柱墩;(b) 双柱墩

(3) 盖梁、基础的设计弯矩和设计剪力值按能力保护原则计算时,应为与墩柱的极限弯矩(考虑超强系数)所对应的弯矩、剪力值;在计算盖梁、结点的设计弯矩、设计剪力值时,应考虑所有潜在塑性铰位置以确定最大设计弯矩和剪力。

(4) 墩柱的设计剪力值按能力保护原则计算时,应为与墩柱的极限弯矩(考虑超强系数)所对应的剪力;在计算设计剪力值时,应考虑所有潜在塑性铰位置以确定最大的设计剪力值。

2) 结构地震反应修正系数

对规则桥梁而言,除了结构弹塑性变形的影响因素外,还有以下一些因素影响到实际的设计地震力大小:首先是阻尼比的影响;其次是 P-Δ 的影响,第三是超强因素的影响。因此,为了反映具有一定位移延性水平的延性振动系统因发生弹塑性变形而对地震力的折减关系,规则桥梁要引入地震反应修正系数的概念,用函数形式可定义为

$$R = R_\mu \cdot R_C \cdot R_\Delta \cdot R_s \qquad (9.4.2)$$

式中 R——地震反应修正系数,它反映在计算规则桥梁与理想单自由度弹性振动系统的最大地震惯性力时两者物理意义和数值上的不同;

        R_μ——强度折减系数,反映具有一定位移延性水平的延性振动系统因发生弹塑性变形对弹性地震力的折减关系;

        R_C——阻尼修正系数;

        R_Δ——P-Δ 效应修正系数;

        R_s——结构超强修正系数。

3) 结构延性类型

已经知道,具有一定位移延性水平的规则桥梁结构其设计的地震力可以比按弹性结构设计的地震力大大折减,结构具有的位移延性水平越高,相应的设计地震力越小,结构所需的强度也越低,但是,设计地震力的折减不是无限的,可利用的位移

延性水平是有限值的。

延性结构根据延性性能发挥的程度,可以分为三类,即完全延性结构,有限延性结构和完全弹性结构。通常情况下,对普通的公路桥梁,应尽可能采用完全延性结构类型进行抗震设计,以获得最佳的经济效益;对重要性桥梁,应采用有限延性结构形式,以获得更佳的抗震性能;对结构破坏可能引起社会动荡、造成严重经济损失或为国防、救灾提供紧急车辆通行的关键性桥梁,则宜采用完全弹性结构形式进行抗震设计。

4) 延性构造细节设计

对延性桥梁,根据能力设计原理,用于抵抗地震侧向力的钢筋混凝土桥墩通常设计成延性构件,其他构件则常常设计成弹性构件。因此,结构具有的位移延性能力,主要取决于桥墩中塑性铰的塑性转动能力。为了保证钢筋混凝土桥墩的延性,最通常的做法是在桥墩预期的塑性铰区截面配置足够数量的横向约束箍筋,通过其对核心混凝土的约束作用,提高核心混凝土的极限压应变,从而提供设计所需的延性。

在我国现行的《公路桥梁抗震设计细则》(JTG/T B02—01—2008)中列出了延性构造细节设计的有关规定,包括墩柱结构构造措施和节点构造措施。其中节点构造措施对节点的主拉应力和主压应力的计算方法以及箍筋配置等进行了规定。

9.4.3　钢筋混凝土墩柱的延性设计

钢筋混凝土桥墩的延性设计,主要就是根据设计预期的位移延性水平,确定桥墩塑性铰区范围内所需要的约束箍筋用量,以及约束箍筋的配置方案。

1) 影响钢筋混凝土墩柱延性的因素

大量研究表明,钢筋混凝土墩柱的延性与以下因素有关。

(1) 轴压比:轴压比对延性影响很大,轴压提高,延性下降,当轴压较大时,延性下降幅度较大。

(2) 箍筋用量:适当加密箍筋配置,可以大幅度提高延性。

(3) 箍筋形状:同样数量的螺旋箍筋与矩形箍筋相比,可以获得更好的约束效果,但方形箍筋与矩形箍筋相比,约束效果差别不大。

(4) 混凝土强度:对柱的延性有一定影响,强度越高,延性越低。

(5) 保护层厚度:厚度增大,对延性不利。

(6) 纵向钢筋:纵向钢筋的增加会改变截面的中性轴位置,从而改变截面的屈服曲率和极限曲率,总体上对延性有不利的影响。

(7) 截面形式:空心截面与相应的实心截面相比具有更好的延性,圆形截面与矩形截面相比有更好的延性。

2) 横向箍筋配置

横向箍筋在延性桥墩中有三个重要作用,即约束塑性铰区混凝土,提供抗剪能力,以及防止纵向钢筋压屈。因此,各国规范对延性桥墩中横向箍筋的有关规定也是最多的。我国现行的《公路桥梁抗震设计细则》(JTG/TB 02—01—2008)规定,位于7度和7度以上地震区的桥梁,桥墩箍筋加密区段的螺旋箍筋间距不大于10 cm,直径不小于10 mm;对矩形箍筋,潜在塑性铰区域内加密箍筋的最小体积配箍率不低于0.4%。

3) 塑性铰区长度

桥墩塑性铰区长度用于确定实际施工中延性桥墩加密段的长度,各国规范都对延性桥墩的塑性铰区长度作了明确的规定,Galtrans 规范为 $\max(b_{max}, 1/6h_c, 610\text{ mm})$,$b_{max}$ 为横截面最大尺寸,h_c 为桥墩净高。我国《公路桥梁抗震设计细则》(JTG/T B02—01—2008)规定位于7度和7度以上地震区的桥梁,加密区的长度不应小于弯曲方向截面墩柱高度的1.0倍或墩柱上弯矩超过最大极限弯矩80%的范围;当墩柱的高度与横截面高度之比小于2.5时,墩柱加密区的长度应取全高。扩大基础的柱式桥墩和排架桩墩应布置在柱(桩)的顶部和底部,其布置高度取柱(桩)的最大横截面尺寸或1/6柱(桩)高,并不小于50 cm。

4) 纵向钢筋的配筋率

一般来说,延性桥墩中的纵向钢筋的含量不宜太低,也不宜太高,对纵向钢筋配筋率的规定:Galtrans 规范为 0.01~0.04,我国《公路桥梁抗震设计细则》(JTG/T B02—01—2008)要求不少于0.006,不应超过0.04。为了能提供更好的约束效果,还规定纵筋之间的最大间距不得超过20 cm,至少每隔一根宜用箍筋或拉筋固定。

5) 钢筋的锚固搭接

为了保证桥墩的延性能力,对塑性铰区截面内钢筋的锚固和搭接细节都必须加以仔细考虑。各国现行规范对这方面也都作了明确的规定,Galtrans 规范规定纵向钢筋不应在塑性铰区内搭接,箍筋接头必须焊接;我国《公路桥梁抗震设计细则》(JTG/T B02—01—2008)规定所有箍筋都应采用等强度焊接来闭合,或者在端部弯过纵向钢筋到混凝土核心内,角度至少为135度。

9.5 桥梁结构抗震构造措施

由于工程场地可能遭受的地震的不确定性,以及人们对桥梁结构地震破坏机理的认识尚不完备,因此桥梁抗震实际上还不能完全依靠定量的计算方法。实际上,历次大地震的震害表明,一些从震害经验中总结出来或经过基本力学概念启示得到的构造措施可以有效地减轻桥梁的震害。如主梁与主梁或主梁与墩之间适当的连接措施可以防止落梁。构造设计对抗震性能的重要意义,早已被桥梁震害经验所证实。桥梁结构地震反应越强烈,就越容易发生落梁等严重破坏现象,构造措施就越重要,因此处于高烈度区的桥梁结构需特别重视构造措施的使用。各类桥梁抗震措施等级的选择,按表 9-3 确定。

9.5.1　6 度区的抗震措施

(1) 简支梁梁端至墩、台帽或盖梁边缘应有一定的距离(如图 9-15 所示)。其最小值 a(单位:cm)按下式计算:

$$a \geqslant 70 + 0.5L \tag{9.5.1}$$

式中　L——梁的计算跨径(单位:m)。

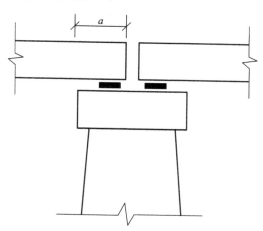

图 9-15　梁端至墩、台帽或盖梁边缘的最小距离 a

(2) 当满足式(9.5.2)的条件时,斜桥梁(板)端至墩、台帽或盖梁边缘的最小距离 a(cm)(图 9-15)应按式(9.5.1)和式(9.5.3)计算,取较大值。

$$\frac{\sin 2\theta}{2} > \frac{b}{L_\theta} \tag{9.5.2}$$

$$a \geqslant 50 L_\theta [\sin\theta - \sin(\theta - a_E)] \tag{9.5.3}$$

式中　L_θ——上部结构总长度(单位:m),对简支梁取其计算跨径;

　　　b——上部结构总宽度(单位:m);

　　　θ——斜交角(单位:°);

　　　a_E——极限脱落转角(单位:°),一般取 5°。

(3) 当满足式(9.5.4)的条件时,曲线桥梁端至墩、台帽或盖梁边缘的最小的距离 a(单位:cm)应按式(9.5.1)和式(9.5.5)计算,取大值。

$$\frac{115}{\varphi} \cdot \frac{1-\cos\varphi}{1+\cos\varphi} > \frac{b}{L} \tag{9.5.4}$$

$$a \geqslant \delta_E \frac{\sin\varphi}{\cos(\varphi/2)} + 30 \tag{9.5.5a}$$

$$\delta_E = 0.5\varphi + 70 \tag{9.5.5b}$$

式中　δ_E——上部结构端部向外侧的移动量的跨径(单位:cm);

　　　L——上部结构总弧线长度(单位:m);

φ —— 曲线梁的中心角(单位:°)。

9.5.2　7 度区的抗震措施

(1) 拱桥基础宜置于地质条件一致、两岸地形相似的坚硬土层或岩石上。实腹式拱桥宜减小拱上填料厚度,并宜采用轻质填料,填料必须逐层夯实。

(2) 桥台胸墙应适当加强,并在梁与梁之间和梁与桥台胸墙之间加装橡胶垫或其他弹性衬垫,以缓和冲击作用和限制梁的位移。

(3) 桥面不连续的简支梁(板)桥,宜采用挡块、螺栓连接和钢夹板连接等防止纵横向落梁的措施。连续梁和桥面连续简支梁(板)桥,应采取防止横向产生较大位移的措施。

(4) 在软弱黏性土层、液化土层和不稳定的河岸处建桥时,对于大、中桥,可适当增加桥长,合理布置桥孔,使墩、台避开地震时可能发生滑动的岸坡或地形突变的不稳定地段。否则,应采取措施增强基础抗侧移的刚度和加大基础埋置深度;对于小桥,可在两桥台基础之间设置支撑梁或采用浆砌片(块)石满铺河床。

9.5.3　8 度区的抗震措施

(1) 8 度区的抗震措施,除应符合 7 度区的规定外,尚应符合本小节的规定。

(2) 大跨径拱桥的主拱圈宜采用抗扭刚度较大、整体性较好的断面形式,如箱形拱、板拱等。当采用钢筋混凝土肋拱时,必须加强横向联系。

(3) 应采用合理的限位装置,防止结构相邻构件产生过大的相对位移。

(4) 梁桥活动支座,不应采用摆柱支座;当采用辊轴支座时,应采取限位措施。

(5) 连续梁桥宜采取使上部构造所产生的水平地震荷载能由各个墩、台共同承担的措施,以免固定支座墩受力过大。

(6) 连续曲梁的边墩和上部构造之间宜采用锚栓连接,防止边墩与梁脱离。

(7) 高度大于 7 m 的柱式桥墩和排架桩墩应设置横系梁。

(8) 石砌或混凝土墩(台)的墩(台)帽与墩(台)身连接处、墩(台)身与基础连接处、截面突变处、施工接缝处均应采取提高抗剪能力的措施。

(9) 桥台宜采用整体性强的结构形式。

(10) 石砌或混凝土墩、台和拱圈的最低砂浆强度等级,应按现行《公路圬工桥涵设计规范》(JTG D61)的要求提高一级采用。

(11) 桥梁下部为钢筋混凝土结构时,其混凝土强度等级不应低于 C25。

(12) 基础宜置于基岩或坚硬土层上。基础底面宜采用平面形式。当基础置于基岩上时,方可采用阶梯形式。

9.5.4　9 度区的抗震措施

(1) 9 度区的抗震措施,除应符合 8 度区的规定外,尚应符合本小节的规定。

（2）梁桥各片梁间必须加强横向连接，以提高上部结构的整体性。当采用桁架体系时，必须加强横向稳定性。

（3）混凝土或钢筋混凝土无铰拱，宜在拱脚的上、下缘配置或增加适当的钢筋，并按锚固长度的要求伸入墩（台）拱座内。

（4）拱桥墩、台上的拱座，混凝土强度等级不应低于 C25，并应配置适量钢筋。

（5）桥梁墩、台采用多排桩基础时，宜设置斜桩。

（6）桥台台背和锥坡的填料不宜采用砂类土，填土应逐层夯实，并注意采取排水措施。

（7）梁桥活动支座应采取限制其竖向位移的措施。

【本章要点】

本章主要介绍：桥梁结构的震害现象、震害原因及震害启示；桥梁结构抗震设计的一般要求、抗震设防目标、设防类别和设防标准；抗震设计流程；抗震计算分析；抗震延性设计以及抗震构造措施。

【思考题】

9-1　桥梁结构与建筑结构抗震设计思想、设防标准有何异同？

9-2　桥梁结构抗震设计反应谱有哪些特点？

9-3　桥梁结构的各种地震作用该如何确定？设计方法、内容和要求是什么？

9-4　简述桥梁结构延性设计的主要内容。

9-5　桥梁结构的薄弱部位在哪里，应采取哪些构造措施？

第10章 隔震与消能减震设计

10.1 概述

传统的结构抗震是通过增强结构本身的抗震性能(强度、刚度、延性)来抵御地震作用,依靠结构的损坏来消耗大部分地震输入能量。因此,往往导致结构构件严重破坏甚至倒塌。为克服传统抗震设计方法的缺陷,一种合理有效的途径是对结构施加控制装置(系统),由控制装置与结构共同承受地震作用,即共同储存和耗散地震能量,以减轻结构的地震反应。这种结构抗震途径称为减震控制。结构减震控制机理,可通过结构动力方程予以说明:

$$\boldsymbol{M}\ddot{\boldsymbol{x}}(t)+\boldsymbol{C}\dot{\boldsymbol{x}}(t)+\boldsymbol{K}\boldsymbol{x}(t)=\boldsymbol{F}(t)-\boldsymbol{M}\boldsymbol{I}\ddot{\boldsymbol{x}}_{\mathrm{g}}(t) \tag{10.1.1}$$

式中 $\boldsymbol{M},\boldsymbol{C},\boldsymbol{K}$ ——结构的质量、阻尼和刚度矩阵;

$\boldsymbol{I}$ ——单位列向量;

$\boldsymbol{F}(t)$ ——外部作用(包括控制机构或装置施加的控制力、风或可能施加的其他外力)列向量;

$\ddot{\boldsymbol{x}}(t),\dot{\boldsymbol{x}}(t),\boldsymbol{x}(t)$ ——结构在外部作用下的加速度、速度和位移反应列向量;

$\ddot{\boldsymbol{x}}_{\mathrm{g}}(t)$ ——地面的地震加速度反应。

结构减震控制就是通过调整结构的自振周期(通过改变 $\boldsymbol{M}$ 或 $\boldsymbol{K}$)或增大阻尼,或施加控制力,以大大减小结构在地震(或风)作用下的反应。结构减震控制根据是否需要外部能源输入(也即是否需要施加外部作用 $\boldsymbol{F}(t)$),可分为被动控制、主动控制、半主动控制和混合控制。

被动控制是指不需要外部能源输入提供控制力,控制过程不依赖于结构反应信息和外界干扰信息的控制方法。主动控制是指需要外部能源输入提供控制力,控制过程依赖于结构反应信息或外界干扰信息的控制方法。半主动控制是指不需要外部能源输入直接提供控制力,控制过程依赖于结构反应信息或外界干扰信息的控制方法。混合控制是指不同控制方式相结合的控制方法。

其中,以改变结构频率为主的隔震技术是结构抗震控制技术中研究和应用最多、最成熟的技术,国内外已建隔震建筑数百幢,并且隔震技术在桥梁、地铁等工程中也已大量应用。以增加结构阻尼为主的被动消能减震理论与技术日趋成熟,并已成功用于工程结构的抗震抗风控制中。结构减震的主动控制具有很广的适用范围,控制效果好,已进行了大量的理论研究,并已在少数试点工程中应用,但控制系统结构复杂,造价昂贵,所需巨大能源在强烈地震时无法完全保证,其应用遇到很大困难。混合控制是将主动控制与被动控制结合起来的一种控制方法,只要合理选取控制技术的较优组合,吸取各控制技术的优点,避免其缺点,可形成较为成熟而先进有效的组合控制技术,但其本质上仍是一种完全主动控制技术,仍需外界输入较多能量。半主动控制以被动控制为主,只是应用少量能量对被动控制系统的工作状态进行切换,以适应系统对最优状态的跟踪,它既具有被动控制系统的可靠性,又具有主动控制系统的强适应性,通过一定的控制律可以达到主动控制系统的控制效果,是一种具有较好前景的控制技术。近年来,智能驱动材料和控制装置的研究与发展为土木工程结构的抗震控制开辟了新的天地,将为土木工程结构减震控制的第二代高性能消能器和主动控制驱动器的研制与开发提供基础,从而使结构与其感知、驱动和执行部件一体化的减震控制智能系统设计成为可能。

本章主要介绍被动控制中的隔震与消能减震技术,首先介绍建筑结构的隔震设计与消能减震设计,最后介绍桥梁结构的减、隔震设计。

10.2 建筑结构隔震设计

10.2.1 建筑结构隔震原理

建筑结构隔震是指在基础、底部或下部结构与上部结构之间设置隔震装置(或系统)形成隔震层,利用隔震装置来隔离或耗散地震能量以避免或减少地震能量向上部结构传输,以减少建筑物的地震反应,达到预期放置目的。一般情况下,常采用基础隔震,也即在建筑基础与上部结构之间设置隔震装置形成隔震层。隔震系统一般由隔震器、阻尼器等构成,它具有竖向刚度大、水平刚度小,能提供较大阻尼的特点。图 10-1 为隔震结构的模型图。

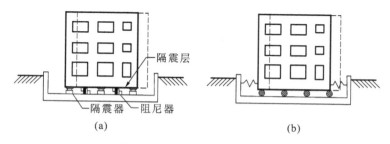

隔震层
隔震器——阻尼器
(a)
(b)

图 10-1 隔震结构的模型图
(a) 隔震结构;(b) 计算模型

基础隔震的原理可用建筑物的地震反应谱来说明,图 10-2(a)、(b)分别为普通建筑物的加速度反应谱与位移反应谱。由图 10-2 中可以看出,建筑物的地震反应取决于自振周期和阻尼特性两个因素。一般中低层钢筋混凝土或砌体结构的刚度大、周期短,基本周期与地震动的卓越周期比较接近,因此,与地面运动的加速度相比,建筑物的加速度反应被放大若干倍,而位移反应则较小,如图 10-2 中 A 点所示。采用隔震措施后,建筑物的基本周期大大延长,避开了地震动的卓越周期,使建筑物的加速度大大减小,若阻尼保持不变,则位移反应增加,如图 10-2 中 B 点所示。由于这种结构的反应以第一振型为主,该振型不与其他振型耦联,整个上部结构像一个刚体,加速度沿结构高度接近均匀分布,上部结构自身的相对位移很小。若增大结构的阻尼,则加速度反应继续减小,位移反应得到明显抑制,如图 10-2 中 C 点所示。

综上所述,基础隔震的原理就是通过设置隔震装置形成隔震层,延长结构的周期,适当增加结构的阻尼,使结构的加速度反应大大减小,同时使结构的位移集中于隔震层,上部结构像刚体一样,自身相对位移很小,结构基本上处于弹性工作状态,建筑物也就不会破坏或倒塌。

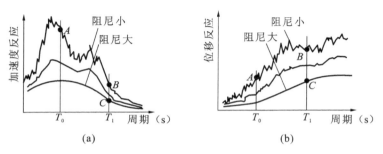

图 10-2 结构反应谱曲线

(a) 加速度反应谱;(b) 位移反应谱

10.2.2 建筑结构隔震系统的组成与类型

1) 隔震系统的组成

隔震系统一般由隔震器、阻尼器、地基微震动与风反应控制装置等部分组成。在实际应用中,通常可使几种功能由同一元件完成,以方便使用。

(1) 隔震器的主要作用是:一方面在竖向支撑建筑物的重量,另一方面在水平方向具有弹性,能提供一定的水平刚度,延长建筑物的基本周期,以避开地震动的卓越周期,降低建筑物的地震反应,能提供较大的变形能力和自复位能力。常用的隔震器有叠层橡胶支座、螺旋弹簧支座、摩擦滑移支座等。目前国内外应用最广泛的是叠层橡胶支座,它又可分为普通橡胶支座、铅芯橡胶支座、高阻尼橡胶支座等。

(2) 阻尼器的主要作用是吸收或耗散地震能量,抑制结构产生大的位移反应,同时在地震终了时帮助隔震器迅速复位。常用的阻尼器有弹塑性阻尼器、粘弹性阻尼器、黏滞阻尼器、摩擦阻尼器等。

(3) 地基微震动与风反应控制装置的主要作用是增加隔震系统的初期刚度,使建筑物在风荷载或轻微地震作用下保持稳定。

2) 隔震系统的类型

常用的隔震系统主要有叠层橡胶支座隔震系统、摩擦滑移加阻尼器隔震系统、摩擦滑移摆隔震系统。其中叠层橡胶支座隔震系统技术相对成熟,应用最为广泛,尤其是铅芯橡胶支座和高阻尼橡胶支座系统,由于不用另附阻尼器,施工简便易行,在国际上十分流行。因此下面主要介绍叠层橡胶支座的类型与性能。

　　叠层橡胶支座是由薄橡胶板和薄钢板分层交替叠合,经高温高压硫化黏结而成,如图 10-3 所示。由于在橡胶层中加入若干块薄钢板,并且橡胶层与钢板紧密黏结,当橡胶支座承受竖向荷载时,橡胶层的横向变形受到上下钢板的约束,使橡胶支座具有很大的竖向承载力和刚度。当橡胶支座承受水平荷载时,橡胶层的相对位移大大减小,使橡胶支座可达到很大的整体侧移而不致失稳,并且保持较小的水平刚度(为竖向刚度的 1/500～1/1 000)。并且,由于橡胶层与中间钢板紧密黏结,橡胶层在竖向地震作用下还能承受一定拉力。因此,叠层橡胶支座是一种竖向刚度大、竖向承载力高、水平刚度较小、水平变形能力大的隔震装置。橡胶支座形状可为圆形、方形和矩形,一般多为圆形。支座中心一般设有圆孔,以使硫化过程中橡胶支座所受热量均匀。

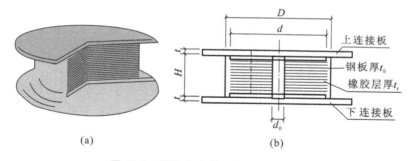

图 10-3　橡胶支座的形状和构造详图

(a) 橡胶支座的形状;(b) 橡胶支座的构造

　　叠层橡胶支座根据使用的橡胶材料和是否加有铅芯可分为普通叠层橡胶支座、高阻尼叠层橡胶支座、铅芯叠层橡胶支座。

　　① 普通叠层橡胶支座。

　　普通叠层橡胶支座是采用拉伸较强、徐变较小、温度变化对性能影响不大的天然橡胶制作而成。这种支座具有高弹性、低阻尼的特点。为取得所需的隔震层的滞回性能,普通叠层橡胶支座必须和阻尼器配合使用。

　　② 高阻尼叠层橡胶支座。

　　高阻尼叠层橡胶支座是采用特殊配制的具有高阻尼的橡胶材料制作而成,其形状与普通叠层橡胶支座相同,性能比普通叠层橡胶支座有所提高。

　　③ 铅芯叠层橡胶支座。

　　铅芯叠层橡胶支座是在叠层橡胶支座中部圆形孔中压入铅而成。由于铅具有较低的屈服点和较高的塑性变形能力,可使铅芯叠层橡胶支座的阻尼比达到 20%～30%。铅芯具有提高支座的吸能能力,确保支座有适度的阻尼,同时又具有增加支座的初始刚度、控制风反应和抵抗微震的作用。铅芯橡胶支座既具有隔震作用,又具有阻尼作用,因此可单独使用,无需另设阻尼器,使隔震系统的组成变得比较简单,可以节省空间,且便于施工。因此,铅芯叠层橡胶支座是我国目前使用最普遍的隔震支座。

10.2.3 建筑结构隔震体系的适用范围及优越性

1) 隔震体系的适用范围

(1) 最大高度及高宽比要求。

隔震技术对低层和多层建筑比较合适,最大高度应满足《建筑抗震设计规范》(GB 50011—2010)对非隔震结构的要求。

建筑结构采用隔震技术时,其结构高宽比宜小于4,且不应大于相关规范规程对非隔震结构的具体规定。现行规范、规程有关非隔震结构高宽比的规定如下。

高宽比大于4的结构小震下基础不应出现拉应力;砌体结构,6、7度不大于2.5,8度不大于2.0,9度不大于1.5;混凝土框架结构,6、7度不大于4,8度不大于3,9度不大于2;混凝土抗震墙结构,6、7度不大于6,8度不大于5,9度不大于4。

对高宽比大的结构,需进行整体倾覆验算,防止支座压屈或出现拉应力超过1 MPa。

(2) 场地及基础类型要求。

国外对大量隔震工程的考察发现:硬土场地较适合于隔震房屋;软弱场地滤掉了地震波的中高频分量,延长结构的周期将增大而不是减小其地震反应。因此,建筑场地宜为Ⅰ、Ⅱ、Ⅲ类,并应选用稳定性较好的基础类型;当在Ⅳ类场地建造隔震房屋时应进行专门研究和专项审查。

(3) 非地震作用的水平荷载限制。

根据橡胶隔震支座抗拉屈服强度低的特点,需限制非地震作用的水平荷载。《建筑抗震设计规范》(GB 50011—2010)规定,风荷载和其他非地震作用的水平荷载标准值产生的总水平力不宜超过结构总重力的10%。

(4) 隔震层防火措施和穿越隔震层的配管、配线,应满足与隔震要求相关的专门要求。2008年汶川地震中,位于7、8度区的隔震建筑,上部结构完好,但隔震层的管线受损,故需要特别注意改进。

2) 隔震体系的优越性

抗震设计的原则是在多遇地震作用下,建筑物基本上不产生损坏;在罕遇地震作用下,建筑物允许产生破坏但不倒塌。按抗震设计的建筑物,不能避免地震时的强烈晃动,当遭遇大地震时,虽然可以保证人身安全,但不能保证建筑物及其内部设备及设施的安全,而且建筑物由于严重破坏常常不可修复,如果用隔震结构就可以避免这类情况发生。隔震结构通过隔震层的集中大变形和所提供的阻尼将地震能量隔离或耗散,使地震能量不能向上部结构全部传输,因而,上部结构的地震反应大大减小,振动减轻,结构不产生破坏,人员安全和财产安全均可以得到保证。与传统

抗震结构相比,隔震结构具有以下优点:

    ① 提高了地震时结构的安全性;

    ② 上部结构设计更加灵活,抗震措施简单明了;

    ③ 防止内部构件的振动、移动、翻倒,减少了次生灾害;

    ④ 防止非结构构件的损坏;

    ⑤ 降低了振动时的不舒适感,提高了安全感和居住性;

    ⑥ 可以保证机械、仪表、器具等的功能不受损;

    ⑦ 震后无需修复即可使用,具有明显的社会效益和经济效益;

    ⑧ 经合理设计,可以降低工程造价。

10.2.4　建筑结构隔震设计要点

《建筑抗震设计规范》(GB 50011—2010)对隔震设计提出了分部设计法和水平减震系数的概念。把整个隔震结构体系分成上部结构(隔震层以上结构)、隔震层、隔震层以下结构和基础四部分,分别进行设计。

1) 上部结构设计

隔震层以上结构的水平地震作用应根据水平向减震系数确定。对竖向地震作用,由于目前的橡胶隔震支座只具有隔离水平地震的功能,对竖向地震没有隔震效果,因此,隔震后结构的竖向地震力可能大于水平地震力,应进行相应的验算,并采取适当的措施。其竖向地震作用标准值,8 度(0.20g)、8 度(0.30g)和 9 度时分别不应小于隔震层以上结构总重力荷载代表值的 20%、30%和 40%。

(1) 计算简图及分析方法。

隔震体系的计算简图,应增加由隔震支座及其顶部梁板组成的质点;对变形特征为剪切型的结构可采用剪切模型(图 10-4);当隔震层上部结构的质心与隔震层刚度中心不重合时,应计入扭转效应的影响。隔震层顶部的梁板结构,应作为其上部结构的一部分进行计算和设计。

一般情况下,宜采用时程分析进行计算;输入地震波的反应谱特性和数量应符合第 3 章的有关规定,计算结果宜取其包络值;当处于发震断层 10 km 以内时,输入地震波应考虑近场影响系数,5 km 以内宜取 1.5,5 km 以外可取不小于 1.25。

(2) 上部结构水平地震作用计算。

从宏观的角度,可以将隔震后结构的水平地震作用大致归纳为比非隔震时降低半度、一度和一度半三个档次,如表 10-1 所示(对于一般橡胶支座);而上部结构的

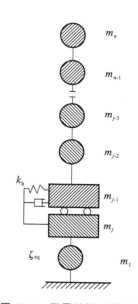

图 10-4　隔震结构计算简图

抗震构造,只能按降低一度分档,即以 $\beta=0.40$ 分档,如表 10-2 所示。

表 10-1　水平向减震系数与隔震后结构水平地震作用所对应烈度的分档

设防烈度 （设计基本地震加速度）	水平向减震系数		
	$0.53\geqslant\beta\geqslant0.40$	$0.40>\beta>0.27$	$\beta\leqslant0.27$
9(0.40g)	8(0.30g)	8(0.20g)	7(0.15g)
8(0.30g)	8(0.20g)	7(0.15g)	7(0.10g)
8(0.20g)	7(0.15g)	7(0.10g)	7(0.10g)
7(0.15g)	7(0.10g)	7(0.10g)	6(0.05g)
7(0.10g)	7(0.10g)	6(0.05g)	6(0.05g)

表 10-2　水平向减震系数与隔震后上部结构抗震措施所对应烈度的分档

设防烈度 （设计基本地震加速度）	水平向减震系数	
	$\beta\geqslant0.40$	$\beta<0.40$
9(0.40g)	8(0.30g)	8(0.20g)
8(0.30g)	8(0.20g)	7(0.15g)
8(0.20g)	7(0.15g)	7(0.10g)
7(0.15g)	7(0.10g)	7(0.10g)
7(0.10g)	7(0.10g)	6(0.05g)

① 隔震后水平地震作用计算的水平地震影响系数可按第 3 章确定。其中,水平地震影响系数最大值可按下式计算:

$$\alpha_{\max 1}=\beta\alpha_{\max}/\psi \tag{10.2.1}$$

式中　$\alpha_{\max 1}$——隔震后的水平地震影响系数最大值;

$\alpha_{\max}$——非隔震的水平地震影响系数最大值,按第 3 章采用;

β——水平向减震系数。对于多层建筑,为按弹性计算所得的隔震与非隔震各层层间剪力的最大比值;对高层建筑结构,尚应计算隔震与非隔震各层倾覆力矩的最大比值,并与层间剪力的最大比值相比较,取二者的较大值;

ψ——调整系数。一般橡胶支座,取 0.80;支座剪切性能偏差为 S-A 类,取 0.85;隔震装置带有阻尼器时,相应减少 0.05。

② 隔震层以上结构的总水平地震作用不得低于非隔震结构在 6 度设防时的总水平地震作用,并应进行抗震验算;各楼层的水平地震剪力尚应符合第 3 章对本地区设防烈度的最小地震剪力系数的规定。

(3) 上部结构竖向地震作用计算。

9 度时和 8 度且水平向减震系数不大于 0.3 时,隔震层以上的结构应进行竖向地震作用的计算。隔震层以上结构竖向地震作用标准值计算时,各楼层可视为质点,并按第 3 章式(3.7.6)计算竖向地震作用标准值沿高度的分布。

(4) 构造措施。

① 隔震结构应采取不阻碍隔震层在罕遇地震下发生大变形的下列措施。

a. 上部结构的周边应设置竖向隔离缝,缝宽不宜小于各隔震支座在罕遇地震下的最大水平位移值的 1.2 倍且不小于 200 mm。对两相邻隔震结构,其缝宽取最大水平位移值之和,且不小于 400 mm。

b. 上部结构与下部结构之间,应设置完全贯通的水平隔离缝,缝高可取 20 mm,并用柔性材料填充;当设置水平隔离缝确有困难时,应设置可靠的水平滑移垫层。

c. 穿越隔震层的门廊、楼梯、电梯、车道等部位,应防止可能的碰撞。

② 隔震层以上结构的抗震措施,当水平向减震系数大于 0.40 时(设置阻尼器时为 0.38)不应降低非隔震时的有关要求;水平向减震系数不大于 0.40 时(设置阻尼器时为 0.38),可适当降低对非隔震建筑的要求,但烈度降低不得超过 1 度,与抵抗竖向地震作用有关的抗震构造措施不应降低。此时,对砌体结构,可按 10.2.5 节采取相应的抗震构造措施。其中,与抵抗竖向地震作用有关的抗震措施,对钢筋混凝土结构,指墙、柱的轴压比规定;对砌体结构,指外墙尽端墙体的最小尺寸和圈梁的有关规定。

2) 隔震层设计

隔震设计应根据预期的竖向承载力、水平向减震系数和位移控制要求,选择适当的隔震装置及抗风装置组成结构的隔震层。

(1) 橡胶隔震支座的要求。

隔震层的橡胶隔震支座应符合下列要求。

① 隔震支座在表 10-3 所列的压应力下的极限水平变位,应大于其有效直径的 0.55 倍和支座内部橡胶总厚度 3 倍两者的较大值。

② 在经历相应设计基准期的耐久性试验后,隔震支座刚度、阻尼特性变化不超过初期值的 ±20%;徐变量不超过支座内部橡胶总厚度的 5%。

③ 橡胶隔震支座在重力荷载代表值的竖向压应力不应超过表 10-3 的规定。

表 10-3　橡胶隔震支座压应力限值

建筑类别	甲类建筑	乙类建筑	丙类建筑
压应力限值(MPa)	10	12	15

注:① 压应力设计值应按永久荷载和可变荷载的组合计算;其中,楼面活荷载应按现行国家标准《建筑结构荷载规范》(GB 50009—2001)的规定乘以折减系数;

② 结构倾覆验算时应包括水平地震作用效应组合;对需进行竖向地震作用计算的结构,尚应包括竖向地震作用效应组合;

③ 当橡胶支座的第二形状系数(有效直径与橡胶层总厚度之比)小于 5.0 时应降低压应力限值;小于 5 不小于 4 时降低 20%,小于 4 不小于 3 时降低 40%;

④ 外径小于 300 mm 的橡胶支座,丙类建筑的压应力限值为 10 MPa。

④ 隔震层在罕遇地震下应保持稳定,不宜出现不可恢复的变形;其橡胶支座在罕遇地震的水平和竖向地震同时作用下,拉应力不应大于 1 MPa。这主要考虑了橡胶受拉后内部出现损伤,降低了支座的弹性性能;同时,隔震层中支座出现拉应力,意味着上部结构存在倾覆危险。

（2）隔震层布置。

隔震层宜设置在结构的底部或下部,其橡胶隔震支座应设置在受力较大的位置,间距不宜过大,其规格、数量和分布应根据竖向承载力、侧向刚度和阻尼的要求通过计算确定。其中,隔震层的水平等效刚度和等效黏滞阻尼比可按下列公式计算:

$$K_h = \sum K_j \tag{10.2.2}$$

$$\zeta_{eq} = \sum K_j \zeta_j / K_h \tag{10.2.3}$$

式中　ζ_{eq}——隔震层等效黏滞阻尼比;

　　　K_h——隔震层水平等效刚度;

　　　ζ_j——j 隔震支座由试验确定的等效黏滞阻尼比,设置阻尼装置时,应包括相应阻尼比;

　　　K_j——j 隔震支座(含消能器)由试验确定的水平等效刚度。

隔震支座由试验确定设计参数时,竖向荷载应保持表 10-3 的压应力限值;对水平减震系数计算,应取剪切变形 100% 的等效刚度和等效黏滞阻尼比;对罕遇地震验算,宜采取剪切变形 250% 时的等效刚度和等效黏滞阻尼比,当隔震支座直径较大时可采用剪切变形 100% 时的等效刚度和等效黏滞阻尼比。当采用时程分析时,应以试验所得滞回曲线作为计算依据。

（3）隔震支座水平剪力计算。

隔震支座的水平剪力应根据隔震层在罕遇地震下的水平剪力按各隔震支座的水平等效刚度进行分配;当按扭转耦联计算时,尚应计及隔震层的扭转刚度。

（4）罕遇地震下隔震支座水平位移验算。

隔震支座对应于罕遇地震水平剪力的水平位移,应符合下列要求。

$$u_i \leqslant [u_i] \tag{10.2.4}$$

$$u_i = \eta_i u_c \tag{10.2.5}$$

式中　u_i——罕遇地震作用下第 i 个隔震支座考虑扭转的水平位移;

　　　$[u_i]$——第 i 个隔震支座水平位移限值;对橡胶隔震支座,不应超过该支座有效直径的 0.55 倍和支座内部橡胶总厚度的 3.0 倍二者中的较小值;

　　　u_c——罕遇地震下隔震层质心处或不考虑扭转时的水平位移;

　　　η_i——第 i 个隔震支座的扭转影响系数,应取考虑扭转和不考虑扭转时 i 支座计算位移的比值;当上部结构质心与隔震层刚度中心在两个主轴方向均无偏心时,边支座的扭转影响系数不应小于 1.15。

（5）隔震层与上部结构的连接。

① 隔震层顶部应设置梁板式楼盖,且应符合下列要求:

a. 隔震支座的相关部位应采用现浇混凝土梁板结构,现浇板厚度不应小于 160 mm;

b. 隔震层顶部梁、板的刚度和承载力,宜大于一般楼盖梁板的刚度和承载力;

c. 隔震支座附近的梁、柱应计算冲切和局部承压,加密箍筋并根据需要配置网状钢筋。

② 隔震支座和阻尼器的连接构造,应符合下列要求:

a. 隔震支座和阻尼器应安装在便于维护人员接近的部位;

b. 隔震支座与上部结构、基础结构之间的连接件,应能传递罕遇地震下支座的最大水平剪力和弯矩;

c. 外露的预埋件应有可靠的防锈措施。预埋件的锚固钢筋应与钢板牢固连接,锚固钢筋的锚固长度宜大于 20 倍锚固钢筋直径,且不应小于 250 mm。

3）隔震层以下结构设计

（1）隔震层支墩、支柱及相连构件,应采用隔震结构罕遇地震下隔震支座底部的竖向力、水平力和力矩进行承载力验算。

（2）隔震层以下的结构（包括地下室和隔震塔楼下的底盘）中直接支承隔震层以上结构的相关构件,应满足嵌固的刚度比和隔震后设防地震的抗震承载力要求,并按罕遇地震进行抗剪承载力验算。隔震层以下地面以上的结构在罕遇地震下的层间位移角限值应满足表 10-4 的要求。

当隔震层置于地下室顶部时,隔震层以下墙、柱的地震作用和抗震验算,应采用罕遇地震下隔震支座底部的竖向力、水平力和力矩进行计算。

表 10-4　隔震层以下地面以上结构罕遇地震作用下层间弹塑性位移角限值

下部结构类型	$[\theta_p]$
钢筋混凝土框架结构和钢结构	1/100
钢筋混凝土框架-抗震墙	1/200
钢筋混凝土抗震墙	1/250

4）地基基础设计

隔震建筑地基基础的抗震验算和地基处理仍应按本地区抗震设防烈度进行,甲、乙类建筑的抗液化措施应按提高一个液化等级确定,直至全部消除液化沉陷。

10.2.5　隔震设计简化计算和砌体结构隔震措施

1）隔震设计简化计算

（1）隔震支座扭转影响系数简化计算。

当隔震支座的平面布置为矩形或接近于矩形,但上部结构的质心与隔震层刚度中心不重合时(图 10-5),隔震支座扭转影响系数可按下列方法确定。

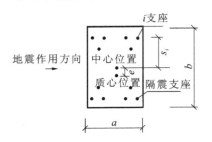

图 10-5 隔震层扭转计算简图

① 仅考虑单向地震作用时。

$$\eta = 1 + 12es_i/(a^2 + b^2) \qquad (10.2.6)$$

式中 e——上部结构质心与隔震层刚度中心在垂直于地震作用方向的偏心距;

s_i——第 i 个隔震支座与隔震层刚度中心在垂直于地震作用方向的距离;

a、b——隔震层平面的两个边长。

对边支座,其扭转影响系数不宜小于 1.15;当隔震层和上部结构采取有效的抗扭措施后或扭转周期小于平动周期的 70%,扭转影响系数可取 1.15。

② 同时考虑双向地震作用时。

扭转影响系数可仍按式(10.2.6)计算,但其中偏心距 e 应采用下列公式中的较大值替代。

$$e = \sqrt{e_x^2 + (0.85e_y)^2} \qquad (10.2.7)$$

$$e = \sqrt{e_y^2 + (0.85e_x)^2} \qquad (10.2.8)$$

式中 e_x——y 方向地震作用时的偏心距;

e_y——x 方向地震作用时的偏心距。

对边支座,其扭转影响系数不宜小于 1.2。

(2) 砌体结构及与其基本周期相当的结构简化计算。

① 砌体结构及与其基本周期相当的结构,隔震后体系的基本周期可按下式计算。

$$T_1 = 2\pi \sqrt{G/K_h g} \qquad (10.2.9)$$

式中 T_1——隔震体系的基本周期;

G——隔震层以上结构的重力荷载代表值;

K_h——隔震层的水平等效刚度,可按式(10.2.2)计算。

② 水平向减震系数计算。

a. 多层砌体结构的水平向减震系数,宜根据隔震后整个体系的基本周期,按下式确定。

$$\beta = 1.2\eta_2 (T_{gm}/T_1)^\gamma \qquad (10.2.10)$$

式中 β——水平向减震系数;

η_2——地震影响系数的阻尼调整系数,根据隔震层等效阻尼按第 3 章规定确定;

γ——地震影响系数的曲线下降段衰减指数,根据隔震层等效阻尼按第 3 章规定确定;

T_{gm}——砌体结构采用隔震方案时的设计特征周期,根据本地区所属的设计地震分组按第 3 章规定确定,但小于 0.4 s 时按 0.4 s 采用;

T_1——隔震后体系的基本周期,不应大于 2.0 s 和 5 倍特征周期的较大值。

b. 与砌体结构周期相当的结构,其水平向减震系数宜根据隔震后整个体系的基本周期,按下式确定。

$$\beta = 1.2\eta_2 (T_g/T_1)^\gamma (T_0/T_g)^{0.9} \tag{10.2.11}$$

式中　T_0——非隔震结构的计算周期,当小于特征周期时应采用特征周期值的数值;

T_1——隔震后体系的基本周期,不应大于 5 倍特征周期值;

T_g——特征周期;其余符号同上。

③ 隔震层在罕遇地震下的水平剪力计算。

砌体结构及与其基本周期相当的结构,隔震层在罕遇地震下的水平剪力可按下式计算。

$$V_c = \lambda_s \alpha_1 (\zeta_{eq}) G \tag{10.2.12}$$

式中　V_c——隔震层在罕遇地震下的水平剪力。

④ 隔震层质心处在罕遇地震作用下的水平位移计算。

砌体结构及与其基本周期相当的结构,罕遇地震下隔震层刚度中心处水平位移可按下式计算。

$$u_e = \lambda_s \alpha_1 (\zeta_{eq}) G/K_h \tag{10.2.13}$$

式中　u_e——隔震层刚度中心处水平位移;

λ_s——近场系数;距发震断层 5 km 以内取 1.5;5~10 km 取不小于 1.25;

$a_1(\zeta_{eq})$——罕遇地震下的地震影响系数值,可根据隔震层参数,按第 3 章的规定确定;

K_h——罕遇地震下隔震层的水平等效刚度,应按式(10.2.2)计算。

⑤ 砌体结构进行竖向地震作用下的抗震验算时,砌体抗震抗剪强度的正应力影响系数,宜按减去竖向地震作用等效后的平均压应力取值。

⑥ 砌体结构的隔震层顶部各纵、横梁均可按受均布荷载的单跨简支梁或多跨连续梁计算。均布荷载可按第 6 章中底部框架砖房的钢筋混凝土托梁的规定取值;当按连续梁算出的正弯矩小于单跨简支梁跨中弯矩的 0.8 倍时,应按 0.8 倍单跨简支梁跨中弯矩配筋。

2) 砌体结构的隔震措施

(1) 层数、总高度和高宽比。

当水平向减震系数不大于 0.40 时(设置阻尼器时为 0.38),丙类建筑的多层砌体结构,房屋的层数、总高度和高宽比限值,可按砌体结构降低一度的有关规定采用。

(2) 隔震层构造。

① 多层砌体房屋的隔震层位于地下室顶部时,隔震支座不宜直接放置在砌体墙上,并应验算砌体的局部承压;

② 隔震层顶部纵、横梁的构造均应符合底部框架砖房的钢筋混凝土托墙梁的要求。

(3) 丙类建筑隔震后上部砌体结构的抗震构造措施应符合下列要求。

① 承重墙外墙尽端至门窗洞边的最小距离和圈梁的配筋构造,仍应符合多层砌体房屋抗震的有关规定。

② 多层砖砌体房屋的钢筋混凝土构造柱设置,水平向减震系数大于 0.40 时(设置阻尼器时为 0.38),仍应符合第 6 章的有关要求;7~9 度、水平向减震系数不大于 0.40 时(设置阻尼器时为 0.38),应符合表 10-5 的规定。

③ 混凝土小型空心砌块房屋芯柱的设置,水平向减震系数大于 0.40 时(设置阻尼器时为 0.38),仍应符合第 6 章的有关要求;7~9 度、水平向减震系数不大于 0.40 时(设置阻尼器时为 0.38),应符合表 10-6 的规定。

④ 上部结构的其他抗震构造措施,水平向减震系数大于 0.40 时(设置阻尼器时为 0.38),仍应符合第 6 章的有关要求;7~9 度、水平向减震系数不大于 0.40 时(设置阻尼器时为 0.38),可降低一度后按第 6 章的有关要求采用。

表 10-5 隔震后多层砖房构造柱设置要求

房屋层数			设 置 部 位	
7 度	8 度	9 度		
三、四	二、三		楼、电梯间四角,楼梯斜梯段上下端对应的墙体处;外墙四角和对应转角;错层部位横墙与外纵墙交接处;大房间内外墙交接处;较大洞口两侧	每隔 12 m 或单元横墙与外墙交接处
五	四	二		每隔三开间的横墙与外墙交接处
六	五	三、四		隔开间横墙(轴线)与外墙交接处,山墙与内纵墙交接处;9 度四层,外纵墙与内墙(轴线)交接处
七	六、七	五		内墙(轴线)与外墙交接处;内墙的局部较小墙垛处;内纵墙与横墙(轴线)交接处

表 10-6 隔震后混凝土小型空心砌块房屋构造柱设置要求

房屋层数			设 置 部 位	设 置 数 量
7 度	8 度	9 度		
三、四	二、三		外墙转角,楼梯间四角,楼梯斜梯段上下端对应的墙体处;大房间内外墙交接处;每隔 12 m 或单元横墙与外墙交接处	外墙转角,灌实 3 个孔 内外墙交接处,灌实 4 个孔
五	四	二	外墙转角,楼梯间四角,楼梯斜梯段上下端对应的墙体处;大房间内外墙交接处,山墙与内纵墙交接处;隔三开间的横墙(轴线)与外纵墙交接处	

续表

房屋层数			设 置 部 位	设 置 数 量
7 度	8 度	9 度		
六	五	三	外墙转角,楼梯间四角,楼梯斜梯段上下端对应的墙体处;大房间内外墙交接处,山墙与内纵墙交接处,隔开间的横墙(轴线)与外纵墙交接处;8、9 度时,外纵墙与横墙(轴线)交接处,大洞口两侧	外墙转角,灌实 5 个孔 内外墙交接处,灌实 4 个孔 洞口两侧各灌实 1 个孔
七	六	四	外墙转角,楼梯间四角,楼梯斜梯段上下端对应的墙体处;各内外墙(轴线)与外墙交接处;内纵墙与横墙(轴线)交接处;洞口两侧	外墙转角,灌实 7 个孔 内外墙交接处,灌实 4 个孔 内墙交接处,灌实 4~5 个孔 洞口两侧各灌实 1 个孔

10.3　建筑结构消能减震设计

10.3.1　建筑结构消能减震原理

　　结构消能减震设计是指在房屋结构中设置消能装置,通过其局部变形提供附加阻尼,以消耗输入上部结构的地震能量,达到预期设防要求。具体说,就是把结构的某些构件(如支撑、剪力墙、连接件等)设计成消能杆件,或在结构的某些部位(层间空间、节点、连接缝等)安装消能装置,在小风或小震下,这些消能杆件(或消能装置)和结构共同工作,结构本身处于弹性状态并满足正常使用要求;在大震或大风下,随着结构侧向变形的增大,消能杆件或消能装置产生较大阻尼,大量消耗输入结构的地震或风振能量,使结构的动能或者变形能转化成热能等形式耗散掉,迅速衰减结构的地震或风振反应,使主体结构避免出现明显的非弹性状态(结构仍然处于弹性状态或者虽然进入弹塑性状态,但不发生危及生命和丧失使用功能的破坏)。

　　消能减震的原理可以从能量守恒的角度来描述,结构在地震中任意时刻的能量方程如下。

　　传统抗震结构

$$E_{in} = E_v + E_c + E_k + E_h \tag{10.3.1}$$

　　消能减震结构

$$E'_{in} = E'_v + E'_c + E'_k + E'_h + E_d \tag{10.3.2}$$

式中　E_{in}、E'_{in}——地震过程中输入结构体系的能量;

　　　　E_v、E'_v——结构体系的动能;

E_c、E'_c——结构体系的黏滞阻尼消能;

E_k、E'_k——结构体系的弹性应变能;

E_h、E'_h——结构体系的滞回消能;

E_d——消能(阻尼)装置或消能元件耗散或吸收的能量。

在上述方程中,由于 E_v、E'_v 和 E_k、E'_k 仅仅是能量转换,不能消能,E_c、E'_c 占总能量的很小部分(约 5%),可以忽略不计。在传统的抗震结构中,主要依靠 E_h 消耗输入结构的地震能量,但因结构构件在利用其自身弹塑性变形消耗地震能量的同时,构件本身将遭到损伤甚至破坏,某一结构构件消能越多,则其破坏越严重。在消能减震结构体系中,消能(阻尼)装置或元件在主体结构进入非弹性状态前率先进入消能工作状态,充分发挥消能作用,消耗大量输入结构体系的地震能量,则结构本身需消耗的能量很少,这意味着结构反应将大大减小,从而有效地保护了主体结构,使其不再受到损伤或破坏。

一般来说,结构的损伤程度与结构的最大变形 Δ_{max} 和滞回消能(或累积塑性变形)E_h 成正比,可表示为

$$D = f(\Delta_{max}, E_h) \tag{10.3.3}$$

在消能减震结构中,由于最大变形 Δ'_{max} 和滞回消能 E'_h 较传统抗震结构的最大变形 Δ_{max} 和滞回消能 E_h 大大减少,因此结构的损伤大大减少。

消能减震结构具有减震机理明确、减震效果显著、安全可靠、经济合理、技术先进、适用范围广等特点。目前,已被成功用于工程结构的减震控制中。

10.3.2 建筑结构消能减震体系的类型

结构消能减震体系由主体结构和消能部件(消能器和支撑构件)组成。

1) 消能减震体系的类型

根据消能部件的不同形式,可将消能减震体系分为以下几种类型。

(1) 消能支撑:可以代替一般的结构支撑,在抗震和抗风中发挥支撑的水平刚度和消能减震作用,消能装置可以做成方框支撑、圆框支撑、交叉支撑、斜杆支撑、K 形支撑和双 K 形支撑等(见图 10-6)。

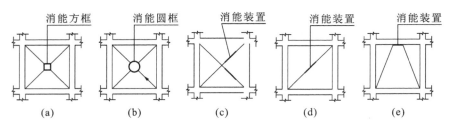

图 10-6 消能支撑

(a) 方框支撑;(b) 圆框支撑;(c) 交叉支撑;(d) 斜杆支撑;(e) K 形支撑

(2) 消能剪力墙:可以代替一般结构的剪力墙,在抗震和抗风中发挥支撑的水

平刚度和消能减震作用,消能剪力墙可以做成竖缝剪力墙、横缝剪力墙、斜缝剪力墙、周边缝剪力墙、整体剪力墙和分离式剪力墙等(见图 10-7)。

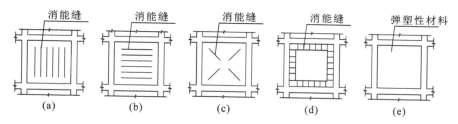

图 10-7　消能剪力墙

(a)竖缝剪力墙;(b)横缝剪力墙;(c)斜缝剪力墙;(d)周边缝剪力墙;(e)整体剪力墙

(3)消能节点:在结构的梁柱节点或梁节点处安置消能装置。当结构产生侧向位移、在节点处产生角度变化或转动式错动时,消能装置即可发挥消能减震作用(见图 10-8)。

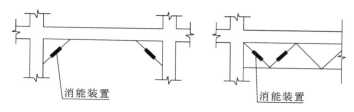

图 10-8　梁柱消能节点

(4)消能连接:在结构的缝隙处或结构构件之间的连接处设置消能装置。当结构在缝隙或连接处产生相对变形时,消能装置即可发挥消能减震作用(见图 10-9)。

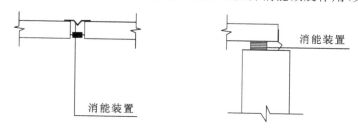

图 10-9　消能连接

(5)消能支撑或悬吊构件:对于某些线结构(如管道、线路,桥梁的悬索、斜拉索的连接处等),设置各种支撑或者悬吊消能装置,当线结构发生振动时,支撑或者悬吊构件即发生消能减震作用。

2)消能器的分类

消能器主要分为位移相关型、速度相关型及其他类型。黏弹性阻尼器、黏滞流体阻尼器等属于速度相关型,即消能器对结构产生的阻尼力主要与消能器两端的相对速度有关,与位移无关或与位移的关系为次要因素;金属屈服型阻尼器、摩擦阻尼器属于位移相关型,即消能器对结构产生的阻尼力主要与消能器两端的相对位移有关,当位移达到一定的起动限值才能发挥作用。摩擦阻尼器属于典型的位移相关型消能器,但有些摩擦阻尼器有时候性能不够稳定。此外,还有其他类型的消能器如调频质量阻尼器(TMD)、调频液体阻尼器(TLD)等。

3) 消能器的性能检验

(1) 对黏滞流体消能器,由第三方进行抽样检验,其数量为同一工程同类型同一规格数量的 20%,但不应少于 2 个,检测合格率为 100%,检测后的消能器可用于主体结构;对其他类型消能器,抽检数量为同一类型同一规格数量的 3%,当同一类型同一规格的消能器数量较少时,可以在同一类型消能器中抽检总数量的 3%,但不应少于 2 个,检测合格率为 100%,检测后的消能器不能用于主体结构。

(2) 对速度相关型消能器,在消能器设计位移和设计速度幅值下,以结构基本频率往复循环 30 圈后,消能器的主要设计指标误差和衰减量不应超过 15%;对位移相关型消能器,在消能器设计位移幅值下往复循环 30 圈后,消能器的主要设计指标误差和衰减量不应超过 15%,且不应有明显的低周疲劳现象。

10.3.3　建筑结构消能减震体系的适用范围及优越性

1) 适用范围

消能减震装置可同时减少结构的水平和竖向的地震作用,适用范围较广,结构类型和高度均不受限制。结构的层数越多、高度越高、跨度越大、变形越大、场地的烈度越高,消能减震效果越明显。可广泛应用于下述工程结构的减震(抗风):① 高层建筑,超高层建筑;② 高柔结构,高耸塔架;③ 大跨度桥梁;④ 柔性管道、管线(生命线工程);⑤ 旧有高柔建筑或结构物的抗震(或抗风)加固改造。

2) 消能减震体系的优越性

结构消能减震技术是一种积极的、主动的抗震对策,不仅改变了结构抗震设计的传统概念、方法和手段,而且使得结构的抗震(风)舒适度、抗震(风)能力、抗震(风)可靠性和灾害防御水平大幅度提高。采用消能减震的结构体系与传统抗震结构体系相比,具有下述优越性。

① 安全性:消能器作为非承重的消能构件或消能装置,在强震中能率先消耗地震能量,迅速衰减结构的地震反应并保护主体结构和构件免遭破坏,确保结构的安全。根据有关振动台试验的数据,消能减震结构的地震反应比传统抗震结构降低 40%~60%。

② 经济性:消能减震结构是通过"柔性消能"的途径减少结构的地震反应,因而可以减少剪力墙的设置,减少结构断面和配筋,并提高结构的抗震性能,可节约造价 5%~10%。若用于旧建筑物的抗震加固,则可节约造价 10%~60%。

③ 技术合理性:结构越高、越柔,消能减振效果越显著。因而,消能减震技术必将成为采用高强、轻质材料的超高结构、大跨度结构及桥梁的合理的减震(地震和风振)手段。

10.3.4　建筑结构消能减震设计要点

结构消能减震技术是一种新技术,结构采用消能减震设计应考虑使用功能的要求、消能减震效果、长期工作性能以及经济性等问题。现阶段,这种新技术主要用于对使用功能有特殊要求(如重要机关、医院等地震时不能中断使用的建筑)和高烈度地区(8、9 度区)的建筑,或用于投资方愿意通过增加投资来提高安全要求的建筑。

1) 消能减震设计方法与步骤

建筑结构消能减震设计采用两阶段设计方法:① 多遇地震作用下的弹性阶段验算,进行承载力计算和弹性变形验算;② 罕遇地震作用下的变形验算,鉴于此阶段消能器可大量耗散地震能量,降低结构的地震反应,因此,消能减震结构的抗震设防目标应比非消能减震结构有所提高。

建筑结构消能减震的设计步骤可归纳如下。

① 确定结构所在场地的抗震设计参数,如设防烈度、地面加速度、采用的地震波、结构的重要性、使用要求、变形限值及设防目标等。

② 按照传统抗震设计方法优选结构设计方案。

③ 对结构进行分析计算,如抗震设计方案满足要求,即可采用抗震方案。如抗震设计方案不能满足设防目标要求,或虽能满足要求但为了进一步提高抗震能力,则考虑采用消能减震方案。

④ 选择消能减震装置(如黏滞阻尼器、黏弹性阻尼器等),根据消能减震装置的设计参数,初步确定消能减震装置的布置方案(位置、数量、形式等)。

⑤ 对消能减震结构进行计算,确定其是否满足要求。如满足要求,即可采用该方案,并对其进行完善设计;如不满足要求,则重新选择消能减震设计方案(消能装置的类型、安装位置、数量、形式等),并对该方案进行计算,直至满足要求。

2) 消能减震设计的一般规定

(1) 消能减震装置的设置要求。

消能减震装置应符合以下要求:① 应对结构提供足够的附加阻尼,并应沿结构的两个主轴方向均有附加阻尼或刚度;② 宜设在层间变形较大的部位,以便更好地发挥消能作用,一般应按照计算确定位置和数量,并有利于提高整个结构的消能减震能力,形成均匀合理的受力体系;③ 应采用便于检查和替换的措施;④ 消能器与斜撑、墙体、梁或节点等支承构件的连接,应符合钢构件连接或钢与钢筋混凝土构件连接的要求,并能承担消能器施加给连接节点的最大作用力;⑤ 与消能部件相连的结构构件,应计入消能部件传递的附加内力,并将其传给基础;⑥ 消能器和连接构件在长期使用过程中需要检查和维护,其安装位置应便于维护人员接近和操作,即应具有较好的易维护性;⑦ 消能器和连接构件应具有耐久性;⑧ 设计文件上应注明消能减震装置的性能要求;⑨消能减震部件的性能参数应严格检查,安装前应对消能器进行抽样检测,每种类型和每一规格的数量不应少于 3 个,抽样检测的合格率应为 100%。

（2）消能减震结构计算的关键。

由于加上消能部件后不改变结构的基本形式，除消能部件和相关部件外，结构设计（包括抗震构造）仍可按照《建筑抗震设计规范》（GB 50011—2010）对相应结构类型的要求进行。这样，计算消能减震结构的关键是确定结构的总刚度和总阻尼。消能减震结构的自振周期应根据消能减震结构的总刚度确定，总刚度应为结构刚度和消能部件有效刚度的总和。消能减震结构的总阻尼比应为结构阻尼比和消能部件附加给结构的有效阻尼比的总和；多遇地震和罕遇地震下的总阻尼比应分别计算。

（3）分析方法的选择。

① 对主体结构进入弹塑性阶段的情况，应根据主体结构体系特征，采用静力非线性分析方法或者非线性时程分析方法。在非线性时程分析中，消能减震结构的恢复力模型应包括结构恢复力模型和消能部件的恢复力模型。

② 当主体结构基本处于弹性工作阶段时，可采用线性分析方法作简化估算，并根据结构的变形特征和高度等，按《建筑抗震设计规范》（GB 50011—2010）规定分别采用底部剪力法、振型分解反应谱法和时程分析法。消能减震结构的地震影响系数可根据消能减震结构的总阻尼比按《抗震抗震设计规范》（GB 50011—2010）规定的地震影响系数曲线采用。

（4）变形控制。

消能减震结构的层间弹塑性位移角限值，应符合预期的变形控制要求，宜比非消能减震结构适当减小。

（5）消能器与支承构件的连接。

消能器与支承构件的连接，应符合《建筑抗震设计规范》（GB 50011—2010）及有关规程对相关构件连接的构造要求；在消能器施加给主结构最大阻尼力作用下，消能器与主结构之间的连接部件应在弹性范围内工作；与消能部件相连的结构构件设计时，应计入消能部件传递的附加内力。

（6）抗震构造要求。

当消能减震结构的抗震性能明显提高时，主体结构的抗震构造要求可适当降低。降低程度可根据消能减震结构地震影响系数与不设置消能减震装置结构的地震影响系数之比确定，最大降低程度应控制在 1 度以内。

3）消能减震的设计参数

消能减震装置应提供恢复力模型、有效刚度、阻尼系数、阻尼比、设计容许位移、极限位移、适用环境温度及加载频率等参数。

（1）消能部件附加给结构的有效阻尼比和有效刚度，可以按照下列方法确定。

① 位移相关型消能部件和非线性速度相关型消能部件附加给结构的有效刚度应采用等效线性方法确定；

② 消能部件附加给结构的有效阻尼比可按下式估算：

$$\zeta_{\mathrm{a}} = \sum_j W_{cj}/(4\pi W_s) \tag{10.3.4}$$

式中　ζ_{a}——消能减震结构的附加有效阻尼比；

　　　W_{cj}——第 j 个消能部件在结构预期层间位移下往复循环一周所消耗的能量；

　　　W_s——设置消能部件在结构预期位移下的总应变能。

③ 当消能部件在结构上分布较均匀，且附加给结构的有效阻尼比小于 20%时，消能部件附加给结构的有效阻尼比也可采用强行解耦方法确定。

$$\zeta_j = \zeta_{sj} + \zeta_{cj} \tag{10.3.5}$$

$$\zeta_{cj} = \frac{T_j}{4\pi M_j} \Phi_j^{\mathrm{T}} C_c \Phi_j \tag{10.3.6}$$

式中　ζ_j、ζ_{sj}、ζ_{cj}——消能减震结构的 j 振型阻尼比、原结构的 j 振型阻尼比和消能器附加的 j 振型阻尼比；

　　　T_j、Φ_j、M_j——消能减震结构第 j 自振周期、振型和广义质量；

　　　C_c——消能器产生的结构附加阻尼矩阵。

国内外一些研究表明，当消能部件较均匀且阻尼比不大于 0.20 时，强行解耦和精确解的误差，大多数可控制在 5%以内。

④ 不计及扭转影响时，消能减震结构在其水平地震作用下的总应变能，可按下式估算。

$$W_s = (1/2)\sum F_i u_i \tag{10.3.7}$$

式中　F_i——质点 i 的水平地震作用标准值；

　　　u_i——质点 i 对应于水平地震作用标准值的位移。

⑤ 速度线性相关型消能器在水平地震作用下所消耗的能量，可按下式估算。

$$W_{cj} = (2\pi^2/T_1)C_j \cos^2\theta_j \Delta u_j^2 \tag{10.3.8}$$

式中　T_1——消能减震结构的基本自振周期；

　　　C_j——第 j 个效能器的线性阻尼系数；

　　　θ_j——第 j 个消能器的消能方向与水平面的夹角；

　　　Δu——第 j 个消能器两端的相对水平位移。

当消能器的阻尼系数和有效刚度与结构的振动周期有关时，可取相当于消能减震结构基本自振周期的值。

⑥ 位移相关型和速度非线性相关型消能器在水平地震作用下往复循环一周所消耗的能量，可按下式估算。

$$W_{cj} = A_j \tag{10.3.9}$$

式中　A_j——第 j 个消能器的恢复力滞回环在相对水平位移 Δu_j 时的面积。

消能器的有效刚度可取消能器的恢复力滞回环在相对水平位移 Δu_j 时的割线刚度。

⑦ 消能部件附加给结构的有效阻尼比超过 25%时，宜按 25%计算。

（2）消能部件的设计参数,应符合下列规定:

① 速度线性相关型消能器与斜撑、墙体或梁等支承构件组成消能部件时,该部件在消能器消能方向的刚度应满足下式。

$$K_b \geqslant (6\pi/T_1)C_D \qquad (10.3.10)$$

式中　K_b——支承构件沿消能器方向的刚度;

　　　C_D——消能器的线性阻尼系数;

　　　T_1——消能减震结构的基本自振周期。

② 黏弹性消能器的黏弹性材料总厚度应满足下式。

$$t \geqslant \Delta u/[\gamma] \qquad (10.3.11)$$

式中　t——黏弹性消能器的黏弹性材料的总厚度;

　　　Δu——沿消能器方向的最大可能的位移;

　　　$[\gamma]$——黏弹性材料允许的最大剪切应变。

③ 位移相关型消能器与斜撑、墙体或梁等支承构件组成消能部件时,该部件的恢复力模型参数宜符合下列要求。

$$\Delta u_{py}/\Delta u_{sy} \leqslant 2/3 \qquad (10.3.12)$$

式中　Δu_{py}——消能部件在水平方向的屈服位移或起滑位移;

　　　Δu_{sy}——设置消能部件的结构楼层间屈服位移。

④ 消能器的极限位移应不小于罕遇地震下消能器最大位移的 1.2 倍;对速度相关型消能器,消能器的极限速度应不小于地震作用下消能器最大速度的 1.2 倍,且消能器应满足在此极限速度下的承载力要求。

10.4　桥梁结构减隔震设计

桥梁结构减隔震与建筑结构隔震、消能减震的原理相似:桥梁隔震的原理与10.2.1 节所述相似,也是利用隔震体系,设法阻止地震能量进入主体结构;桥梁减震的原理则与 10.3.1 节所述相似,是利用特制减震构件或装置,使之在强震时率先进入塑性区,产生大阻尼,大量消耗进入桥梁结构体系的能量。但对桥梁结构而言,实践中并未严格区分桥梁隔震和桥梁消能减震技术,而常常是把这两种情况合二为一,统称为桥梁结构减隔震设计。另外,桥梁减隔震设计中所采用的减隔震装置以及布置的位置也与建筑结构有较大不同。

10.4.1　桥梁结构减隔震技术的适用条件

科学研究和震害经验均表明,采用减隔震技术可以有效地提高桥梁结构的抗震能力。但是,减隔震技术不是在任何情况下都是有效的,有一定的适用条件。同时,还需要正确选择、合理布置减隔震装置,且应重视其他构件和细部构造的合理设计,以确保减隔震设计的效果。

满足下列条件之一的桥梁,可采用减隔震设计:

(1) 桥梁上部结构为连续形式,桥墩为刚性墩,下部结构刚度比较大,整个桥的基本周期比较短;

(2) 桥墩高度相差较大时,桥梁下部结构高度变化不规则,刚度不均匀,引入减隔震装置可调节各桥墩刚度,因而可以避免刚度较大桥墩承担很大惯性力的情况;

(3) 桥址区的场地条件较好,预期地面运动特性比较明确,具有较高的卓越频率,使得主要能量集中在高频段,长周期范围所含能量较少等情况。

存在以下情况之一时,不宜采用减隔震设计:

(1) 基础土层不稳定,易发生液化的场地,在地震作用下,场地可能失效;

(2) 下部结构刚度小,桥梁本身的基本周期较长;

(3) 位于软弱场地,延长周期可能引起地基与桥梁共振;

(4) 支座中可能出现负反力。

10.4.2　桥梁结构减隔震装置

桥梁减隔震设计主要是通过在桥梁中安装必要的装置而达到减隔震的目的。因此,桥梁的减隔震设计的关键就是要设计合理、可靠的减隔震装置,并使其在结构抗震中充分发挥作用。

1) 桥梁减隔震装置的组成与类型

减隔震系统是由减隔震支座、减隔震用伸缩装置、撞落结构和连梁装置三大部分构成的。这三类装置的功能相互关联,不可缺失。

常用的减隔震支座分为整体性和分离式两类。目前常用的整体型减隔震装置有:① 铅芯橡胶支座;② 高阻尼橡胶支座;③ 摩擦摆式减隔震支座。

需要指出的是,与建筑结构隔震不同,在桥梁减隔震设计中,普通叠层橡胶支座并不被视为隔震支座的一种,而是需要与其他阻尼器相结合使用。

目前常用的分离型减隔震支座有:① 橡胶支座＋金属阻尼器;② 橡胶支座＋摩擦阻尼器;③ 橡胶支座＋黏性材料阻尼器。

2) 桥梁减隔震装置的选择

选择减隔震装置时,应注意以下一些要求:

(1) 在不同水准地震作用下,减隔震支座都应保持良好的竖向荷载支承能力;

(2) 减隔震装置应具有较高的初始水平刚度,使得桥梁在风荷载、制动力等作用下不发生过大的变形和有害的振动;

(3) 当温度、徐变等引起上部结构产生缓慢的伸缩变形时,减隔震支座产生的抗力应比较低;

(4) 减隔震装置应具有较好的自复位能力,使震后桥梁上部结构能够基本恢复到原来位置。

3）减隔震装置的布置

目前，桥梁减隔震装置的布置位置主要有以下两种。

（1）布置在桥墩顶部，主要起降低上部结构惯性力的作用。

在地震作用下，桥梁结构的惯性力主要集中在上部结构，在上下部结构间设置减隔震装置，可以有效地降低上部结构的惯性力，达到保护桥墩、基础等下部结构的目的。但采用墩顶隔震并没有隔绝地面运动，此时的桥墩就像一个顶部受到某种约束的独立结构一样对地震产生响应。因此，计算桥墩地震作用时，有时需要考虑桥墩的质量和它自身的振动模态。

（2）设置在桥墩底部，这类似于建筑结构隔震，能较大幅度地降低整个结构的动力响应。

对于桥墩较高且质量比较大，自身振动特性控制其设计的情况，若场地条件允许，宜在桥墩底部设置减隔震装置。

从目前已建成的减隔震桥梁来看，减隔震装置大多数设置在桥墩顶部，这主要是由于采用桥墩顶部隔震，只需用隔震支座代替普通支座即可，比较经济可行。在墩底进行隔震的方式，通常较少采用，目前，国际上也只有几座桥梁采用了墩底隔震技术。

10.4.3 桥梁结构减隔震设计方法

1）桥梁减隔震设计的一般规定

（1）两水平设防、两阶段设计。

当采用减隔震技术时，应保证桥梁的抗震性能高于不采用隔震技术时桥梁的抗震性能。这可通过在相同设防水准下，提高结构的性能目标来实现。因此，减隔震设计的桥梁应针对 E1 地震作用和 E2 地震作用分别进行设计和计算。

（2）减隔震设计的桥梁，应满足正常使用条件的要求。

桥梁减隔震设计是通过延长基本周期，避开地震能量集中的范围，从而降低结构的地震作用。但延长结构周期的同时，必然使得结构偏柔，从而可能导致结构在正常使用荷载作用下发生有害振动，因此要求减隔震结构应具有一定的刚度和屈服强度，保证在正常使用荷载下（如风、制动力等）结构不发生有害振动和屈服。

同时，采用减隔震设计时，桥梁结构的变形通常比不采用减隔震技术的桥梁大，为确保隔震桥梁在地震作用下的预期性能，在相邻上部结构之间必须在桥台、桥墩等处设置足够的间隙，以满足位移需求，且必须对伸缩缝装置、相邻梁间限位装置、防落梁装置等进行合理的设计，并对施工质量给予明确规定。

（3）隔震基本周期。

采用减隔震设计的桥梁，在地震作用下应以减隔震装置抗震为主，非弹性变形和消能宜主要集中于这些装置，而其他构件（如桥墩等）的抗震为辅。为了使大部分变形集中于减隔震装置，就必须使减隔震装置的水平刚度远低于桥墩、桥台、基础等的刚度。因此在《公路桥梁抗震设计细则》(JTG/TB 02—01—2008)中规定采用减隔震设计的桥梁,其隔震基本周期原则上至少应为不采用减隔震装置时非隔震基本周期的两倍以上。

(4) 地震作用分量组合。

在对减隔震桥梁进行抗震分析时,可分别考虑顺桥向和横桥向的地震作用,位于抗震设防烈度 8 度、9 度区的桥梁,应考虑竖向地震效应和水平地震效应的不利组合。

(5) 减隔震装置的维护。

从桥梁减隔震设计的原理可知,减隔震桥梁抗震的主要构件是减隔震装置,而且,在地震中允许这些构件发生损伤。这就要求减隔震装置的构造宜尽可能简单、性能可靠,应在其性能明确的范围内使用,且震后可对这些构件进行维护。此外,为了确保减隔震装置在地震中能够发挥应有的作用,也必须对其进行定期的检查和维护;且应考虑减隔震系统的可更换性要求。

2) 减隔震桥梁建模原则与分析方法

(1) 减隔震桥梁建模原则。

减隔震桥梁的计算模型除应满足非减隔震桥梁抗震计算的规定外,尚应正确反映减隔震装置的力学特性。计算减隔震桥梁地震作用效应时,宜取全桥模型进行分析,并考虑伸缩装置、桩土相互作用等因素。

(2) 减隔震桥梁分析方法。

减隔震桥梁抗震分析可采用反应谱法、动力时程法和功率谱法。

反应谱法和功率谱法是线弹性分析方法,比较简单,在一定条件下,使用反应谱法和功率谱法进行减隔震桥梁的分析可得到较理想的计算结果,尤其在初步设计阶段,可帮助设计人员迅速把握结构的动力特性和响应值。因此,这两种方法仍是减隔震桥梁设计时十分重要的分析方法。

但是由于目前大多数减隔震装置的非线性特性,在分析开始时,隔震装置的设计位移是未知的,因而其等效刚度、等效阻尼比也是未知的,所以弹性反应谱分析过程是一迭代过程。而如果需要合理地考虑隔震装置的非线性特性及其与桥墩非线性特性的相互影响以及减隔震桥梁响应对伸缩装置、挡块等防落梁装置的敏感性等因素时,宜采用非线性动力时程分析方法。

3) 减隔震桥梁性能要求与抗震验算

(1) 桥墩、桥台和基础设计。

减隔震桥梁的抗震设计,一方面应满足设防水准地震作用下的性能要求;同时,应对在超过设防水准地震作用下结构可能的破坏形式给予充分考虑,使其破坏方式朝着损失最小的情况发生,且结构的整个反应特性应是延性的。这可以通过使构件具有不同的强度等级,控制结构在地震作用下构件发生屈服的部位和先后顺序,通过设计使构件具有足够的延性变形能力来实现结构预期的屈服顺序和抗震所需的必要变形能力和消能能力来满足要求。因此,桥墩、桥台、基础等应依据能力设计原则进行强度与变形的设计与验算。

（2）减隔震装置验算。

减隔震装置应进行如下验算。

① 对于橡胶型减隔震装置,在 E1 地震作用下产生的剪切应变应小于100%,在 E2 地震作用下产生的剪切应变应小于250%,并验算其稳定性。

② 非橡胶型减隔震装置,应根据具体的产品指标进行验算。

③ 应对减隔震装置在正常使用条件下的性能进行验算。

（3）减隔震装置的力学参数。

由于减隔震装置是减隔震桥梁中的重要组成部分,必须具有设计要求的预期性能。因此,在实际采用减隔震装置前,必须对减隔震装置的性能和特性如变形、阻尼等力学参数进行严格的检测试验。原则上必须由原形测试结果来确保减隔震系统在地震时的性能与设计相符。试验得到的力学参数值应在设计值的±10%以内。检测试验包括减隔震装置在动力荷载下、静力荷载下的试验,并依据相关的试验检测规程等进行。

4）减隔震装置的设计

（1）减隔震装置的设计变位。

减隔震装置一般具有非线性滞回特性,采用等价线性化设计时,须先设定减隔震装置中产生的变位。

减隔震装置的设计变位 u_B 及减隔震装置的有效设计变位 u_{Be},可按式（10.4.1）和式（10.4.2）进行计算。

$$u_B = \begin{cases} \dfrac{E_{ihs_1}}{K_{B_1}} \\ \dfrac{E_{ihs_2}}{K_{B_2}} \end{cases} \tag{10.4.1}$$

$$u_{Be} = C_B u_B \tag{10.4.2}$$

式中 E_{ihs_1}、E_{ihs_2}——E1、E2 等级的地震荷载;

K_{B_1}、K_{B_2}——E1、E2 等级时的减震装置等价刚度;

C_B——惯性力非稳定性修正系数,取 0.7。

减震装置的设计变位与减震装置可能产生的变位不同,应反复计算控制两者之差在10%以内。

（2）减震装置的等价刚度 K_B 和等价阻尼常数 h_B。

等价刚度 K_B 和等价阻尼常数 h_B 按式（10.4.3）式（10.4.4）计算

$$K_B = \frac{F(u_{Be}) - F(-u_{Be})}{2u_{Be}} \tag{10.4.3}$$

$$h_B = \frac{\Delta W}{2\pi W} \tag{10.4.4}$$

式中　$F(u_{Be})$——使减震装置产生变位 u_{Be} 时必要的水平力；

　　　W——减震装置的弹性能，如图 10-10 所示的三角形面积；

　　　ΔW——减震装置吸收的能量和，如图 10-10 所示水平荷载和水平变位滞回
曲线的面积。

当减震装置，如铅芯橡胶支座的平面尺寸、形状、铅芯数目以及直径确定之后，
即可根据公式（10.4.5）和式（10.4.6）计算 K_B 和 h_B，计算得出的 K_B 应与式
（10.4.3）得出的 K_B 相差不大于 10%。

$$K_B = [F(u_{Be}) - F(-u_{Be})]/(2u_{Be}) = (A_r \times G \times \gamma + A_L \times q)/u_{Be} \quad (10.4.5)$$

$$h_B = \Delta W/(2\pi W) = 2Q_y[u_{Be} + Q_y/(K_2 - K_1)]/[\pi u_{Be}(Q_y + u_{Be}K_2)] \quad (10.4.6)$$

式中　K_1——铅芯橡胶支座的初始刚度；

　　　K_2——铅芯橡胶支座的二次刚度；

　　　A_r——支座中加劲钢板扣除铅芯截面后的面积；

　　　G——橡胶支座的剪切模量（取 0.85 MPa）；

　　　γ——为橡胶支座的剪切应变；

　　　A_L——铅芯的截面积；

　　　q——为铅的剪切应力；

　　　Q_y——支座的屈服荷载（单位：kN）。

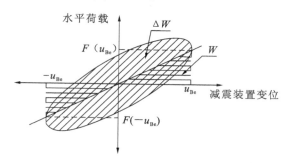

图 10-10　减震装置的等价刚度与等价阻尼常数

5）桥梁减隔震设计步骤

由于减隔震桥梁均采用两阶段设计，所以按 E1 等级进行强度设计后，还应进行
E2 等级的极限承载能力和延性变位的校核。具体来说，减隔震桥梁的设计步骤可
用图 10-11 表示。

10.4.4　减隔震桥梁细部构造的设计

采用减隔震设计的桥梁，固有周期变长、阻尼加大，从而明显地减少上部结构对
下部结构的惯性力；但是又增大了上部结构在地震发生时的水平变位。因此在减震
设计的同时还要进行桥梁细部构造的设计，以适应变位加大的要求。

具体来说，减隔震桥梁细部构造的设计包括减隔震用伸缩装置、撞落结构和连

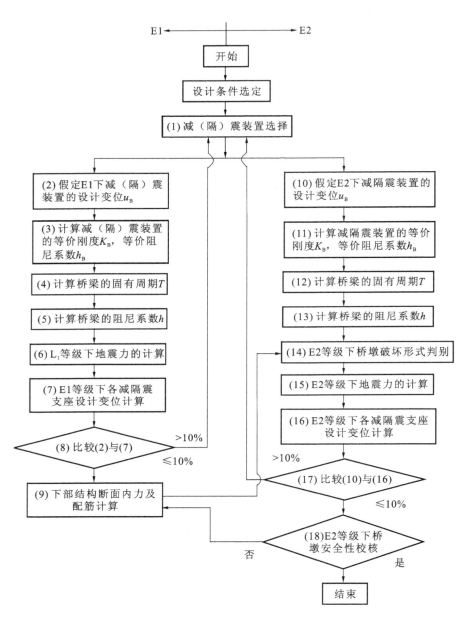

图 10-11　减隔震桥梁结构设计步骤图

梁装置等减隔震装置以及其他构件的减隔震设计等方面。

1) 减隔震用伸缩装置

在桥梁减隔震设计中,对伸缩装置伸缩量的计算应用 E1 等级减震装置的设计变位作为基本计算参数,然后按式(10.4.7)确定伸缩装置的设计伸缩量。

$$L_{B} = u_{B} + L_{A} \qquad (10.4.7)$$

式中　L_{A}——考虑减震装置安装误差的富裕量(单位:cm);

u_B——E1 等级减震装置的设计变位(单位:cm)。

减隔震用伸缩装置关键是要适应大变位的要求,图 10-12 是一种钢质大变位伸缩装置。这种伸缩装置在平时只留有常规需要的伸缩量,当地震发生时,桥跨结构把橡胶嵌板冲离伸缩装置,从而有效地提供了桥跨结构需要的大变位。图 10-13 所示为能适应在两个方向上移动的伸缩装置。这种伸缩装置的纵向变位由梳齿形钢板伸缩装置提供,当需要横桥向的变位时,整个梳齿形伸缩构造将随桥跨结构沿支承桁梁上的滑道水平滑动,从而满足桥跨结构的横桥向变位。

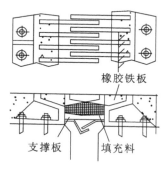

图 10-12　大变位伸缩装置

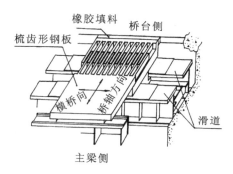

图 10-13　纵横向伸缩装置

2) 撞落结构

减隔震设计的桥梁结构将产生很大的水平变位。如果以大地震 E2 等级为对象设置大伸缩装置,则从长期的维修管理和装置产生的噪音、振动来看,是不合理的。因此可以采用一种撞落结构,即在 E1 等级的小地震时梁和桥台间产生的相对变位由伸缩装置吸收,当发生 E2 等级大地震时,桥梁冲击撞落结构,使之被撞离桥台背墙并向台后滑动,这样可使桥跨结构产生足够大的变位,而又不至因为剧烈的冲撞而发生损坏。撞落结构示意图见图 10-14。

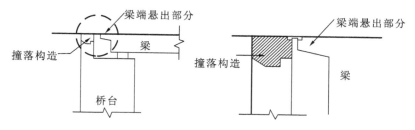

图 10-14　撞落结构示意图

在桥跨结构的冲撞下,撞落结构的抵抗力 F 应小于桥跨结构在地震发生时产生的撞击力,否则撞落结构就失去了作用。如图 10-15 所示。

撞落结构应具有足够的强度和稳定性,以保证在交通车辆的轮压或制动力等冲击性荷载作用下不至于损坏。为达到这一目的,设计时可在撞落结构和桥台背墙之间设置锚固钢筋及防止反向滑动的齿墙,但是锚固钢筋的设计应使其在发生地震桥跨结构冲击撞落结构时,能够被剪断或从混凝土中拔出,同时,对桥台其他部分不会

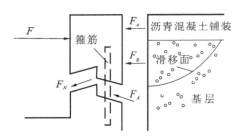

图 10-15　撞落结构受力分析

造成破坏。

3）连梁装置

连梁装置亦称为防落梁装置。采用减隔震设计的桥梁，地震发生时将会产生很大的水平变位。为了使桥梁在大地震发生时也能避免落梁的发生，则应该采用既允许发生大变位，同时又对过大变位进行限制的连梁装置。常见的连梁装置如图10-16～图10-18所示。

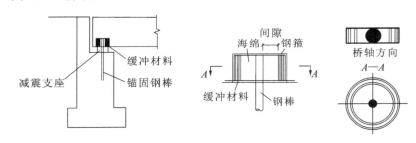

图 10-16　锚固钢棒式连梁装置

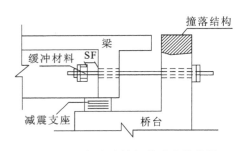

图 10-17　桥台连接钢棒式连梁装置

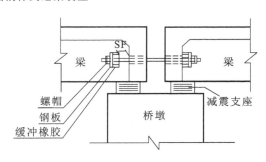

图 10-18　梁间连接钢棒式连梁装置

4）桥墩的设计

在减隔震设计中，通常将减隔震装置布置在刚度较大的桥墩、桥台处。为了使大部分变形集中于减隔震装置，不仅要使减隔震装置的水平刚度远低于桥墩、桥台、基础的刚度，还应避免桥墩先于减隔震装置发生屈服。因此，应将桥墩的屈服强度设计得稍高于减隔震装置的设计变形所对应的抗力。

总之，在减隔震桥梁设计中，应充分注意以上这些细部构造的设计。应尽可能使上部结构具有较强的连续性；当上部结构不连续时，应限制各段之间的最大相对位移;要提供缓冲挡块和连接件来限制上部结构与支座之间的相对位移等。最后,在设计中还要考虑到对减隔震装置定期维护和更换的要求。

【本章要点】

本章主要介绍建筑结构与桥梁结构的隔震与消能减震设计。主要内容包括:建筑结构的隔震原理,隔震系统的组成和类型、适用范围及优越性,隔震结构设计方法;建筑结构的消能减震原理、消能减震体系的类型、消能减震设计方法;桥梁结构减隔震原理、适用条件,减隔震装置的选择与布置、减隔震设计方法及细部构造的设计。

【思考题】

10-1 简述结构减震控制与传统抗震方法的不同之处,并介绍结构减震控制的几种方法。

10-2 分别介绍结构隔震原理与消能减震的原理,并比较两者的异同。

10-3 简述隔震装置的组成与类型。

10-4 简述建筑结构的隔震设计要点。

10-5 简述建筑结构的消能减震设计方法和步骤。

10-6 试分析建筑结构消能减震设计中主要计算分析参数的确定。

10-7 简述桥梁结构减隔震技术的适用条件和减隔震装置的选择与布置。

10-8 简述桥梁结构减隔震设计的主要过程。

附录　我国主要城镇的抗震设防烈度、设计基本地震加速度和设计地震分组

本附录仅提供我国抗震设防区各县级及县级以上城镇的中心地区建筑工程抗震设计时所采用的抗震设防烈度、设计基本地震加速度值和所属的设计地震分组。

注:本附录一般把"设计地震第一、二、三组"简称为"第一组、第二组、第三组"。

A.0.1　首都和直辖市

1　抗震设防烈度为 8 度,设计基本地震加速度值为 0.20g:

第一组:北京(东城、西城、崇文、宣武、朝阳、丰台、石景山、海淀、房山、通州、顺义、大兴、平谷),延庆,天津(汉沽),宁河。

2　抗震设防烈度为 7 度,设计基本地震加速度值为 0.15g:

第二组:北京(昌平、门头沟、怀柔),密云;天津(和平、河东、河西、南开、河北、红桥、塘沽、东丽、西青、津南、北辰、武清、宝坻),蓟县,静海。

3　抗震设防烈度为 7 度,设计基本地震加速度值为 0.10g:

第一组:上海(黄浦、卢湾、徐汇、长宁、静安、普陀、闸北、虹口、杨浦、闵行、宝山、嘉定、浦东、松江、青浦、南汇、奉贤);

第二组:天津(大港)。

4　抗震设防烈度为 6 度,设计基本地震加速度值为 0.05g:

第一组:上海(金山),崇明;重庆(渝中、大渡口、江北、沙坪坝、九龙坡、南岸、北碚、万盛、双桥、渝北、巴南、万州、涪陵、黔江、长寿、江津、合川、永川、南川),巫山,奉节,云阳,忠县,丰都,壁山,铜梁,大足,荣昌,綦江,石柱,巫溪*。

注:上标*指该城镇的中心位于本设防区和较低设防区的分界线,下同。

A.0.2　河北省

1　抗震设防烈度为 8 度,设计基本地震加速度值为 0.20g:

第一组:唐山(路北、路南、古冶、开平、丰润、丰南),三河,大厂,香河,怀来,涿鹿;

第二组:廊坊(广阳、安次)。

2　抗震设防烈度为 7 度,设计基本地震加速度值为 0.15g:

第一组:邯郸(丛台、邯山、复兴、峰峰矿区),任丘,河间,大城,滦县,蔚县,磁县,宣化县,张家口(下花园、宣化区),宁晋*;

第二组:涿州,高碑店,涞水,固安,永清,文安,玉田,迁安,卢龙,滦南,唐海,乐亭,阳原,邯郸县,大名,临漳,成安。

3　抗震设防烈度为 7 度,设计基本地震加速度值为 0.10g:

第一组:张家口(桥西、桥东),万全,怀安,安平,饶阳,晋州,深州,辛集,赵县,隆尧,任县,南和,新河,肃宁,柏乡;

第二组:石家庄(长安、桥东、桥西、新华、裕华、井陉矿区),保定(新市、北市、南市),沧州(运河、新华),邢台(桥东、桥西),衡水,霸州,雄县,易县,沧县,张北,兴隆,迁西,抚宁,昌黎,青县,献县,广宗,平乡,鸡泽,曲周,肥乡,馆陶,广平,高邑,内丘,邢台县,武安,涉县,赤城,定兴,容城,徐水,安新,高阳,博野,蠡县,深泽,魏县,藁城,栾城,武强,冀州,巨鹿,沙河,临城,泊头,永年,崇礼,南宫*;

第三组:秦皇岛(海港、北戴河),清苑,遵化,安国,沫源,承德(鹰手营子*)。

4　抗震设防烈度为 6 度,设计基本地震加速度值为 0.05g:

第一组:围场,沽源;

第二组:正定,尚义,无极,平山,鹿泉,井陉县,元氏,南皮,吴桥,景县,东光;

第三组:承德(双桥、双滦),秦皇岛(山海关),承德县,隆化,宽城,青龙,阜平,满城,顺平,唐县,望都,曲阳,定州,行唐,赞皇,黄骅,海兴,孟村,盐山,阜城,故城,清河,新乐,武邑,枣强,威县,丰宁,滦平,平泉,临西,灵寿,邱县。

A.0.3　山西省

1　抗震设防烈度为 8 度,设计基本地震加速度值为 0.20g:

第一组:太原(杏花岭、小店、迎泽、尖草坪、万柏林、晋源),晋中,清徐,阳曲,忻州,定襄,原平,介休,灵石,汾西,代县,霍州,古县,洪洞,临汾,襄汾,浮山,永济;

第二组:祁县,平遥,太谷。

2　抗震设防烈度为 7 度,设计基本地震加速度值为 0.15g:

第一组:大同(城区、矿区、南郊),大同县,怀仁,应县,繁峙,五台,广灵,灵丘,芮城,翼城;

第二组:朔州(朔城区),浑源,山阴,古交,交城,文水,汾阳,孝义,曲沃,侯马,新绛,稷山,绛县,河津,万荣,闻喜,临猗,夏县,运城,平陆,沁源*,宁武*。

3　抗震设防烈度为 7 度,设计基本地震加速度值为 0.10g:

第一组:阳高,天镇;

第二组:大同(新荣),长治(城区、郊区),阳泉(城区、矿区、郊区),长治县,左云,右玉,神池,寿阳,昔阳,安泽,平定,和顺,乡宁,垣曲,黎城,潞城,壶关;

第三组:平顺,榆社,武乡,娄烦,交口,隰县,蒲县,吉县,静乐,陵川,盂县,沁水,沁县,朔州(平鲁)。

4　抗震设防烈度为 6 度,设计基本地震加速度值为 0.05g:

第三组:偏关,河曲,保德,兴县,临县,方山,柳林,五寨,岢岚,岚县,中阳,石楼,永和,大宁,晋城,吕梁,左权,襄垣,屯留,长子,高平,阳城,泽州。

A.0.4 内蒙古自治区

1 抗震设防烈度为 8 度,设计基本地震加速度值为 0.30g:

第一组:土墨特右旗,达拉特旗*。

2 抗震设防烈度为 8 度,设计基本地震加速度值为 0.20g:

第一组:呼和浩特(新城、回民、玉泉、赛罕),包头(昆都仓、东河、青山、九原),乌海(海勃湾、海南、乌达),土墨特左旗,杭锦后旗,磴口,宁城;

第二组:包头(石拐),托克托*。

3 抗震设防烈度为 7 度,设计基本地震加速度值为 0.15g:

第一组:赤峰(红山*,元宝山区),喀喇沁旗,巴彦卓尔,五原,乌拉特前旗,凉城;

第二组:固阳,武川,和林格尔;

第三组:阿拉善左旗。

4 抗震设防烈度为 7 度,设计基本地震加速度值为 0.10g:

第一组:赤峰(松山区),察右前旗,开鲁,傲汉旗,扎兰屯,通辽*;

第二组:清水河,乌兰察布,卓资,丰镇,乌特拉后旗,乌特拉中旗;

第三组:鄂尔多斯,准格尔旗。

5 抗震设防烈度为 6 度,设计基本地震加速度值为 0.05g:

第一组:满洲里,新巴尔虎右旗,莫力达瓦旗,阿荣旗,扎赉特旗,翁牛特旗,商都,乌审旗,科左中旗,科左后旗,奈曼旗,库伦旗,苏尼特右旗;

第二组:兴和,察右后旗;

第三组:达尔罕茂明安联合旗,阿拉善右旗,鄂托克旗,鄂托克前旗,包头(白云矿区),伊金霍洛旗,杭锦旗,四王子旗,察右中旗。

A.0.5 辽宁省

1 抗震设防烈度为 8 度,设计基本地震加速度值为 0.20g:

第一组:普兰店,东港。

2 抗震设防烈度为 7 度,设计基本地震加速度值为 0.15g:

第一组:营口(站前、西市、鲅鱼圈、老边),丹东(振兴、元宝、振安),海城,大石桥,瓦房店,盖州,大连(金州)。

3 抗震设防烈度为 7 度,设计基本地震加速度值为 0.10g:

第一组:沈阳(沈河、和平、大东、皇姑、铁西、苏家屯、东陵、沈北、于洪),鞍山(铁东、铁西、立山、千山),朝阳(双塔、龙城),辽阳(白塔、文圣、宏伟、弓长岭、太子河),抚顺(新抚、东洲、望花),铁岭(银州、清河),盘锦(兴隆台、双台子),盘山,朝阳县,辽阳县,铁岭县,北票,建平,开原,抚顺县*,灯塔,台安,辽中,大洼;

第二组:大连(西岗、中山、沙河口、甘井子、旅顺),岫岩,凌源。

4　抗震设防烈度为6度,设计基本地震加速度值为0.05g:

第一组:本溪(平山、溪湖、明山、南芬),阜新(细河、海州、新邱、太平、清河门),葫芦岛(龙港、连山),昌图,西丰,法库,彰武,调兵山,阜新县,康平,新民,黑山,北宁,义县,宽甸,庄河,长海,抚顺(顺城);

第二组:锦州(太和、古塔、凌河),凌海,凤城,喀喇沁左翼;

第三组:兴城,绥中,建昌,葫芦岛(南票)。

A.0.6　吉林省

1　抗震设防烈度为8度,设计基本地震加速度值为0.20g:
前郭尔罗斯,松原。

2　抗震设防烈度为7度,设计基本地震加速度值为0.15g:
大安*。

3　抗震设防烈度为7度,设计基本地震加速度值为0.10g:
长春(难关、朝阳、宽城、二道、绿园、双阳),吉林(船营、龙潭、昌邑、丰满),白城,乾安,舒兰,九台,永吉*。

4　抗震设防烈度为6度,设计基本地震加速度值为0.05g:
四平(铁西、铁东),辽源(龙山、西安),镇赉,洮南,延吉,汪清,图们,珲春,龙井,和龙,安图,蛟河,桦甸,梨树,磐石,东丰,辉南,梅河口,东辽,榆树,靖宇,抚松,长岭,德惠,农安,伊通,公主岭,扶余,通榆*。

注:全省县级及县级以上设防城镇,设计地震分组均为第一组。

A.0.7　黑龙江省

1　抗震设防烈度为7度,设计基本地震加速度值为0.10g:
绥化,萝北,泰来。

2　抗震设防烈度为6度,设计基本地震加速度值为0.05g:
哈尔滨(松北、道里、南岗、道外、香坊、平房、呼兰、阿城),齐齐哈尔(建华、龙沙、铁锋、昂昂溪、富拉尔基、碾子山、梅里斯),大庆(萨尔图、龙凤、让胡路、大同、红岗),鹤岗(向阳、兴山、工农、南山、兴安、东山),牡丹江(东安、爱民、阳明、西安),鸡西(鸡冠、恒山、滴道、梨树、城子河、麻山),佳木斯(前进、向阳、东风、郊区),七台河(桃山、新兴、茄子河),伊春(伊春区、乌马、友好),鸡东,望奎,穆棱,绥芬河,东宁,宁安,五大连池,嘉荫,汤原,桦南,桦川,依兰,勃利,通河,方正,木兰,巴彦,延寿,尚志,宾县,安达,明水,绥棱,庆安,兰西,肇东,肇州,双城,五常,讷河,北安,甘南,富裕,龙江,黑河,肇源,青冈*,海林*。

注:全省县级及县级以上设防城镇,设计地震分组均为第一组。

A.0.8　江苏省

1　抗震设防烈度为8度,设计基本地震加速度值为0.30g:

第一组:宿迁(宿城、宿豫*)。

2 抗震设防烈度为 8 度,设计基本地震加速度值为 0.20g:

第一组:新沂,邳州,睢宁。

3 抗震设防烈度为 7 度,设计基本地震加速度值为 0.15g:

第一组:扬州(维扬、广陵、邗江),镇江(京口、润州),泗洪,江都;

第二组:东海、沭阳、大丰。

4 抗震设防烈度为 7 度,设计基本地震加速度值为 0.10g:

第一组:南京(玄武、白下、秦淮、建邺、鼓楼、下关、浦口、六合、栖霞、雨花台、江宁),常州(新北、钟楼、天宁、戚墅堰、武进),泰州(海陵、高港),江浦,东台,海安,姜堰,如皋,扬中,仪征,兴化,高邮,六合,句容,丹阳,金坛,镇江(丹徒),溧阳,溧水,昆山,太仓;

第二组:徐州(云龙、鼓楼、九里、贾汪、泉山),铜山,沛县,淮安(清河、青浦、淮阴),盐城(亭湖、盐都),泗阳,盱眙,射阳,赣榆,如东;

第三组:连云港(新浦、连云、海州),灌云。

5 抗震设防烈度为 6 度,设计基本地震加速度值为 0.05g:

第一组:无锡(崇安、南长、北塘、滨湖、惠山),苏州(金闾、沧浪、平江、虎丘、吴中、相成),宜兴,常熟,吴江,泰兴,高淳;

第二组:南通(崇川、港闸),海门,启东,通州,张家港,靖江,江阴,无锡(锡山),建湖,洪泽,丰县;

第三组:响水,滨海,阜宁,宝应,金湖,灌南,涟水,楚州。

A. 0. 9　浙江省

1 抗震设防烈度为 7 度,设计基本地震加速度值为 0.10g:

第一组:岱山,嵊泗,舟山(定海、普陀),宁波(北仑、镇海)。

2 抗震设防烈度为 6 度,设计基本地震加速度值为 0.05g:

第一组:杭州(拱墅、上城、下城、江干、西湖、滨江、余杭、萧山),宁波(海曙、江东、江北、鄞州),湖州(吴兴、南浔),嘉兴(南湖、秀洲),温州(鹿城、龙湾、瓯海),绍兴,绍兴县,长兴,安吉,临安,奉化,象山,德清,嘉善,平湖,海盐,桐乡,海宁,上虞,慈溪,余姚,富阳,平阳,苍南,乐清,永嘉,泰顺,景宁,云和,洞头;

第二组:庆元,瑞安。

A. 0. 10　安徽省

1 抗震设防烈度为 7 度,设计基本地震加速度值为 0.15g:

第一组:五河,泗县。

2 抗震设防烈度为 7 度,设计基本地震加速度值为 0.10g:

第一组:合肥(蜀山、庐阳、瑶海、包河),蚌埠(蚌山、龙子湖、禹会、淮山),阜阳

（颍州、颍东、颍泉），淮南（田家庵、大通），枞阳，怀远，长丰，六安（金安、裕安），固镇，凤阳，明光，定远，肥东，肥西，舒城，庐江，桐城，霍山，涡阳，安庆（大观、迎江、宜秀），铜陵县*；

第二组：灵璧。

3 抗震设防烈度为 6 度，设计基本地震加速度值为 0.05g：

第一组：铜陵（铜官山、狮子山、郊区），淮南（谢家集、八公山、潘集），芜湖（镜湖、戈江、三江、鸠江），马鞍山（花山、雨山、金家庄），芜湖县，界首，太和，临泉，阜南，利辛，凤台，寿县，颍上，霍邱，金寨，含山，和县，当涂，无为，繁昌，池州，岳西，潜山，太湖，怀宁，望江，东至，宿松，南陵，宣城，郎溪，广德，泾县，青阳，石台；

第二组：滁州（琅琊、南谯），来安，全椒，砀山，萧县，蒙城，亳州，巢湖，天长；

第三组：濉溪，淮北，宿州。

A. 0. 11 福建省

1 抗震设防烈度为 8 度，设计基本地震加速度值为 0.20g：
第二组：金门*。

2 抗震设防烈度为 7 度，设计基本地震加速度值为 0.15g：
第一组：漳州，（芗城、龙文），东山，诏安，龙海；
第二组：厦门（思明、海沧、湖里、集美、同安、翔安），晋江，石狮，长泰，漳浦；
第三组：泉州（丰泽、鲤城、洛江、泉港）。

3 抗震设防烈度为 7 度，设计基本地震加速度值为 0.10g：
第二组：福州（鼓楼、台江、仓山、晋安），华安，南靖，平和，云宵；
第三组：莆田（城厢、涵江、荔城、秀屿），长乐，福清，平潭，惠安，南安，安溪，福州（马尾）。

4 抗震设防烈度为 6 度，设计基本地震加速度值为 0.05g：
第一组：三明（梅列、三元），屏南，霞浦，福鼎，福安，柘荣，寿宁，周宁，松溪，宁德，古田，罗源，沙县，尤溪，闽清，闽侯，南平，大田，漳平，龙岩，泰宁，宁化，长汀，武平，建宁，将乐，明溪，清流，连城，上杭，永安，建瓯；
第二组：政和，永定；
第三组：连江，永泰，德化，永春，仙游，马祖。

A. 0. 12 江西省

1 抗震设防烈度为 7 度，设计基本地震加速度值为 0.10g：
寻乌，会昌。

2 抗震设防烈度为 6 度，设计基本地震加速度值为 0.05g：
南昌（东湖、西湖、青云谱、湾里、青山湖），南昌县，九江（浔阳、庐山），九江县，进贤，余干，彭泽，湖口，星子，瑞昌，德安，都昌，武宁，修水，靖安，铜鼓，宜丰，宁都，石城,瑞金,安远,定南,龙南,全南,大余。

　　注:全省县级及县级以上设防城镇,设计地震分组均为第一组。

A. 0. 13 山东省

　　1　抗震设防烈度为 8 度,设计基本地震加速度值为 0.20g:

　　第一组:郯城,临沭,莒南,莒县,沂水,安丘,阳谷,临沂(河东)。

　　2　抗震设防烈度为 7 度,设计基本地震加速度值为 0.15g:

　　第一组:临沂(兰山、罗庄),青州,临驹,菏泽,东明,聊城,莘县,鄄城;

　　第二组:潍坊(奎文、潍城、寒亭、坊子),苍山,沂南,昌邑,昌乐,诸城,五莲,长岛,蓬莱,龙口,枣庄(台儿庄),淄博(临淄*),寿光*。

　　3　抗震设防烈度为 7 度,设计基本地震加速度值为 0.10g:

　　第一组:烟台(莱山、芝罘、牟平),威海,文登,高唐,茌平,定陶,成武;

　　第二组:烟台(福山),枣庄(薛城、市中、峄城、山亭*),淄博(张店、淄川、周村),平原,东阿,平阴,梁山,郓城,巨野,曹县,广饶,博兴,高青,桓台,蒙阴,费县,微山,禹城,冠县,单县*,夏津*,莱芜(莱城*、钢城);

　　第三组:东营(东营、河口),日照(东港、岚山),沂源,招远,新泰,栖霞,莱州,平度,高密,垦利,淄博(博山),滨州*,平邑*。

　　4　抗震设防烈度为 6 度,设计基本地震加速度值为 0.05g:

　　第一组:荣成;

　　第二组:德州,宁阳,曲阜,邹城,鱼台,乳山,兖州;

　　第三组:济南(市中、历下、槐荫、天桥、历城、长清),青岛(市南、市北、四方、黄岛、崂山、城阳、李沧),泰安(泰山、岱岳),济宁(市中、任城),乐陵,庆云,无棣,阳信,宁津,沾化,利津,武城,惠民,商河,临邑,济阳,齐河,章丘,泗水,莱阳,海阳,金乡,滕州,莱西,即墨,胶南,胶州,东平,汶上,嘉祥,临清,肥城,陵县,邹平。

A. 0. 14　河南省

　　1　抗震设防烈度为 8 度,设计基本地震加速度值为 0.20g:

　　第一组:新乡(卫滨、红旗、凤泉、牧野),新乡县,安阳(北关、文峰、殷都、龙安),安阳县,淇县,卫辉,辉县,原阳,延津,获嘉,范县;

　　第二组:鹤壁(淇滨、山城*、鹤山*),汤阴。

　　2　抗震设防烈度为 7 度,设计基本地震加速度值为 0.15g:

　　第一组:台前,南乐,陕县,武陟;

　　第二组:郑州(中原、二七、管城、金水、惠济),濮阳,濮阳县,长垣,封丘,修武,内黄,浚县,滑县,清丰,灵宝,三门峡,焦作(马村*),林州*。

　　3　抗震设防烈度为 7 度,设计基本地震加速度值为 0.10g:

　　第一组:南阳(卧龙、宛城),新密,长葛,许昌*,许昌县*;

第二组:郑州(上街),新郑,洛阳(西工、老城、渡河、涧西、吉利、洛龙*),焦作(解放、山阳、中站),开封(鼓楼、龙亭、顺河、禹王台、金明),开封县,民权,兰考,孟州,孟津,巩义,偃师,沁阳,博爱,济源,荥阳,温县,中牟,杞县*。

4　抗震设防烈度为6度,设计基本地震加速度值为0.05g:

第一组:信阳(狮河、平桥),漯河(郾城、源汇、召陵),平顶山(新华、卫东、湛河、石龙),汝阳,禹州,宝丰,鄢陵,扶沟,太康,鹿邑,郸城,沈丘,项城,淮阳,周口,商水,上蔡,临颍,西华,西平,栾川,内乡,镇平,唐河,邓州,新野,社旗,平舆,新县,驻马店,泌阳,汝南,桐柏,淮滨,息县,正阳,遂平,光山,罗山,潢川,商城,固始,南召,叶县*,舞阳*;

第二组:商丘(梁园、睢阳),义马,新安,襄城,郏县,嵩县,宜阳,伊川,登封,柘城,尉氏,通许,虞城,夏邑,宁陵;

第三组:汝州,睢县,永城,卢氏,洛宁,渑池。

A.0.15　湖北省

1　抗震设防烈度为7度,设计基本地震加速度值为0.10g:

竹溪,竹山,房县。

2　抗震设防烈度为6度,设计基本地震加速度值为0.05g:

武汉(江岸、江汉、硚口、汉阳、武昌、青山、洪山、东西湖、汉南、蔡甸、江夏、黄陂、新洲),荆州(沙市、荆州),荆门(东宝、掇刀),襄樊(襄城、樊城、襄阳),十堰(茅箭、张湾),宜昌(西陵、伍家岗、点军、猇亭、夷陵),黄石(下陆、黄石港、西塞山、铁山),恩施,咸宁,麻城,团风,罗田,英山,黄冈,鄂州,浠水,蕲春,黄梅,武穴,郧西,郧县,丹江口,谷城,老河口,宜城,南漳,保康,神农架,钟祥,沙洋,远安,兴山,巴东,秭归,当阳,建始,利川,公安,宣恩,咸丰,长阳,嘉鱼,大冶,宜都,枝江,松滋,江陵,石首,监利,洪湖,孝感,应城,云梦,天门,仙桃,红安,安陆,潜江,通山,赤壁,崇阳,通城,五峰*,京山*。

注:全省县级及县级以上设防城镇,设计地震分组均为第一组。

A.0.16　湖南省

1　抗震设防烈度为7度,设计基本地震加速度值为0.15g:

常德(武陵、鼎城)。

2　抗震设防烈度为7度,设计基本地震加速度值为0.10g:

岳阳(岳阳楼、君山*),岳阳县,汨罗,湘阴,临澧,澧县,津市,桃源,安乡,汉寿。

3　抗震设防烈度为6度,设计基本地震加速度值为0.05g:

长沙(岳麓、芙蓉、天心、开福、雨花),长沙县,岳阳(云溪),益阳(赫山、资阳),张家界(永定、武陵源),郴州(北湖、苏仙),邵阳(大祥、双清、北塔),邵阳县,泸溪,沅陵,娄底,宜章,资兴,平江,宁乡,新化,冷水江,涟源,双峰,新邵,邵东,隆回,石门,慈利,华容,南县,临湘,沅江,桃江,望城,溆浦,会同,靖州,韶山,江华,宁远,道县,临武,湘乡*,安化*,中方*,洪江*。

注:全省县级及县级以上设防城镇,设计地震分组均为第一组。

A.0.17 广东省

1 抗震设防烈度为8度,设计基本地震加速度值为0.20g:
汕头(金平、濠江、龙湖、澄海),潮安,南澳,徐闻,潮州*。

2 抗震设防烈度为7度,设计基本地震加速度值为0.15g:
揭阳,揭东,汕头(潮阳、潮南),饶平。

3 抗震设防烈度为7度,设计基本地震加速度值为0.10g:
广州(越秀、荔湾、海珠、天河、白云、黄埔、番禺、南沙、萝岗),深圳(福田、罗湖、南山、宝安、盐田),湛江(赤坎、霞山、坡头、麻章),汕尾,海丰,普宁,惠来,阳江,阳东,阳西,茂名(茂南、茂港),化州,廉江,遂溪,吴川,丰顺,中山,珠海(香洲、斗门、金湾),电白,雷州,佛山(顺德、南海、禅城*),江门(蓬江、江海、新会)*,陆丰*。

4 抗震设防烈度为6度,设计基本地震加速度值为0.05g:
韶关(浈江、武江、曲江),肇庆(端州、鼎湖),广州(花都),深圳(尤岗),河源,揭西,东源,梅州,东莞,清远,清新,南雄,仁化,始兴,乳源,英德,佛冈,龙门,龙川,平远,从化,梅县,兴宁,五华,紫金,陆河,增城,博罗,惠州(惠城、惠阳),惠东,四会,云浮,云安,高要,佛山(三水、高明),鹤山,封开,郁南,罗定,信宜,新兴,开平,恩平,台山,阳春,高州,翁源,连平,和平,蕉岭,大埔,新丰*。

注:全省县级及县级以上设防城镇,除大埔为设计地震第二组外,均为第一组。

A.0.18 广西壮族自治区

1 抗震设防烈度为7度,设计基本地震加速度值为0.15g:
灵山,田东。

2 抗震设防烈度为7度,设计基本地震加速度值为0.10g:
玉林,兴业,横县,北流,百色,田阳,平果,隆安,浦北,博白,乐业*。

3 抗震设防烈度为6度,设计基本地震加速度值为0.05g:
南宁(青秀、兴宁、江南、西乡塘、良庆、邕宁),桂林(象山、叠彩、秀峰、七星、雁山),柳州(柳北、城中、鱼峰、柳南),梧州(长洲、万秀、蝶山),钦州(钦南、钦北),贵港(港北、港南),防城港(港口、防城),北海(海城、银海),兴安,灵川,临桂,永福,鹿寨,天峨,东兰,巴马,都安,大化,马山,融安,象州,武宣,桂平,平南,上林,宾阳,武鸣,大新,扶绥,东兴,合浦,钟山,贺州,藤县,苍梧,容县,岑溪,陆川,凤山,凌云,田林,隆林,西林,德保,靖西,那坡,天等,崇左,上思,龙州,宁明,融水,凭祥,全州。

注:全自治区县级及县级以上设防城镇,设计地震分组均为第一组。

A.0.19 海南省

1 抗震设防烈度为8度,设计基本地震加速度值为0.30g:

海口(龙华、秀英、琼山、美兰)。

2　抗震设防烈度为 8 度,设计基本地震加速度值为 0.20g:

文昌,定安。

3　抗震设防烈度为 7 度,设计基本地震加速度值为 0.15g:

澄迈。

4　抗震设防烈度为 7 度,设计基本地震加速度值为 0.10g:

临高,琼海,儋州,屯昌。

5　抗震设防烈度为 6 度,设计基本地震加速度值为 0.05g:

三亚,万宁,昌江,白沙,保亭,陵水,东方,乐东,五指山,琼中。

注:全省县级及县级以上设防城镇,除屯昌、琼中为设计地震第二组外,均为第一组。

A.0.20　四川省

1　抗震设防烈度不低于 9 度,设计基本地震加速度值不小于 0.40g:

第二组:康定,西昌。

2　抗震设防烈度为 8 度,设计基本地震加速度值为 0.30g:

第二组:冕宁*。

3　抗震设防烈度为 8 度,设计基本地震加速度值为 0.20g:

第一组:茂县,汶川,宝兴;

第二组:松潘,平武,北川(震前),都江堰,道孚,泸定,于孜,炉霍,喜德,普格,宁南,理塘;

第三组:九寨沟,石棉,德昌。

4　抗震设防烈度为 7 度,设计基本地震加速度值为 0.15g:

第二组:巴塘,德格,马边,雷波,天全,芦山,丹巴,安县,青川,江油,绵竹,什邡,彭州,理县,剑阁*;

第三组:荥经,汉源,昭觉,布拖,甘洛,越西,雅江,九龙,木里,盐源,会东,新龙。

5　抗震设防烈度为 7 度,设计基本地震加速度值为 0.10g:

第一组:自贡(自流井、大安、贡井、沿滩);

第二组:绵阳(涪城、游仙),广元(利州、元坝、朝天),乐山(市中、沙湾),宜宾,宜宾县,峨边,沐川,屏山,得荣,雅安,中江,德阳,罗江,峨眉山,马尔康;

第三组:成都(青羊、锦江、金牛、武侯、成华、龙泽泉、青白江、新都、温江),攀枝花(东区、西区、仁和),若尔盖,色达,壤塘,石渠,白玉,盐边,米易,乡城,稻城,双流,乐山(金口河、五通桥),名山,美姑,金阳,小金,会理,黑水,金川,洪雅,夹江,邛崃,蒲江,彭山,丹棱,眉山,青神,郫县,大邑,崇州,新津,金堂,广汉。

6　抗震设防烈度为 6 度,设计基本地震加速度值为 0.05g:

第一组:泸州(江阳、纳溪、龙马潭),内江(市中、东兴),宣汉,达州,达县,大竹,邻水,渠县,广安,华蓥,隆昌,富顺,南溪,兴文,叙永,古蔺,资中,通江,万源,巴中,

阆中,仪陇,西充,南部,射洪,大英,乐至,资阳;

第二组:南江,苍溪,旺苍,盐亭,三台,简阳,泸县,江安,长宁,高县,珙县,仁寿,威远;

第三组:犍为,荣县,梓潼,筠连,井研,阿坝,红原。

A. 0. 21 贵州省

1 抗震设防烈度为 7 度,设计基本地震加速度值为 0.10g:

第一组:望谟;

第三组:威宁。

2 抗震设防烈度为 6 度,设计基本地震加速度值为 0.05g:

第一组:贵阳(乌当*、白云*、小河、南明、云岩、花溪),凯里,毕节,安顺,都匀,黄平,福泉,贵定,麻江,清镇,龙里,平坝,纳雍,织金,普定,六枝,镇宁,惠水,长顺,关岭,紫云,罗甸,兴仁,贞丰,安龙,金沙,印江,赤水,习水,思南*;

第二组:六盘水,水城,册亨;

第三组:赫章,普安,晴隆,兴义,盘县。

A. 0. 22 云南省

1 抗震设防烈度不低于 9 度,设计基本地震加速度值不小于 0.40g:

第二组:寻甸,昆明(东川);

第三组:澜沧。

2 抗震设防烈度为 8 度,设计基本地震加速度值为 0.30g:

第二组:剑川,嵩明,宜良,丽江,玉龙,鹤庆,永胜,潞西,龙陵,石屏,建水;

第三组:耿马,双江,沧源,勐海,西盟,孟连。

3 抗震设防烈度为 8 度,设计基本地震加速度值为 0.20g:

第二组:石林,玉溪,大理,巧家,江川,华宁,峨山,通海,洱源,宾川,弥渡,祥云,会泽,南涧;

第三组:昆明(盘龙、五华、官渡、西山),普洱(原思茅市),保山,马龙,呈贡,澄江,晋宁,易门,漾濞,巍山,云县,腾冲,施甸,瑞丽,梁河,安宁,景洪,永德,镇康,临沧,凤庆*,陇川*。

4 抗震设防烈度为 7 度,设计基本地震加速度值为 0.15g:

第二组:香格里拉,泸水,大关,永善,新平*;

第三组:曲靖,弥勒,陆良,富民,禄劝,武定,兰坪,云龙,景谷,宁洱(原普洱),沾益,个旧,红河,元江,禄丰,双柏,开远,盈江,永平,昌宁,宁蒗,南华,楚雄,勐腊,华坪,景东*。

5 抗震设防烈度为 7 度,设计基本地震加速度值为 0.10g:

第二组:盐津,绥江,德钦,贡山,水富;

第三组:昭通,彝良,鲁甸,福贡,永仁,大姚,元谋,姚安,牟定,墨江,绿春,镇沅,江城,金平,富源,师宗,泸西,蒙自,元阳,维西,宣威。

6 抗震设防烈度为6度,设计基本地震加速度值为0.05g:

第一组:威信,镇雄,富宁,西畴,麻栗坡,马关;

第二组:广南;

第三组:丘北,砚山,屏边,河口,文山,罗平。

A. 0. 23 西藏自治区

1 抗震设防烈度不低于9度,设计基本地震加速度值不小于0.40g:

第三组:当雄,墨脱。

2 抗震设防烈度为8度,设计基本地震加速度值为0.30g:

第二组:申扎;

第三组:米林,波密。

3 抗震设防烈度为8度,设计基本地震加速度值为0.20g:

第二组:普兰,聂拉木,萨嘎;

第三组:拉萨,堆龙德庆,尼木,仁布,尼玛,洛隆,隆子,错那,曲松,那曲,林芝(八一镇),林周。

4 抗震设防烈度为7度,设计基本地震加速度值为0.15g:

第二组:札达,吉隆,拉孜,谢通门,亚东,洛扎,昂仁;

第三组:日土,江孜,康马,白朗,扎囊,措美,桑日,加查,边坝,八宿,丁青,类乌齐,乃东,琼结,贡嘎,朗县,达孜,南木林,班戈,浪卡子,墨竹工卡,曲水,安多,聂荣,日喀则[*],噶尔[*]。

5 抗震设防烈度为7度,设计基本地震加速度值为0.10g:

第一组:改则;

第二组:措勤,仲巴,定结,芒康;

第三组:昌都,定日,萨迦,岗巴,巴青,工布江达,索县,比如,嘉黎,察雅,左贡,察隅,江达,贡觉。

6 抗震设防烈度为6度,设计基本地震加速度值为0.05g:

第二组:革吉。

A. 0. 24 陕西省

1 抗震设防烈度为8度,设计基本地震加速度值为0.20g:

第一组:西安(未央、莲湖、新城、碑林、灞桥、雁塔、阎良[*]、临潼),渭南,华县,华阴,潼关,大荔;

第三组:陇县。

2 抗震设防烈度为7度,设计基本地震加速度值为0.15g:

第一组:咸阳(秦都、渭城),西安(长安),高陵,兴平,周至,户县,蓝田;

第二组:宝鸡(金台、渭滨、陈仓),咸阳(杨凌特区),千阳,岐山,凤翔,扶风,武功,眉县,三原,富平,澄城,蒲城,泾阳,礼泉,韩城,合阳,略阳;

第三组:凤县。

3 抗震设防烈度为7度,设计基本地震加速度值为0.10g:

第一组:安康,平利;

第二组:洛南,乾县,勉县,宁强,南郑,汉中;

第三组:白水,淳化,麟游,永寿,商洛(商州),太白,留坝,铜川(耀州、王益、印台*),柞水*。

4 抗震设防烈度为6度,设计基本地震加速度值为0.05g:

第一组:延安,清涧,神木,佳县,米脂,绥德,安塞,延川,延长,志丹,甘泉,商南,紫阳,镇巴,子长*,子洲*;

第二组:吴旗,富县,旬阳,白河,岚皋,镇坪;

第三组:定边,府谷,吴堡,洛川,黄陵,旬邑,洋县,西女,石泉,汉阴,宁陕,城固,宜川,黄龙,宜君,长武,彬县,佛坪,镇安,丹凤,山阳。

A.0.25 甘肃省

1 抗震设防烈度不低于9度,设计基本地震加速度值不小于0.40g:

第二组:古浪。

2 抗震设防烈度为8度,设计基本地震加速度值为0.30g:

第二组:天水(秦州、麦积),礼县,西和;

第三组:白银(平川区)。

3 抗震设防烈度为8度,设计基本地震加速度值为0.20g:

第二组:宕昌,肃北,陇南,成县,徽县,康县,文县;

第三组:兰州(城关、七里河、西固、安宁),武威,永登,天祝,景泰,靖远,陇西,武山,秦安,清水,甘谷,漳县,会宁,静宁,庄浪,张家川,通渭,华亭,两当,舟曲。

4 抗震设防烈度为7度,设计基本地震加速度值为0.15g:

第二组:康乐,嘉峪关,玉门,酒泉,高台,临泽,肃南;

第三组:白银(白银区),兰州(红古区),永靖,岷县,东乡,和政,广河,临潭,卓尼,迭部,临洮,渭源,皋兰,崇信,榆中,定西,金昌,阿克塞,民乐,永昌,平凉。

5 抗震设防烈度为7度,设计基本地震加速度值为010g:

第二组:张掖,合作,玛曲,金塔;

第三组:敦煌,瓜洲,山丹,临夏,临夏县,夏河,碌曲,泾川,灵台,民勤,镇原,环县,积石山。

6 抗震设防烈度为6度,设计基本地震加速度值为0.05g:

第三组:华池,正宁,庆阳,合水,宁县,西峰。

A. 0. 26 青海省

1 抗震设防烈度为8度,设计基本地震加速度值为0.20g:

第二组:玛沁;

第三组:玛多,达日。

2 抗震设防烈度为7度,设计基本地震加速度值为0.15g:

第二组:祁连;

第三组:甘德,门源,治多,玉树。

3 抗震设防烈度为7度,设计基本地震加速度值为0.10g:

第二组:乌兰,称多,杂多,囊谦;

第三组:西宁(城中、城东、城西、城北),同仁,共和,德令哈,海晏,湟源,湟中,平安,民和,化隆,贵德,尖扎,循化,格尔木,贵南,同德,河南,曲麻莱,久治,班玛,天峻,刚察,大通,互助,乐都,都兰,兴海。

4 抗震设防烈度为6度,设计基本地震加速度值为0.05g:

第三组:泽库。

A. 0. 27 宁夏回族自治区

1 抗震设防烈度为8度,设计基本地震加速度值为0.30g:

第二组:海原。

2 抗震设防烈度为8度,设计基本地震加速度值为0.20g:

第一组:石嘴山(大武口、惠农),平罗;

第二组:银川(兴庆、金凤、西夏),吴忠,贺兰,永宁,青铜峡,泾源,灵武,固原;

第三组:西吉,中宁,中卫,同心,隆德。

3 抗震设防烈度为7度,设计基本地震加速度值为0.15g:

第三组:彭阳。

4 抗震设防烈度为6度,设计基本地震加速度值为0.05g:

第三组:盐池。

A. 0. 28 新疆维吾尔自治区

1 抗震设防烈度不低于9度,设计基本地震加速度值不小于0.40g:

第三组:乌恰,塔什库尔干。

2 抗震设防烈度为8度,设计基本地震加速度值为0.30g:

第三组:阿图什,喀什,疏附。

3 抗震设防烈度为8度,设计基本地震加速度值为0.20g:

第一组:巴里坤;

第二组:乌鲁木齐(天山、沙依巴克、新市、水磨沟、头屯河、米东),乌鲁木齐县,

温宿,阿克苏,柯坪,昭苏,特克斯,库车,青河,富蕴,乌什*;

第三组:尼勒克,新源,巩留,精河,乌苏,奎屯,沙湾,纳斯,石河子,克拉玛依(独山子),疏勒,伽师,阿克陶,英吉沙。

4　抗震设防烈度为 7 度,设计基本地震加速度值为 0.15g:

第一组:木垒*;

第二组:库尔勒,新和,轮台,和静,焉耆,博湖,巴楚,拜城,昌吉,阜康*;

第三组:伊宁,伊宁县,霍城,呼图壁,察布查尔,岳普湖。

5　抗震设防烈度为 7 度,设计基本地震加速度值为 0.10g:

第一组:鄯善;

第二组:乌鲁木齐(达坂城),吐鲁番,和田,和田县,吉木萨尔,洛浦,奇台,伊吾,托克逊,和硕,尉犁,墨玉,策勒,哈密*;

第三组:五家渠,克拉玛依(克拉玛依区),博乐,温泉,阿合奇,阿瓦提,沙雅,图木舒克,莎车,泽普,叶城,麦盖提,皮山。

6　抗震设防烈度为 6 度,设计基本地震加速度值为 0.05g:

第一组:额敏,和布克赛尔;

第二组:于田,哈巴河,塔城,福海,克拉玛依(马尔禾);

第三组:阿勒泰,托里,民丰,若羌,布尔津,吉木乃,裕民,克拉玛依(白碱滩),且末,阿拉尔。

A.0.29　港澳特区和台湾省

1　抗震设防烈度不低于 9 度,设计基本地震加速度值不小于 0.40g:

第二组:台中;

第三组:苗栗,云林,嘉义,花莲。

2　抗震设防烈度为 8 度,设计基本地震加速度值为 0.30g:

第二组:台南;

第三组:台北,桃园,基隆,宜兰,台东,屏东。

3　抗震设防烈度为 8 度,设计基本地震加速度值为 0.20g:

第三组:高雄,澎湖。

4　抗震设防烈度为 7 度,设计基本地震加速度值为 0.15g:

第一组:香港。

5　抗震设防烈度为 7 度,设计基本地震加速度值为 0.10g:

第一组:澳门。

参 考 文 献

[1] 中华人民共和国国家标准.建筑结构可靠度设计统一标准(GB 50068—2001).北京:中国建筑工业出版社,2001.

[2] 中华人民共和国国家标准.建筑结构荷载规范(GB 50009—2001)(2006 年版).北京:中国建筑工业出版社,2006.

[3] 中华人民共和国国家标准.建筑抗震设计规范(GB 50011—2010).北京:中国建筑工业出版社,2010.

[4] 中华人民共和国国家标准.建筑工程抗震设防分类标准(GB 50223—2008).北京:中国建筑工业出版社,2008.

[5] 中华人民共和国国家标准.建筑地基基础设计规范(GB 50007—2011).北京:中国建筑工业出版社,2012.

[6] 中华人民共和国国家标准.混凝土结构设计规范(GB 50010—2010).北京:中国建筑工业出版社,2011.

[7] 中华人民共和国行业标准.高层建筑混凝土结构技术规程(JGJ 3—2010).北京:中国建筑工业出版社,2011.

[8] 中华人民共和国国家标准.砌体结构设计规范(GB 50003—2011).北京:中国建筑工业出版社,2012.

[9] 中华人民共和国国家标准.钢结构设计规范(GB 50017—2003).北京:中国建筑工业出版社,2003.

[10] 中华人民共和国行业推荐性标准.公路桥梁抗震设计细则(JTG/T B20—01—2008).北京:人民交通出版社,2008.

[11] 白国良,刘明.荷载与结构设计方法[M].2 版.北京:高等教育出版社,2010.

[12] 王社良.抗震结构设计[M].4 版.武汉:武汉理工大学出版社,2011.

[13] 尚守平,周福霖.结构抗震设计[M].北京:高等教育出版社,2003.

[14] 李国强等.建筑结构抗震设计[M].北京:中国建筑工业出版社,2002.

[15] 胡聿贤.地震工程学[M].2 版.北京:地震出版社,2006.

[16] 包世华.新编高层建筑结构[M].2 版.北京:中国水利水电出版社,2005.

[17] 沈聚敏,周锡元等.抗震工程学[M].北京:中国建筑工业出版社,2000.

[18] 郭继武.建筑抗震设计[M].2 版.北京:中国建筑工业出版社,2002.

[19] 李国豪.桥梁结构稳定与振动[M].北京:中国铁道出版社,1996.

[20] 范立础.桥梁抗震[M].上海:同济大学出版社,1997.

[21] 裴佰永,盛兴旺等.桥梁工程[M].北京:中国铁道出版社,2001.

[22] 高等学校土木工程专业指导委员会.高等学校土木工程专业本科教育培养目标和培养方案及课程教学大纲[M].北京:中国建筑工业出版社,2002.